U0192114

高等院校21世纪课程教材
大学物理系列

大学物理学

第4版 上册

汪 洪 韩家骅◎主编

北京师范大学出版集团
BEIJING NORMAL UNIVERSITY PUBLISHING GROUP
安徽大学出版社

内容提要

本书在《大学物理学(第3版)》的基础上,参照教育部最新公布的"理工科非物理类专业大学物理课程教学基本要求"修订而成.书中涵盖了基本要求中所有的核心内容,并选取了相当数量的扩展内容,供不同专业选用.在修订过程中,本书继承了原书的特色,尽量做到选材精当,难度适中,物理概念清晰,论述严谨,行文简明.

本书分为上、下两册,上册包括力学、狭义相对论力学基础、振动学基础和热学部分,下册包括电磁学、光学、量子物理基础、核物理与粒子物理、分子与固体、天体物理与宇宙学等.与本书配套的有电子教案、学习与解题指导等资料.

本书可作为普通高等院校非物理类专业的大学物理课程教材,也可供相关专业的师生选用和参考.

图书在版编目(CIP)数据

大学物理学.上册/汪洪,韩家骅主编.—4版.—合肥:安徽大学出版社,
2020.1(2022.12 重印)
ISBN 978-7-5664-1997-2

Ⅰ.①大… Ⅱ.①汪… ②韩… Ⅲ.①物理学—高等学校—教材
Ⅳ.①O4

中国版本图书馆 CIP 数据核字(2020)第 014277 号

大学物理学(第4版)上册

汪　洪　韩家骅 主编

出版发行:北京师范大学出版集团
安 徽 大 学 出 版 社
(安徽省合肥市肥西路 3 号 邮编 230039)
www.bnupg.com
www.ahupress.com.cn
印　刷:安徽昶颉包装印务有限责任公司
经　销:全国新华书店
开　本:710 mm×1010 mm　1/16
印　张:25.5
字　数:397 千字
版　次:2020 年 1 月第 4 版
印　次:2022 年 12 月第 4 次印刷
定　价:38.00 元
ISBN 978-7-5664-1997-2

策划编辑:刘中飞　武溪溪　　　　　　　装帧设计:李　军
责任编辑:刘中飞　武溪溪　　　　　　　美术编辑:李　军
责任印制:赵明炎

物理学中常用物理常量表

物理量	符号	2002 年国际科技数据委员会推荐值	计算取用值	单位
真空中的光速	c	$2.997\ 924\ 58\times10^{8}$	3.0×10^{8}	$\text{m}\cdot\text{s}^{-1}$
阿伏加德罗常量	N_{A}	$6.022\ 141\ 5(10)\times10^{23}$	6.02×10^{23}	mol^{-1}
牛顿引力常量	G	$6.672\ 42(10)\times10^{-11}$	6.67×10^{-11}	$\text{N}\cdot\text{m}^{2}\cdot\text{kg}^{-2}$
摩尔气体常量	R	$8.314\ 472(15)$	8.31	$\text{J}\cdot\text{mol}^{-1}\cdot\text{K}^{-1}$
玻耳兹曼常量	k	$1.380\ 650\ 5(24)\times10^{-23}$	1.38×10^{-23}	$\text{J}\cdot\text{K}^{-1}$
理想气体的摩尔体积	V_{m}	$22.414\ 10(19)\times10^{-3}$	22.4×10^{-3}	$\text{m}^{3}\cdot\text{mol}^{-1}$
基本电荷	e	$1.602\ 176\ 53(14)\times10^{-19}$	1.60×10^{-19}	C
里德伯常数	R_{∞}	$10\ 973\ 731.534$	$10\ 973\ 731$	m^{-1}
电子质量	m_{e}	$0.910\ 938\ 26(16)\times10^{-30}$	9.11×10^{-31}	kg
质子质量	m_{p}	$1.672\ 621\ 71(29)\times10^{-27}$	1.67×10^{-27}	kg
中子质量	m_{n}	$1.674\ 927\ 28(29)\times10^{-27}$	1.67×10^{-27}	kg
原子质量单位	m_{u}	$1.660\ 538\ 86(28)\times10^{-27}$	1.66×10^{-27}	kg
真空磁导率	μ_{0}	$4\pi\times10^{-7}$	$4\pi\times10^{-7}$	$\text{N}\cdot\text{A}^{-2}$
真空电容率	ε_{0}	$8.854\ 187\ 817\cdots\times10^{-12}$	8.85×10^{-12}	$\text{C}^{2}\cdot\text{N}^{-1}\cdot\text{m}^{-2}$
电子磁矩	μ_{e}	$9.284\ 770\ 1(31)\times10^{-24}$	9.28×10^{-24}	$\text{J}\cdot\text{T}^{-1}$
质子磁矩	μ_{p}	$1.410\ 607\ 61(47)\times10^{-26}$	1.41×10^{-26}	$\text{J}\cdot\text{T}^{-1}$
中子磁矩	μ_{n}	$0.966\ 237\ 07(40)\times10^{-26}$	9.66×10^{-27}	$\text{J}\cdot\text{T}^{-1}$
核子磁矩	μ_{N}	$5.050\ 786\ 6(17)\times10^{-27}$	5.05×10^{-27}	$\text{J}\cdot\text{T}^{-1}$
玻耳磁子	μ_{B}	$9.274\ 015\ 4(31)\times10^{-24}$	9.27×10^{-24}	$\text{J}\cdot\text{T}^{-1}$
玻耳半径	a_{0}	$0.529\ 177\ 210\ 8(18)\times10^{-10}$	5.29×10^{-11}	m
普朗克常量	h	$6.626\ 069\ 3(11)\times10^{-34}$	6.63×10^{-34}	$\text{J}\cdot\text{s}$

希 腊 字 母

字 母		英文注音	字 母		英文注音
大写	小写		大写	小写	
A	α	alpha	N	ν	nu
B	β	beta	Ξ	ξ	xi
Γ	γ	gamma	O	o	omicron
Δ	δ	delta	Π	π	pi
E	ε	epsilon	P	ρ	rho
Z	ζ	zeta	Σ	σ	sigma
H	η	eta	T	τ	tau
Θ	θ	theta	Υ	υ	upsilon
I	ι	iota	Φ	φ	phi
K	κ	kappa	X	χ	chi
Λ	λ	lambda	Ψ	ψ	psi
M	μ	mu	Ω	ω	omega

目录 CONTENTS

前　言

　　本书是在《大学物理学(第3版)》的基础上,为适应教学改革的新形势,根据教育部高等学校物理基础课程教学指导分委员会2011年大学物理和大学物理实验课程教学基本要求的主要精神,结合当前国内外物理教材改革的动态,融入编者长期从事大学物理教学的经验和体会而重新修订的.

　　本书充分考虑到学生理解和掌握物理基本概念和定律的实际需要和当前实行高考改革以及普通高校每年扩大招生的实际情况,尽量采用较基础的数学语言与基础理论来分析、推导物理原理、定理和引入物理定律,注重加强基本现象、概念、原理的阐述,讲述深入浅出;为了体现和增强经典物理学中的现代观点和气息,书中适度介绍了近代物理学的新成就和新技术.

　　本书分上、下两册,上册包括力学、狭义相对论力学基础、振动学基础、波动学基础和热学等内容,下册包括电磁学、光学、量子物理基础、核物理与粒子物理、分子与固体和天体物理与宇宙学等内容,共二十三章.教材内容相对比较完整,所以老师们在授课时可以根据大纲要求选择相应的内容,或者选择与本专业关联度大一点的部分作为教学内容,容易做到学时与内容相对应,具有一定的灵活性.本次修订还新增了数学公式附录,部分常用数学公式可以直接查阅应用.

　　参加本书修订工作的有杨青、郭建友、章文、金绍维、汪洪、汪光骐、明燚、刘艳美、林其斌、张永春等老师,全书习题由张子云、张苗和章文等老师校对和解答,林继平和张苗老师为本书配备了电子教案,最后由主编汪洪和韩家骅教授统稿、核定.

本书出版以来，安徽大学、淮北师范大学、滁州学院、池州学院、安徽大学江淮学院、安徽文达信息工程学院等高校的专家与学生指出书中存在的一些问题，并提出了许多有益的意见和建议，在此表示衷心的感谢．同时，感谢武溪溪同志在本书修订过程中所做的协调、联络工作，感谢所有关心本书修订工作的教师与同行．

编　者
2019 年 10 月

第三版前言摘录

　　本书是在《大学物理学(第二版)》的基础上,为适应教学改革的新形势,根据教育部高等学校物理基础课程教学指导分委员会 2011 年大学物理和大学物理实验课程教学基本要求的主要精神,结合当前国内外物理教材改革的动态,融入作者长期从事大学物理教学的经验和体会而重新修订的.

　　参加本书修订工作的有杨青、杨德田、郭建友、韩家骅、汪洪、汪光骐、程干基、张战军、刘艳美、林其斌、江锡顺、张永春、吴尝等,全书习题由张子云、张苗和章文等老师校对和解答,张文亮和林继平老师为本书配备了电子教案,最后由主编韩家骅和汪洪教授统稿、核定.

　　本书出版以来,安徽大学、淮北师范大学、滁州学院、池州学院、安徽大学江淮学院、安徽文达信息工程学院等高校的专家与学生指出书中存在的一些问题,并提出了许多有益的意见和建议,在此表示衷心的感谢.同时,感谢刘中飞同志在本书修订过程中所做的协调、联络工作,感谢所有关心本书修订工作的教师与同行.

编　者
2015 年 1 月于安徽大学

第二版前言摘录

本书是在《大学物理学》第一版的基础上，参照教育部最新颁发的"非物理类理工科大学物理课程教学基本要求"重新修订的．修订中体系未做大的变动，注意保持原有的风格和特点，包括重物理基础理论，重分析问题、解决问题能力的培养和训练，以及结合教学实践经验，使教材便于教和学．在此基础上，力图在不增加教学负担的情况下，多介绍一些新知识，扩大学生的视野，提高学生的科学素养．

参加本书修订工作的有杨德田（绪论，第一、五、十三章）、杨青（第二、三、四、六、八、九、十、十一、十二章）、郭建友（第七、二十一、二十三章）、韩家骅（第十四、十五、十六、十七章）、程干基（第十八、十九章）、汪洪（§17—9）、张战军（第二十章）、刘艳美（第二十二章）等，全书习题由张子云、张苗和章文等老师校对和解答，张文亮老师为本书配备了电子教案，最后由主编韩家骅教授统稿、核定．

刘先松教授仔细、认真地审阅了本书的修订稿，提出了许多中肯而有益的意见和建议，在此表示衷心的感谢．感谢刘中飞同志在本书修订过程中所做的协调、联络工作，感谢所有关心本书修订工作的教师与同行．

编　者
2009 年 8 月于安徽大学

第一版前言摘录

　　本书是根据教育部最新颁发的"非物理类理工学科大学物理课程教学基本要求",参考当前国内外物理教材改革动态,结合我们多年的教学实践经验编写而成.本教材按照最新"基本要求",与传统教材相比,新增加了流体力学、几何光学、固体中分子和电子、天体物理和宇宙学等内容.

　　参加编写的几位教师,都具有多年的教学经验,在编写过程中编者们进行了多次认真的讨论,并互相修改书稿.因此,全书体现了各位编者的教学经验和风格,同时也具有较好的整体性和系统性.

　　杨德田编写第一、五章,杨青编写第二、三、四、六章,郭建友编写第七、十九、二十一章,汪洪编写第八、九、十、十一章以及第十五章第九节,韩家骅编写第十二、十三、十四、十五章,程干基编写第十六、十七章,张战军编写第十八章,刘艳美编写第二十章,张文亮制作《大学物理学电子教案》,最后由主编韩家骅教授统稿、核定.

　　本书获得安徽大学"211"教材资助出版基金的资助,在此表示衷心感谢.感谢史守华教授审阅全部书稿,并提出了宝贵意见;感谢刘中飞同志在本书编写、出版过程中所做的联络、协调工作;感谢所有关心本套教材的教师与同行.真诚地希望得到广大读者的批评和建议.

编　者

2007 年 11 月于安徽大学

绪　论

　　物理学是研究自然界所有层次上的物质结构和基本运动规律的科学分支;物理学是一门实验科学,它是观测和科学思维相结合的产物;物理学既是一门带头学科,又是科学技术之母.电磁理论的建立、电报的应用成为电磁波为人类服务的开端,也成为人类进入电气时代的重要标志.相对论的创立和量子理论的发展,又使人类进入原子能和信息化的时代.现代科技极大地改变了人们的生存状态和思维方式.由物理学发展起来的新方法和新技术,必将继续成为新技术革命的源泉和生长点.

　　物理学是形成世界概念的原始学科.物理学为我们提供了这个世界的结构和动力学的图像,这种图像远远超出了人类的想象力,却又得到了实验的证实,并往往更容易被理解.这种图像若按照从最小到最大、从最轻到最重、从最慢到最快、从最冷到最热、从最暗到最亮、从最疏物质到最密物质以及从宇宙的起始到今天的方式排列,无论考虑何种量纲,它们的两个极端都在 20 多个数量级以上.譬如,现在人们认识范围的尺度,小到 10^{-17} cm,大到 100 亿光年或 10^{23} km,相差达 10^{45} 数量级,而且有充分证据表明,许多物理规律如能量守恒、相对论和量子规律等,都是普遍适用的.这不得不使人产生敬畏的感觉,爱因斯坦说得很妙:"宇宙间最不可理解的事物就是,宇宙是可以理解的."

　　作为自然科学基础的现代物理学,已经发展出众多的分支科学,物理学通过宏观、微观和对复杂系统的透视,以前所未有的深度和广度推动人类了解自然,从更深、更广的层次揭示自然界的奥秘.在这个过程中,许多物理学的新思想、新理论、新方法和新技术涌现出来,使人类的生产力和生活方式发生了巨大的变化,对现代社会和人类文明产生了非常重要的影响，为人类知识财富增添新的内容.

总之，物理学博大精深，研究方法系统、新颖，创造思想层出不穷，因而学习大学物理是培养和发展自己的能力结构系统和提高科学素养的重要途径.

那么，怎样学习物理学呢？读书主要靠自己，对于大学生来说尤其如此.一般来说，大学生在校学习，应该抓好"预习、听课、复习、做习题、总结"这五个环节.这看似简单，但能持之以恒地认真做到，绝非易事.再一点就是学习必须有计划性，这样就不会让晚自习在晃悠中过去.入学时，大家基本上是在同一起跑线上，但由于各位同学在课余时间使用上的不同，日久天长就会形成差距.这是需要引起同学们注意的.

在这里，对于如何学好物理学，我们提几点参考意见.

第一，要思考.爱因斯坦说过："学习知识要善于思考、思考、再思考，我就是靠这个方法成为科学家的."显然，不管哪种方法，哪个环节，关键都在于要"思考"，不仅要"勤于思考"，还要"善于思考".华罗庚曾指出："首先应不只看到书面上的，而且还要看到书背后的东西."即既要知其然，还要知其所以然.华罗庚还指出："读书应当由薄到厚，再由厚到薄."这是一个从量变到质变的过程，是一种融会贯通的学习方法.

原子核的发现与卢瑟福是分不开的.1909年，他的学生盖革和马斯登在对 α 粒子轰击原子的实验观察记录中，发现了 α 粒子居然约有八千分之一的几率被反射回来.对此，卢瑟福感到很惊奇，后来他说，这件事好像有人对他说"将一支手枪对着一张纸开火，一颗子弹却弹了回来"一样.他充分尊重实验事实，经过思考，他用丰富的想象力和判断力，提出了原子结构的有核模型.但这一模型存在两大矛盾：其一是，电子绕核做椭圆运动，这是一种加速运动，按照经典电磁理论，电子要辐射能量，大约只要 10^{-10} s 电子就会落到核上，发生坍塌，这与原子的稳定性相矛盾；其二是，原子在坍塌前连续辐射，应得到连续光谱，这与原子分立的线光谱相矛盾.玻尔经过思考，靠他非凡的直觉，把原子核式模型同普朗克的量子假说和光谱学这几个相距较远的物理学研究领域联系起来,提出了原子结构的玻尔模型.它虽然只是一种半经典半量子化的理论,还很不完善,但是,这却迈出了从经典理论向量子理论发展的极为关键的一步,为现代物理学指明了正确的研究方向,是原子和量子理论发展史上一个重要里程碑.

因此,我们在学习知识时,不仅应该对自己不断提出"是什么""为什么"和"怎么样"的问题,而且还有一个最值得深思的问题,那就是"我们是如何知道我们所知道的东西的".

第二,要抓住概念.李政道说:"对学生来讲,会计算,能记住,考试考得不错,都不是最重要的,最重要的是物理观念的掌握问题."K. W. Ford[美]在《经典和近代物理学》中指出:"弄懂了物理概念,也就懂了物理学……弄懂一个概念(即一个物理量),是指知道它的定义、量纲、单位,以及在各种物理条件下它的典型数值,还要知道它所涉及的方程."他还指出:"在'最基本'的力学概念中,空间和时间很可能是最重要的,其次应是动量、能量和角动量这三个主要概念.这些概念在力学中之所以重要,是因为它们在守恒定律中,在解决运动问题时都很有用,都经历了20世纪物理学大变革而成为相对论和量子力学新理论中的主要概念,并且都通过与自然界对称性原理的关系而在物理学中建立了更稳固的基础."

基本概念是核心,是物理思维的基础,基本定律(理)是基本概念之间的本质联系.因此,掌握物理概念是学好物理学的关键.物理学发展史告诉我们,概念不是一成不变的,观念的改变将带来理论的突破.譬如,经典物理学一向认为能量是连续的,并将这一传统观念当成金科玉律.但用它研究黑体辐射却带来了"紫外灾难",这表明了经典理论的局限性.普朗克冲破了传统观念的束缚,提出了能量分立性的思想,这是物理学领域基本概念的重大变革.在量子假说和能量子概念的基础上得到了普朗克辐射公式,消除了"紫外灾难".能量子的问世,标志着量子论的诞生.

再如,爱因斯坦冲破了机械论的束缚,摒弃了绝对空间和绝对时间的概念,代之以唯物主义自然观,明确了空间与时间的相对性,创立了相对论,谱写了物理学的新篇章.

因此,我们不能因循守旧,迷信权威,要善于及时抓住新事物,改变观念,推动物理学的发展.

第三,要注意方法的掌握.科学家的创造性思维及正确科学方法的运用,是20世纪物理学取得一系列重大突破性成果的一个重要原因.物理学的研究方法系统、新颖,丰富多彩.仅就《大学物理学(第4版)》上册来讲,我们就用到(理想)模型法、隔离体法、矢量法、微元法、微积分法、量纲分析法、对称性方法、补偿法、类比法和科学假说,等等.要掌握好这些方法,除了要好好领悟教材内容外,还要通过做题目去摸索、去把握,下面我们简单地说一下模型法、类比法和科学假说.

物理学研究中发展出一种十分成功的研究方法,叫作"模型"研究方法.所谓"模型",并不一定指看得见、摸得着的实体模型,而是更广泛地指理论模型,如原子的"有核模型"、玻尔模型等.这实际上是一种抓主要矛盾的方法,任何复杂事物,总包含许多矛盾,但在一定条件下,必有一个矛盾是主要的,把它突显出来,暂时除去次要矛盾,便成了一个"模型".弄清楚主要矛盾后,再考虑次要矛盾,如此一级一级作近似,就逼近实际,而在每一步上,都可以用数学方法尽可能精确地加以研究,故模型法是物理学之所以能够最成功和最大量地运用数学的根本原因.

再看类比方法在科学发现和理论构建中的作用.所谓"类比方法",是根据两个或两类对象之间某些方面的相似性,而推出它们在其他方面也可能相似的一种逻辑思维方法.类比推理的客观基础是事物之间存在着普遍联系的本性.类比方法是科学研究中非常有创造性的思维方式,它在物理学发展中的作用、地位不容忽视.

例如,电磁学中电与磁的相似性(有相似公式和定律),不但反映了自然界的对称美,而且也说明电与磁之间有一种内在联系.法拉第正是从电与磁的对称性出发,由电能生磁大胆猜想磁能生电,经历近10年的艰苦实验研究,终于发现了电磁感应现象,继而建立了电磁感应定律.除了电与磁可类比外,力与电类比的例子也不少.如库仑定律与牛顿万有引力定律的相似;静电力的保守性与重力保守性的相似;电势能与重力势能的相似,等等.

科学假说是科学发展的重要形式.正如恩格斯在《自然辩证法》一书的札记中指出:"只要自然科学在思维着,它的发展形式就是假说.一个新的事实被观察到了,它使得过去用来说明和它同类的事实的方式就不中用了,从这一瞬间起,就需要新的说明方式了——它最初仅仅是以有限数量的事实和观察为基础的,进一步的观察材料会使这些假说纯化,取消一些,修正一些,直到最后纯粹地构成定律."

例如,对光的本性的认识,早在 1672 年,牛顿就提出了光的"微粒说",认为光由微粒组成,可解释光的反射、折射,但不能解释光的衍射和干涉现象.后来惠更斯提出光的"波动说",既可以解释反射、折射,也能够解释光的衍射,从此两个学说一直在争论中不断发展.直到 19 世纪初,在光的干涉、衍射实验的支持下,波动说才为人们普遍承认.到 19 世纪末,麦克斯韦和赫兹更肯定了光是电磁波.那时,光的波动说似乎完全占了上风.可是到了 20 世纪初,对光的本性的认识又有了一个螺旋式的上升.为了解释光电效应,1905 年爱因斯坦提出了"光量子"假说.到了 1917 年,爱因斯坦又提出了光子有动量的假说,并且提出了光的本性是波粒二重性.光的波粒二重性为一系列实验所支持.

另外,20 世纪初从普朗克提出能量量子化假说开始,经过爱因斯坦的光量子假说、玻尔的原子结构模型假说、德布罗意的物质波假说,直到描述微观粒子运动的薛定谔方程的建立,这是一个从量子论提出到量子力学诞生的大致过程,从中也充分体现了假说在物理学理论构建中的重要作用.当然,假说是否正确,还必须由进一步的实验来验证.

最后,要努力打好数学基础.笛卡儿说,科学的本质是数学.没有数学,科学是难以想象的,因为数学给科学以定量特征和预言能力.物理学是一门定量的科学,需要用数学来表达它的概念.16 和 17 世纪,经典力学创立和发展的过程,也正是物理科学数学化的过程,所以说,科学的"数学化"也是源自于物理学的榜样.科学数学化的要点有二:一是科学知识的演绎综合,即建立欧几里德式的公理化体系;二是科学规律的定量表达,即给物理量以严格的定义,并用数学公式表达出它们之间的关系.物理学离不开数学,同时数学也在物理学中找到了用武之地,两者相互促进,相得益彰.这一点,我们在这里就不多讲了.

第一章

质点运动学

自然界的一切物质,都处于永恒运动之中.运动是物质存在的形式,是物质的固有属性.物质的运动形式是多种多样的,物理学是研究物质运动中最普遍、最基本运动形式规律的一门学科.它包括机械运动、分子热运动、电磁运动、原子和原子核运动以及其他微观粒子运动等,其中又以机械运动最简单.力学就是研究物体机械运动的规律及其应用的学科.

力学分为运动学和动力学,其中只研究物体的位置随时间的变化而不究其原因的部分,称为运动学.本章讨论质点运动学,其主要内容为质点运动的描述和相对运动等.

§1-1 质点运动的描述

一、质点 参考系和坐标系

1. 质点

一个物体相对于另一个物体的位置,或者一个物体的某些部分相对于其他部分的位置,随时间而变化的过程,叫作机械运动.任何物体都有一定的大小、形状、质量和内部结构.一般说来,物体运动时,其内部各点的位置变化常是各不相同的,而且物体的大小和形状也可能发生变化.但在有些问题中,如能忽略这些影响,就可以**近似地把该物体看作一个只有质量而没有大小和形状的点,称为质点**.质点是一个理想模型,它可使问题大为简化.例如,研究地球绕太阳公转时,由于地球至太阳的平均距离约为地球半径的 10^4 倍,故地球上各点相对于太阳的运动可以认为是相同的,所以在研究地球公转时可以把地球当作质点;但是,在研究地球的自转时,显然就不能再把地球看作一个质点了. 由此可知,一个物体是否可以抽象为一个质点,应根据问题的具体情况而定.

应当指出,将物体视为质点,这种抽象的研究方法在实践上和理论上都是有重要意义的. 当我们所研究的运动物体不能视为质点时,可把整个物体看成是由许多质点所组成的,弄清这些质点的运动,就可以搞清楚整个物体的运动. 所以,研究质点的运动是研究一般物体运动的基础. 不仅如此,这种从客观实际中抽象出理想模型的方法,还是物理学研究中经常采用的一种科学思维方法. 例如,以后我们将要介绍的刚体、线性弹簧振子、理想气体、点电荷、无限长直导线、薄透镜、点光源、绝对黑体、原子的核模型等,都是理想模型. 值得注意的是,任何一个理想模型都有其适用条件,在一定条件下,它能否正确反映客观实际,还要通过实验来检验.

2. 参考系和坐标系

我们知道,物体的运动本身是绝对的,但是对于运动的描述却是相对的. **为了描述物体的位置和运动而事先选作标准的另一物体或彼此间无相对运动的物体群称为参考系.** 参考系的选择是任意的,在讨论地面附近物体的运动时,通常选择地面作为参考系.

为了对运动做出定量的描述,则必须在参考系上建立适当的坐标系. **坐标系实际上是由实物构成参考系的数学抽象.** 实际中常用的坐标系有直角坐标系、极坐标系、自然坐标系、柱面坐标系和球面坐标系等. 处理问题时,如果坐标系选择得当,则可以使运动的描述变得简便,处理问题的过程大为简化. 因此,在具体问题中,究竟选用什么坐标系,唯一的原则就是使分析问题简便.

当选定坐标系以后,矢量就可以用其在坐标轴上的分矢量来表示,而它的方向则可用正负号来表示. 已知矢量的坐标分矢量,其指向与所选坐标轴的正向相同时为正,反之为负. 未知矢量的未知分矢量可以暂不考虑其正负,只用一个代数符号(字母)代表它即可,计算其结果,它的量值连同方向(±,正负号)自然分明. 当用一个未知矢量表示另一个未知矢量时,也需要考虑正负号,其正负取决于二者的指向相同还是相反. 显然,用坐标分矢量来表示矢量,就可以以坐标分矢量的代数运算来代替矢量运算,这样就使计算简便得多.应该指出的是,坐标分矢量的正负号规则应与物理规律的原始方程配套使用.如在列方程(非求解方程)时,所写的不是原始方程的形式,而随意地将一些项移到了方程的另一边,却仍然套用上述正负号规则,这就会引起正负号的混乱,最终导致错误的结果,希望能引起注意.

二、位置矢量　运动方程　位移

1. 位置矢量

在如图 $1-1-1$ 所示的直角坐标系中,在时刻 t 质点 P 的位置可用位置矢量 r 来表示.**位置矢量简称位矢,它是一个有向线段,其始端位于坐标系的原点 O,末端则与质点 P 在时刻 t 的位置相重合.**从图 $1-1-1$ 中可以看出,位矢 r 在 Ox 轴、Oy 轴和 Oz 轴上的投影(即质点的坐标)分别为 x、y 和 z,所以,质点 P 在直角坐标系中的位置,既可以用位矢 r 来表示,也可用坐标 x、y、z 来表示.若以 i、j、k 分别表示 x、y、z 轴方向的单位矢量,则位矢可表示为

$$r = x\boldsymbol{i} + y\boldsymbol{j} + z\boldsymbol{k} \tag{1-1-1}$$

其大小 $r=\sqrt{x^2+y^2+z^2}$,位矢的方向余弦为

$$\cos\alpha = \frac{x}{r}, \cos\beta = \frac{y}{r}, \cos\gamma = \frac{z}{r}$$

应该指出的是,位矢与通常的矢量不同,位矢是一个与坐标原点选择有关的矢量.

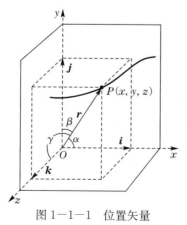

图 $1-1-1$　位置矢量

2. 运动方程

当质点运动时,它的位矢 $\boldsymbol{r}$ 是随时间而变化的(如图 $1-1-2$ 所示),因此,$\boldsymbol{r}$ 是时间 t 的函数,即

$$\boldsymbol{r}(t) = x(t)\boldsymbol{i} + y(t)\boldsymbol{j} + z(t)\boldsymbol{k} \qquad (1-1-2\text{a})$$

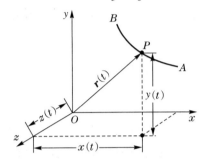

图 $1-1-2$　运动方程

这称为质点的**运动方程**.在直角坐标系中运动方程的分量式为

$$\begin{cases} x = x(t) \\ y = y(t) \\ z = z(t) \end{cases} \qquad (1-1-2\text{b})$$

式($1-1-2$b)可以看作质点运动沿坐标轴的分运动的表示式.

当质点被约束在一个二维平面(例如 Oxy 平面)内运动时,其运动方程为

$$\begin{cases} x = x(t) \\ y = y(t) \end{cases}$$

当质点被限定在一条直线(例如沿 x 轴)上运动时,其运动方程为

$$x = x(t)$$

质点运动时所经历点的空间轨迹,称为质点的运动轨道,轨道曲线的数学表示式称为轨道方程.很显然,运动方程就是轨道的参数(以时间 t 为参数)方程,从运动方程中消去时间参数 t,即可得到运动的轨道方程.

应当指出,运动学的重要任务之一就是找出各种具体运动所遵循的运动方程.

3. 位移

在如图 $1-1-3$ 所示的直角坐标系中,有一质点沿曲线从时刻 t_1 的点 A 运动到时刻 t_2 的点 B,质点由相对原点 O 的位矢 $\boldsymbol{r}_A$ 变化到 $\boldsymbol{r}_B$. 显然,在时间间隔 $\Delta t = t_2 - t_1$ 内,位矢的大小和方向都发生了变化. 我们将 $\boldsymbol{r}_B - \boldsymbol{r}_A = \Delta \boldsymbol{r}$ 称作在时间 Δt 内质点的位移矢量,简称位移. 它反映了在时间 Δt 内质点位矢的变化.

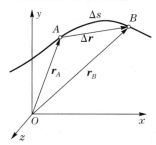

图 $1-1-3$　位移矢量

由式 $(1-1-2a)$ 可将 A、B 两点的位矢 $\boldsymbol{r}_A$ 与 $\boldsymbol{r}_B$ 分别写成

$$\boldsymbol{r}_A = x_A \boldsymbol{i} + y_A \boldsymbol{j} + z_A \boldsymbol{k}$$

$$\boldsymbol{r}_B = x_B \boldsymbol{i} + y_B \boldsymbol{j} + z_B \boldsymbol{k}$$

于是,位移 $\Delta \boldsymbol{r}$ 亦可写成

$$\Delta \boldsymbol{r} = \boldsymbol{r}_B - \boldsymbol{r}_A = (x_B - x_A)\boldsymbol{i} + (y_B - y_A)\boldsymbol{j} + (z_B - z_A)\boldsymbol{k}$$

$$(1-1-3a)$$

上式表明,它的位移等于在 Ox 轴、Oy 轴和 Oz 轴上位移的矢量和.

若质点在二维平面上运动,则在平面直角坐标系中其位移为

$$\Delta \boldsymbol{r} = (x_B - x_A)\boldsymbol{i} + (y_B - y_A)\boldsymbol{j} \qquad (1-1-3b)$$

在一维运动中,位移的方向可用正负号表示. 如位移 $\Delta x = x_B - x_A$,当 $\Delta x > 0$ 时,位移沿 x 轴正向;当 $\Delta x < 0$ 时,位移沿 x 轴负向.

应当注意,位移是描述质点位置变化的物理量,它只表示位置变化的实际效果,而不是质点所经历的路程. 如在图 $1-1-3$ 中,曲线所示的路径是质点实际运动的轨迹,轨迹的长度 Δs 才是质点所经历的路程. 路程 Δs 是标量,位移 $\Delta \boldsymbol{r}$ 是矢量. 当质点经一闭合路径回到原来的起始位置时,其位移为零,而路程则不为零. 所以,质点的位移和路程是两个完全不同的概念,只有在 Δt 取得很小的极限情

况下,位移的大小才可视为与路程没有区别,即

$$\lim_{\Delta t \to 0} |\Delta r| = |dr| = \lim_{\Delta t \to 0} \widehat{AB} = ds$$

三、速度 加速度

1. 速度

在力学中,只有当质点的位矢和速度同时被确定时,质点的运动状态才被完全确定. 所以,位矢和速度是描述质点运动状态的两个物理量.

当质点在时间 Δt 内,完成了位移 Δr 时,它的平均速度 $\overline{v}$ 定义为

$$\overline{v} = \frac{\Delta r}{\Delta t} \qquad (1-1-4)$$

可见,**平均速度就是质点在单位时间内的位移**,其方向与位移 Δr 的方向相同. 在一维运动中,平均速度 $\overline{v_x} = \dfrac{\Delta x}{\Delta t}$,方向用正负号表示即可. 应该注意的是,平均速度与所取区间有关,同一运动在不同区间的平均速度一般是不相同的.

当 $\Delta t \to 0$ 时,平均速度的极限值叫作瞬时速度（简称速度）,用 v 表示,即

$$v = \lim_{\Delta t \to 0} \frac{\Delta r}{\Delta t} = \frac{dr}{dt} \qquad (1-1-5)$$

可见,**速度等于位矢的时间变化率.**

在直角坐标系中,速度的正交分解式为

$$v = v_x + v_y + v_z = v_x \boldsymbol{i} + v_y \boldsymbol{j} + v_z \boldsymbol{k} = \frac{dx}{dt}\boldsymbol{i} + \frac{dy}{dt}\boldsymbol{j} + \frac{dz}{dt}\boldsymbol{k}$$

$$(1-1-6)$$

其中 $v_x = \dfrac{dx}{dt}$,$v_y = \dfrac{dy}{dt}$,$v_z = \dfrac{dz}{dt}$ 是速度 v 在 x、y、z 轴上的分量（即投影）,而 $\boldsymbol{v_x}$、$\boldsymbol{v_y}$、$\boldsymbol{v_z}$ 则分别表示速度 v 在 x、y、z 轴上的分速度,它们是分矢量. 应注意 v_x、v_y、v_z 与 $\boldsymbol{v_x}$、$\boldsymbol{v_y}$、$\boldsymbol{v_z}$ 之间的区别与联系.

由式（1-1-5）可知,速度的方向就是当 $\Delta t \to 0$ 时,位移 Δr 的极限方向. 从图 1-1-4 可以看出,位移 $\Delta r = \boldsymbol{AB}$ 是沿着割线 AB 的方向,当 Δt 逐渐减小而趋近于零时,B 点逐渐趋近于 A 点,相应地,割

线 AB 逐渐趋近于 A 点的切线,所以质点在某一点的速度方向就是沿该点曲线的切线方向并指向质点前进的方向. 这在日常生活中,经常可以观察到. 如在转动雨伞把柄时,就可以看到水滴沿伞边切线方向飞出.

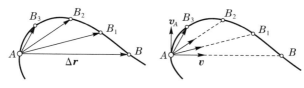

图 $1-1-4$ 速度的方向

速度的大小和方向余弦可分别表示为

$$v = \sqrt{v_x^2 + v_y^2 + v_z^2}$$

$$\cos\alpha = \frac{v_x}{v}, \cos\beta = \frac{v_y}{v}, \cos\gamma = \frac{v_z}{v}$$

在一维运动中,速度 $v_x = \dfrac{\mathrm{d}x}{\mathrm{d}t}$ 的方向,也可以用正负号表示.

通常,把速度 v 的大小称为速率,用 v 表示,即

$$v = |\boldsymbol{v}| = \left|\frac{\mathrm{d}\boldsymbol{r}}{\mathrm{d}t}\right| = \frac{\mathrm{d}s}{\mathrm{d}t} \tag{1-1-7}$$

这就是说,**速率的定义为路程的时间变化率**. 这里要特别指出的是,不能把 $\dfrac{\mathrm{d}r}{\mathrm{d}t}$ 当作速度的大小,亦即速率. 那么, $\dfrac{\mathrm{d}r}{\mathrm{d}t}$ 究竟是什么? 它的物理意义何在呢? 我们将在 §$1-2$ 中介绍平面极坐标时,再进行讨论.

2. 加速度

为了表示速度的变化,我们引入加速度的概念.

如图 $1-1-5$ 所示,质点在 Oxy 平面内做曲线运动. 设在时刻 t,质点位于点 A,其速度为 $\boldsymbol{v}_A$,在时刻 $t+\Delta t$,质点位于点 B,其速度为 $\boldsymbol{v}_B$,则在时间间隔 Δt 内,质点的速度增量为 $\Delta\boldsymbol{v} = \boldsymbol{v}_B - \boldsymbol{v}_A$,它的平均加速度为

$$\bar{\boldsymbol{a}} = \frac{\Delta\boldsymbol{v}}{\Delta t} \tag{1-1-8}$$

当 $\Delta t \rightarrow 0$ 时,平均加速度的极限值叫作瞬时加速度,简称加速

度,用 a 表示,即

$$a = \lim_{\Delta t \to 0} \frac{\Delta \boldsymbol{v}}{\Delta t} = \frac{\mathrm{d}\boldsymbol{v}}{\mathrm{d}t} = \frac{\mathrm{d}^2 \boldsymbol{r}}{\mathrm{d}t^2} \qquad (1-1-9)$$

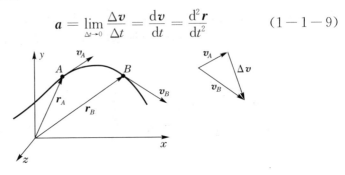

图 $1-1-5$　速度的增量

可见,**加速度等于速度的时间变化率或一阶导数**,也等于位矢对时间的二阶导数. 加速度是矢量,其方向是 $\Delta \boldsymbol{v}$ 的极限方向. 由图 $1-1-5$可见,$\Delta \boldsymbol{v}$ 的方向和它的极限方向一般并不在速度 $\boldsymbol{v}$ 的方向上,因而加速度的方向一般与该时刻速度的方向并不一致,由于 $\Delta \boldsymbol{v}$ 的极限方向总指向轨道曲线凹的一侧,所以,在曲线运动中,加速度总是指向轨道凹的一侧.

在直角坐标系中,加速度的正交分解式为

$$\boldsymbol{a} = \boldsymbol{a}_x + \boldsymbol{a}_y + \boldsymbol{a}_z = a_x \boldsymbol{i} + a_y \boldsymbol{j} + a_z \boldsymbol{k} \qquad (1-1-10)$$

其中,$a_x = \dfrac{\mathrm{d}v_x}{\mathrm{d}t} = \dfrac{\mathrm{d}^2 x}{\mathrm{d}t^2}$,$a_y = \dfrac{\mathrm{d}v_y}{\mathrm{d}t} = \dfrac{\mathrm{d}^2 y}{\mathrm{d}t^2}$,$a_z = \dfrac{\mathrm{d}v_z}{\mathrm{d}t} = \dfrac{\mathrm{d}^2 z}{\mathrm{d}t^2}$.加速度的大小和方向余弦可表示为

$$a = \sqrt{a_x^2 + a_y^2 + a_z^2}$$

$$\cos\alpha = \frac{a_x}{a}, \cos\beta = \frac{a_y}{a}, \cos\gamma = \frac{a_z}{a}$$

在一维运动的情况下,加速度 $a_x = \dfrac{\mathrm{d}v_x}{\mathrm{d}t} = \dfrac{\mathrm{d}^2 x}{\mathrm{d}t^2}$,其方向与速度方向在同一直线上,可用正负号来表示.$a_x > 0$,其方向沿 x 轴正向;$a_x < 0$,其方向沿 x 轴负向.注意:$a_x < 0$ 时,质点不一定就做减速运动. v 与 a 同号,质点做加速运动;v 与 a 异号,质点才做减速运动.

例 $1-1-1$　设质点的运动方程为 $x = 6t^2 - 2t^3$,x 的单位为 m,t 的单位为 s,试求:

(1)第 2 秒时间内的平均速度;

(2)第 3 秒末的速度；

(3)第 1 秒末的加速度；

(4)该质点做什么类型的运动？

解 将运动方程分别对时间求一阶导数和二阶导数，即得速度和加速度表示式为

$$v = \frac{\mathrm{d}x}{\mathrm{d}t} = 12t - 6t^2$$

$$a = \frac{\mathrm{d}^2 x}{\mathrm{d}t^2} = 12 - 12t$$

(1)第 2 秒内的平均速度为

$$\bar{v} = \frac{\Delta x}{\Delta t} = \frac{x_2 - x_1}{t_2 - t_1} = \frac{(6t^2 - 2t^3)\big|_{t=2} - (6t^2 - 2t^3)\big|_{t=1}}{2-1} = 4(\mathrm{m \cdot s^{-1}})$$

(2)第 3 秒末的速度

$$v = (12t - 6t^2)\big|_{t=3} = -18(\mathrm{m \cdot s^{-1}})$$

请问：速度为负值是否意味着物体做减速运动？减速运动是以什么为特征表示的？

(3)第 1 秒末的加速度

$$a = (12 - 12t)\big|_{t=1} = 0$$

(4)因为 a 是 t 的函数，且位移仅限于 x 方向，所以此运动是变加速直线运动.

由此题可见，知道了运动方程，也就掌握了物体运动的全貌.因此，运动方程在力学中占有很重要的地位.另外，在求平均速度时，能否用公式 $\bar{v} = \frac{v_2 + v_1}{2}$ 进行计算？请思考.

现在我们把这个例题反过来，若已知质点运动的加速度 $a = 12 - 12t$ 和初始状态：$t=0$ 时，$x_0 = 0$，$v_0 = 0$，求运动方程.

解 由 $a = \frac{\mathrm{d}v}{\mathrm{d}t}$，有

$$\mathrm{d}v = a\mathrm{d}t$$

将上式两边积分

$$\int_0^v \mathrm{d}v = \int_0^t a\mathrm{d}t = \int_0^t (12 - 12t)\mathrm{d}t$$

解得

$$v = 12t - 6t^2$$

再由 $v = \dfrac{\mathrm{d}x}{\mathrm{d}t}$，有

$$\mathrm{d}x = v\mathrm{d}t$$

两边积分

$$\int_0^x \mathrm{d}x = \int_0^t v\mathrm{d}t = \int_0^t (12t - 6t^2)\mathrm{d}t$$

由此解得质点的运动方程为

$$x = 6t^2 - 2t^3$$

由上例可知，求解运动学问题，概括来说有两类基本问题.第一类问题是已知运动方程，通过对它求导来计算质点的速度和加速度，这是计算速度和加速度的一种基本方法.第二类问题是已知质点的加速度（或速度）和初始条件（$t=0$ 时的速度和位矢），通过积分运算来计算质点的速度或位矢（即运动方程），这是计算速度或位矢的另一种基本方法.

例 1-1-2 一跳伞运动员在跳伞过程中的加速度 $a=A-Bv$（式中 A、B 均为大于 0 的常量，v 为任意时刻的速度）.设初始时刻的速度为 0，求任意时刻的速度表达式和运动方程.

解 本题已知加速度求速度和运动方程，隶属于第二类问题.取运动员下落位置为坐标原点 O，建立坐标轴 Ox，并取竖直向下为正方向，由题意知，

$$a = \frac{\mathrm{d}v}{\mathrm{d}t} = A - Bv$$

分离变量求积分，得

$$\int_0^v \frac{\mathrm{d}v}{A - Bv} = \int_0^t \mathrm{d}t$$

利用积分公式 $\displaystyle\int \frac{\mathrm{d}x}{a+bx} = \frac{1}{b}\ln(a+bx)+C$ 求解上式，即得速度表达式为

$$v = \frac{A}{B}(1 - \mathrm{e}^{-Bt})$$

再由 $v = \dfrac{\mathrm{d}x}{\mathrm{d}t}$，有 $\mathrm{d}x = v\mathrm{d}t$，进行积分，得

$$\int_0^x \mathrm{d}x = \int_0^t v\mathrm{d}t = \int_0^t \frac{A}{B}(1-\mathrm{e}^{-Bt})\mathrm{d}t$$

即有

$$x = \frac{A}{B}t - \frac{A}{B}\int_0^t \mathrm{e}^{-Bt}\mathrm{d}t$$

再利用积分公式 $\int \mathrm{e}^{av}\mathrm{d}v = \dfrac{\mathrm{e}^{av}}{a}+C$，可解得 x 随时间 t 的变化规律为

$$x = \frac{A}{B}t - \frac{A}{B}\frac{\mathrm{e}^{-Bt}}{-B} + \frac{A}{B}\frac{1}{-B} = \frac{A}{B}t - \frac{A}{B^2}(1-\mathrm{e}^{-Bt})$$

此即为跳伞运动员的运动方程.

例 1—1—3 河宽为 d，靠岸处水流速度为零，中流的流速最快，为 v_0. 从岸边到中流，流速按正比增大. 某人乘船以不变的划速 u 垂直于水流方向离岸划去，求船的轨迹.

解 以河岸为参考系，选取固定于河岸的坐标系. x 轴沿水流方向，y 轴横断河身，原点取在河岸小船的出发点处，如图 1—1—6 所示.

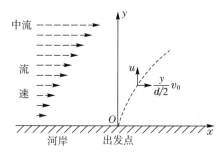

图 1—1—6 例 1—1—3 用图

小船速度的 y 分量即是划速 u，x 分量是漂移速度（亦即水流速度）. 在中流即 $y = \dfrac{d}{2}$ 处，水流速度为 v_0；小船划到中流之前，水流速度与小船的坐标 y 成正比，即等于 $\dfrac{2v_0}{d}y$. 这样，小船的速度可表示为

$$v_x = \frac{\mathrm{d}x}{\mathrm{d}t} = \frac{2v_0}{d}y \qquad\qquad ①$$

$$v_y = \frac{\mathrm{d}y}{\mathrm{d}t} = u \qquad\qquad ②$$

既然知道了小船在各个瞬时的速度,运用积分法就可求出小船在各个瞬时的位置.但①式中包含着未知的 $y(t)$,不能直接积分出来.先将②式积分,考虑到初始条件:$t_0 = 0$,$y_0 = 0$,则有

$$y(t) = \int_0^t v_y \mathrm{d}t = ut \qquad\qquad ③$$

将③式代入①式,并进行积分.考虑到初始条件:$t_0 = 0$,$x_0 = 0$,则有

$$x(t) = \int_0^t v_x \mathrm{d}t = \int_0^t \frac{2v_0}{d}ut\,\mathrm{d}t = \frac{v_0 u}{d}t^2 \qquad\qquad ④$$

③式和④式,就是小船的运动方程,它们也是小船轨道的参数方程.联立③式和④式,消去时间 t,得轨道方程

$$x = \frac{v_0}{ud}y^2 \qquad\qquad ⑤$$

这是抛物线,如图 1-1-6 中虚线所示.

这里必须指出,小船并不始终沿着抛物线⑤式运动,因为①式只适用于小船划过中流之前,即 $y \leqslant \dfrac{d}{2}$ 时才成立.

小船划过中流之后的轨迹,可根据对称性得出.请思考.

试问:小船划到对岸时,它沿 x 轴方向走过多长距离?

由③式可知,小船由岸边到中流所花费的时间为

$$t = \frac{y}{u} = \frac{d/2}{u} = \frac{d}{2u}$$

在这段时间内小船沿 x 轴方向运动的距离,由④式可得

$$x_1 = \frac{v_0 d}{4u}$$

由于 v_x 的空间分布具有对称性,所以小船由中流到对岸的过程中,沿 x 轴方向运动的距离与 x_1 相同,故小船划到对岸时,沿 x 轴方向走过的距离为

$$x = 2x_1 = \frac{v_0 d}{2u}$$

显然,对称性的分析和应用,使问题的求解变得简单.请读者自己分析总结,并注意这一方法的应用.

§1-2 圆周运动

圆周运动是曲线运动的一个重要特例. 研究圆周运动以后, 再研究一般曲线运动, 就比较方便. 物体绕定轴转动时, 物体中每个质点做的都是圆周运动, 所以, 圆周运动又是研究物体转动的基础.

一、圆周运动的描述

当质点在圆周上运动时, 取平面直角坐标系 Oxy, 坐标原点 O 通常都取在圆轨道的圆心, 如图 $1-2-1$ 所示. 设质点 t 时刻在 A 点, $t+\Delta t$ 时刻运动到 B 点, 其位矢分别为 r_A 和 r_B, 则位移为 $\Delta r = r_B - r_A$. 由第一节式 $(1-1-5)$ 和 $(1-1-9)$ 可得其速度和加速度分别为

$$v = \frac{\mathrm{d}r}{\mathrm{d}t}$$

$$a = \frac{\mathrm{d}v}{\mathrm{d}t} = \frac{\mathrm{d}^2 r}{\mathrm{d}t^2}$$

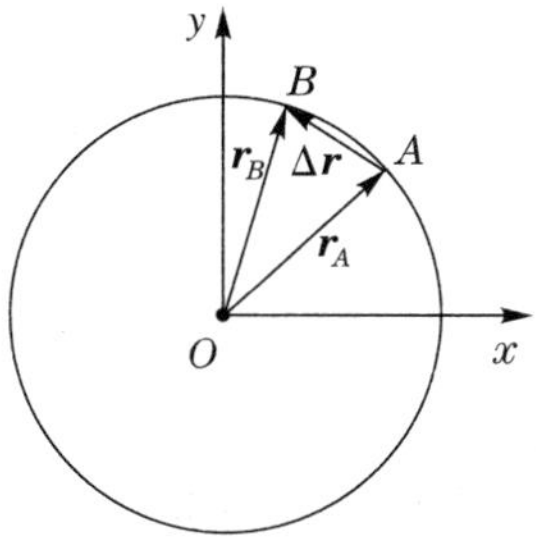

图 1-2-1 质点在平面上做圆周运动

在讨论圆周运动及曲线运动时, 我们经常采用自然坐标系. 所谓自然坐标系, 就是将轨道的切线和法线作为坐标轴的坐标系. 习惯上常取质点前进的方向作为切向的正方向, 用 e_t 表示其单位矢量, 将指向轨道曲率中心的方向作为法向的正方向, 用 e_n 表示其单位矢量. 显然, 自然坐标系是一个流动坐标系. 在自然坐标系中, 质点的速度 v 可表示为

$$v = v e_t$$

一般说来,质点做圆周运动时,不仅速度的方向要改变,而且速度的大小也会改变.加速度 $\boldsymbol{a}$ 可由上式对时间求导数得出,即

$$\boldsymbol{a} = \frac{\mathrm{d}}{\mathrm{d}t}(v\boldsymbol{e}_t) = \frac{\mathrm{d}v}{\mathrm{d}t}\boldsymbol{e}_t + v\frac{\mathrm{d}\boldsymbol{e}_t}{\mathrm{d}t}$$

由图 1-2-2(b)可见,当 $\Delta t \to 0$ 时,$\Delta\theta$ 亦趋于零,这时 $\Delta\boldsymbol{e}_t$ 这个矢量的方向趋于垂直于 $\boldsymbol{e}_t$ 并指向圆心,所以 $\mathrm{d}\boldsymbol{e}_t$ 和 $\boldsymbol{e}_n$ 的方向一致.因为单位矢量 $\boldsymbol{e}_t$ 的长度为 1,所以 $\mathrm{d}\boldsymbol{e}_t$ 的大小为 $|\boldsymbol{e}_t|\mathrm{d}\theta = \mathrm{d}\theta$,于是 $\mathrm{d}\boldsymbol{e}_t = \mathrm{d}\theta$ $\boldsymbol{e}_n$,因而

$$\frac{\mathrm{d}\boldsymbol{e}_t}{\mathrm{d}t} = \frac{\mathrm{d}\theta}{\mathrm{d}t}\boldsymbol{e}_n = \frac{\mathrm{d}(r\theta)}{r\mathrm{d}t}\boldsymbol{e}_n = \frac{1}{r}\frac{\mathrm{d}s}{\mathrm{d}t}\boldsymbol{e}_n = \frac{v}{r}\boldsymbol{e}_n$$

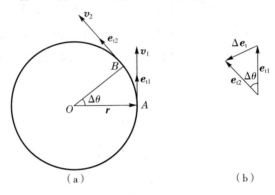

(a)   (b)

图 1-2-2 切向单位矢量的时间变化率 $\mathrm{d}\boldsymbol{e}_t/\mathrm{d}t$

代入 $\boldsymbol{a}$ 的表示式,即得

$$\boldsymbol{a} = \frac{\mathrm{d}v}{\mathrm{d}t}\boldsymbol{e}_t + \frac{v^2}{r}\boldsymbol{e}_n = a_t\boldsymbol{e}_t + a_n\boldsymbol{e}_n = \boldsymbol{a}_t + \boldsymbol{a}_n \quad (1-2-1)$$

切向加速度 $\boldsymbol{a}_t$ 的大小 $\dfrac{\mathrm{d}v}{\mathrm{d}t}$ 表示质点速度大小变化的快慢,法向加速度 $\boldsymbol{a}_n$ 的大小 $\dfrac{v^2}{r}$ 表示质点速度方向变化的快慢.

总加速度 $\boldsymbol{a}$ 的大小为

$$a = \sqrt{a_t^2 + a_n^2} = \sqrt{\left(\frac{\mathrm{d}v}{\mathrm{d}t}\right)^2 + \left(\frac{v^2}{r}\right)^2}$$

方向可用它和 $\boldsymbol{e}_t$ 间的夹角 φ 来表示(如图 1-2-3 所示),即

$$\varphi = \arctan\frac{a_n}{a_t}$$

这里顺便介绍一种计算 a_t 和 a_n 比较方便的方法.将式(1-2-1)

两边点乘 e_t,并考虑 $v=ve_t$ 和 $a^2=a_t^2+a_n^2$,可以得到

$$\begin{cases} a_t = \dfrac{\boldsymbol{a} \cdot \boldsymbol{v}}{v} \\ a_n = \sqrt{a^2 - a_t^2} \end{cases}$$

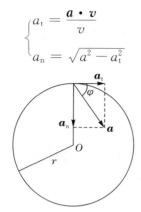

图 1-2-3 变速圆周运动的加速度

由此可见,当质点的运动方程 $\boldsymbol{r}=\boldsymbol{r}(t)$ 已知时,通过逐次求导即可求得 $\boldsymbol{v}$ 和 $\boldsymbol{a}$,代入上式即可得到 a_t 和 a_n. 这种方法的优点在于,既不必画图,又不必知道速度与加速度之间的夹角及轨道的曲率半径. 我们知道,求轨道的曲率半径是一件比较麻烦的事.

例 1-2-1 质点在 Oxy 平面内运动,其运动方程为 $\boldsymbol{r}=3.0t\boldsymbol{i}+(19.0-2.0t^2)\boldsymbol{j}$,求 $t=1.0$ s 时质点处的曲率半径.

解 对质点运动方程逐次求导,得

$$\boldsymbol{v} = \frac{\mathrm{d}\boldsymbol{r}}{\mathrm{d}t} = 3.0\boldsymbol{i} - 4.0t\boldsymbol{j}$$

$$\boldsymbol{a} = \frac{\mathrm{d}\boldsymbol{v}}{\mathrm{d}t} = -4.0\boldsymbol{j}$$

则

$$a_t = \frac{\boldsymbol{a} \cdot \boldsymbol{v}}{v} = \frac{-4.0\boldsymbol{j} \cdot (3.0\boldsymbol{i} - 4.0t\boldsymbol{j})}{\sqrt{3.0^2 + 4.0^2 t^2}}$$

$t=1.0$ s 时,$a_t=3.2$ m·s^{-2}

$$a_n = \sqrt{a^2 - a_t^2} = \sqrt{(-4.0)^2 - 3.2^2} = 2.4 (\text{m·s}^{-2})$$

由向心加速度的公式,即得 $t=1.0$ s 时质点处的曲率半径为

$$\rho = \frac{v^2}{a_n} = \frac{5.0^2}{2.4} = 10.4 (\text{m})$$

质点运动时,如果只有法向加速度,没有切向加速度,那么速度只改变方向不改变大小,这就是匀速率曲线运动(是否一定是匀速

率圆周运动?);如果只有切向加速度,没有法向加速度,那么,速度只改变大小不改变方向,这就是变速直线运动;如果同时有切向加速度和法向加速度,那么速度的大小和方向将同时改变,这正是一般曲线运动的特征.

二、平面极坐标

设一质点在如图 $1-2-4$ 所示的 Oxy 平面内运动,某时刻它位于 A 点.它相对原点 O 的位矢 r 与 Ox 轴之间的夹角为 θ,于是,质点在 A 点的位置可由 (r,θ) 来确定.这种以 (r,θ) 为坐标的坐标系称为平面极坐标系.在平面直角坐标系内 A 点的坐标为 $(x,$ $y)$.这两种坐标系的坐标之间的变换关系为

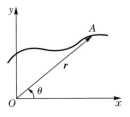

图 $1-2-4$ 平面极坐标

$$\begin{cases} x = r\cos\theta \\ y = r\sin\theta \end{cases}$$

在极坐标中,质点的运动方程可表示为

$$\begin{cases} r = r(t) \\ \theta = \theta(t) \end{cases} \qquad (1-2-2)$$

曲线运动的质点,其位矢可以写成 $\boldsymbol{r}=r\boldsymbol{r}_0$,其中 r 是位矢的大小,$\boldsymbol{r}_0$ 是径向单位矢量.质点在运动过程中,r 和 $\boldsymbol{r}_0$ 均随时间变化,所以质点运动的速度为

$$\boldsymbol{v} = \frac{\mathrm{d}\boldsymbol{r}}{\mathrm{d}t} = \frac{\mathrm{d}r}{\mathrm{d}t}\boldsymbol{r}_0 + r\frac{\mathrm{d}\boldsymbol{r}_0}{\mathrm{d}t}$$

式中第一项反映位矢大小的变化率,方向沿径向;第二项中 $\boldsymbol{r}_0$ 的微小增量 $\mathrm{d}\boldsymbol{r}_0$ 只是由于 $\boldsymbol{r}_0$ 的方向变化所产生的,图 $1-2-5$ 表示径向单位矢量 $\boldsymbol{r}_0$ 的矢端在随时间变化过程中所描绘出的以单位长度为半径的圆周,在 $\mathrm{d}t$ 时间内,$\boldsymbol{r}_0$ 变为 $\boldsymbol{r}_0+\mathrm{d}\boldsymbol{r}_0$,若 $\mathrm{d}t\to0$,则 $\mathrm{d}\theta\to0$,故 $\mathrm{d}\boldsymbol{r}_0$ 的方向垂直于 $\boldsymbol{r}_0$(沿横向),$\mathrm{d}\boldsymbol{r}_0$ 的大小为 $\mathrm{d}\theta$,$\mathrm{d}\theta$ 为 $\boldsymbol{r}_0$ 在 $\mathrm{d}t$ 时间内转过的角度.若用 $\boldsymbol{\theta}_0$ 表示横向的单位矢量,则

$$\frac{\mathrm{d}\boldsymbol{r}_0}{\mathrm{d}t} = \frac{\mathrm{d}\theta}{\mathrm{d}t}\boldsymbol{\theta}_0$$

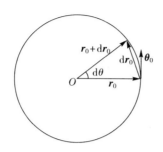

图 1-2-5　单位矢量的时间变化率$\dfrac{\mathrm{d}\boldsymbol{r}_0}{\mathrm{d}t}$

这就是说,在一般曲线运动中,速度可以分解为径向分量 $\boldsymbol{v}_r$ 和横向分量 $\boldsymbol{v}_\theta$,如图 1-2-6 所示,即

$$\boldsymbol{v} = \boldsymbol{v}_r + \boldsymbol{v}_\theta = \frac{\mathrm{d}r}{\mathrm{d}t}\boldsymbol{r}_0 + r\frac{\mathrm{d}\theta}{\mathrm{d}t}\boldsymbol{\theta}_0 \qquad (1-2-3)$$

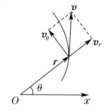

图 1-2-6　速度在平面极坐标中分解

由此我们清楚地看到,$\dfrac{\mathrm{d}r}{\mathrm{d}t}$ 不是速度 $\boldsymbol{v}$ 的大小,它只是速度的径向分量.

三、圆周运动的角量描述

设一质点在平面 Oxy 内,绕原点 O 做圆周运动. 如果在时刻 t,质点在 A 点,半径 OA 与 x 轴成 θ 角,显然 θ 是时间的函数,将 $\theta(t)$ 称为角坐标. 在时刻 $t+\Delta t$,质点到达 B 点,半径 OB 与 x 轴成 $\theta+\Delta\theta$ 角,如图 1-2-7所示. 也就是说,在 Δt 时间内,质点转过角度 $\Delta\theta$,这 $\Delta\theta$ 角叫作

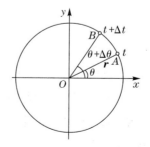

图 1-2-7　圆周运动的角量描述

质点对 O 点的角位移.角位移不但有大小,而且有转向.一般规定沿逆时针转向的角位移取正值,沿顺时针转向的角位移取负值.

仿照§1−1中的平均速度、速度、平均加速度、加速度的表示,这里有

$$\text{平均角速度} \qquad \bar{\omega} = \frac{\Delta\theta}{\Delta t} \qquad (1-2-4)$$

$$\text{角速度} \qquad \omega = \frac{\mathrm{d}\theta}{\mathrm{d}t} \qquad (1-2-5)$$

$$\text{平均角加速度} \qquad \bar{\beta} = \frac{\Delta\omega}{\Delta t} \qquad (1-2-6)$$

$$\text{角加速度} \qquad \beta = \frac{\mathrm{d}\omega}{\mathrm{d}t} = \frac{\mathrm{d}^2\theta}{\mathrm{d}t^2} \qquad (1-2-7)$$

质点做匀变速率圆周运动时,其角加速度 $\beta=$ 常量,故圆周上某点的切向加速度的值为 $a_t = \frac{\mathrm{d}v}{\mathrm{d}t} = \frac{\mathrm{d}(r\omega)}{\mathrm{d}t} = r\frac{\mathrm{d}\omega}{\mathrm{d}t} = r\beta$,也是常量;而法向加速度的值为 $a_n = \frac{v^2}{r} = r\omega^2$,不是常量.于是匀变速率圆周运动的加速度为

$$\boldsymbol{a} = \boldsymbol{a}_t + \boldsymbol{a}_n = r\beta\boldsymbol{e}_t + r\omega^2\boldsymbol{e}_n \qquad (1-2-8)$$

若 $t=0$ 时,$\theta = \theta_0$,$\omega = \omega_0$,则由 $\beta = \frac{\mathrm{d}\omega}{\mathrm{d}t}$ 和 $\omega = \frac{\mathrm{d}\theta}{\mathrm{d}t}$,用积分的方法可得

$$\omega = \omega_0 + \beta t$$

$$\theta = \theta_0 + \omega_0 t + \frac{1}{2}\beta t^2 \qquad (1-2-9)$$

$$\omega^2 = \omega_0^2 + 2\beta(\theta - \theta_0)$$

式(1−2−9)与在中学物理学过的匀变速直线运动的公式在形式上完全相似.

例 1−2−2 半径 $r=0.2$ m 的飞轮,可绕 O 轴转动,如图 1−2−8 所示.已知轮缘上任一点 M 的运动学方程为 $\varphi = -t^2 + 4t$,式中 φ 和 t 的单位分别为弧度(rad)和秒(s),试求 $t=1$ s 时,M 点

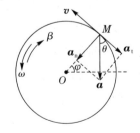

图 1−2−8　例 1−2−2 用图

的速度和加速度.

解 这是运动学的第一类问题.飞轮转动时,M 点将做半径为 r 的圆周运动,其角速度和角加速度分别为

$$\omega = \frac{\mathrm{d}\varphi}{\mathrm{d}t} = -2t + 4 (\mathrm{rad} \cdot \mathrm{s}^{-1})$$

$$\beta = \frac{\mathrm{d}\omega}{\mathrm{d}t} = -2 (\mathrm{rad} \cdot \mathrm{s}^{-2})$$

当 $t = 1 \mathrm{s}$ 时,M 点的速度为

$$v = r\omega = 0.2 \times (-2 \times 1 + 4) = 0.4 (\mathrm{m} \cdot \mathrm{s}^{-1})$$

v 的方向沿 M 点的切线方向,指向如图 1-2-8 所示.M 点的切向加速度为

$$a_{\mathrm{t}} = r\beta = 0.2 \times (-2) = -0.4 (\mathrm{m} \cdot \mathrm{s}^{-2})$$

法向加速度为

$$a_{\mathrm{n}} = r\omega^2 = 0.2 \times (-2 \times 1 + 4)^2 = 0.8 (\mathrm{m} \cdot \mathrm{s}^{-2})$$

加速度为

$$a = \sqrt{a_{\mathrm{t}}^2 + a_{\mathrm{n}}^2} = \sqrt{(-0.4)^2 + (0.8)^2} = 0.89 (\mathrm{m} \cdot \mathrm{s}^{-2})$$

$$\tan\theta = \left| \frac{a_{\mathrm{n}}}{a_{\mathrm{t}}} \right| = \frac{\omega^2}{|\beta|} = \frac{(-2 \times 1 + 4)^2}{|-2|} = 2, \quad \theta = 63.4°$$

从计算结果可知,飞轮转动时,M 点的 β,a_{t} 均为常量,这表明 M 点做匀变速圆周运动.还可以看出,在 $0 \leqslant t < 2 \mathrm{s}$ 内 ω 为正,β 为负;v 为正,a_{t} 为负,即 M 点做匀减速圆周运动.当 $t = 2 \mathrm{s}$ 时,$\omega = 0$,$v = 0$. 当 $t > 2 \mathrm{s}$ 时,M 点沿顺时针方向做匀加速圆周运动.

例 1-2-3 一质点做半径为 $R = 1 \mathrm{m}$ 的圆周运动,已知路程与时间的关系是 $s = t^2$,求 $t = 1 \mathrm{s}$ 时该质点的 v 和 a.

解 按定义,速率为 $v = \frac{\mathrm{d}s}{\mathrm{d}t} = 2t$. 所以速度的大小为 $2t$,方向沿圆周的切线方向.

切向加速度为

$$a_{\mathrm{t}} = \frac{\mathrm{d}v}{\mathrm{d}t} = 2 (\mathrm{m} \cdot \mathrm{s}^{-2})$$

法向加速度为

$$a_{\mathrm{n}} = \frac{v^2}{R} = \frac{(2t)^2}{R} = \frac{4t^2}{R}$$

总加速度的大小为

$$a = \sqrt{a_t^2 + a_n^2} = 2\sqrt{1 + \frac{4t^4}{R^2}}$$

$\boldsymbol{a}$ 的方向可由 $\boldsymbol{a}$ 与 $\boldsymbol{v}$ 之间的夹角 θ 给出,即

$$\tan\theta = \frac{a_n}{a_t} = \frac{2t^2}{R}$$

当 $t = 1\,\text{s}$ 时,$v_1 = 2\,\text{m}\cdot\text{s}^{-1}$,方向沿圆周的切线方向.

$$a = 2\sqrt{5}\,\text{m}\cdot\text{s}^{-2}, \quad \tan\theta = 2, \quad \theta = 63.4°$$

这里需要指出的是,求解本题常犯的错误是认为加速度的大小 $a = \dfrac{\mathrm{d}v}{\mathrm{d}t} = \dfrac{\mathrm{d}^2 s}{\mathrm{d}t^2} = 2\,\text{m}\cdot\text{s}^{-2}$. 这是忽视了法向加速度对总加速度的贡献. 其原因在于对速率、加速度的概念理解不深,对解决曲线问题不熟悉,又不加分析地用直线运动的概念去解决曲线运动问题. 物理概念是物理思维的基础,因此首先必须搞清楚物理概念.

例 1—2—4 在离水面高度为 h 的岸边,有人用绳拉船靠岸,船在离岸边 x 距离处. 如图 1—2—9 所示. 当人以 v_0 的速率收绳时,试求船在任一时刻的速度和加速度.

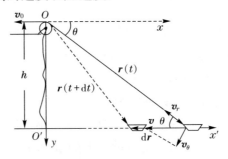

图 1—2—9　例 1—2—4 用图

解　(1)求速度.

[方法一]　用微元法求解.

取滑轮所在处为坐标原点 O,建立如图 1—2—9 所示的平面极坐标系,则船在 t 时刻的位矢为 $\boldsymbol{r}(t)$,经过 $\mathrm{d}t$ 时间后船的位矢为 $\boldsymbol{r}(t+\mathrm{d}t)$. $\mathrm{d}t$ 时间内船的微小位移为

$$\mathrm{d}\boldsymbol{r} = \boldsymbol{r}(t+\mathrm{d}t) - \boldsymbol{r}(t)$$

$\mathrm{d}\boldsymbol{r}$ 的方向沿水平向左. 在极坐标中,船速 $\boldsymbol{v}$ 可以分解为径向速度和

横向速度,即

$$\boldsymbol{v} = \frac{\mathrm{d}\boldsymbol{r}}{\mathrm{d}t} = \boldsymbol{v}_r + \boldsymbol{v}_\theta$$

反映矢径长度变化的径向速度也就是收绳速度 v_0,即

$$v_r = \frac{\mathrm{d}r}{\mathrm{d}t} = -v_0$$

这里的负号是因为收绳过程中绳子变短所致. 由图 $1-2-9$ 可知,船速为

$$v = -\frac{v_0}{\cos\theta}$$

[方法二] 用几何关系求解.

以岸为参考系,建立坐标轴 $O'x'$,由图 $1-2-9$ 可知船的位置坐标

$$x' = (r^2 - h^2)^{1/2}$$

故船速

$$v = \frac{\mathrm{d}x'}{\mathrm{d}t} = \frac{\mathrm{d}x'}{\mathrm{d}r}\frac{\mathrm{d}r}{\mathrm{d}t} = \frac{\sqrt{h^2 + x'^2}}{x'}\frac{\mathrm{d}r}{\mathrm{d}t}$$

式中,r 为绳至岸上滑轮的长度,$\dfrac{\mathrm{d}r}{\mathrm{d}t}$ 即为拉船的速度. 由于 $\mathrm{d}r < 0$,故 $\dfrac{\mathrm{d}r}{\mathrm{d}t} = -v_0$,代入上式,得

$$v = -\frac{\sqrt{h^2 + x'^2}}{x'}v_0 = -\frac{v_0}{\cos\theta}$$

负号表示船的速度沿 x' 轴负向.

[方法三] 在直角坐标系中求解.

建立平面直角坐标系 Oxy,如图 $1-2-9$ 所示. 船的位矢

$$\boldsymbol{r} = x\boldsymbol{i} + y\boldsymbol{j}$$

船速

$$\boldsymbol{v} = \frac{\mathrm{d}\boldsymbol{r}}{\mathrm{d}t} = \frac{\mathrm{d}x}{\mathrm{d}t}\boldsymbol{i}$$

而

$$\frac{\mathrm{d}x}{\mathrm{d}t} = \frac{\mathrm{d}}{\mathrm{d}t}\sqrt{r^2 - h^2} = -v_0\frac{r}{\sqrt{r^2 - h^2}} = -\frac{v_0}{\cos\theta}$$

所以船速为

$$\boldsymbol{v} = -\frac{v_0}{\cos\theta}\boldsymbol{i}$$

(2)求加速度.

由于船沿水面做直线运动,故船的加速度可以表示为 $a = \dfrac{\mathrm{d}v}{\mathrm{d}t}$,又

$$v = -\frac{v_0}{\cos\theta} = -\frac{\sqrt{x^2+h^2}}{x}v_0$$

所以

$$a = \frac{\mathrm{d}v}{\mathrm{d}t} = -\left(\frac{1}{\sqrt{x^2+h^2}} - \frac{\sqrt{x^2+h^2}}{x^2}\right)\frac{\mathrm{d}x}{\mathrm{d}t}v_0$$

而

$$\frac{\mathrm{d}x}{\mathrm{d}t} = v = -\frac{\sqrt{x^2+h^2}}{x}v_0$$

故

$$a = \frac{\mathrm{d}v}{\mathrm{d}t} = -\frac{h^2 v_0^2}{x^3}$$

式中,负号表明加速度的方向沿 x 轴负向.

这里需要指出两点:

(1)坐标系选定以后,矢量就可以用其坐标分量来表示. 矢量的坐标分量也是矢量,其方向可以用正负号来表明,它的正负表明其方向与坐标轴的正向相同或相反. 该例中 $v < 0, a < 0$,说明 v 与 a 均与 x 轴正向相反. 要注意,看到 $a < 0$,不能就认为它一定是减速运动,而要看它与速度同向还是反向. 同向加速,反向减速.

(2)本例是一个说明径向速度概念的典型实例. 弄清楚了径向速度 $v_r = \dfrac{\mathrm{d}r}{\mathrm{d}t}$ 的物理内涵,也就弄清楚了 $\left|\dfrac{\mathrm{d}\boldsymbol{r}}{\mathrm{d}t}\right|$ 与 $\dfrac{\mathrm{d}r}{\mathrm{d}t}$ 的区别,从而明确 $\dfrac{\mathrm{d}r}{\mathrm{d}t}$ 只是速度的一个分量,它并不等于质点运动的速率. 因此,必须分清楚什么是总速度,什么是分速度.

§1—3　相对运动

我们知道,运动本身是绝对的、永恒的,但人们对于运动的描述却是相对的.同一运动在不同参考系中的描述结果是不相同的.在实际问题的研究中,有时测量所得或已知的是物体相对某一个参考系的运动,但希望知道的却是它相对另外一个参考系的运动.这就是说,我们常常需要把运动在一个参考系中的描述变换到另外一个参考系中去,这就需要研究两个参考系之间的变换关系.

一、经典力学的平动坐标系变换

上面所提出的问题涉及两个参考系,我们可以把其中一个参考系作为基本参考系,通常选地面作为基本参考系,用 K 表示;而把相对于基本参考系运动的另一参考物称为运动参考系,用 K' 表示.物体相对于 K 系的运动称为绝对运动,相应的速度称为绝对速度,以 v 表示;物体相对于 K' 系的运动称为相对运动,相应的速度称为相对速度,以 v' 表示;K' 系相对于 K 系的运动称为牵连运动,相应的速度称为牵连速度,以 u 表示.在本课程的范围内,我们仅限于研究牵连运动为平动的情形.

设 K 系和 K' 系的相应坐标轴始终保持平行(即牵连运动为平动),K' 系的坐标原点 O' 相对于 K 系的位矢为 $\boldsymbol{R}$,如图 1—3—1 所示.运动质点 P 在两个参考系中的位矢、速度、加速度分别用以下符号表示:

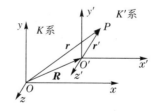

图 1—3—1　平动坐标系变换

K 系:r、v、a

K' 系:r'、v'、a'

由图 1—3—1 可知,质点 P 在两个参考系中的位矢关系有

$$r = r' + R \qquad (1-3-1)$$

将式(1—3—1)中的各项对时间求导得

$$\frac{\mathrm{d}\boldsymbol{r}}{\mathrm{d}t} = \frac{\mathrm{d}\boldsymbol{r}'}{\mathrm{d}t} + \frac{\mathrm{d}\boldsymbol{R}}{\mathrm{d}t}$$

根据定义,位矢对时间的导数即为速度,所以,质点 P 在两个参考系中的运动速度具有如下关系

$$v = v' + u \qquad (1-3-2)$$

亦即**绝对速度等于相对速度与牵连速度的矢量和**.

将式(1−3−2)中的各项对时间求导得

$$\frac{dv}{dt} = \frac{dv'}{dt} + \frac{du}{dt}$$

根据定义,速度对时间的导数即为加速度,所以,质点在两个参考系中的加速度具有如下关系

$$a = a' + a_0 \qquad (1-3-3)$$

式中 a_0 为牵连加速度.可见,**绝对加速度等于相对加速度与牵连加速度的矢量和**.

上述坐标变换式(1−3−1)、速度变换式(1−3−2)和加速度变换式(1−3−3)是在运动系 K' 相对于基本系 K 做平动情况下的变换关系,只在物体的运动速度远小于光速时才成立,故称之为**经典力学的平动坐标系变换**.

这里需要指出的是,速度或加速度的变换式与速度或加速度的分解与合成的意义是不同的.前者表示的是同一物体在不同参考系中的速度(或加速度)之间的关系,而后者则是物体速度(或加速度)在同一参考系中进行的分解与合成.

二、伽利略变换

运动参考系 K' 相对于基本参考系 K 做匀速直线运动时,两个参考系之间的运动变换关系称为伽利略变换.伽利略变换是平动坐标系变换的特例(平动既可以是匀速的,也可以是变速的;从轨道角度看,既可以是直线运动,也可以是任意曲线运动),然而它又是一个很重要的特例.对它的研究,有助于我们了解经典力学的时空观.

1.伽利略坐标变换

为了使变换关系简明,而又不失普遍性,我们设 K' 系与 K 系的各对应坐标轴彼此平行,x' 轴与 x 轴重合. K' 系沿 x 轴以速度 u 相

对于 K 系做匀速直线运动,在 $t=0$ 时刻,坐标原点 O' 与 O 相重合,如图 $1-3-2$ 所示.

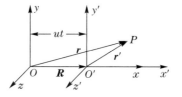

图 $1-3-2$ 伽利略坐标变换

由图 $1-3-2$ 可知

$$\boldsymbol{r} = \boldsymbol{r}' + \boldsymbol{R}$$

而 $\boldsymbol{R}=\boldsymbol{u}t$,所以

$$\boldsymbol{r} = \boldsymbol{r}' + \boldsymbol{u}t \tag{1-3-4}$$

其逆变换为

$$\boldsymbol{r}' = \boldsymbol{r} - \boldsymbol{u}t \tag{1-3-5}$$

它的直角坐标分量式为

$$\begin{cases} x' = x - ut \\ y' = y \\ z' = z \\ t' = t \end{cases} \tag{1-3-6}$$

日常经验告诉我们,同一运动所经历的时间,在两个不同参考系中是相同的. 所以我们在上述坐标变换的后面并列了一个时间变换式. 这组时空坐标变换关系称为**伽利略坐标变换式.**

伽利略变换蕴含着经典力学的时空观念. 其要点可以归纳为以下三个方面:

(1)**同时性是绝对的.**

空间任意地点发生的两个事件,若在 K 系中的观察者看来是同时发生的,由于 $t'=t$,则在 K' 系中的观察者看来此两事件也必定是同时发生的. 这表明同时性与观察者做匀速直线运动的状态无关,换言之,即同时性是绝对的.

(2)**时间间隔是绝对不变量.**

设有 A,B 两个事件,在 K 系中的观察者看来是先后发生的,他所记录到的此两事件的发生时刻分别为 t_1 和 t_2,K' 系中的观察者记录到的此两事件发生的时刻分别为 t_1' 和 t_2',由于 $t'=t$,所以 $t_1'=t_1$,$t_2'=t_2$,由此可知

$$t_2' - t_1' = t_2 - t_1$$

这就是说,两个参考系中观察到两事件的时间间隔相同($\Delta t' = \Delta t$).

换句话说,从相对做匀速直线运动的不同参考系中来看,两事件的时间间隔是不变量.

(3)空间间隔是绝对不变量.

设一细棒沿 x 轴放置,在 K 系中它的两端坐标分别为 x_1 和 x_2,在 K' 系中它的两端坐标分别为 x'_1 和 x'_2,则这两个参考系中所测得的细棒长度分别为

$$L = x_2 - x_1$$
$$L' = x'_2 - x'_1$$

测量物体的长度时,运动物体两端的坐标必须同时读数. 注意到这一点,运用伽利略坐标变换即可得知

$$x_2 - x_1 = x'_2 - x'_1$$

这就是说,虽然位置坐标 x_1, x_2, x'_1, x'_2 等在不同参考系中是相对的,但物体的长度(空间间隔)却是不变量,物体空间长度的量度与参考系无关.

综上所述,经典力学的时空观认为,时间测量和空间测量均与参考系的运动状态无关,且时间与空间互不相关,彼此独立. 也就是说,自然界存在着与物质运动无关的,而且彼此独立的"绝对时间"和"绝对空间".

2. 伽利略速度变换

将式(1−3−4)中的各项对时间求导得

$$\frac{\mathrm{d}\boldsymbol{r}}{\mathrm{d}t} = \frac{\mathrm{d}\boldsymbol{r}'}{\mathrm{d}t} + \boldsymbol{u}$$

即

$$\boldsymbol{v} = \boldsymbol{v}' + \boldsymbol{u} \qquad (1-3-7)$$

亦即绝对速度等于相对速度与牵连速度的矢量和.

3. 加速度对伽利略变换为不变量

将式(1−3−7)中的各项对时间求导得

$$\frac{\mathrm{d}\boldsymbol{v}}{\mathrm{d}t} = \frac{\mathrm{d}\boldsymbol{v}'}{\mathrm{d}t} + \frac{\mathrm{d}\boldsymbol{u}}{\mathrm{d}t}$$

在伽利略变换中,牵连速度 $\boldsymbol{u} =$ 常矢量,所以

$$\frac{\mathrm{d}\boldsymbol{u}}{\mathrm{d}t} = 0$$

故

$$\boldsymbol{a} = \boldsymbol{a}'$$

这表明,在相对做匀速直线运动的不同参考系中,观察同一质点的运动时,所测得的加速度是相同的,亦即在伽利略变换下,加速度是不变量.

例 1-3-1 一带篷卡车,车篷高为 $h=2$ m,当它停在路边时,雨点可落入车内 $d=1$ m 处. 若它以 15 km·h^{-1} 速率沿平直马路行驶时,雨滴恰好不能落入车内,求雨滴的速度.

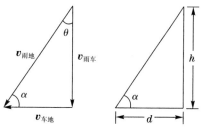

图 1-3-3 例 1-3-1 用图

解 选地面为固定参考系,卡车为运动参考系,雨滴为运动物体,如图 1-3-3 所示,则有

$$\boldsymbol{v}_{雨地} = \boldsymbol{v}_{雨车} + \boldsymbol{v}_{车地}$$

$$\alpha = \arctan\left(\frac{h}{d}\right) = 63.4°$$

又

$$v_{雨地}\cos\alpha = v_{车地}$$

所以

$$v_{雨地} = \frac{v_{车地}}{\cos\alpha} = 15\sqrt{5}(\text{km·h}^{-1}), \theta = 90° - \alpha = 26.6°$$

方向是南偏西 26.6°.

例 1-3-2 轮船中的罗盘指出船头指向正北,船速计上指出船速为 20 km·h^{-1}. 若水流向正东,流速为 5 km·h^{-1},则船对地的速度是多少? 驾驶员需将船头指向何方才能使船向正北航行? 此时船对地的速度是多少?

解 取地面为基本参考系,水流为运动参考系,以船为运动物体. 由已知条件可知,船的相对速度为 $v' = 20$ km·h^{-1},方向正北,牵连速度为 $u = 5$ km·h^{-1},方向正东. 由速度变换

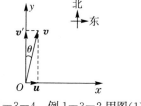

图 1-3-4 例 1-3-2 用图(1)

关系可知,船对地的速度,亦即绝对速度为

$$v = v' + u$$

按题意,根据图 1—3—4,有

$$v = \sqrt{v'^2 + u^2} = \sqrt{20^2 + 5^2} = 20.6(\mathrm{km \cdot h^{-1}})$$

$$\theta = \arctan \frac{u}{v} = \arctan \frac{5}{20} = 14°2'$$

即为北偏东 $14°2'$ 的方向.

若要使船速 v 指向正北,而水流速
u 不变,根据图 1—3—5,有

$$v = \sqrt{v'^2 - u^2} = 19.4(\mathrm{km \cdot h^{-1}})$$

$$\theta' = \sin^{-1} \frac{u}{v} = 14°29'$$

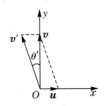

图 1—3—5　例 1—3—2 用图(2)

即船的航行方向应是北偏西 $14°29'$.

习题一

一、选择题

1—1　一质点沿 x 轴运动的规律是 $x = t^2 - 4t + 5$,式中 x 的单位为 m,t 的单位为 s,则前 3 s 内,它的　　　　　　　　　　　　　　　　　(　　)

(A)位移和路程都是 3 m　　　　(B)位移和路程都是 -3 m

(C)位移是 -3 m,路程是 3 m　　(D)位移是 -3 m,路程是 5 m

1—2　质点沿轨道 AB 做曲线运动,速率逐渐减小,图 1—1 中哪一种情况正确地表示了质点在 C 处的加速度?　　　　　　　　　　　　(　　)

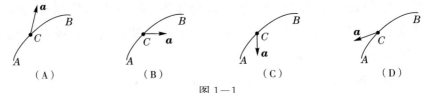

图 1—1

1—3　质点做平面曲线运动,运动方程为 $x = x(t)$,$y = y(t)$,位置矢量的大小为 $|r| = r = \sqrt{x^2 + y^2}$,则　　　　　　　　　　　　　　　　　(　　)

(A)质点的运动速度是 $\dfrac{\mathrm{d}r}{\mathrm{d}t}$　　　　(B)质点的运动速率是 $v = \dfrac{\mathrm{d}|r|}{\mathrm{d}t}$

(C) $\left| \dfrac{\mathrm{d}r}{\mathrm{d}t} \right| = |v|$　　　　(D) $\left| \dfrac{\mathrm{d}r}{\mathrm{d}t} \right|$ 既可大于 $|v|$,也可小于 $|v|$

1—4 某人以 4 km·h⁻¹ 的速率向东前进时,感觉风从正北吹来,如将速率增加一倍,则感觉风从东北方向吹来.实际风速与风向为   （   ）

(A)4 km·h⁻¹,从北方吹来   (B)4 km·h⁻¹,从西北方吹来

(C)$4\sqrt{2}$ km·h⁻¹,从东北方吹来   (D)$4\sqrt{2}$ km·h⁻¹,从西北方吹来

1—5 一质点在平面上运动,已知质点位置矢量的表达式为 $r=mt^2i+nt^2j$,做   （   ）

(A)匀速直线运动   (B)变速直线运动

(C)抛物线运动   (D)一般曲线运动

二、填空题

1—6 一物体做如图 1—2 所示的斜抛运动,测得在轨道 P 点处速度大小为 v,其方向与水平方向成 30°角.则物体在 P 点的切向加速度 $a_t=$＿＿＿＿＿,轨道的曲率半径 $\rho=$＿＿＿＿＿.

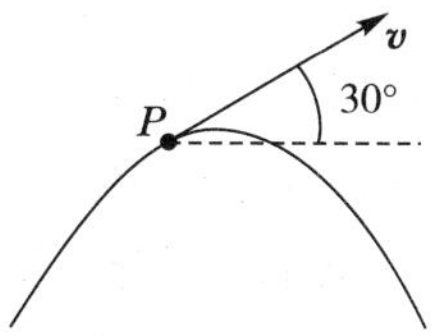

图 1—2

1—7 试说明质点做何种运动时,将出现下述各种情况($v\neq0$).

(A)$a_t\neq0,a_n\neq0$;＿＿＿＿＿＿＿＿＿.

(B)$a_t\neq0,a_n=0$;＿＿＿＿＿＿＿＿＿.

(C)$a_t=0,a_n\neq0$;＿＿＿＿＿＿＿＿＿.

1—8 AB 杆以匀速 u 沿 x 轴正方向运动,带动套在抛物线($y^2=2px,p>0$)导轨上的小环,如图 1—3所示.已知 $t=0$ 时,AB 杆与 y 轴重合,则小环 C 的运动轨迹方程为＿＿＿＿＿＿,运动学方程为 $x=$＿＿＿＿＿,$y=$＿＿＿＿＿,速度为 $v=$＿＿＿＿＿＿,加速度为 $a=$＿＿＿＿＿.

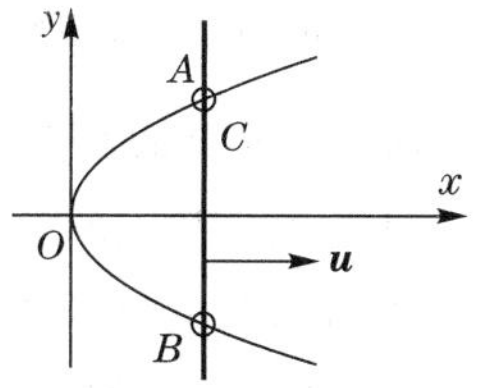

图 1—3

1—9 一质点沿半径为 0.2 m 的圆周运动,其角位置随时间的变化规律是 $\theta=6+5t^2$,式中 θ 的单位是 rad,t 的单位是 s. 在 $t=2$ s 时,它的法向加速度 $a_n=$＿＿＿＿＿＿；切向加速度 $a_t=$＿＿＿＿＿.

1—10 甲船以 $v_1=10$ m·s⁻¹ 的速度向南航行,乙船以 $v_2=10$ m·s⁻¹ 的速度向东航行,则甲船上的人观察乙船的速度大小为＿＿＿＿＿＿,向＿＿＿＿＿＿航行.

三、计算与证明题

1—11 已知质点的运动方程为 $r=A_1\cos\omega ti+A_2\sin\omega tj$,式中 r 的单位为 m,t 的单位为 s,ω 的单位是 rad·s⁻¹,其中 A_1、A_2、ω 均为正的常量.

(1)试证明质点的运动轨迹为一椭圆；

(2)试证明质点的加速度恒指向椭圆中心.

1—12 一质点沿 x 轴运动,坐标与时间的变化关系为 $x=4t-2t^3$,式中 x

的单位为 m, t 的单位为 s. 试计算：

(1) 在最初 2 s 内的平均速度, 2 s 末的速度；

(2) 1 s 末到 3 s 末的位移和平均速度；

(3) 1 s 末到 3 s 末的平均加速度, 此平均加速度是否可以用 $\bar{a}=\dfrac{a_1+a_2}{2}$ 来

计算；

(4) 3 s 末的加速度.

1—13 一质点沿 x 轴做直线运动, 其运动方程为 $x=3t^2+10t$, 式中 x 的

单位为 m, t 的单位为 s.

(1) 若将坐标原点 O 沿 x 轴正方向移动 2 m, 则运动方程将如何变化？质

点的初速度有无变化？

(2) 若将计时起点前移 1 s, 则运动方程又将如何变化？初始坐标和初始速

度将发生怎样的变化？加速度有无变化？

1—14 一质点沿 x 轴做直线运动, 其加速度为 $a=20+4x$. 已知当 $t=0$

时, 质点位于坐标原点, 速度为 10 m·s^{-1}, 求质点的运动方程.

1—15 已知一质点做直线运动, 其加速度为 $a=4+3t(\text{m·s}^{-2})$, 开始运

动时, $x=5$ m, $v=0$, 求该质点在 $t=10$ s 时的速度和位置.

1—16 质点沿半径为 R 的圆周按 $s=v_0t-\dfrac{1}{2}ct^2$ 的规律运动, 式中 s 为质

点离圆周上某点的弧长, v_0, c 都是常量, 求：

(1) t 时刻质点的加速度；

(2) t 为何值时, 加速度在数值上等于 c.

1—17 以初速度 $v_0=20$ m·s^{-1} 抛出一小

球, 抛出方向与水平面成 60° 的夹角, 求：

(1) 球轨道最高点的曲率半径 ρ_1；

(2) 落地处的曲率半径 ρ_2.

(提示：利用曲率半径与法向加速度之间的

关系)

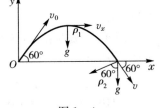

图 1—4

1—18 设质点的运动方程为 $x=x(t)$, $y=y(t)$, 在计算质点的速度和

加速度时, 有人先求出 $r=\sqrt{x^2+y^2}$, 然后根据 $v=\dfrac{\mathrm{d}r}{\mathrm{d}t}$ 及 $a=\dfrac{\mathrm{d}^2r}{\mathrm{d}t^2}$ 而求得结果；

又有人先计算速度和加速度的分量, 再合成求得结果, 即

$$v=\sqrt{\left(\dfrac{\mathrm{d}x}{\mathrm{d}t}\right)^2+\left(\dfrac{\mathrm{d}y}{\mathrm{d}t}\right)^2} \text{ 及 } a=\sqrt{\left(\dfrac{\mathrm{d}^2x}{\mathrm{d}t^2}\right)^2+\left(\dfrac{\mathrm{d}^2y}{\mathrm{d}t^2}\right)^2}$$

你认为两种方法哪一种正确？为什么？两者差别何在？

1—19 质点 P 在水平面内沿一半径为 $R=1\,\mathrm{m}$ 的圆轨道转动,转动的角速度 ω 与时间 t 的函数关系为 $\omega=kt^2$.已知 $t=2\,\mathrm{s}$ 时,质点 P 的速率为 $16\,\mathrm{m\cdot s^{-1}}$.试求 $t=1\,\mathrm{s}$ 时,质点 P 的速率与加速度的大小.

1—20 设河面宽 $l=1\,\mathrm{km}$,河水由北向南流动,流速 $v=2\,\mathrm{m\cdot s^{-1}}$,有一船相对于河水以 $v'=1.5\,\mathrm{m\cdot s^{-1}}$ 的速率从西岸驶向东岸.

(1)如果船头与正北方向成 $\alpha=15°$ 角,船到达对岸要花多少时间? 到达对岸时,船在下游何处?

(2)如果要使船相对于岸走过的路程为最短,船头与河岸的夹角为多大?到达对岸时,船又在下游何处? 要花多少时间?

1—21 如图 1—5 所示,物体 A 以相对 B 的速度 $v=\sqrt{2gy}$ 沿斜面滑动,y 为纵坐标,开始时 A 在斜面顶端高为 h 处,物体 B 以 u 匀速向右运动,求 A 物滑到地面时的速度.

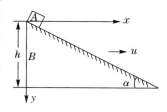

图 1—5

第二章

牛顿运动定律

在上一章中,我们介绍了质点运动学的内容,解决了如何描述质点机械运动的问题.从本章开始,我们将进而讨论动力学问题.动力学的基本问题是研究物体间的相互作用,以及由此引起的物体运动状态变化的规律.以牛顿运动定律为基础建立起来的宏观物体运动规律的动力学理论称为牛顿力学.本章将概括地阐述牛顿运动定律的内容及其在质点运动方面的初步应用.

§2−1 牛顿运动定律

牛顿提出的关于运动的三个定律是整个动力学的基础.因此,我们将给出这三个定律的基本内容.

一、牛顿第一定律

1686 年,牛顿在他的名著《自然哲学的数学原理》一书中写道:**任何物体都要保持其静止或匀速直线运动状态,直到外界作用于它,迫使它改变运动状态.这就是牛顿第一定律**,其数学表达式为

$$F = 0 \text{ 时}, v = \text{恒矢量} \tag{2−1−1}$$

第一定律表明,任何物体都具有保持其运动状态不变的性质,这个性质叫作惯性,故第一定律也称为惯性定律.

第一定律还表明,正是由于物体具有惯性,所以要使其运动状态发生变化,一定要有其他物体对它作用,这种作用称之为力.因此,我们说,**力是引起物体运动状态改变的原因**.

在自然界中完全不受其他物体作用的物体实际上是不存在的,

因此,第一定律不能简单地直接用实验加以验证.因为物体所受力相互抵消与物体不受力的效果相同,所以也可以说,第一定律所描述的是力处于平衡时物体的运动规律.

牛顿第一定律还定义了一种参考系,在这种参考系中观察,一个不受力作用的物体或处于受力平衡状态下的物体,将保持其静止或匀速直线运动的状态不变,这样的参考系称为惯性系.显然,若某参考系以恒定速度相对惯性系运动,则这个参考系也是惯性系.若某一参考系相对惯性系做加速运动,那么这个参考系就是非惯性系.

并非任何参考系都是惯性系,实验指出,研究地球表面附近物体的运动时,地球是一个足够精确的惯性系.例如,在平直轨道上以恒定速度运行的火车可视为惯性系,而加速运动的火车则是非惯性系.

二、牛顿第二定律

当外力作用于物体时,其动量要发生改变.牛顿第二定律阐明了作用于物体的外力与物体动量变化的关系,即动量为 $\boldsymbol{p} = m\boldsymbol{v}$ 的物体,在合外力 $\boldsymbol{F}(= \sum \boldsymbol{F}_i)$ 的作用下,**其动量随时间的变化率应当等于作用于物体的合外力**,即

$$\boldsymbol{F} = \frac{\mathrm{d}\boldsymbol{p}}{\mathrm{d}t} = \frac{\mathrm{d}(m\boldsymbol{v})}{\mathrm{d}t} \qquad (2-1-2)$$

当物体在低速情况下运动时,即物体的运动速度 v 远小于光速 $c(v \ll c)$ 时,物体的质量可以视为不依赖于速度的常量,于是上式可写成

$$\boldsymbol{F} = m\frac{\mathrm{d}\boldsymbol{v}}{\mathrm{d}t} = m\boldsymbol{a} \qquad (2-1-3)$$

应当指出,若运动速度 v 接近于光速 c 时,物体的质量就依赖于其速度了,即 $m = m(v)$,具体内容详见"相对论".

式(2-1-3)是矢量式,可根据问题的需要列出其分量表达式,即

$$
直角坐标系
\begin{cases}
F_x = m\dfrac{\mathrm{d}v_x}{\mathrm{d}t} = ma_x \\[2mm]
F_y = m\dfrac{\mathrm{d}v_y}{\mathrm{d}t} = ma_y \\[2mm]
F_z = m\dfrac{\mathrm{d}v_z}{\mathrm{d}t} = ma_z
\end{cases}
\qquad (2-1-4)
$$

$$
\begin{matrix}
自然坐标系 \\
(二维情形)
\end{matrix}
\begin{cases}
F_n = m\dfrac{v^2}{\rho} \\[2mm]
F_t = m\dfrac{\mathrm{d}v}{\mathrm{d}t}
\end{cases}
\qquad (2-1-5)
$$

需要指出,式(2-1-3)只是在惯性系中才成立,如果牛顿定律在某一参考系中是成立的,则在相对于这个参考系做匀速运动的任一参考系中,牛顿定律也都是成立的.这是因为方程 $\boldsymbol{F} = m\boldsymbol{a} = m\dfrac{\mathrm{d}^2\boldsymbol{r}}{\mathrm{d}t^2}$ 中包含 r 对时间的二阶导数,所以涉及匀速运动的坐标变化并不影响这个方程;这个结果叫作伽利略不变性或力学相对性原理.在文献中又常把力学相对性原理称为牛顿相对性原理,它可表述为:**力学规律在一切惯性系中都具有相同的形式**.

在爱因斯坦的相对论中,力学相对性原理被推广为物理学相对性原理:**一切惯性系对所有的物理过程都是等价的**.这个问题将在后面的章节中讨论.

三、牛顿第三定律

牛顿第三定律说明了物体间相互作用力的性质.**两个物体之间的作用力 $\boldsymbol{F}$ 和反作用力 $\boldsymbol{F}'$,沿同一直线,大小相等,方向相反,分别作用在两个物体上**,这就是牛顿第三定律,其数学表达式为

$$
\boldsymbol{F} = -\boldsymbol{F}' \qquad (2-1-6)
$$

运用牛顿第三定律分析物体受力情况时,必须注意:

(1)"作用力"和"反作用力"互以对方为自己存在的条件,同时产生,同时消失,任何一方都不能孤立地存在.它们没有"先后"、"主从"之分,更不是"因果"关系.

(2)作用力和反作用力分别作用在两个物体上,不能相互抵消.

(3)作用力和反作用力属于同种性质的力.例如,作用力是万有引力,那么反作用力也一定是万有引力.

§2－2　物理量的单位和量纲

物理学的定律和理论都是以实验观测结果为依据,进而又被实验所验证的.引入或定义物理量,必须做到两点:一是规定一种测定这个物理量的方法或标准;二是给它规定一种度量的单位.目前,国际上已选定了七个物理量作为基本量,规定了它们的测量方法和单位(称为基本单位).这些量是**质量、长度、时间、电流、热力学温度、光强度和物质的量**,在此基础上建立了国际单位制(SI).物理学中其他量的单位,都是基本单位的导出单位.

在 SI 七个基本量中,与力学有关的只有长度、质量和时间,并规定:长度的基本单位名称为"米",单位符号为 m;质量的基本单位名称为"千克",单位符号为 kg;时间的基本单位名称为"秒",单位符号为 s.其他力学物理量都是导出量,它们的单位称为导出单位,例如,速度的单位名称为"米每秒",符号为 m·s^{-1};角速度的单位名称为"弧度每秒",符号为 rad·s^{-1};加速度的单位名称为"米每二次方秒",符号为 m·s^{-2};角加速度的单位名称为"弧度每二次方秒",符号为 rad·s^{-2};力的单位名称为"牛顿",简称"牛",符号为 N,1 N＝1 kg·m·s^{-2},其他物理量的名称、符号以后将陆续介绍.

在物理学中,导出量与基本量之间的关系可以用量纲来表示.我们用 L、M、T 分别表示长度、质量和时间三个基本量的量纲,其他力学量 Q 的量纲(dimension)记为 dim$Q$,国际物理学界则记为[Q],描述一个物理量与各个基本量的关系的公式,叫作**量纲式**(dimension formula),记为

$$[Q] = L^p M^q T^r$$

式中 p,q,r 称为**量纲指数**.

所有量纲指数都等于零的量,称为**无量纲量**,其量纲积或量纲为 L^{0}M^{0}T^0＝1.例如,角坐标 θ(或角位移 $\Delta\theta$)的量纲为[θ]＝1.

由于只有量纲相同的物理量才能相加减或用等号连接,因此用量纲分析的方法可用来解决以下问题.

(1)检验等式的正确性. 例如,在第一章例 $1-1-3$ 中,小船的 x 方向运动方程 $x = \dfrac{v_0 u}{d} t^2$,两边的量纲均为 L,因此,可初步认为该式是正确的,这就是量纲检查法. 这种方法在求解物理问题和科学实验中经常用到.

(2)物理量单位的换算. 例如,把力的单位从 SI 中换算到 cm·g·s 制中,则有 $1\,\text{N} = 1\,\text{kg}\cdot\text{m}\cdot\text{s}^{-2} = 1\times 10^3\,\text{g}\cdot 10^2\,\text{cm}\cdot\text{s}^{-2} = 10^5\,\text{dyn}$ (达因).

(3)推求物理常数的量纲和单位. 例如,引力常数 G_0 的量纲和单位. 由 $[F] = \left[G_0\,\dfrac{mM}{r^2} \right]$ 可得,$[G_0] = \text{L}^3\text{M}^{-1}\text{T}^{-2}$,即知它在 SI 中的单位为"米^3/(千克·秒^2)".

(4)探索物理规律. 详见谈庆明所著《量纲分析》,中国科技大学出版社(2005.8).

量纲分析是分析和研究问题的有力手段和方法,同学们应当注意在求证、解题过程中用量纲来检查所得结果,养成用量纲分析问题的习惯.

§2-3 牛顿定律的应用举例

应用牛顿定律解决问题时必须明确以下两点.

一、适用范围

它只适用于质点(以下"物体"均指"质点")在惯性参考系中做低速($v \ll c$)运动的情况. 但是,正如普朗克在《力学概论》中所说:"在自然界中,我们所要与之打交道的不是物质点,而是具有有限广延的物质体,但是我们可以把每一物质体看作由许许多多质点所组成……这就把物质体的运动方程的问题约化为质点组力学的问题."以后我们将会看到,对于刚体、流体、振动等都是根据牛顿运动定律来处理的,这充分体现了物理学理论的一种和谐统一的美.

二、解题的思路和步骤

（1）选定合理的研究对象（物体），并分析研究对象的运动状态. 这里要特别注意的是，不能只取某个特定时刻或物体的某个特定位置来分析，而要取任一瞬时或物体在运动中的任一位置来分析.

（2）分析"研究对象"受力情况，画出受力图，必要时把它隔离出来. 分析受力时要仔细，既不能遗漏，也不能"无中生有"，如"向心力"、"下滑力"等.

（3）依实际运动情况，建立方便的坐标系，将物体所受各力在坐标系中正交分解，并列出各分量方向的运动方程. 若各分力方向已知，可用字母表示其大小，而方向则由方程中的正负号来表示. 若方程数少于未知数，还要注意列出必要的约束方程，即限制物体运动的几何关系.

（4）解上述方程组. 若为计算题，则要将字母保留到最后，再代入数值计算. 这样既可看清结果的物理意义，又简化了计算过程，提高结果的精确性. 必要时再对结果进行分析讨论.

简单说来，求解质点动力学问题的实质性问题，就是用"代数式"思维方式，将具体问题中各物理量之间的各种关系"翻译"为代数方程或微分方程，从而得到解决.

与质点运动学一样，质点动力学也有两类基本问题.

第一类问题是，**已知质点的运动方程 $r=r(t)$，求作用于质点的力**. 这时，只要将运动方程对时间求二阶导数，算出质点的加速度，即可得到作用于质点的力，这类问题相对比较简单.

例 2-3-1 质量为 m 的质点，在 xy 平面上按 $x=A\sin\omega t$，$y=B\cos\omega t$ 的规律运动，其中 A、B、ω 均为常量，求作用于质点的力.

分析 这是第一类问题，用求导数的方法算出 a，再由动力学方程即得力.

解 质点的加速度在 x,y 轴上的投影分别为

$$a_x = \frac{d^2 x}{dt^2} = \frac{d^2}{dt^2}(A\sin\omega t) = -A\omega^2\sin\omega t$$

$$a_y = \frac{d^2 y}{dt^2} = \frac{d^2}{dt^2}(B\cos\omega t) = -B\omega^2\cos\omega t$$

故作用于质点的力在 x,y 轴上的投影分别为

$$F_x = ma_x = -mA\omega^2\sin\omega t$$

$$F_y = ma_y = -mB\omega^2\cos\omega t$$

用矢量式表示,得

$$\boldsymbol{F} = F_x\boldsymbol{i} + F_y\boldsymbol{j} = -m\omega^2(A\sin\omega t\boldsymbol{i} + B\cos\omega t\boldsymbol{j})$$

$$= -m\omega^2(x\boldsymbol{i} + y\boldsymbol{j}) = -m\omega^2\boldsymbol{r}$$

其中 $\boldsymbol{r} = x\boldsymbol{i} + y\boldsymbol{j}$ 是质点的位矢.

第二类问题是,**给定力函数和初始条件,求质点的运动方程**. 这类问题可依据牛顿运动定律建立运动微分方程,运用定解条件（初始条件）求解运动微分方程,即可得到质点运动的速度、加速度、运动方程及轨道方程等,从而掌握在给定条件（力函数,初始条件）下质点的运动特征. 例2—3—2的求解过程,显示了这一解决质点动力学问题的基本方法.

这类问题,一般比较复杂,其复杂的程度取决于力函数的具体情况. 若力是恒力,或是时间、速度的函数,这时,或用"隔离体法"求解,或对动力学方程分离变量后积分；若力是坐标的函数,则需先做变量代换,再分离变量求积分,例2—3—3就是这种情况.

例2—3—2 质量为 m 的质点在空中由静止开始下落,在速度不太大的情况下,质点所受阻力 $F = -kv$,式中 k 为常数,试求：

(1)质点的速度和加速度随时间变化的函数关系；

(2)质点的运动方程.

解 (1)以质点开始下落的时刻为计时起点,开始下落的位置作为坐标原点 O,竖直向下的方向为 y 轴的正方向,则质点所受重力为 mg,阻力为 $-kv$,故按牛顿第二定律,有

$$mg - kv = m\frac{\mathrm{d}v}{\mathrm{d}t}$$

分离变量,得

$$\frac{\mathrm{d}v}{g - \dfrac{k}{m}v} = \mathrm{d}t$$

两边积分,则有

$$\int_0^v \frac{\mathrm{d}v}{g - \frac{k}{m}v} = \int_0^t \mathrm{d}t$$

$$-\frac{m}{k}\ln\left(g - \frac{k}{m}v\right)\Bigg|_0^v = t$$

$$\ln\frac{g - \frac{k}{m}v}{g} = -\frac{k}{m}t$$

由此,得

$$v = \frac{mg}{k}\left(1 - \mathrm{e}^{-\frac{k}{m}t}\right)$$

由定义可知,质点的加速度为

$$a = \frac{\mathrm{d}v}{\mathrm{d}t} = g\mathrm{e}^{-\frac{k}{m}t}$$

当 $t \to \infty$ 时,则有

$$a = 0, v = \frac{mg}{k}$$

这就是说,当质点下落的时间足够长时,加速度趋近于零,速度则趋近于一个极限速度 $v = \frac{mg}{k}$,k 值越大,阻力 kv 越大,质点的极限速度就越小.

这里需要指出的是,在有阻力情况下自由落体极限速度的概念在实际中是非常重要的. 假如没有空气阻力,雨点、冰雹等质点从 2 000 m 高空落到地面时速度将达到 200 m·s⁻¹,这与子弹的速度是同数量级的,那地球上根本不可能存在生命现象了. 正是由于空气阻力的存在,雨点、冰雹的极限速度只有其质量 m 的数量级. 跳伞、卫星回收舱的减速伞的运用都是以有阻力时极限速度的概念为物理背景的. 神州四号回收舱的主降落伞的面积达到了 1 200 m²,这就大大减小了它的极限速度.

(2)由速度的定义,可知

$$v = \frac{\mathrm{d}y}{\mathrm{d}t} = \frac{mg}{k}\left(1 - \mathrm{e}^{-\frac{k}{m}t}\right)$$

分离变量,得

$$dy = \frac{mg}{k}(1 - e^{-\frac{k}{m}t})dt$$

注意到运动的初始条件,则有积分

$$\int_0^y dy = \frac{mg}{k}\int_0^t (1 - e^{-\frac{k}{m}t})dt$$

$$y = (\frac{mg}{k}t + \frac{m^2g}{k^2}e^{-\frac{k}{m}t})\Big|_0^t$$

$$y = \frac{mg}{k}t + \frac{m^2g}{k^2}(e^{-\frac{k}{m}t} - 1)$$

例 2—3—3 竖直上抛的物体,最小应具有多大的初速度 v_0 才能不再回到地球上来?(这样的速度称为第二宇宙速度,或称为逃逸速度.)

分析 上抛物体是否返回地面,要看其速度有没有等于零的时候. 若存在速度为零的时刻,则物体从该时刻开始返回地面. 若上抛物体速度总不为零,则它不再返回地面. 然而,上抛物体的速度由初始条件及受力情况所决定,显然,要求物体速度,首先就得分析物体受力情况.

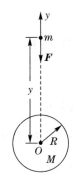

图 2—3—1 例 2—3—3 用图

解 物体在上抛过程中,所受到的作用力只有重力(空气阻力不计),其方向总是竖直向下. 由于问题所涉及的高度范围较大,而不是局限在地球表面附近,所以重力不能再看作恒定不变,应该用万有引力的一般表示式. 如图 2—3—1 所示,取地心为坐标原点,竖直向上的方向为 y 轴的正方向,则有

$$F = -G\frac{Mm}{y^2} = -\frac{mgR^2}{y^2}$$

负号表示 **F** 方向与 y 轴正向相反.

根据牛顿第二定律,有

$$-\frac{mgR^2}{y^2} = m\frac{dv}{dt}$$

此方程中有三个变量 y, v 和 t,为了求解必须做变量代换.

因为

$$\frac{\mathrm{d}v}{\mathrm{d}t} = \frac{\mathrm{d}v}{\mathrm{d}y}\frac{\mathrm{d}y}{\mathrm{d}t} = v\frac{\mathrm{d}v}{\mathrm{d}y}$$

所以

$$-\frac{mgR^2}{y^2} = mv\frac{\mathrm{d}v}{\mathrm{d}y}$$

分离变量,得

$$v\mathrm{d}v = -gR^2\frac{\mathrm{d}y}{y^2}$$

取物体开始上抛时刻作为计时起点,则 $t=0$ 时,$y_0 = R$,$v = v_0$. 两边积分,得

$$\int_{v_0}^{v} v\mathrm{d}v = -gR^2\int_{R}^{y}\frac{\mathrm{d}y}{y^2}$$

$$\frac{1}{2}v^2\bigg|_{v_0}^{v} = -gR^2\left(-\frac{1}{y}\right)\bigg|_{R}^{y}$$

$$\frac{1}{2}v^2 - \frac{1}{2}v_0^2 = gR^2\left(\frac{1}{y} - \frac{1}{R}\right)$$

由此解得

$$v = \sqrt{v_0^2 - 2gR + \frac{2gR^2}{y}}$$

这就是物体在上抛过程中速度随高度变化的规律. 由此可知,当 $v_0^2 < 2gR$ 时,总有一个适当的高度 y 能使得 $v=0$,物体就在此处折回地面;但是,当 $v_0^2 \geqslant 2gR$ 时,上升速度 v 总是大于零的,物体就不会返回地面. 故物体不返回地面的最小发射速度应为

$$v_0 = \sqrt{2gR} = 11.2\times10^3 \text{ m}\cdot\text{s}^{-1}$$

这就是**第二宇宙速度**.

例 2－3－4 如图 2－3－2 所示,用长为 l 的细绳系一质量为 m 的小球,在竖直平面内绕定点 O 做圆周运动. 已知 $t=0$ 时,小球在最低点以速度 v_0 运动,试求小球在任一位置的速度及绳的张力.

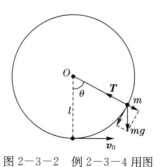

图 2－3－2 例 2－3－4 用图

解 小球在绳子的张力和重力的作用下,做变速圆周运动. 我们选用自然坐标系来处理问题. 在自然坐标系中,牛顿第二定律的坐标分量式为

切向方程
$$-mg\sin\theta = m\frac{\mathrm{d}v}{\mathrm{d}t}$$

法向方程
$$T - mg\cos\theta = m\frac{v^2}{l}$$

方程组中的 θ, v, t 都是变量,为了求解方程,需要减少变量的个数,为此,我们对切向方程中的 $\frac{\mathrm{d}v}{\mathrm{d}t}$ 做变换

$$\frac{\mathrm{d}v}{\mathrm{d}t} = \frac{\mathrm{d}v}{\mathrm{d}\theta}\frac{\mathrm{d}\theta}{\mathrm{d}t} = \frac{\mathrm{d}v}{\mathrm{d}\theta}\omega = \frac{v}{l}\frac{\mathrm{d}v}{\mathrm{d}\theta}$$

代入切向方程,得

$$-mg\sin\theta = \frac{mv\mathrm{d}v}{l\mathrm{d}\theta}$$

约去 m,并分离变量得

$$v\mathrm{d}v = -gl\sin\theta\mathrm{d}\theta$$

两边积分,并注意到初始条件:$v=v_0, \theta=0$,得

$$\int_{v_0}^{v} v\mathrm{d}v = -gl\int_0^{\theta}\sin\theta\mathrm{d}\theta$$

解得

$$v = \sqrt{2gl(\cos\theta-1)+v_0^2}$$

将 v 代入法向方程,化简后可得

$$T = \frac{m}{l}(3gl\cos\theta - 2gl + v_0^2)$$

由所得结果可以看出速度和张力都是角位置 θ 的函数.

在最低点

$$\theta = 0, v = v_0; T = mg + m\frac{v_0^2}{l}$$

在最高点

$$\theta = \pi, v = \sqrt{v_0^2 - 4gl}; T = \frac{m}{l}(v_0^2 - 5gl)$$

*§2－4　非惯性系 惯性力

相对于惯性系做加速运动的参考系称为非惯性参考系,简称非惯性系. 以恒定的加速度做直线运动的车厢,或以一定的角速度做转动的物体,均可看作非惯性系.

一、做匀加速直线运动的参考系中的惯性力

设 K' 为非惯性系,相对惯性系 K 以恒定的(牵连)加速度 $\boldsymbol{a}_0$ 做直线运动,由加速度变换公式 1－3－3,有

$$\boldsymbol{a} = \boldsymbol{a}' + \boldsymbol{a}_0$$

在 K 系中牛顿第二定律成立,即 $\boldsymbol{F} = m\boldsymbol{a}$,式中 $\boldsymbol{F}$ 是质点所受的合力,是来自其他物体对该质点的真实相互作用. 在经典力学中,真实力的值在任何参考系(包括非惯性系)中都是相同的. 这样,有

$$\boldsymbol{F} = m\boldsymbol{a}' + m\boldsymbol{a}_0$$

这表明,牛顿第二定律在非惯性系中是不成立的. 但若将 $-m\boldsymbol{a}_0 = \boldsymbol{F}_i$ 也看成该质点所受的一个力,则在 K' 系中质点所受的合力就可表示为

$$\boldsymbol{F}' = \boldsymbol{F} + \boldsymbol{F}_i = \boldsymbol{F} - m\boldsymbol{a}_0$$

而牛顿第二定律的形式则可保持不变,即有

$$\boldsymbol{F}' = m\boldsymbol{a}'$$

这就是做匀加速直线运动参考系中的牛顿第二定律表达式,其中 $\boldsymbol{F}_i = -m\boldsymbol{a}_0$ 称为惯性力.

这就是说,引入惯性力的概念后,我们便可利用牛顿第二定律的形式来求解非惯性系中的力学问题.

应该说明的是,惯性力不是物体间的相互作用,它没有施力者,也没有反作用力,从这层意义上讲,它是一个"假想"力. 但是,在非惯性系中,惯性力可用弹簧秤等测力器测出来,并为非惯性系的人(如加速上升的电梯中的人)所感受,因此,从这层意思上说,惯性力又是一种"实在"力,它由非惯性系对惯性系的加速运动所引起. 实质上,在惯性系看来,惯性力完全是惯性的一种表现形式.

利用惯性力的概念,可以很方便地说明超重与失重的问题.

设质量为 m 的人,位于一升降机中,如图 2－4－1 所示. 当升降机静止或做匀速直线运动时,则有

$$N = mg$$

当升降机以加速度 a 上升时,以升降机为参

考系,则有 $N = \underbrace{mg + ma}_{\text{人的有效重力(量)}} > \underbrace{mg}_{\text{人的重力(量)}}$ ，

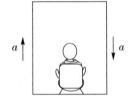

图 2-4-1 超重与失重

这种情况称为超重.

当升降机以加速度 a 下降时,同理有 $N = mg - ma < mg$,这种情况

称为失重.

如果 $a = g$,则 $N = 0$. 这时,人便处于完全失重的状态. 在太空站工作的宇航员就是处于完全失重的状态.

二、在转动参考系中的惯性力

1. 惯性离心力

如图 2-4-2 所示,在水平放置的转台上,有一轻弹簧系在细绳中间,细绳的一端系在转台中心,另一端系一质量为 m 的小球. 设转台平面非常光滑,它与小球和弹簧的摩擦力均可略去不计. 现让转台和小球绕垂直于转台中心的竖直轴以匀角速度 ω 转动. 小球相对于转盘静止.

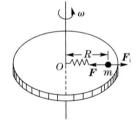

图 2-4-2 惯性离心力

在地面上的观察者看来,小球做圆周运动,因而受到向心力 F 的作用,其大小为 $m\omega^2 R$. 对于转盘上的观察者来说,虽也观察到弹簧被拉长,有力 F 沿向心方向作用在小球上,但小球却相对转盘静止不动,这就不好理解了. 为什么有力作用在小球上,小球却静止不动呢? 但他仍然坚持要用牛顿第二定律解释,于是就想象有一个与向心力方向相反、大小相等的力 F_i 作用在小球上. 这个力 F_i 叫作惯性离心力. 应当注意,向心力和惯性离心力都是作用在同一小球上的,它们不是作用力和反作用力. 也就是说,它们不服从牛顿第三定律. 顺便指出,由于牛顿第三定律并不涉及运动,因而它并不要求参考系一定要是惯性系.

现在,来估算一下因地球自转而产生的惯性离心力. 一个质量为 1 kg 的小

球,在地球赤道附近因自转而产生的最大惯性离心力为

$$F_i = m\omega^2 R = 1 \times \left(\frac{2\pi}{86400}\right)^2 \times 6.4 \times 10^6 = 0.034(\text{N})$$

约为地球引力(9.8N)的$\frac{1}{300}$,它使物体的有效重量减小约$\frac{1}{300}$.

2. 科里奥利力 F_C

如果小球以速度 u 相对于转盘运动,则除了出现上述惯性离心力之外,还会出现另一种惯性力,称为科里奥利力 F_C,简称科氏力.

为简便起见,我们先假设小球相对于转盘的速度 u 与转盘径向垂直,如图2-4-3所示.从地面上的观察者看来,小球的速率 $v = u + \omega R$,受到的向心力

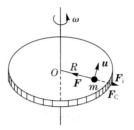

$$F = m\frac{(u + \omega R)^2}{R} = m\frac{u^2}{R} + 2mu\omega + m\omega^2 R$$

图 2-4-3 科里奥利力

式中,$m\frac{u^2}{R} = F + F_i + F_C$ 为小球相对转盘运动所受到的向心力,其中 $F_i = -m\omega^2 R$,称为惯性离心力;$F_C = -2mu\omega$,称为科里奥利力. 这两式中的负号表明,向心加速度及科里奥利加速度并不是由 F_i 及 F_C 产生的. 可以认为,对于"真实"力来说,是力产生了物体的加速度,且有 $F_{真} = ma$. 对于惯性力来说,是加速度使物体感受到了力,且 $F_{惯} = -ma_{惯}$,其中 $a_{惯}$ 是向心加速度及科里奥利加速度的统称.

科氏力 F_C 由物体相对于转动参考系的运动而引起,其方向恒与物体运动速度 u 及转动角速度 ω 垂直,且总是位于运动速度的右侧.

当小球以任意方向的速度 u 相对于转动参考系运动时,可以证明,它所引起的科氏力为

$$F_C = 2m u \times \omega$$

利用该式容易判定,无论物体朝何方向运动,地球北半球上的科氏力总是指向物体运动方向的右方,而南半球上的情况恰恰相反,这称为**贝尔定律**. 所以,北半球上河流的右岸要比左岸冲刷得厉害一些,向东方射出炮弹的落点要略为偏南;而南半球上的情况则恰恰相反.据资料记载,第一次世界大战期间,英国海军炮舰瞄准器的设计是按北半球科氏力的方向修正的,致使在南半球使用时反而产生更大的偏差,使炮弹不能击中炮击的目标,教训深刻.

由于科氏力的影响,在地球上的单摆的摆动平面将不断缓慢旋转,这种单摆称为**傅科摆**. 北京天文馆大厅里的傅科摆,摆长为 10 m,每 37 h 15 min 摆动平面沿顺时针方向转动一圈.

地球的地貌同样受到了科氏力的影响. 当我们沿长江顺流而下时, 将看到长江右岸有多个三面临水状如半岛的悬崖峭壁. 这就是地质学上所谓的"矶". 有人统计过, 从宜昌到南通, 长江两岸共有"矶"125 个, 其中左岸仅 38 个, 右岸却有 87 个. 两岸"矶"数相差的原因, 就是科氏力的影响.

在微观物理中, 科氏力使分子的转动和振动之间相互影响, 从而使能谱变复杂了.

习题二

一、选择题

2—1 质量为 0.25 kg 的质点, 受力 $\boldsymbol{F}=t\boldsymbol{i}$ 的作用, $t=0$ 时该质点以 $\boldsymbol{v}=2\boldsymbol{j}$ 的速度通过坐标原点 (题中各量单位均为 SI 制单位), 该质点任意时刻的位置矢量是 （　　）

(A)$2t^2\boldsymbol{i}+2\boldsymbol{j}$　　　　　　　　　(B)$\dfrac{2}{3}t^3\boldsymbol{i}+2t\boldsymbol{j}$

(C)$\dfrac{3}{4}t^4\boldsymbol{i}+\dfrac{2}{3}t^3\boldsymbol{j}$　　　　　　　(D)条件不足, 无法确定

2—2 一轻绳跨过一定滑轮, 两端各系一重物, 它们的质量分别为 m_1 和 m_2, 且 $m_1>m_2$（滑轮质量及一切摩擦均不计）, 此时系统的加速度大小为 a, 今用一竖直向下的恒力 $F=m_1g$ 代替 m_1, 系统的加速度大小为 a', 则有 （　　）

(A)$a'=a$　　　　　　　　　　(B)$a'>a$

(C)$a'<a$　　　　　　　　　　(D)条件不足, 无法确定

二、填空题

2—3 如图 2—1 所示, 质量为 m 的物体用平行于斜面的细线连接并置于光滑的斜面上, 若斜面向左边做加速运动, 当物体刚脱离斜面时, 它的加速度的大小为_____.

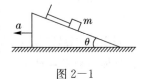

图 2—1

2—4 质量为 m 的质点, 在变力 $F=F_0(1-kt)$（F_0 和 k 均为常量）作用下沿 Ox 轴做直线运动. 若已知 $t=0$ 时, 质点处于坐标原点, 速度为 v_0, 则质点运动微分方程为_____, 质点速度随时间变化规律为 $v=$_____, 质点运动学方程为_____.

三、计算与证明题

2—5 摩托快艇以速度 v_0 行驶, 它受到的摩擦阻力与速率平方成正比, 可

表示为 $F=-kv^2$（k 为正常数）. 设摩托快艇的质量为 m，当摩托快艇发动机关闭后，

(1)求速率 v 随时间 t 的变化规律；

(2)求路程 x 随时间 t 的变化规律；

(3)证明速度 v 与路程 x 之间的关系为 $v=v_0 e^{-k'x}$，其中 $k'=\dfrac{k}{m}$.

2—6 一恒力 F_0 拉动系于弹簧上的物体（质量为 m），使其受力和坐标的关系为 $F=F_0-kx$，其中 F_0，k 均为常量，物体在 $x=0$ 处的速度为 v_0，求物体的速度和坐标的关系.

2—7 一条均匀的金属链条，质量为 m，挂在一个光滑的钉子上，一边长度为 a，另一边长度为 b，且 $a>b$，试证明链条从静止开始到滑离钉子所花的时间为

$$t=\sqrt{\frac{a+b}{2g}}\ln\frac{\sqrt{a}+\sqrt{b}}{\sqrt{a}-\sqrt{b}}$$

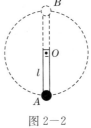

图 2—2

2—8 如图 2—2 所示，质量为 m 的小球固定在长为 l 的细杆一端，细杆的另一端 O 固定在电动机的水平轴上，可使其在竖直平面内从最低点 A 处由静止（$v_0=0$）开始加速转动，其切向加速度 $a_t=b$，b 为常量. 求小球在最低点 A 和首次经过最高点 B 时，细杆对小球的作用力，沿细杆的作用力是拉力还是推力？

2—9 一条质量为 m 且分布均匀的绳子，长度为 l，一端拴在转轴上，并以恒定角速度 ω 在水平面上旋转，如图 2—3 所示. 设转动过程中绳子始终伸直，且忽略重力与空气阻力，求距转轴为 r 处绳子的张力.

图 2—3

2—10 如图 2—4 所示，一不会伸长的轻绳过定滑轮将放置在两边斜面上的物体 A 和 B 连接起来，物体 A 和 B 的质量分别为 m_A 和 m_B，物体和斜面之间的摩擦因数为 μ，两个斜面的倾角分别为 α 和 β. 设 A，B 的初速度为零，试问 $\dfrac{m_A}{m_B}$ 在什么范围内体系平衡？

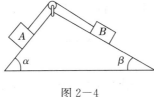

图 2—4

2－11 在光滑的平面上有一光滑的劈形物体,它的质量是 M,斜面的倾角是 α,在斜面上放一质量为 m 的小物体,如图 2－5 所示.试问:

(1)对 M 必须施加多大的水平力 F,才能保持 m 相对于 M 静止不动?

(2)如果没有外力 F 作用,求 m 相对于 M 的加速度,以及 m 和 M 相对于地面的加速度.

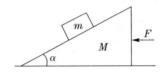

图 2－5

2－12 如图 2－6 所示,将一质量为 m 的很小的物体放在一绕竖直轴以恒定角速度转动的漏斗中,漏斗的壁与水平面成 θ 角,设物体和漏斗壁间的静摩擦因数为 μ,物体离开转轴的距离为 r.试问:使这物体相对于漏斗静止所需要的最大和最小的转速是多少?

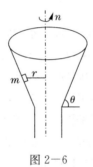

图 2－6

2－13 若太阳和月球的质量分别为 m_1 和 m_2,太阳和月球到地球表面的距离分别为 r_1 和 r_2,试证明:

(1)太阳对地球施加的力 F_1 与月球对地球施加的力 F_2 之比为 $\dfrac{F_1}{F_2}=\dfrac{m_1 r_2^2}{m_2 r_1^2}$;

(2)由 r 的微小改变引起 F 的相对变化为 $\dfrac{\mathrm{d}F}{F}=-\dfrac{2\mathrm{d}r}{r}$;

(3)对于微小的距离改变 Δr_0,太阳和月球施加的力的改变量之比为 $\dfrac{\Delta F_1}{\Delta F_2}=\dfrac{m_1 r_2^3}{m_2 r_1^3}$.代入数据计算出以上各比值,并由此结果说明为什么月球对地球潮汐的影响比太阳大.($m_1=1.99\times10^{30}$ kg,$m_2=7.36\times10^{22}$ kg,$r_1=1.49\times10^{11}$ m,$r_2=3.84\times10^8$ m)

2－14 质量为 16 kg 的质点在 xOy 平面内运动,受一恒力作用,力的分量为 $f_x=6$ N,$f_y=-7$ N,当 $t=0$ 时,$x=y=0$,$v_x=-2$ m·s^{-1},$v_y=0$. 求当 $t=2$ s

时质点的:(1)速度;(2)位矢.

2—15 质点在流体中做直线运动,受与速度成正比的阻力 kv (k 为常数)作用, $t=0$ 时质点的速度为 v_0 ,证明:

(1) t 时刻的速度为 $v=v_0\mathrm{e}^{-\left(\frac{k}{m}\right)t}$;

(2)由 0 到 t 的时间内经过的距离为 $x=\left(\dfrac{mv_0}{k}\right)\left[1-\mathrm{e}^{-\left(\frac{k}{m}\right)t}\right]$;

(3)停止运动前经过的距离为 $v_0\left(\dfrac{m}{k}\right)$;

(4)当 $t=m/k$ 时速度减至 v_0 的 $\dfrac{1}{\mathrm{e}}$,式中 m 为质点的质量.

2—16 如图 2—7 所示,升降机内有两物体,质量分别为 m_1,m_2 ,且 $m_2=2m_1$.用细绳连接,跨过滑轮,绳子不可伸长,滑轮质量及一切摩擦都忽略不计,当升降机以匀加速 $a=0.5\,g$ 上升时,求:

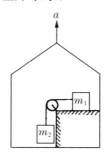

图 2—7

(1) m_1 和 m_2 相对升降机的加速度;

(2)在地面上观察 m_1,m_2 的加速度各为多少?

2—17 如图 2—8 所示,一细绳跨过一定滑轮,绳的一边悬有一质量为 m_1 的物体,另一边穿在质量为 m_2 的圆柱体的竖直细孔中,圆柱可沿绳子滑动.今看到绳子从圆柱细孔中加速上升,柱体相对于绳子以匀加速度 a' 下滑,求 m_1,m_2 相对于地面的加速度、绳的张力及柱体与绳子间的摩擦力(绳轻且不可伸长,滑轮的质量及轮与轴间的摩擦不计).

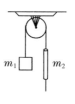

图 2—8

2—18 如图 2—9 所示,光滑的水平面上放着 3 个相互接触的物体,它们的质量分别为 $m_1=1\,\mathrm{kg},m_2=2\,\mathrm{kg},m_3=4\,\mathrm{kg}$ 。若用 $F=98\,\mathrm{N}$ 的水平力作用在 m_1 上,求:

(1) m_1,m_2,m_3 之间的相互作用力;

(2)若此时加 F 水平向左作用在 m_2 上,情况又如何?

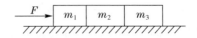

图 2—19

2—19 桌上有一质量为 M 的板,板上放一质量为 m 的物体,如图 2—10 所示.设物体与板,板与桌面之间的动摩擦系数为 μ_k 静摩擦系数为 μ_s,

(1)今以水平力 F 拉板,使两者一起以加速度 a 运动,试计算板与桌面间的相互作用力;

(2)要将板从物体下面抽出,至少需用多大的力?

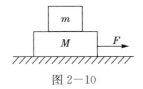

图 2—10

第三章

功能原理和机械能守恒定律

在上一章中,我们讨论了根据牛顿运动定律求解质点运动的直接方法. 在这一章中,我们将引入功和能的概念,讨论功能原理和机械能守恒定律. 人们常把用功和能的观点解决动力学问题的方法称为"能量方法". 与牛顿运动定律的直接应用相比较,在质点所受力是变力的复杂情况下,"能量方法"常常能为我们提供对质点系统力学问题更直截了当的简洁分析.

§3-1 变力的功 动能定理

一、变力的功

大小或方向变化的力称为变力. 设物体在变力 $\boldsymbol{F}$ 作用下,由 a 沿曲线运动到 b,如图 3-1-1 所示. 为求得在这一过程中变力所做的功,我们把路径分成无限多个位移元 $\mathrm{d}\boldsymbol{r}$,使得在这些元位移里,力可看成是不变

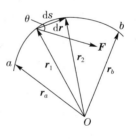

图 3-1-1 变力的功

的. 按功的定义:**力在物体位移方向的分量与该位移大小的乘积等于力所做的功**,即

$$\mathrm{d}A = F\cos\theta \mid \mathrm{d}\boldsymbol{r} \mid = \boldsymbol{F} \cdot \mathrm{d}\boldsymbol{r} \qquad (3-1-1\mathrm{a})$$

因为 $\mid \mathrm{d}\boldsymbol{r} \mid = \mathrm{d}s$,所以亦可写为

$$\mathrm{d}A = F\cos\theta \mathrm{d}s \qquad (3-1-1\mathrm{b})$$

式中,θ 为力与位移间的夹角. 当物体由 a 运动到 b 时,变力的总功为

$$A = \int_a^b dA = \int_a^b \boldsymbol{F} \cdot d\boldsymbol{r} = \int_a^b F\cos\theta ds \qquad (3-1-2)$$

式(3-1-2)就是变力做功的表达式. 该式表明, 功的计算与具体过程相联系, 功是一个过程量.

当 n 个力 $\boldsymbol{F}_1, \boldsymbol{F}_2, \cdots, \boldsymbol{F}_n$ 同时作用在一个物体上时, 这些力的矢量和 $\boldsymbol{F} = \sum_{i=1}^{n} \boldsymbol{F}_i$ 称为作用在该物体上的合力. 设物体在合力作用下发生的元位移为 $d\boldsymbol{r}$, 则合力的元功为

$$dA = \boldsymbol{F} \cdot d\boldsymbol{r} = \sum_{i=1}^{n} \boldsymbol{F}_i \cdot d\boldsymbol{r} = \sum_{i=1}^{n} dA_i \qquad (3-1-3)$$

从 a 到 b 整个过程合力做功为

$$A = \int_a^b dA = \int_a^b \sum_{i=1}^{n} \boldsymbol{F}_i \cdot d\boldsymbol{r} = \sum_{i=1}^{n} \int_a^b \boldsymbol{F}_i \cdot d\boldsymbol{r} = \sum_{i=1}^{n} A_i$$

$$(3-1-4)$$

上式表明, 合力做的功等于各分力做功的代数和.

在 SI 中, 功的单位是焦, 符号为 J, 其量纲为 $L^2 M T^{-2}$.

这里需要指出的是:

(1)**功的计算与具体过程相联系, 功是一个过程量, 不是状态量. 功是力对空间的累积效应.** 因此, 只能说, 某过程中某力所做的功, 而不能说"某时刻"的功.

(2)若受力作用的物体其大小不能忽略, 则"力的作用点的位移"与"受力物体的位移", 可能是不相同的, 如图 3-1-2 所示. 这时一定要注意, 定义式(3-1-1a)中的 $d\boldsymbol{r}$, 指的是"受力物体的

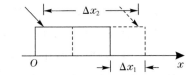

图 3-1-2　受力物体的位移 Δx_1 和力的作用点的位移 Δx_2

位移". 后面我们将看到, 只有按此定义才能得到动能定理.

(3)在直角坐标系中, $\boldsymbol{F}$ 和 $d\boldsymbol{r}$ 都是坐标 x、y、z 的函数, 即

$$\boldsymbol{F} = F_x \boldsymbol{i} + F_y \boldsymbol{j} + F_z \boldsymbol{k} \text{ 和 } d\boldsymbol{r} = dx\boldsymbol{i} + dy\boldsymbol{j} + dz\boldsymbol{k}$$

因此, 式(3-1-2)可写成

$$A = \int_a^b \boldsymbol{F} \cdot d\boldsymbol{r} = \int_a^b (F_x dx + F_y dy + F_z dz) \quad (3-1-5)$$

式(3－1－5)是变力做功在直角坐标系中的数学表达式.

单位时间内所做的功,称为功率,即

$$P = \frac{dA}{dt} \tag{3-1-6}$$

在 SI 中,功率的单位是瓦,符号是 W,1 W＝1 J・s^{-1}. 对于位移功,由式(3－1－1a)有

$$P = \frac{\boldsymbol{F} \cdot d\boldsymbol{r}}{dt} = \boldsymbol{F} \cdot \frac{d\boldsymbol{r}}{dt} = \boldsymbol{F} \cdot \boldsymbol{v} \tag{3-1-7}$$

例 3－1－1　在一个深 $h=18$ m 的坑里,垂直悬挂着一根长绳,从地面垂至坑底. 已知此绳的质量线密度 $\lambda = 0.88$ kg・m^{-1},试问:若将此绳提到地面,至少要做多少功?

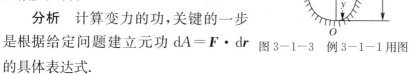

图 3－1－3　例 3－1－1 用图

分析　计算变力的功,关键的一步是根据给定问题建立元功 d$A = \boldsymbol{F} \cdot d\boldsymbol{r}$ 的具体表达式.

解　取坐标系如图 3－1－3 所示,当绳运动到图示的任意位置 y 处时,它所受到的重力为 $\lambda(h-y)g$. 要使提升绳子所做的功最少,作用于绳的拉力刚好等于重力,即 $F = \lambda(h-y)g$. 通过 dy 时,拉力所做的元功为

$$dA = \lambda(h-y)g\,dy$$

故将绳子全部拉上地面拉力所做的功至少为

$$A = \int dA = \int_0^h \lambda(h-y)g\,dy = \frac{1}{2}\lambda g h^2$$

$$= \frac{1}{2} \times 0.88 \times 9.8 \times 18^2 = 1.40 \times 10^3 \text{(J)}$$

例 3－1－2　启动时在牵引力 $F_x = 6 \times 10^3 t$ N 的作用下,质量为 2 t 的卡车自原点从静止开始沿 x 轴做直线运动. 求在前 10 s 内牵引力所做的功.

解　因为题中只给出了力与时间的函数关系,而不知道力与物体坐标的函数关系,所以不能直接用式(3－1－2)来计算功. 因此,应先求出 $x(t)$ 的表达式才能计算力的功.

由 $\dfrac{\mathrm{d}v}{\mathrm{d}t}=\dfrac{F_x}{m}=\dfrac{6\times10^3 t}{2\times10^3}=3t$，得 $\mathrm{d}v=3t\mathrm{d}t$.

对上式积分，并注意到初始条件：$t=0$ 时，$v_0=0$，于是有

$$\int_0^v \mathrm{d}v=\int_0^t 3t\mathrm{d}t$$

解得

$$v=1.5t^2$$

再由 $v=\dfrac{\mathrm{d}x}{\mathrm{d}t}$，得

$$\mathrm{d}x=v\mathrm{d}t=1.5t^2\mathrm{d}t$$

所以牵引力所做的功为

$$A=\int F_x\mathrm{d}x=\int_0^t 6\times10^3 t(1.5t^2\mathrm{d}t)=\frac{1}{4}\times9\times10^3 t^4\,(\mathrm{J})$$

故牵引力在前 10 s 内做的功为

$$A=\frac{1}{4}\times9\times10^3\times10^4=2.25\times10^7\,(\mathrm{J})$$

二、动能定理

设 $\boldsymbol{F}$ 为作用在物体上的合力，则 $\mathrm{d}A=\boldsymbol{F}\cdot\mathrm{d}\boldsymbol{r}$，在自然坐标系中，可表示为

$$\mathrm{d}A=(F_t\boldsymbol{e}_t+F_n\boldsymbol{e}_n)\cdot\mathrm{d}s\boldsymbol{e}_t=F_t\mathrm{d}s=m\frac{\mathrm{d}v}{\mathrm{d}t}\mathrm{d}s$$

$$=m\frac{\mathrm{d}s}{\mathrm{d}t}\mathrm{d}v=mv\mathrm{d}v=\mathrm{d}(\frac{1}{2}mv^2) \qquad (3-1-8)$$

将式(3-1-8)从 a 至 b 积分，有

$$A=\int_a^b\mathrm{d}A=\int_{v_a}^{v_b}\mathrm{d}(\frac{1}{2}mv^2)=\frac{1}{2}mv_b^2-\frac{1}{2}mv_a^2$$

$$(3-1-9\mathrm{a})$$

这表明，合外力的功等于量 $\dfrac{1}{2}mv^2$ 在终点与始点值之差，即增量. 而

$\dfrac{1}{2}mv^2$ 是与物体的运动状态相联系的量，称为动能，用 E_k 表示，即

$$E_k=\frac{1}{2}mv^2$$

动能的单位和量纲与功的单位和量纲相同. 于是式(3-1-9a)可写为

$$A = E_{kb} - E_{ka} = \Delta E_k \qquad (3-1-9b)$$

这就是质点的**动能定理**:合力对质点所做的功等于质点动能的**增量**.

现在,再回过头来看看,当初"功"为什么要那么定义?

我们用下角标"物"和"点"分别表示"物体"和"力的作用点"相应的物理量. 若按"力的作用点"定义功,则式(3-1-8)为 $dA = m\dfrac{ds_点}{dt}dv_物 = mv_点 dv_物$. 如果像如图 3-1-2 所示的那样,$v_点$ 和 $v_物$ 是不相同的,那么 $mv_点 dv_物$ 就不能写为 $d\left(\dfrac{1}{2}mv^2\right)$,从而也就得不到动能定理. 因此,这样定义的功是没有意义的.

质点系的动能,等于系统内各质点动能之和. 设质点系由 n 个质点组成,对第 i 个质点应用动能定理,则有

$$A_i = E_{ib} - E_{ia} = \frac{1}{2}m_i v_{ib}^2 - \frac{1}{2}m_i v_{ia}^2$$

其中 A_i 既包含外力对第 i 个质点所做的功 $A_i^{(e)}$,也包含系统内其他各质点对第 i 个质点作用的内力所做的功 $A_i^{(i)}$. 注意,对质点 i 来说,所有的力都是外力.

将上式对 i 求和,可得

$$\sum A_i = \sum A_i^{(e)} + \sum A_i^{(i)} = \sum \frac{1}{2}m_i v_{ib}^2 - \sum \frac{1}{2}m_i v_{ia}^2$$

即

$$\sum A_i = A^{(e)} + A^{(i)} = E_{kb} - E_{ka} = \Delta E_k \qquad (3-1-10)$$

其中 $\Delta E_k = E_{kb} - E_{ka} = \sum_{i=1}^{n}\frac{1}{2}m_i v_{ib}^2 - \sum_{i=1}^{n}\frac{1}{2}m_i v_{ia}^2$ 表示系统动能的增量. 式(3-1-10)表明,作用于质点系中各个质点上的外力和内力所做功的代数和,等于质点系动能的增量. 这一结论称为质点系的动能定理.

这里需要指出的是:

(1)**功与动能之间既有联系又有区别. 功是一个过程量,它是能量变化的量度;而动能则是决定物体的运动状态的,因此,它是运动**

状态的函数.

（2）由于动能定理是在牛顿定律的基础上导出的,所以它只能适用于惯性系. 在不同惯性系中,功和动能都具有相对性,它们的数值因参考系而异,但在同一惯性系中,功与动能之间的关系总是服从动能定理的. 这也就是说,动能定理在所有惯性系中具有相同的表达形式. 这正体现了力学相对性原理.

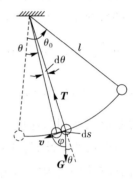

例 3-1-3　如图 3-1-4 所示,一质量为 $m=1.0\,\mathrm{kg}$ 的小球系在长为 $l=1.0\,\mathrm{m}$ 的细绳下端,绳的上端固定,起初把绳子拉到与竖直线成 $\theta_0=60°$ 角处,然后放手使小球沿圆弧下落,试求绳与竖直线成 $30°$ 角时小球的速率.

解　在某一时刻细绳与竖直线的夹角为 θ,小球的速度为 v,小球受到绳的拉力 $\boldsymbol{T}$ 和重力 $\boldsymbol{G}$ 的作用. 在合外力作用下,小球在圆弧上有无限小位移 $\mathrm{d}\boldsymbol{s}$ 时,合外力做功为

图 3-1-4　例 3-1-3 用图

$$\mathrm{d}A = \boldsymbol{F}\cdot\mathrm{d}\boldsymbol{s} = \boldsymbol{T}\cdot\mathrm{d}\boldsymbol{s} + \boldsymbol{G}\cdot\mathrm{d}\boldsymbol{s}$$

由于 $\boldsymbol{T}$ 的方向始终与小球运动方向垂直,故 $\boldsymbol{T}\cdot\mathrm{d}\boldsymbol{s}=0$,而

$$\boldsymbol{G}\cdot\mathrm{d}\boldsymbol{s} = G\cos\varphi\,\mathrm{d}s$$

其中 φ 为 $\boldsymbol{G}$ 与 $\mathrm{d}\boldsymbol{s}$ 之间的夹角,由图知 $\varphi+\theta=\dfrac{\pi}{2}$,$\mathrm{d}s=-l\mathrm{d}\theta$,故有

$$\boldsymbol{G}\cdot\mathrm{d}\boldsymbol{s} = G\sin\theta\,\mathrm{d}s = -mgl\sin\theta\,\mathrm{d}\theta$$

在摆角由 θ_0 改变为 θ 的过程中,合外力所做的功为

$$A = -mgl\int_{\theta_0}^{\theta}\sin\theta\,\mathrm{d}\theta = mgl(\cos\theta-\cos\theta_0)$$

由动能定理,有

$$A = mgl(\cos\theta-\cos\theta_0) = \frac{1}{2}mv^2 - \frac{1}{2}mv_0^2$$

由题意知,$v_0=0$,故绳与竖直线成 θ 角时,小球的速率为

$$v = \sqrt{2gl(\cos\theta-\cos\theta_0)}$$

将已知数据 $l=1.0\,\mathrm{m}$,$\theta_0=60°$,$\theta=30°$ 代入上式,得

$$v = \sqrt{2\times9.8\times1.0\times(\cos30°-\cos60°)} = 2.68(\mathrm{m\cdot s^{-1}})$$

三、"一对力"的功

在质点系动能定理中,涉及系统内力的功.而内力都是成对出现的,并且大小相等,方向相反,那么,在一条直线上,对于相互作用的一对质点,其间的作用力与反作用力分别对受力质点所做功的代数和是否为零呢?因此,在这里需要对"一对力"做功问题进行讨论.

在某固定参考系中,设某过程中质点 i 与质点 j 的元位移分别为 $\mathrm{d}\boldsymbol{r}_i$ 与 $\mathrm{d}\boldsymbol{r}_j$,它们之间的相互作用力分别为 $\boldsymbol{f}_{ij}$ 和 $\boldsymbol{f}_{ji}$,则这两个力的元功分别为

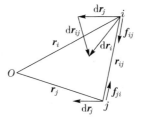

$$\mathrm{d}A_i = \boldsymbol{f}_{ij} \cdot \mathrm{d}\boldsymbol{r}_i; \quad \mathrm{d}A_j = \boldsymbol{f}_{ji} \cdot \mathrm{d}\boldsymbol{r}_j$$

其代数和(注意:不是合力的功!)为

图 3-1-5　相对位移

$$\mathrm{d}A = \mathrm{d}A_i + \mathrm{d}A_j = \boldsymbol{f}_{ij} \cdot \mathrm{d}\boldsymbol{r}_i + \boldsymbol{f}_{ji} \cdot \mathrm{d}\boldsymbol{r}_j$$

由牛顿第三定律知,$\boldsymbol{f}_{ij} = -\boldsymbol{f}_{ji}$,代入上式,得

$$\mathrm{d}A = \boldsymbol{f}_{ij} \cdot (\mathrm{d}\boldsymbol{r}_i - \mathrm{d}\boldsymbol{r}_j) = \boldsymbol{f}_{ij} \cdot \mathrm{d}\boldsymbol{r}_{ij} \quad (3-1-11)$$

其中 $\mathrm{d}\boldsymbol{r}_{ij}$ 表示质点 i 相对于质点 j 的元位移,如图 3-1-5 所示(平面情况).

对于整个过程,将式(3-1-11)积分,得

$$A = \int_{(l)} \boldsymbol{f}_{ij} \cdot \mathrm{d}\boldsymbol{r}_{ij} \quad (3-1-12)$$

这就是"一对力"做功的表达式.其意义是:**"一对力"的功等于以其中任一个质点为参考系,计算它对另一个质点的作用力所做的功**.至于这个被选作参考系的质点究竟是否为惯性系,对结果无任何影响.

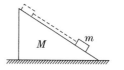

图 3-1-6　一对弹性力之功

由式(3-1-11)和式(3-1-12)可知,

(1)"一对力"做功等于零的条件为:

①当 $\boldsymbol{f}_{ij} \perp \mathrm{d}\boldsymbol{r}_{ij}$ 时,$A=0$.如一物体 m 在斜面 M 上下滑时(如图 3-1-6所示),m 与 M 之间相互作用的一对弹性力做功为零.

②当 $|\mathrm{d}\boldsymbol{r}_{ij}|=0$ 时,$A=0$.如一对静摩擦力做的功恒等于零.但要注意的是,这不等于说静摩擦力不会做功.例如,将 A,B 两物体叠放

在光滑水平面上,如图 3-1-7 所示. 如果 A,B 间没有相对运动,以地面为参考系,则 A 给 B 的静摩擦力对 B 做正功,B 给 A 的静摩擦力对 A 做负功.

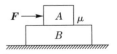

图 3-1-7 一对摩擦力之功

所以静摩擦力也是可以做功的. 那么,静摩擦力会不会生热呢? 请读者思考.

(2)一对滑动摩擦力的功恒小于零,因为 f_{ij} 与 $\mathrm{d}r_{ij}$ 反向. 这正是机械能转变为热能的量度. 这里需要指出的是,单个滑动摩擦力做的功是可以为正的. 例如,图3-1-7中,若 A,B 间有相对滑动,以地面为参考系,这时 A 给 B 的摩擦力对 B 做正功. 但是,它与 B 给 A 的摩擦力做功之和,一定是负的. 请读者自己分析.

§3-2 保守力与非保守力 势能

上一节,我们已经得到:"一对力"的功等于以其中任一个质点为参考系,计算它对另一个质点的作用力所做的功. 现在以此来计算力学中常见的几种力的功.

一、重力所做的功

质量为 m 的质点,沿地球表面附近的任意路径由 a 点运动到 b 点,如图 3-2-1 所示,求重力 P 所做的功.

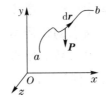

图 3-2-1 重力的功

以地球为参考系,重力 P 只有 y 分量,$P_x = P_z = 0$,$P_y = -mg\boldsymbol{j}$,由 $A = \int_{x_a}^{x_b} F_x \mathrm{d}x + \int_{y_a}^{y_b} F_y \mathrm{d}y + \int_{z_a}^{z_b} F_z \mathrm{d}z$ 可得重力对质点 m 所做的功为

$$A = \int_a^b \boldsymbol{P} \cdot \mathrm{d}\boldsymbol{r} = \int_{y_a}^{y_b} mg\cos180°\mathrm{d}y = -mg(y_b - y_a)$$

$$(3-2-1)$$

二、万有引力所做的功

质量为 m 的质点在另一质量为 M 的
质点的引力作用下,沿如图 3－2－2 所示
的任意路径由 a 点运动到 b 点,求万有引
力所做的功.

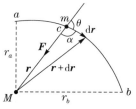

以质点 M 为参考系,在曲线上任一点
c,万有引力在微小位移 d$\boldsymbol{r}$ 上所做的元

图 3－2－2　万有引力的功

功为

$$dA = \boldsymbol{F} \cdot d\boldsymbol{r} = F \mid d\boldsymbol{r} \mid \cos\alpha$$
$$= F \mid d\boldsymbol{r} \mid \cos(\pi - \theta) = -F \mid d\boldsymbol{r} \mid \cos\theta = -F dr$$

而万有引力的大小为

$$F = G\frac{mM}{r^2}$$

所以

$$dA = -G\frac{mM}{r^2}dr$$

则从 a 点到 b 点万有引力所做的功为

$$A = -GMm\int_{r_a}^{r_b}\frac{dr}{r^2} = -\left[-\frac{GMm}{r_b} - \left(-\frac{GMm}{r_a}\right)\right]$$

$$(3－2－2)$$

三、弹性力所做的功

将一轻弹簧的一端固定,自由端系一质量为 m 的小球,并让弹
簧振子在光滑的水平面上自由振动,如图 3－2－3 所示. 试计算小球
在由 a 点运动到 b 点的过程中,弹性力所做的功.

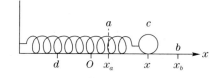

图 3－2－3　弹性力的功

取弹簧未形变时小球所在的位置为坐标原点,向右为 Ox 轴正

向. 当小球经过一元位移 $\mathrm{d}x\boldsymbol{i}$，弹性力做的元功为

$$\mathrm{d}A = \boldsymbol{F} \cdot (\mathrm{d}x\boldsymbol{i}) = (-kx\boldsymbol{i}) \cdot (\mathrm{d}x\boldsymbol{i}) = -kx\,\mathrm{d}x$$

在小球从 a 点运动到 b 点的过程中，弹性力做功为

$$A = \int_a^b \mathrm{d}A = -\int_{x_a}^{x_b} kx\,\mathrm{d}x = \frac{1}{2}kx_a^2 - \frac{1}{2}kx_b^2 = -\left(\frac{1}{2}kx_b^2 - \frac{1}{2}kx_a^2\right)$$

$$(3-2-3)$$

作为练习，请分别写出小球从 b 点到 a 点，从 a 点到 d 点和从 d 点到 a 点的元功表达式.

四、摩擦力所做的功

物体在粗糙的水平地面上沿如图 3—2—4 所示的任意曲线由 a 点运动到 b 点，求摩擦力在该过程中对质点所做的功.

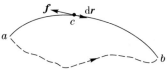

图 3—2—4　摩擦力的功

以地面为参考系，滑动摩擦力 $\boldsymbol{f}$ 的方向与质点运动速度 $\boldsymbol{v}$（也与 $\mathrm{d}\boldsymbol{r}$）的方向相反，设摩擦力的大小（$f=\mu N$）恒定不变，则在曲线上 c 点附近，$\boldsymbol{f}$ 在微小位移 $\mathrm{d}\boldsymbol{r}$ 上所做的元功为

$$\mathrm{d}A = \boldsymbol{f} \cdot \mathrm{d}\boldsymbol{r} = f\,|\,\mathrm{d}\boldsymbol{r}\,|\cos\pi = -f\,\mathrm{d}s \quad (f \text{ 为常量})$$

则从 a 点到 b 点摩擦力所做的功为

$$A = -f\int_a^b \mathrm{d}s = -fs_{ab} \qquad (3-2-4)$$

式中，s_{ab} 为从 a 点到 b 点的曲线路径的长度. 显然，从 a 点到 b 点沿不同路径（如图 3—2—4 中虚线所示）摩擦力所做的功是不同的.

五、保守力与非保守力

上述有关功的计算结果表明，重力、万有引力、弹性力等力做功有一个共同的特点. **这就是做功的多少仅由始末两点的位置决定，而与中间所经过的路径无关，这样的力称为保守力. 而将做功多少和物体运动路径有关的力称为非保守力.** 非保守力有两类：一类非保守力沿闭合路径一周所做的功小于零（即 $\oint \boldsymbol{F} \cdot \mathrm{d}\boldsymbol{r} < 0$），这类非保

守力称为耗散力.摩擦力就是耗散力.另一类非保守力所做的功 $\oint \boldsymbol{F} \cdot \mathrm{d}\boldsymbol{r} > 0$，例如，爆炸力就是这类非保守力.

由于保守力做功与路径无关,这必然导致保守力沿任意闭合路径一周所做的功为零的结论.用方程式表示即为

$$\oint_L \boldsymbol{F} \cdot \mathrm{d}\boldsymbol{r} = 0 \qquad (3-2-5)$$

这一结论,可以看作保守力的另外一种定义,式(3-2-5)也可以看作保守力定义的数学表述.对于保守力的这两种定义,应用时哪种方便就采用哪种说法.例如,在建立势能的概念时,采用"与路径无关"的说法较为方便,而在研究矢量场的性质时,采用"闭合路径"的说法则比较方便.

六、势能

由于保守力对质点所做的功只取决于始点和终点的位置,而与所经的路径无关,所以可将保守力所做的功表示为空间变量某种单值函数在起点与终点的取值之差,即

$$A = \int_a^b \boldsymbol{F} \cdot \mathrm{d}\boldsymbol{r} = -(E_{pb} - E_{pa}) = -\Delta E_p \quad (3-2-6)$$

E_p 称为势能,它只与质点的位置有关,它与动能一样也是状态函数.式中的负号是为了引进机械能概念的方便.上式表明,**势能增量的负值等于保守力所做的功,这就是势能定理.**

上式也可以写成微分形式

$$\boldsymbol{F} \cdot \mathrm{d}\boldsymbol{r} = -\mathrm{d}E_p \qquad (3-2-7)$$

对于一维问题,当系统内的质点在保守力作用下,沿 x 轴移动 $\mathrm{d}x$ 时,上式可写成 $\mathrm{d}E_p = -F_x\mathrm{d}x$,即

$$F_x = -\frac{\mathrm{d}E_p}{\mathrm{d}x} \qquad (3-2-8)$$

这表示保守力沿某坐标方向的分量等于势能对此坐标导数的负值.

势能是一个十分重要的概念,理解势能应注意以下几点:

(1)只要有保守力,就可引入相应的势能.势能的种类很多,如重力势能、引力势能、弹性势能、电势能、分子势能等.

(2)式(3—2—6)左边的积分应理解为"一对力"的功,因此势能是属于具有保守力相互作用的质点系统的. 因为"一对力"的功等于以其中任一个质点为参考系,计算它对另一个质点的作用力所做的功,所以人们又习惯于把系统的势能简单地说成"某物体的势能".

(3)式(3—2—6)只定义了在 a 与 b 两点处势能之差,并未定义势能本身. 在 E_{pa}、E_{pb} 上同时加上同一个任意常数值,式(3—2—6)仍成立. 在具体问题中,必须规定零势能参考点(称为势能零点),于是**物体在某点处所具有的势能,就等于该物体由该点沿任一路径移到势能零点过程中保守力所做的功**. 比如,规定 $E_{pb}=0$,则由式(3—2—6)即得任一点 a 的势能为

$$E_{pa} = \int_a^b \boldsymbol{F} \cdot \mathrm{d}\boldsymbol{r} \qquad (3-2-9)$$

势能零点选择不同,某点处的势能值也就不同. 这表明,**势能具有相对性**. 但是,两点间的势能差与势能零点的选择无关,是绝对的. 故势能是质点间相对位置的单值函数.

将式(3—2—1),(3—2—2),(3—2—3)分别与式(3—2—6)相比较,可得力学中常见的三种势能表达式及其零点位置:

势能	表达式	零点位置
重力势能	$E_p = mgh$	地面附近
弹性势能	$E_p = \frac{1}{2}kx^2$	弹簧自由状态时自由端所在处
万有引力势能	$E_p = -G\dfrac{Mm}{r}$	两物体相距无限远

这里要特别提醒的是,重力势能不论势能零点选在何处都用 mgh 来计算,其中 h 是相对零势能高度. 但是,只有我们把弹簧原长处作为坐标原点和弹性势能零点时,才有弹性势能的表达式 $\frac{1}{2}kx^2$ 这种形式. 若小球处在原点时,弹簧伸长为 l_0,零势能位置取在 x_0 处,则小球处于任意位置 x 处时,系统的弹性势能表达式为

$$E_p = \left(\frac{1}{2}kx^2 + kl_0x\right) - \left(\frac{1}{2}kx_0^2 + kl_0x_0\right)$$

这是弹性势能的一般表达式. 请读者自己证明. 显然

(1)若原点取在弹簧原长处,即 $l_0=0$,零势能仍取在 x_0 处,则有

$$E_p = \frac{1}{2}kx^2 - \frac{1}{2}kx_0^2.$$

(2)若原点、零势能位置均取在弹簧原长处,即 $l_0=0$,$x_0=0$,则有 $E_p = \frac{1}{2}kx^2$.这就是最常用的势能表达式.

§3－3 功能原理及机械能守恒定律

一、系统的功能原理

在质点系的动能定理式(3－1－10)中,A 是所有外力及内力对各质点所做功的代数和,而系统内各质点之间的相互作用力,又有保守力与非保守力之分,因此,若以 $A_c^{(i)}$ 表示质点系内各保守内力做功之和,$A_{nc}^{(i)}$ 表示质点系内各非保守内力做功之和,则有

$$A = A^{(e)} + A_c^{(i)} + A_{nc}^{(i)}$$

又由式(3－2－6)可知,保守力所做的功等于势能增量的负值,即

$$A_c^{(i)} = -\Delta E_p$$

令

$$E = E_k + E_p$$

上式称为系统的机械能,式(3－1－10)可表示为

$$A^{(e)} + A_{nc}^{(i)} = \Delta E \qquad (3－3－1)$$

这就是说,**外力和非保守内力所做功的总和等于系统机械能的增量**.这一结论称为系统的**功能原理**.

功能原理全面地概括和体现了力学中的功能关系,它涵盖了力学中所有类型力的功以及所有类型的能量.质点及质点系的动能定理只是它的特殊情形,功能原理是普遍的功能关系.由于动能定理的基础是牛顿运动定律,故功能原理也只能在惯性系中成立.

例3－3－1 如图 3－3－1 所示,将质量为 m 的滑块置于粗糙水平面上,并系于橡皮绳的一端,橡皮绳的另一端固定.橡皮绳原长为 a,处于拉伸状态的橡皮绳相当于劲度系数为 k 的弹簧.滑块与平

面的动摩擦因数为 μ. 现将滑块向右拉伸至橡皮绳长为 b（在弹性限度内）后，再由静止释放. 试求滑块返回到 a 点时的速度.

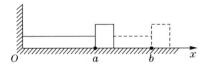

图 3-3-1　例 3-3-1 用图

解　取坐标系如图 3-3-1 所示. 滑块在由 $b \rightarrow a$ 全程受到摩擦力 $f = \mu mg$ 和弹力 $F = k(x-a)$ 作用.

［方法一］　用动能定理求解.

$$\int_b^a F\cos\theta \mid \mathrm{d}\boldsymbol{r} \mid - \mu mg(b-a) = \frac{1}{2}mv^2$$

$$\int_b^a k(x-a)\cos 0°(-\mathrm{d}x) - \mu mg(b-a) = \frac{1}{2}mv^2$$

$$\left(kax - \frac{1}{2}kx^2\right)\Big|_b^a - \mu mg(b-a) = \frac{1}{2}mv^2$$

由此解得

$$v = \sqrt{\frac{k}{m}(b-a)^2 - 2\mu g(b-a)}$$

［方法二］　用功能原理求解.

$$-\mu mg(b-a) = \frac{1}{2}mv^2 - \frac{1}{2}k(b-a)^2$$

即得

$$v = \sqrt{\frac{k}{m}(b-a)^2 - 2\mu g(b-a)}$$

由此可见，在功能原理中，以势能增量的负值来代替变力做功的计算，可以避免繁杂的积分运算，使求解过程大为简化.

例 3-3-2　如图 3-3-2 所示，一质量为 $m = 2$ kg 的物体，从静止开始，沿四分之一的圆周，从 a 滑到 b. 在 b 处时，速度的大小为 $v = 7$ m·s^{-1}. 已知圆的半径为 $R = 5$ m. 求物体从 a 到 b 摩擦力所做的功.

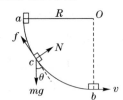

图 3-3-2　例 3-3-2 用图

解　[方法一]　根据功的定义求解.

由于物体在四分之一圆周的不同点处正压力 **N** 不同,因此摩擦力 $f = \mu N$ 是一个变力. 变力做功,要用积分来计算,即

$$A = \int \boldsymbol{f} \cdot \mathrm{d}\boldsymbol{s}$$

取物体为研究对象,取 c 点处为坐标原点,建立自然坐标系,如图 3-3-2 所示. 根据牛顿第二定律,有

$$mg\cos\theta - f = m\frac{\mathrm{d}v}{\mathrm{d}t}$$

摩擦力做功有

$$A = \int \boldsymbol{f} \cdot \mathrm{d}\boldsymbol{s} = -\int \left(mg\cos\theta - m\frac{\mathrm{d}v}{\mathrm{d}t} \right)\mathrm{d}s$$

由于 $\mathrm{d}s = R\mathrm{d}\theta, v = \dfrac{\mathrm{d}s}{\mathrm{d}t}$ 和题目所给条件定出积分上下限,则有

$$A = -\int_0^{\pi/2} mgR\cos\theta\mathrm{d}\theta + \int_0^7 mv\mathrm{d}v = -49\,\mathrm{J}$$

[方法二]　根据质点动能定理求解.

按 $A = \dfrac{1}{2}mv^2 - \dfrac{1}{2}mv_0^2$,有

$$A_N + A_G + A_f = \frac{1}{2}mv^2 - \frac{1}{2}mv_0^2$$

其中 $A_N = 0, v_0 = 0, A_G = mgR$,代入上式,即得

$$A_f = \frac{1}{2}mv^2 - mgR = -49\,\mathrm{J}.$$

[方法三]　根据功能原理求解.

取物体和地球为研究对象. 物体和地球之间的相互作用力是保守内力,而外力有支持力 **N** 和摩擦力 **f**,但支持力 **N** 不做功,只有摩擦力 **f** 做功.

选 b 点为势能零点,则物体在 a 点时,系统的机械能 $E_a = mgR$,在 b 点时,系统的机械能 $E_b = \dfrac{1}{2}mv^2$. 根据功能原理,有

$$A_f = \frac{1}{2}mv^2 - mgR = -49\,\mathrm{J}$$

负号表示摩擦力对物体做负功,即物体反抗摩擦力做功 49 J.

比较以上三种解法,可以看到,利用功能原理求解,有明显的优越性.

二、机械能守恒定律

由功能原理(3—3—1)式可知,当 $A^{(e)}+A_{nc}^{(i)}=0$ 时,则有

$$E = E_k + E_p = 恒量 \qquad (3-3-2)$$

这就是说,**当外力和非保守内力都不做功或所做功的总和恒为零时,系统的机械能保持不变**.这一结论叫作**机械能守恒定律**.

对于机械能守恒定律条件的理解,应注意以下两点:

(1) $A^{(e)}+A_{nc}^{(i)}=0$,这并不要求 $\boldsymbol{F}^{(e)}$ 和 $\boldsymbol{F}_{nc}^{(i)}$ 为零.

(2) $A^{(e)}+A_{nc}^{(i)}=0$,要求在任意微小路程上都是成立的,即"守恒"要求在过程进行的每时每刻都保持不变.

因此作为过程量的功,不能提供这种保证,所以用即时量功率来表述机械能守恒的条件更为恰当,即

$$若 P^{(e)} + P_{nc}^{(i)} = 0,则 E = E_k + E_p = 恒量$$

机械能守恒定律的数学表达式,还可以写成

$$\Delta E_k = -\Delta E_p \qquad (3-3-3)$$

可见,在满足机械能守恒的条件($A^{(e)}+A_{nc}^{(i)}=0$)下,质点系内的动能和势能可以相互转换,但动能和势能之和却是不变的,所以说,在机械能守恒定律中,机械能是不变量或守恒量.而质点系内的动能和势能之间的转换则是通过质点系内的保守力做功($A_c^{(i)}$)来实现的.

例3—3—3 用一轻弹簧把质量为 m_1 和 m_2 的两块木板连接起来,一起放在地面上,已知 $m_2 > m_1$.试问,对上面的木板 m_1 必须施加多大的压力 F,以便在 F 突然撤去而上面的木板跳起时,恰能将下面的木板 m_2 提离地面?

解 为了解题直观清晰,现将题目所给定的物理过程绘出相应的示意图,如图3—3—3所示.

若把 m_1,m_2,弹簧和地球作为系统,则在压力 F 撤去后系统上跳过程中,系统只受重力和弹力作用,且都是保守内力,所以该过程机械能守恒.

取坐标系如图3－3－3所示,以弹簧原长处为坐标原点,并将势能零点也取在该处,则有

$$E_1 = -m_1 g x_1 + \frac{1}{2} k x_1^2, E_2 = m_1 g x_2 + \frac{1}{2} k x_2^2$$

∵机械能守恒,∴$E_1 = E_2$.

由平衡条件:$F + m_1 g = k x_1$,得 $x_1 = \dfrac{F + m_1 g}{k}$.

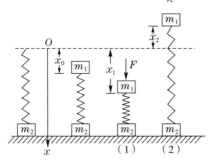

图3－3－3　例3－3－3用图

又由于题目要求 m_1 跳起后恰能将 m_2 提离地面,所以 $k x_2 = m_2 g$,由此得 $x_2 = \dfrac{m_2 g}{k}$.

将 x_1, x_2 代入机械能守恒定律方程,化简后解得

$$F = (m_1 + m_2)g$$

例3－3－4　一粗细均匀的软绳,一部分置于光滑水平桌面上,另一部分自桌边下垂.软绳全长为 l,开始时,下垂部分长为 d,绳初速度为零,求整个软绳全部离开桌面瞬间的速度大小(设软绳不伸长).

解　**[方法一]**　用牛顿定律求解.

如图3－3－4(a)所示,将软绳分成两部分,桌上部分 ab 及下垂部分 bc,t 时刻 bc 长为 x,其质量分别为 m_1, m_2.因软绳不伸长,所以加速度均为 a,对 ab 和 bc 段软绳,分别由牛顿第二定律,有

$$T_1 = m_1 a = m_1 \frac{\mathrm{d}v}{\mathrm{d}t}$$

$$m_2 g - T_2 = m_2 a = m_2 \frac{\mathrm{d}v}{\mathrm{d}t}$$

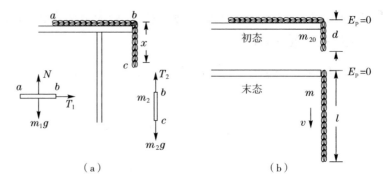

图 3−3−4　例 3−3−4 用图

因为 $T_1 = T_2$，所以

$$m_2 g = (m_1 + m_2)\frac{\mathrm{d}v}{\mathrm{d}t}$$

即

$$\frac{\mathrm{d}v}{\mathrm{d}t} = \frac{m_2}{m_1 + m_2}g = \frac{x}{l}g$$

方程两边同时乘以 $\mathrm{d}x$，化简并积分

$$\int_0^v v\mathrm{d}v = \int_d^l \frac{g}{l}x\,\mathrm{d}x$$

则软绳全部离开桌面的瞬时，其速度大小为

$$v = \sqrt{\frac{g}{l}(l^2 - d^2)}$$

[**方法二**]　用动能定理求解.

选取整段软绳为研究对象，它由 ab 和 bc 两部分组成，如图 3−3−4(a)所示，有

$$A^{(\mathrm{e})} = A_N + A_{G1} + A_{G2}; \quad A^{(\mathrm{i})} = A_{T1} + A_{T2}$$

其中，$A_N = A_{G1} = 0$，$A_{T1} + A_{T2} = 0$

$$A_{G2} = \int m_2 g\,\mathrm{d}x = \int_d^l \frac{x}{l}mg\,\mathrm{d}x = \frac{mg}{2l}(l^2 - d^2)$$

系统初态：$E_{k0} = 0$；系统末态：$E_k = \frac{1}{2}mv^2$.

根据质点系的动能定理

$$A_{G2} = E_k - E_{k0}$$

有 $\qquad \dfrac{mg}{2l}(l^2-d^2)=\dfrac{1}{2}mv^2-0$

解得

$$v=\sqrt{\dfrac{g}{l}(l^2-d^2)}$$

[**方法三**]　用机械能守恒定律求解.

选取软绳和地球为系统,如图 3－3－4(b)所示,有

$$A^{(e)}=A_{N}=0$$

由于软绳不伸长,故 $A_{nc}^{(i)}=0$. 由功能原理知,系统机械能守恒.

设水平桌面处重力势能 $E_{p}=0$,则由机械能守恒,有

$$-\dfrac{d^2}{2l}mg=\dfrac{1}{2}mv^2-\dfrac{l}{2}mg$$

解得

$$v=\sqrt{\dfrac{g}{l}(l^2-d^2)}$$

请读者自己分析比较上述三种方法的优劣.

三、势能曲线

势能也可以用势能曲线来表示.**势能曲线是势能随相对位置变化的曲线**.它为研究势场中物体的运动提供了一种形象化的手段.在一般情况下,需要用很多坐标才能表明各物体的相对位置,因而这个函数可能相当复杂.但在很多重要的特殊情况中,势能函数却具有简单的形式.例如,力学中三种势能函数都只与一个表示相对位置的坐标有关,相应的势能曲线如图 3－3－5 所示.

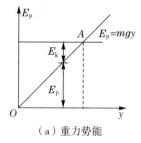
（a）重力势能

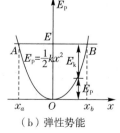
（b）弹性势能

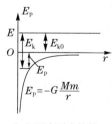
（c）万有引力势能

图 3－3－5　势能曲线

势能曲线具有如下作用：

(1)**由势能曲线求保守力.**

在一维情况下，$F_x = -\dfrac{\partial E_p}{\partial x}$. 由此可知，在势能曲线上，保守力等于曲线切线斜率的负值.

(2)**确定质点的运动范围.**

系统在一定状态下，有一个确定的总能量 E，当 E 为某一定值时，系统的动能 E_k 等于总能量 E 与势能 E_p 之差，即

$$E_k = E - E_p$$

由于 $E_k > 0$，所以质点不可能在 $E_p > E$ 的区域内运动，如图 3—3—5 (b)所示，代表总能量 E 的直线和势能曲线交于 A,B 两点，这就是说，当质点的总能量为 E 时，它只能在 $x_a \leqslant x \leqslant x_b$ 范围内运动.

(3)**确定平衡位置，判断平衡的稳定性.**

我们的讨论仅限于保守力作用下质点的平衡问题. 质点的平衡条件是合力为零，若合力为保守力，则平衡条件可用势能表示，即

$$\frac{\partial E_p}{\partial x} = 0 \qquad\qquad (3-3-4)$$

合力等于零的位置称为质点的平衡位置，平衡位置可由式(3—3—4)求得. 在势能曲线上，质点的平衡位置就是切线斜率为零的点. 例如，在图 3—3—5(b)中，O 点即为质点的平衡位置. 在该点有 $\dfrac{\partial^2 E_p}{\partial x^2} > 0$，故为稳定平衡. 若 $\dfrac{\partial^2 E_p}{\partial x^2} < 0$，则为不稳定平衡.

在势能曲线上，若平衡位置处的势能为极小值，则该处的平衡为稳定平衡；若平衡位置处的势能为极大值，则该处的平衡为不稳定平衡.

以上，我们说明了势能曲线的用途. 在许多实际问题中，特别在微观领域，确定势能往往比直接测量力方便. 所以人们先通过实验得出系统的势能曲线，然后就可以根据势能曲线来分析受力情况.

四、能量守恒定律

在机械运动范围内，所涉及的能量只有动能和势能. 由于运动

形式的多样化,我们必将碰到其他形式的能量,如热能、电能、原子能等.耗散力做功时,必然伴随着机械能向热能的转换,系统的机械能减少了,但出现了等量的热能.考虑到诸如此类的现象,人们从大量事实的观测总结出一个普遍的能量守恒定律,即**在一个孤立系统(不受外界作用的系统)内,能量可以由一种形式转换为另一种形式,但系统的总能量保持不变.**

能量守恒定律是自然界的一个普遍规律,对于宏观现象和微观领域均能适用,机械能守恒只是它在力学范畴的特例.

因为能量守恒,也仅仅因为能量守恒,能量才成为自然科学的重要概念.没有能量守恒,能量在一处消失,就不会跟能量在别处出现或者以不同的形式出现有联系.没有能量守恒,能量的两个不同表现形式就将被人们当作两个截然不同的概念.能量是一切描述自然的理论中常见的概念,它把自然界的各个部分联系在一起.

20 世纪,人们对能量的认识在两个重要方面深化了.第一是能量与质量的联系;第二是能量与自然界时间对称性的联系,即能量守恒与时间的均匀性相联系.这两方面内容,将在以后分别予以讨论.

习题三

一、选择题

3—1　用铁锤把质量很小的钉子敲入木板,设木板对钉子的阻力与钉子进入木板的深度成正比.在铁锤敲打第一次时,能把钉子敲入 1.00 cm.如果铁锤第二次敲打的速度与第一次完全相同,那么第二次敲入的深度为　　　　(　　)

(A)0.41 cm　　　(B)0.50 cm　　　(C)0.73 cm　　　(D)1.00 cm

3—2　将一个物体提高 10 m,下列哪一种情况下提升力所做的功最小?

(　　)

(A)以 5 m·s^{-1} 的速度匀速提升

(B)以 10 m·s^{-1} 的速度匀速提升

(C)将物体由静止开始匀加速提升 10 m,速度增加到 5 m·s^{-1}

(D)物体以 10 m·s^{-1} 的初速度匀减速上升 10 m,速度减小到 5 m·s^{-1}

3-3 宇宙飞船返回地球时,将发动机关闭,可以认为它仅在地球引力场中运动.若用 m 表示飞船质量,M 表示地球质量,G 为引力常量,则飞船从距地球中心 r_1 处下降到 r_2 处的过程中,它的动能增量为 （ ）

(A)$G\dfrac{mM}{r_2}$ (B)$G\dfrac{mM}{r_2^2}$

(C)$GmM\dfrac{r_1-r_2}{r_1r_2}$ (D)$GmM\dfrac{r_1-r_2}{r_1^2r_2^2}$

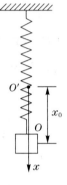

二、填空题

3-4 如图 3-1 所示,一弹簧竖直悬挂在天花板上,下端系一质量为 m 的重物,在 O 点平衡,设 x_0 为重物在平衡位置时弹簧的伸长量.

(1)以弹簧原长 O' 处为弹性势能和重力势能零点,则在平衡位置 O 处的重力势能、弹性势能和总势能各为_____、

_____、_____.

图 3-1

(2)以平衡位置 O 处为弹性势能和重力势能零点,则在弹簧原长 O' 处的重力势能、弹性势能和总势能各为_____、_____、_____.

3-5 某人从 10 m 深的井中匀速提水,桶离开水面时装有水 10 kg.若每升高 1 m 要漏掉 0.2 kg 的水,则把这桶水从水面提高到井口的过程中,此人所做的功为_____.

3-6 质点在力 $F=2y^2i+3xj$ (SI)作用下沿如图 3-2 所示路径运动.则力 F 在路径 Oa 上的功 $A_{Oa}=$_____,力 F 在路径 ab 上的功 $A_{ab}=$_____,力 F 在路径 Ob 上的功 $A_{Ob}=$_____,力 F 在路径 $OcbO$ 上的功 $A_{OcbO}=$_____.

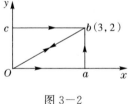

图 3-2

三、计算与证明题

3-7 一个质点在如图 3-3 所示的坐标平面内做圆周运动,有力 $F=F_0(xi+yj)$ 作用在质点上.试证明,在该质点从坐标原点运动到 $(0,2R)$ 位置过程中,力 F 对它所做的功为:$A=2F_0R^2$.

3-8 一根特殊弹簧,在伸长 x 时,其弹力 $F=(4x+6x^2)$,式中 x 的单位为 m,F 的单位为 N.

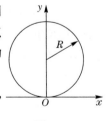

图 3-3

(1)试求把弹簧从 $x=0.50$ m 拉长到 $x=1.00$ m 时,外力克服弹簧力所做的总功.

(2)将弹簧的一端固定,在其另一端拴一质量为 2 kg 的静止物体,试求弹簧从 $x=1.00$ m 回到 $x=0.50$ m 时物体的速率.(不计重力)

3—9 一质量为 m 的质点拴在细绳的一端,绳的另一端固定,此质点在粗糙水平面上做半径为 r 的圆周运动.设质点最初的速率为 v_0,当它运动一周时,其速率变为 $v_0/2$,求:

(1)摩擦力所做的功;

(2)滑动摩擦因数;

(3)在静止以前质点运动多少圈?

3—10 设 $\boldsymbol{F}_\text{合}=7\boldsymbol{i}-6\boldsymbol{j}$ N.

(1) 当一质点从原点运动到 $\boldsymbol{r}=-3\boldsymbol{i}+4\boldsymbol{j}+16\boldsymbol{k}$ m 时,求 $\boldsymbol{F}$ 所做的功.

(2)如果质点到 r 处时需 0.6 s,试求平均功率.

(3)如果质点的质量为 1 kg,试求动能的变化.

3—11 质量为 2 kg 的质点受到力 $\boldsymbol{F}=3\boldsymbol{i}+5\boldsymbol{j}$ 的作用,当质点从原点移动到位矢为 $\boldsymbol{r}=2\boldsymbol{i}-3\boldsymbol{j}$ 处时,此力所做的功为多少? 式中 F 的单位为 N,r 的单位为 m.它与路径有无关系? 如果此力是作用在质点上唯一的力,则质点的动能将变化多少?

3—12 (1)试计算月球和地球对 m 物体的引力相抵消的一点 P,距月球表面的距离是多少.地球质量为 5.98×10^{24} kg,地球中心到月球中心的距离为 3.84×10^8 m,月球质量为 7.35×10^{22} kg,月球半径为 1.74×10^6 m.

(2)如果一个 1 kg 的物体在距月球和地球均为无限远处的势能为零,那么它在 P 点的势能为多少?

3—13 设已知一质点(质量为 m)在其保守力场中位矢为 r,点的势能为 $E_\text{p}(r)=k/t^n$,试求质点所受保守力的大小和方向.

3—14 一根劲度系数为 k_1 的轻弹簧 A 的下端挂一根劲度系数为 k_2 的轻弹簧 B,B 的下端又挂一重物 C,C 的质量为 m.求这一系统静止时两个弹簧的伸长量之比和弹性势能之比.如果将此重物用手托住,让两个弹簧恢复原长,然后放手任其下落,则两根弹簧最大共可伸长多少? 弹簧对 C 作用的最大力为多大?

3—15 由水平桌面、光滑铅直杆、不可伸长的轻绳、轻弹簧、理想滑轮以及质量为 m_1 和 m_2 的滑块组成如图 3—4 所示装置,弹簧的劲度系数为 k,自然长度等于水平距离 BC,m_2 与桌面间的摩擦系数为 μ,最初 m_1 静止于 A 点,$AB=BC=h$,绳已拉直,现令滑块落下 m_1,求它下落到 B 处时的速率.

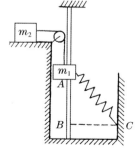

图 3—4

3—16 如图3—5所示,一物体质量为2 kg,以初速度$v_0=3\text{ m}\cdot\text{s}^{-1}$从斜面$A$点处下滑,它与斜面的摩擦力为8 N,到达$B$点后压缩弹簧20 cm后停止,然后又被弹回,求弹簧的劲度系数和物体最后能回到的高度.

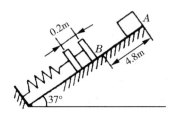

图3—5

3—17 一质量为m,总长为l的铁链,开始时有一半放在光滑的桌面上,而另一半下垂,如图3—6所示,试求铁链滑离桌面边缘时重力所做的功.

图3—6

第四章

动量定理与动量守恒定律

　　牛顿运动定律描述了力的瞬时作用对质点运动的影响. 然而,在科学实验和实际生活中,力对物体的瞬时作用,只不过是作用时间 $\Delta t \rightarrow 0$ 的极限情况. 事实上,力对物体的作用时间 Δt 或大或小,但总是一个有限值. 因此,我们有必要考虑力对质点持续作用一个有限时间 Δt 后,对质点运动状况所产生的累积效果,即力的时间累积效应. 这就是本章所要讨论的动量定理和动量守恒定律.

§4－1　质点和质点系的动量定理

一、力的冲量　质点的动量定理

　　由牛顿第二定律

$$\boldsymbol{F} = \frac{\mathrm{d}\boldsymbol{p}}{\mathrm{d}t} = \frac{\mathrm{d}(m\boldsymbol{v})}{\mathrm{d}t}$$

有

$$\boldsymbol{F}\mathrm{d}t = \mathrm{d}\boldsymbol{p} = \mathrm{d}(m\boldsymbol{v})$$

考虑力的时间累积效果,将上式从 t_1 到 t_2 这段时间积分,即得

$$\int_{t_1}^{t_2} \boldsymbol{F}\mathrm{d}t = \int_{p_1}^{p_2} \mathrm{d}\boldsymbol{p} = \boldsymbol{p}_2 - \boldsymbol{p}_1 \qquad (4-1-1)$$

左边积分表示合外力在这段时间内的时间累积量,叫作力的冲量,用 $\boldsymbol{I}$ 表示,即 $\boldsymbol{I} = \int_{t_1}^{t_2} \boldsymbol{F}\mathrm{d}t$. 式(4－1－1)表明,**物体在运动过程中所受合外力的冲量,等于该物体动量的增量**. 这就是质点的**动量定理**,它把力和运动的瞬时关系转为过程关系.

在 SI 中,冲量的单位是 N·s,量纲为 LMT^{-1}.动量的单位是 kg·m·s^{-1},量纲与冲量的量纲相同.

这里需要指出的是:

(1)冲量 $\boldsymbol{I} = \int_{t_1}^{t_2} \boldsymbol{F} \mathrm{d}t$ 的大小和方向.

如果 $\boldsymbol{F}$ 是方向和大小都变的变力时,则 $\boldsymbol{I}$ 的大小和方向要由这段时间内所有元冲量 $\boldsymbol{F}\mathrm{d}t$ 的矢量和来决定,而不能由某一瞬时的 $\boldsymbol{F}$ 来决定.只有当 $\boldsymbol{F}$ 的方向恒定不变时,冲量 $\boldsymbol{I}$ 才和 $\boldsymbol{F}$ 同方向.

由于动量定理是矢量方程,在一般情况下,冲量的方向并不一定和物体的初动量或末动量方向相同.帆船能够逆风行驶,就是一个生动的例证.如图 4-1-1 所示,风从与船身成锐角 α 的方向吹来.设风的初速为 $\boldsymbol{v}_0$,风吹到帆上以后,由于帆的作用,速度变为 $\boldsymbol{v}$,$\boldsymbol{v}_0$ 和 $\boldsymbol{v}$ 的大小相差不大,但方向改变了.根据动量定理,风所受帆的作用力 $\boldsymbol{F}$ 应和风的速度增量 $\Delta \boldsymbol{v}$ 的方向一致.根据牛顿第三定律,风给帆的作用力 $\boldsymbol{F}'$ 应与 $\boldsymbol{F}$ 相等而反向,如图 4-1-1 所示,$\boldsymbol{F}'$ 在沿船身方向的分力将推动船前进.

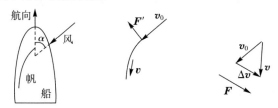

图 4-1-1 逆风行舟的分析

(2)由于动量定理是矢量方程,应用时可以直接用矢量作图,也可以写成坐标系中的投影式.在直角坐标中,有

$$I_x = \int_{t_1}^{t_2} F_x \mathrm{d}t = mv_{2x} - mv_{1x}$$

$$I_y = \int_{t_1}^{t_2} F_y \mathrm{d}t = mv_{2y} - mv_{1y} \qquad (4-1-2)$$

$$I_z = \int_{t_1}^{t_2} F_z \mathrm{d}t = mv_{2z} - mv_{1z}$$

显然,物体在某一轴线上的动量增量,仅与该物体在此轴线上所受外力的冲量有关.

（3）动量定理在碰撞或冲击问题中，有着重要的意义. 由于在碰撞或冲击的问题中，物体间作用的时间短、力大，且变化复杂，因此表示瞬时关系的牛顿第二定律无法直接应用. 但是，根据动量定理，冲量的大小和方向就可由物体始末动量的矢量差来决定. 这就避开了过程的细节而只讨论过程的总体效果，这正是用动量定理处理此类问题的方便之处，也是优点所在.

（4）动量定理仅适用于惯性参考系. 在不同的惯性系中，同一物体在同一时刻的动量是不相同的，但是，由速度变换公式 $v = v' + u$ 可以推知，该物体在两个不同惯性系中同一时段内动量的增量却是相同的. 又因力的冲量也与惯性系的选择无关，所以，动量定理与惯性系的选择无关.

（5）动量定理在日常生活中有着广泛的应用. 有时我们要利用冲力，可用减少作用时间来增大冲力，如用冲床冲压钢板等. 有时需要减小冲力，这可通过延长作用时间来达到要求，如汽车和火车上的缓冲器等，就是为此安置的.

（6）从动量定理还可以知道，在相等的冲量作用下，不同质量的物体，其速度变化是不相同的，但它们动量的变化却是一样的，所以，从过程角度来看，动量 p 比速度 v 能更确切地反映物体的运动状态. 因此，物体做机械运动时，动量 p 和位矢 r 是描述物体运动状态的状态参量.

例 4—1—1 如图 4—1—2 所示，一重锤从高度 $h = 1.5$ m 处由静止下落，锤与被加工的工件碰撞后末速度为零. 若打击时间 Δt 为 10^{-1} s，10^{-2} s，10^{-3} s 和 10^{-4} s，试计算这几种情形下平均冲击力与重力的比值.

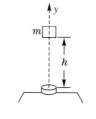

图 4—1—2　例 4—1—1 用图

解　设重锤的质量为 m，建立如图 4—1—2 所示的坐标系，重锤撞击工件的初速度为

$$v_0 = -\sqrt{2gh}$$

末速度为

$$v = 0$$

设锤与工件间的平均冲击力为 $\overline{F}$，对重锤应用动量定理，则有

$$\int_0^{\Delta t} (\overline{F} - mg) \, dt = 0 - mv_0$$

$$\overline{F} \Delta t - mg \Delta t = m \sqrt{2gh}$$

由此解得

$$\frac{\overline{F}}{mg} = 1 + \frac{1}{\Delta t} \sqrt{\frac{2h}{g}} = 1 + \frac{0.55}{\Delta t}$$

计算结果列于下表：

Δt	10^{-1}	10^{-2}	10^{-3}	10^{-4}
$\overline{F}/mg$	6.5	56	5.5×10^2	5.5×10^3

由此可见，撞击作用的时间越短，平均冲力 $\overline{F}$ 与重力之比就越大. 当 $\Delta t = 10^{-4}$ s 时，$\overline{F}$ 要比 mg 大 5500 倍，相比之下，重力微不足道. 所以在打击或碰撞问题中，只要作用的时间足够短，略去诸如重力这类有限大小的力是合理的.

二、质点系的动量定理

当选定 n 个质点构成质点系后，就有了质点系的内部与外界的区别. 我们把质点系外的物体对质点系内质点的作用力称为外力，把质点系内质点间的相互作用力称为内力. 对质点系内第 i 个质点，由牛顿第二定律，有

$$\frac{d}{dt} \boldsymbol{p}_i = \boldsymbol{F}_i = \boldsymbol{F}_i^{(e)} + \boldsymbol{F}_i^{(i)}$$

式中，$\boldsymbol{F}_i^{(e)}$ 为第 i 个质点所受的合外力，$\boldsymbol{F}_i^{(i)}$ 为第 i 个质点所受的合内力. 对 n 个质点求和，有

$$\sum \frac{d}{dt} \boldsymbol{p}_i = \frac{d}{dt} \sum \boldsymbol{p}_i = \sum \boldsymbol{F}_i^{(e)} + \sum \boldsymbol{F}_i^{(i)}$$

由于内力成对出现，由牛顿第三定律可知 $\sum \boldsymbol{F}_i^{(i)} = 0$，所以

$$\frac{d}{dt} \sum \boldsymbol{p}_i = \sum \boldsymbol{F}_i^{(e)} \quad \text{或} \quad \sum \boldsymbol{F}_i^{(e)} dt = d \sum \boldsymbol{p}_i \quad (4-1-3)$$

这表明,系统所受的合外力等于系统总动量对时间的变化率. 由式(4-1-3)积分可得

$$\int_{t_1}^{t_2} \sum \boldsymbol{F}_i^{(e)} \mathrm{d}t = \sum \boldsymbol{p}_{i2} - \sum \boldsymbol{p}_{i1} = \boldsymbol{p}_2 - \boldsymbol{p}_1 \quad (4-1-4)$$

式中,$\boldsymbol{p}_{i1}$ 和 $\boldsymbol{p}_{i2}$ 分别表示第 i 个质点的初动量和末动量,而 $\boldsymbol{p}_1$ 和 $\boldsymbol{p}_2$ 则为系统的初动量和末动量. 式(4-1-4)表明,**作用于系统的合外力的冲量等于系统动量的增量.** 这就是**质点系的动量定理**.

式(4-1-3)和(4-1-4)分别是质点系动量定理的微分形式和积分形式.

这里要特别指出的是:

(1)内力的作用不改变系统的总动量,但内力做功却可以改变系统的总动能,内力在动量定理与动能定理中所起的作用是不同的.

(2)根据质点系的动量定理,可以建立变质量物体的运动方程.

设某物体的质量在 t 时刻为 m,它的速度为 $\boldsymbol{v}(v \ll c)$. 另有一质元 $\mathrm{d}m$,以速度 $\boldsymbol{u}$ 运动着. 在 $t+\mathrm{d}t$ 时,$\mathrm{d}m$ 与 m 相合并,合并后的共同速度是 $\boldsymbol{v}+\mathrm{d}\boldsymbol{v}$. 我们用 $\boldsymbol{F}$ 表示在这段时间里作用在 m 与 $\mathrm{d}m$ 这个系统上外力的矢量和. 根据动量定理,物体系统的动量变化决定于所受外力矢量和的冲量,即

$$(m+\mathrm{d}m)(\boldsymbol{v}+\mathrm{d}\boldsymbol{v}) - m\boldsymbol{v} - \boldsymbol{u}\mathrm{d}m = \boldsymbol{F}\mathrm{d}t$$

在上式中,略去二阶微量 $\mathrm{d}m \cdot \mathrm{d}\boldsymbol{v}$,并用 $\mathrm{d}t$ 除上式两端,得

$$\frac{\mathrm{d}}{\mathrm{d}t}(m\boldsymbol{v}) - \frac{\mathrm{d}m}{\mathrm{d}t}\boldsymbol{u} = \boldsymbol{F} \quad (4-1-5)$$

式(4-1-5)就是变质量物体的运动方程.

例 4-1-2 如图 4-1-3 所示,用传送带 A 输送煤粉,料斗口在 A 上方高 $h=0.5$ m 处,煤粉自料斗口自由落在 A 上,设料斗口连续卸煤的流量为 $q_m = 40$ kg·s^{-1},A 以 $v = 2.0$ m·s^{-1} 的水平速度匀速向右移动. 求装煤的过程中,煤粉对 A 的作用力的大小和方向. (不计相对传送带静止的煤粉质量.)

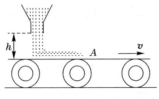

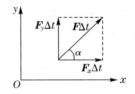

图 4-1-3　例 4-1-2 题图　　　　　图 4-1-4　例 4-1-2 解图

解　煤粉自料斗口下落,接触传送带前具有竖直向下的速度

$$v_0 = -\sqrt{2gh}$$

设煤粉与 A 相互作用的 Δt 时间内,落在传送带上的煤粉质量为

$$\Delta m = q_{\mathrm{m}}\Delta t$$

设 A 对煤粉的平均作用力为 F,由动量定理写分量式

$$F_x\Delta t = \Delta mv - 0$$
$$F_y\Delta t = 0 - \Delta mv_0$$

将 $\Delta m = q_{\mathrm{m}}\Delta t$ 代入,得

$$F_x = q_{\mathrm{m}}v, \quad F_y = -q_{\mathrm{m}}v_0$$

$$\therefore F = \sqrt{F_x^2 + F_y^2} = q_{\mathrm{m}}\sqrt{v^2 + v_0^2} = 149 \text{ N}.$$

F 与 x 轴正向夹角为 $\alpha = \arctan(F_y/F_x) = 57.4°$,如图 4-1-4 所示.

由牛顿第三定律可知,煤粉对 A 的作用力 $F' = F = 149$ N,方向与图中 F 相反.

例 4-1-3　A,B,C 三质点放置在光滑水平面上,它们的质量分别为 m_1,m_2,m_3,用柔软、不可伸长、质量可略的绳子相连并拉直,如图 4-1-5 所示,AB 与 BC 的夹角为 α,以沿 BC 方向的冲量 I 作用于 C,试求质点 A 开始运动的初速.

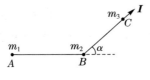

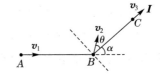

图 4-1-5　例 4-1-3 题图　　　　　图 4-1-6　例 4-1-3 解图

解　设 A,B,C 三质点开始运动的初速为 v_1,v_2,v_3,因为三质

点从静止开始运动,其初速方向应与其加速度方向即与所受力的方向一致,所以 v_1 沿 AB 方向,v_3 沿 BC 方向,v_2 沿两绳张力的合力方向,设 v_2 与 BC 即 I 夹角为 θ,如图4-1-6所示.

取 A,B,C 三质点为质点组,由动量定理,有

$$I = m_1 v_1 + m_2 v_2 + m_3 v_3$$

上式在 BC 方向和垂直 BC 方向的分量式为

$$\begin{cases} I = m_1 v_1 \cos\alpha + m_2 v_2 \cos\theta + m_3 v_3 & (1) \\ 0 = -m_1 v_1 \sin\alpha + m_2 v_2 \sin\theta & (2) \end{cases}$$

又因三质点的运动是关联的,绳不可伸长,所以 B,C 两质点沿 BC 方向的速度分量相同,A,B 两质点沿 AB 方向的速度分量相同,即

$$\begin{cases} v_2 \cos\theta = v_3 & (3) \\ v_2 \cos(\theta + \alpha) = v_1 & (4) \end{cases}$$

将式(3)代入式(1),得

$$I = m_1 v_1 \cos\alpha + m_2 v_3 + m_3 v_3 = m_1 v_1 \cos\alpha + (m_2 + m_3) v_3$$
$$= m_1 v_1 \cos\alpha + (m_2 + m_3) v_2 \cos\theta$$

由式(2),得

$$m_1 v_1 \sin\alpha = m_2 v_2 \sin\theta$$

由式(4),得

$$v_1 = v_2 \cos\theta\cos\alpha - v_2 \sin\theta\sin\alpha$$

即

$$v_2 \cos\theta = \frac{v_1 + v_2 \sin\theta\sin\alpha}{\cos\alpha} = \frac{v_1 + \frac{m_1}{m_2} v_1 \sin^2\alpha}{\cos\alpha}$$

$$I m_2 \cos\alpha = [m_2(m_1 + m_2 + m_3) + m_1 m_3 \sin^2\alpha] v_1$$

$$\therefore v_1 = \frac{I m_2 \cos\alpha}{m_2(m_1 + m_2 + m_3) + m_1 m_3 \sin^2\alpha}$$

§4-2　动量守恒定律

从式(4-1-4)可以看出,当系统所受合外力为零,即 $F^{(e)} = 0$

时,系统的总动量的增量亦为零,即 $p_2 - p_1 = 0$. 这时系统的总动量保持不变,即

$$p = \sum p_i = 恒矢量 \qquad (4-2-1)$$

这就是**动量守恒定律**. 它表明:**当系统所受合外力为零时,系统的总动量将保持不变.**

在应用动量守恒定律时应注意以下几点.

(1)由于动量是矢量,故系统的总动量不变是指系统内各物体动量的矢量和不变,而不是指其中某一个物体的动量不变,也不是指它们的代数和不变. 此外,各物体的动量还必须都相对于同一惯性参考系.

(2)系统的动量守恒是有条件的,这个条件就是系统所受的合外力必须为零. 然而,有时系统所受的合外力虽不为零,但与系统的内力相比较,外力远小于内力,像碰撞、打击、爆炸等这类问题,就属于这种情况. 这时可以略去外力对系统的作用,认为系统的动量是守恒的.

(3)式(4-2-1)是矢量式,在直角坐标系中,其分量式为

$$p_x = C_1 (F_x^{(e)} = 0)$$
$$p_y = C_2 (F_y^{(e)} = 0) \qquad (4-2-2)$$
$$p_z = C_3 (F_z^{(e)} = 0)$$

式中,C_1,C_2 和 C_3 均为恒量. 由此可知,如果系统所受外力的矢量和不为零,但合外力在某个坐标轴上的分矢量为零,此时,系统的总动量虽不守恒,但在该坐标轴的分动量却是守恒的. 这一点对处理某些问题是很有用的.

(4)动量守恒定律是物理学中最普遍、最基本的定律之一. 动量守恒定律虽然是从表述宏观物体运动规律的牛顿运动定律导出的,但近代的科学实验和理论分析表明:在自然界中,大到天体间的相互作用,小到质子、中子、电子等微观粒子间的相互作用都遵守动量守恒定律;而在原子、原子核等微观领域中,牛顿运动定律却是不适用的. 因此,动量守恒定律比牛顿运动定律更加基本,它与能量守恒定律一样,是自然界中最普遍、最基本的规律之一.

例 4－2－1　质量为 m 的小球在光滑水平面上做半径为 R、速率为 v 的匀速率圆周运动. 求小球在运动一周过程中所受到的冲量,该过程动量是否守恒?

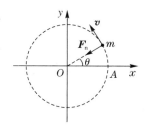

图 4－2－1　例 4－2－1 用图

解　做匀速率圆周运动的小球,只受到向心力 $\boldsymbol{F}_n$ 的作用. 从如图 4－2－1 所示的 A 点出发绕圆一周的过程中,$\boldsymbol{F}_n$ 的冲量为

$$\boldsymbol{I} = \int_0^t \boldsymbol{F}_n \mathrm{d}t$$

在直角坐标系中

$$F_x = -F_n\cos\theta = -m\frac{v^2}{R}\cos\omega t$$

$$F_y = -F_n\sin\theta = -m\frac{v^2}{R}\sin\omega t$$

则 x,y 两个方向上的冲量分量分别为

$$I_x = \int_0^t F_x \mathrm{d}t = -m\frac{v^2}{R}\int_0^t \cos\omega t\,\mathrm{d}t = -mv\sin\omega t$$

$$I_y = \int_0^t F_y \mathrm{d}t = -m\frac{v^2}{R}\int_0^t \sin\omega t\,\mathrm{d}t = mv(\cos\omega t - 1)$$

而绕圆一周所用的时间 $t = T = \dfrac{2\pi}{\omega}$,所以

$$I_x = -mv\sin\omega t = -mv\sin\omega\frac{2\pi}{\omega} = 0$$

$$I_y = mv(\cos\omega t - 1) = mv\left(\cos\omega\frac{2\pi}{\omega} - 1\right) = 0$$

故总冲量为

$$I = \sqrt{I_x^2 + I_y^2} = 0$$

注意到动量的矢量性,即可看出,在质点绕圆一周的过程中,动量时刻是在变化的,仅仅只是始末两个时刻的动量相等,整个过程中动量不守恒.

例 4－2－2　水平光滑铁轨上有一平板车,长度为 l,质量为 M,车的一端有一人(包括溜冰鞋),质量为 m,人和车原来都静止不动.

当人从车的一端滑到另一端时,人、车各移动了多少距离?

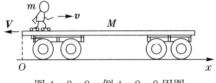

图 4-2-2 例 4-2-2 用图

解 以人、车为系统,在水平方向不受外力作用,动量守恒.设人对地的速度为 $\boldsymbol{v}$,车对地的速度为 $\boldsymbol{V}$,建立如图 4-2-2 所示的坐标系,有

$$mv + MV = 0 \text{ 或 } V = -\frac{m}{M}v$$

人相对于车的速度 $u = v - V = \frac{m+M}{M}v$,设人在时间 t 内从车的一端滑到另一端,则有

$$l = \int_0^t u\mathrm{d}t = \int_0^t \frac{m+M}{M}v\mathrm{d}t = \frac{m+M}{M}\int_0^t v\mathrm{d}t$$

在这段时间内人相对于地面的位移是 $x_1 = \int_0^t v\mathrm{d}t$,即

$$x_1 = \frac{M}{m+M}l$$

小车相对于地面的位移为

$$x_2 = -l + x_1 = -\frac{m}{m+M}l$$

§4-3 质心 质心运动定理

一、质心

在研究多个物体组成的系统或有限广延体时,质心是个很重要的概念.由于牛顿力学中质点动力学的成就,人们有一种将质点系动量定理"质点化"的想法.

由质点系动量定理式(4-1-3),有

$$\frac{\mathrm{d}}{\mathrm{d}t}(m_1\boldsymbol{v}_1 + m_2\boldsymbol{v}_2 + \cdots + m_n\boldsymbol{v}_n) = \boldsymbol{F}^{(\mathrm{e})}$$

可等价地写成

$$\frac{\mathrm{d}^2}{\mathrm{d}t^2}(m_1\boldsymbol{r}_1 + m_2\boldsymbol{r}_2 + \cdots + m_n\boldsymbol{r}_n) = \boldsymbol{F}^{(\mathrm{e})}$$

即

$$(m_1 + m_2 + \cdots + m_n)\frac{\mathrm{d}^2}{\mathrm{d}t^2}\left(\frac{m_1\boldsymbol{r}_1 + m_2\boldsymbol{r}_2 + \cdots + m_n\boldsymbol{r}_n}{m_1 + m_2 + \cdots + m_n}\right) = \boldsymbol{F}^{(\mathrm{e})}$$

令 $m = \sum m_i$ 为质点系的总质量,并令

$$\boldsymbol{r}_C = \frac{\sum m_i\boldsymbol{r}_i}{m} \qquad (4-3-1)$$

则有

$$m\frac{\mathrm{d}^2\boldsymbol{r}_C}{\mathrm{d}t^2} = \boldsymbol{F}^{(\mathrm{e})} \qquad (4-3-2)$$

我们将由式(4-3-1)定义的位置矢量 $\boldsymbol{r}_C$ 的矢端处的几何点 C,称为**质点系的质量中心,简称质心**.式(4-3-2)正是这个点的运动方程,这样就把质点系假想成了一个质点.

质心的位置在平均意义上代表着质量分布的中心.在直角坐标系中,质心 C 的三个坐标为

$$x_C = \frac{\sum m_i x_i}{m}$$

$$y_C = \frac{\sum m_i y_i}{m} \qquad (4-3-3)$$

$$z_C = \frac{\sum m_i z_i}{m}$$

式中,x_i, y_i, z_i 为第 i 个质点的直角坐标.

如果把质量连续分布的物体当作质点系,求质心时就要把求和改为积分

$$\boldsymbol{r}_C = \frac{\int \boldsymbol{r}\mathrm{d}m}{m} \qquad (4-3-4)$$

则质点位置的三个直角坐标为

$$x_C = \frac{\int x\mathrm{d}m}{m}, y_C = \frac{\int y\mathrm{d}m}{m}, z_C = \frac{\int z\mathrm{d}m}{m} \qquad (4-3-5)$$

关于质心,这里做几点说明.

(1)质点系的质心不一定在其中一个质点上,例如两个质量相等的质点的质心在它们连线的中点处,那里什么也没有.质心是物体运动中由其质量分布所决定的一个特殊的几何点.质心相对各质点的位置与坐标原点的选择无关.

(2)根据质心的定义可以证明:

①两质点的质心在其连线上,质心到两质点的距离与质点质量成反比.

②两质点系的质心,即为将两质点系质量集中于各自质心而构成的两个假想质点的质心.

③密度均匀、形状对称的物体,其质心都在它的几何中心处.例如,圆环的质心在圆环中心,球的质心在球心等.

(3)质心与重心是两个不同的概念.在地面附近,尺寸不十分大的物体质心与重心是重合的.但在远离地球的宇宙空间,物体却只有质心而没有重心.

例 4-3-1　如图 4-3-1 所示,刚体由半径 r、质量为 m_1 的匀质薄圆盘和沿圆盘直径方向连接的长为 l、质量为 m_2 的匀质细杆组成.试求其质心位置.

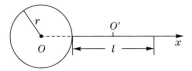

图 4-3-1　例 4-3-1 用图

解　该刚体可看作两个质点系,而两质点系的质心即为将两质点系质量集中于各自质心而构成的两个假想质点的质心.

由于薄圆盘和细杆均为密度均匀、形状对称的物体,其质心都在它们的几何中心处,即薄圆盘的质心位于圆心 O,细杆的质心位于杆的中点 O'(请读者自己证明).

现建立坐标 Ox,如图 4-3-1 所示,则整个刚体的质心位于 x 轴上,由式(4-3-3),有

$$x_C = \frac{m_1 x_1 + m_2 x_2}{m_1 + m_2} = \frac{m_2}{m_1 + m_2}\left(r + \frac{l}{2}\right)$$

二、质心运动定理

令 $a_C = \dfrac{\mathrm{d}v_C}{\mathrm{d}t} = \dfrac{\mathrm{d}^2 r_C}{\mathrm{d}t^2}$，则式（4—3—2）可表示为

$$ma_C = F^{(e)} \qquad (4-3-6)$$

式（4—3—2）或式（4—3—6）称为**质心运动定理**，它与牛顿第二定律有相同的形式.

质心运动定理告诉我们：不管物体的质量如何分布，也不管外力作用在物体的什么位置上，质心运动就像这样一个虚拟质点的运动，虚拟质点的质量等于质点系所有质点质量之和，施加在虚拟质点上的力，则等于作用在质点系上的所有外力的矢量和，又称为质点系的牛顿第二定律.

例如，一颗炮弹在其飞行轨道上爆炸时，它的碎片向四面八方飞散，但如果把这颗炮弹看作一个质点系，由于炮弹的爆炸力是内力，而内力是不能改变质心运动的，所以全部碎片的质心仍将继续按原来的弹道曲线运动. 因此，了解质心的运动是把握质点系整体运动的重要环节. 质心运动定理为解决一个物体比较复杂的机械运动问题带来方便.

引入质心概念以后，由于

$$v_C = \frac{\mathrm{d}r_C}{\mathrm{d}t} = \frac{\mathrm{d}}{\mathrm{d}t} \frac{\sum m_i r_i}{m} = \frac{\sum m_i v_i}{m}$$

所以质点系的动量

$$p = \sum_{i=1}^{n} p_i = \sum m_i v_i = m v_C$$

在某一过程中，当质点系所受合外力为零时，其动量守恒可表示为

$$v_C = C$$

例 4—3—2　如图 4—3—2 所示的大、小楔子，大楔子的质量为 m_1，小楔子的质量为 m_2，它们的水平边长分别为 l_1 和 l_2. 假定大楔子与桌面之间不存在摩擦力. 当小楔子从图中位置滑到下角与桌

面接触时,大楔子向左滑动多远?

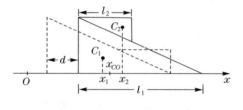

图 4-3-2 例 4-3-2 用图

解 将大、小楔子看成质点系,本题只研究大楔子在水平方向的运动.因为这个系统所受外力只有重力和桌面的弹力,它们都沿竖直方向,系统在水平方向不受外力,所以这个系统的质心加速度的水平分量为零.由于系统最初是静止的,质心速度为零,因此质心在水平方向的坐标保持不变.

沿桌面向右取定坐标轴 Ox,用大、小楔子的质心 C_1,C_2 在 Ox 轴方向的坐标 x_1,x_2 分别作为它们的水平位置的标志.在滑动前,系统质心在 Ox 轴方向的坐标为

$$x_{C_o} = \frac{m_1 x_1 + m_2 x_2}{m_1 + m_2}$$

设在小楔子的下角与桌面接触时,大楔子向左移动的距离为 d,这时系统质心在 Ox 轴方向的坐标为

$$x_C = \frac{[m_1(x_1 - d) + m_2(x_2 + l_1 - l_2 - d)]}{m_1 + m_2}$$

由于质心的 x 坐标不变,即 $x_C = x_{C_o}$,因此解得

$$d = \frac{m_2(l_1 - l_2)}{m_1 + m_2}$$

三、质心参考系 柯尼希定理

1. 质心参考系

所谓质心参考系,就是**质点系的质心与坐标原点重合且坐标轴的方向相对于原惯性系保持不变的坐标系**.在质心参考系中,质心的速度 $v_C \equiv 0$,因而质点系的总动量为零.因此,人们又常把质心参考系称为零动量参考系或动量中心系.质点系相对于质心参考系的运动具有许多特殊的性质.

（1）在质心系中，质点系的总动量恒为零.

（2）质点系相对于任一惯性系运动的动能 E_k 等于质点系相对于质心系运动的相对动能 E_{kr} 与将整个质点系的质量集中于质心时质心相对于该惯性系的质心动能 E_{kC} 之和，即 $E_k = E_{kr} + E_{kC}$，这就是我们将要介绍的柯尼希定理.

（3）质点系相对于质心系的角动量定理与质点系在惯性系中相对于某定点的角动量定理具有相同的形式.

在质心系中，力学关系式常具有比较简单的形式，因此，在某些实际问题，例如碰撞问题的理论分析中，人们常选用质心系.

2. 柯尼希定理

设 $\boldsymbol{v}_i$ 是质点系中任一质点 m_i 相对于某一惯性系 K 的速度，$\boldsymbol{v}'_i$ 是该质点相对于质点系的质心的速度，$\boldsymbol{v}_C$ 是质点系质心相对于 K 系的速度，则由伽利略速度变换公式，有

$$\boldsymbol{v}_i = \boldsymbol{v}_C + \boldsymbol{v}'_i$$

由此可求得质点系对 K 系的动能为

$$\begin{aligned}
E_k &= \sum \frac{1}{2} m_i \boldsymbol{v}_i^2 = \frac{1}{2} \sum m_i (\boldsymbol{v}_C + \boldsymbol{v}'_i)^2 \\
&= \frac{1}{2} \sum m_i (\boldsymbol{v}_C + \boldsymbol{v}'_i) \cdot (\boldsymbol{v}_C + \boldsymbol{v}'_i) \\
&= \frac{1}{2} \sum m_i \boldsymbol{v}_C^2 + \frac{1}{2} \sum m_i \boldsymbol{v}'^2_i + \boldsymbol{v}_C \cdot \left(\sum m_i \boldsymbol{v}'_i \right) \\
&= \frac{1}{2} m \boldsymbol{v}_C^2 + \frac{1}{2} \sum m_i \boldsymbol{v}'^2_i \\
&= E_{kC} + E_{kr} \qquad\qquad (4-3-7)
\end{aligned}$$

式中，由于质心系是零动量参考系，所以 $\sum m_i \boldsymbol{v}'_i = 0$，$m = \sum m_i$ 是质点系的总质量，$E_{kC} = \dfrac{1}{2} m v_C^2$ 表示质心运动的动能，常称为质心动能，$E_{kr} = \dfrac{1}{2} \sum m_i \boldsymbol{v}'^2_i$ 表示质点系在绕质心的相对运动中相对于质心系而言的动能，常称为相对动能. 因此，式（4-3-7）表明，质点系对惯性系的动能等于质点系的质心动能 E_{kC} 与相对动能 E_{kr} 之和，这就是柯尼希定理.

3. 两体问题

由质量分别为 m_1 和 m_2 的两个相互作用的质点组成的质点系,就是所谓两体问题. 例如,月球绕地球的运动、氢原子中电子绕质子的运动、α 粒子被金核散射等,都是两体问题.

设两质点在惯性系 K 中的速度分别为 v_1 和 v_2,在质心系 C 中的速度分别为 v_1' 和 v_2',于是两质点的相对速度 u 为

$$u = v_1 - v_2 = v_1' - v_2'$$

由于质心系 C 是零动量参考系,故有

$$m_1 v_1' + m v_2' = 0$$

上述两式联立求解,即得

$$v_1' = \frac{m_2 u}{m_1 + m_2}, \quad v_2' = -\frac{m_1 u}{m_1 + m_2}$$

于是可把柯尼希定理中相对动能 E_{kr} 表示为

$$E_{kr} = \frac{1}{2} \sum_{i=1}^{2} m_i v_i'^2 = \frac{1}{2} m_1 \left(\frac{m_2 u}{m_1 + m_2} \right)^2 + \frac{1}{2} m_2 \left(\frac{-m_1 u}{m_1 + m_2} \right)^2$$

$$= \frac{1}{2} \frac{m_1 m_2}{m_1 + m_2} u^2 = \frac{1}{2} \mu u^2 \qquad (4-3-8)$$

式中,$\mu = \dfrac{m_1 m_2}{m_1 + m_2}$ 称为这两个质点的约化质量.

引入约化质量后,两质点受其相互作用力 $F(r_1 - r_2)$ 的相对运动问题,就简化为一个质量为两质点约化质量 μ 的虚拟质点在同样的力 $F(r_1 - r_2)$ 作用下相对于质点 m_2 的运动问题. 由此可得两体问题中的柯尼希定理为

$$E_k = \frac{1}{2}(m_1 + m_2) v_C^2 + \frac{1}{2} \mu u^2 \qquad (4-3-9)$$

§4—4   碰   撞

一、碰撞

两个或几个物体在相遇中,物体之间的相互作用时间极短,作用力很大的物理过程,称为碰撞. 显然,在这一过程中,碰撞物体系

统动量守恒.例如,球的撞击,打桩,锻铁,子弹射入沙袋或木块等.
但是碰撞并不限于相互接触,有相互作用的两微观粒子,由于相互
斥力,在还没有达到接触阶段就分离而改变了运动方向,这种过程
也称为碰撞.不过这种碰撞,常称为散射.

现以两球碰撞为例进行讨论.若两小球的速度沿着两小球的连
心线方向发生碰撞,则称为对心碰撞或正碰撞.若两小球在碰前的
相对速度不在连心线上,则产生斜碰撞.为简明起见,我们考虑正碰
情况.设质量分别为 m_1 和 m_2 的两球,在碰撞前的速度分别为 v_{10} 和
v_{20},碰撞后的速度分别为 v_1 和 v_2,若碰撞前后各个速度都沿着同
一方向,如图 4-4-1 所示(在图中速度都向右,均取正值),应用动
量守恒定律,则有

$$m_1 v_{10} + m_2 v_{20} = m_1 v_1 + m_2 v_2 \qquad (4-4-1)$$

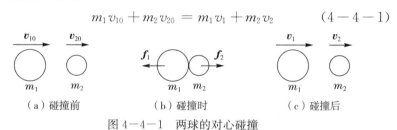

（a）碰撞前 　　　　（b）碰撞时 　　　　（c）碰撞后

图 4-4-1 两球的对心碰撞

二、碰撞定律

牛顿从实验中总结出一个**碰撞定律:碰撞后两球的分离速度**
（$v_2 - v_1$），与碰撞前两球的接近速度（$v_{10} - v_{20}$）成正比,比值由两球
的材料性质决定,称为恢复系数 e,即

$$e = \frac{v_2 - v_1}{v_{10} - v_{20}} \qquad (4-4-2)$$

在斜碰撞的情况下,式中的分离速度与接近速度都是指沿碰撞接触
处法线方向上的相对速度.

如果 $e=1$,则分离速度等于接近速度,称为完全弹性碰撞,这是
一种理想的情形.可以证明,在完全弹性碰撞中,系统的机械能守
恒.在一般情况下,$0<e<1$,总有一部分机械能损失掉,转变为其他
形式的能量,例如放出热量等,我们称这种碰撞为非弹性碰撞.如果
$e=0$,则 $v_2 = v_1$,亦即两球碰撞后以同一速度运动,并不分开,称为完
全非弹性碰撞,也称无弹性碰撞.在这一过程中,机械能的损失最大.

三、碰撞中损失的机械能

现在,我们来计算碰撞中损失的机械能.由式(4－4－1)和式(4－4－2)可得

$$v_1 = v_{10} - \frac{(1+e)m_2(v_{10}-v_{20})}{m_1+m_2}$$

$$v_2 = v_{20} + \frac{(1+e)m_1(v_{10}-v_{20})}{m_1+m_2} \qquad (4-4-3)$$

由此可得碰撞中损失的机械能为

$$\Delta E = \frac{1}{2}(1-e^2)\frac{m_1 m_2}{m_1+m_2}(v_{10}-v_{20})^2 \qquad (4-4-4)$$

在实际中,例如打铁、打桩这类问题,经常碰到其中一个物体是静止的,设 $v_{20}=0$,此时损失的机械能为

$$\Delta E = \frac{1}{2}(1-e^2)\frac{m_1 m_2}{m_1+m_2}v_{10}^2$$

而 $\frac{1}{2}m_1 v_{10}^2$ 为碰撞前的机械能,用 E_0 表示,于是

$$\Delta E = (1-e^2)\frac{m_2}{m_1+m_2}E_0 = (1-e^2)\frac{1}{1+\dfrac{m_1}{m_2}}E_0$$

可见,ΔE 的大小完全取决于两给定碰撞物体的恢复系数 e 和质量比 $\frac{m_1}{m_2}$.$\frac{m_1}{m_2}$ 越小,ΔE 越大;$\frac{m_1}{m_2}$ 越大,ΔE 越小.在实际问题中,往往根据不同的能量要求来选择不同的条件.例如,在打铁时,使铁锤和锻件(连同铁砧)碰撞,要锻件在碰撞过程中发生变形,这时尽量使 ΔE 中的机械能用于锻件变形,这就要求铁砧的质量比铁锤的质量大得多,即 $m_2 \gg m_1$.打桩的情况则恰好相反.锤和桩碰撞时,锤把机械能传递给桩,使桩尽可能具有较大的动能克服地面的阻力下沉,因此,希望机械能损失得越小越好,这就要求用质量较大的锤打击质量较小的桩,即 $m_1 \gg m_2$.

例4－4－1 当空间探测器从星球旁边绕过时,由于引力作用而速率增大的现象叫弹弓效应,如图4－4－2所示.设土星质量 $m_2 = 5.67 \times 10^{26}$ kg,其相对于太阳的轨道速率为 $v_{20} = 9.6$ km·s⁻¹,

一空间探测器的质量为 $m_1 = 150 \text{ kg}$，其相对于太阳的速率为 $v_{10} = 10.4 \text{ km} \cdot \text{s}^{-1}$，并迎着土星飞行. 由于土星的引力，探测器绕过土星沿着和原来速度相反的方向离去，求它离开土星后的速度.

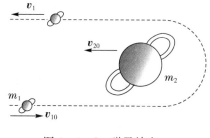

图 4—4—2　弹弓效应

解　如图 4—4—2 所示，探测器从土星旁飞过的过程可视为一种无接触的碰撞过程，与两球的弹性碰撞相似，由于土星质量 m_2 远大于探测器质量 m_1，在式（4—4—3）中，令 $e=1$，并忽略 m_1，可得探测器离开土星后的速度为

$$v_1 = -v_{10} + 2v_{20}$$

以 $\boldsymbol{v}_{10}$ 的方向为正，则得

$$v_1 = -10.4 - 2 \times 9.6 = -29.6 (\text{km} \cdot \text{s}^{-1})$$

这表明，探测器从土星旁边绕过后由于引力的作用，速度增大了很多.

现在，在航天技术中对空间探测器的轨道设计都考虑到弹弓效应，并利用这种效应作为增大探测器速率的有效方法，这样可以减少从航天飞机上发射探测器所需的能量. 例如，1989 年 10 月发射并于 1995 年 12 月到达木星的"伽利略探测器"，1996 年 12 月发射并于 1997 年 7 月 4 日降落在火星上的"火星探路者"航天器，都利用了弹弓效应.

例 4—4—2　设在宇宙中有密度为 ρ 的尘埃，这些尘埃相对惯性参考系是静止的. 有一质量为 m_0 的宇宙飞船以初速 v_0 穿过宇宙尘埃，由于尘埃粘贴到飞船上，致使飞船的速度发生改变. 求飞船的速度与其在尘埃中飞行时间的关系. 为便于计算，设想飞船的外形是底面积为 S 的圆柱体，如图 4—4—3 所示.

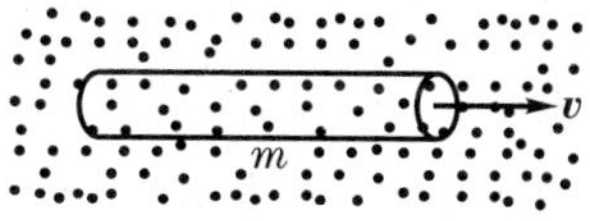

图 4—4—3　飞船在尘埃中飞行

解　按题设条件,可认为尘埃与飞船作完全非弹性碰撞,把尘埃与飞船作为一个系统,考虑到飞船在自由空间飞行,无外力作用在这个系统上,因此系统的动量守恒.如以 m_0 和 v_0 为飞船进入尘埃前(即 $t=0$ 时)的质量和速度,m 和 v 为飞船在尘埃中(即时刻 t)的质量和速度,则由动量守恒有

$$m_0 v_0 = mv \qquad ①$$

此外,在 $t \to t+\mathrm{d}t$ 时间内,由于飞船与尘埃间作完全非弹性碰撞,而粘贴在宇宙飞船上尘埃的质量,即飞船所增加的质量为

$$\mathrm{d}m = \rho Sv\mathrm{d}t \qquad ②$$

由式①,有

$$\mathrm{d}m = -\frac{m_0 v_0}{v^2}\mathrm{d}v$$

从而得

$$\rho Sv\mathrm{d}t = -\frac{m_0 v_0}{v^2}\mathrm{d}v$$

由已知条件,上式积分为

$$-\int_{v_0}^{v} \frac{\mathrm{d}v}{v^3} = \frac{\rho S}{m_0 v_0}\int_0^t \mathrm{d}t$$

得

$$\frac{1}{2}\left(\frac{1}{v^2} - \frac{1}{v_0^2}\right) = \frac{\rho S}{m_0 v_0}t$$

故有

$$v = \left(\frac{m_0}{2\rho Sv_0 t + m_0}\right)^{1/2} v_0$$

显然,飞船在尘埃中飞行的时间愈长,其速度就愈小.

例4-4-3　一质量为 m 的光滑球 A,竖直下落,以速度 u 与质量为 M 的光滑球 B 碰撞.球 B 由一根细绳悬挂着,绳长看作一定.设碰撞时两球的连心线与竖直方向(y 方向)成 θ 角,如图 4-4-4 所示.已知恢复系数为 e,求碰撞后球 A 的速度.

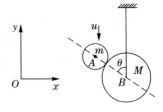

图 4-4-4　例 4-4-3 用图

解　这是一个斜碰问题. 按题意,我们设 A 球在碰撞后的分速度为 v_x 与 v_y;B 球只能沿水平方向运动,其速度为 v'. 在碰撞时,因两球在 x 方向所受外力为零,所以,由动量守恒定律,有

$$Mv' - mv_x = 0 \qquad\qquad ①$$

设在碰撞中相互作用力为 $\boldsymbol{F}$. 因接触是光滑的,所以 $\boldsymbol{F}$ 在连心线方向上. 对 A 球应用动量定理,则有

$$-mv_x = -F\sin\theta\Delta t$$

$$mv_y - (-mu) = F\cos\theta\Delta t$$

由此,求得

$$\frac{v_y + u}{v_x} = \cot\theta \qquad\qquad ②$$

又因为在斜碰中,沿接触处法线方向(取左斜向上为正方向)上的分离速度与接近速度分别为 $-v'\sin\theta - (v_x\sin\theta + v_y\cos\theta)$ 和 $-u\cos\theta$,因此,由式(4-4-2)得

$$e = \frac{-v'\sin\theta - (v_x\sin\theta + v_y\cos\theta)}{-u\cos\theta} \qquad\qquad ③$$

由式①、②与③联立求解,最后得

$$v_x = \frac{M(1+e)\sin\theta\cos\theta}{M + m\sin^2\theta}u$$

$$v_y = \left[\frac{M(1+e)\cos^2\theta}{M + m\sin^2\theta} - 1\right]u$$

讨论

当 $\theta = 0$ 时,$v_x = 0$,$v_y = eu$,这说明球 A 将以速度 eu 反弹,这是对心碰撞的结果;当 $\theta = \dfrac{\pi}{2}$ 时,$v_x = 0$,$v_y = -u$,这说明球 A 将以速率 u 竖直下落,因为接触是光滑的,这一结果也是在意料之中的.

习题四

一、选择题

4-1　有两个倾角不同、高度相同、质量一样的斜面放在光滑的水平面上,斜面是光滑的,有两个一样的物块分别从这两个斜面的顶点由静止开始滑下,则　　　　　　　　　　　　　　　　　　　　　　　（　　）

(A)物块到达斜面底端时的动量相等

(B)物块到达斜面底端时的动能相等

(C)物块、斜面和地球组成的系统,机械能不守恒

(D)物块和斜面组成的系统水平方向上动量守恒

4—2 在系统不受外力作用的非弹性碰撞过程中 （　）

(A)动能和动量都守恒 　　　　(B)动能和动量都不守恒

(C)动能不守恒,动量守恒 　　　(D)动能守恒,动量不守恒

4—3 如图4—1所示,一光滑的圆弧形槽 M 置于光滑水平面上,一滑块 m 自槽的顶部由静止释放后沿槽滑下,不计空气阻力.对于这一过程,以下哪种分析是正确的?

（　）

(A)由 m 和 M 组成的系统动量守恒

(B)由 m 和 M 组成的系统机械能守恒

(C)由 m、M 和地球组成的系统机械能守恒

(D)M 对 m 的正压力恒不做功

图4—1

二、填空题

4—4 一质量 $m=2.0\,\text{kg}$ 的质点在合外力 $\boldsymbol{F}=12t\,\boldsymbol{i}$ 的作用下沿 x 轴做直线运动,已知 $t=0$ 时,$x_0=0$,$v_0=0$,则前 3 s 内合外力的冲量 $\boldsymbol{I}=$ _____;第 3 s 末质点的速度 $v=$ _____.

4—5 质量为 m 的子弹,以水平速度 v_0 射入置于光滑水平面上的质量为 M 的静止砂箱,子弹在砂箱中前进距离 l 后停在砂箱中,同时砂箱向前运动的距离为 s,此后子弹与砂箱一起以共同速度匀速运动,则子弹受到的平均阻力 $F=$ _____,砂箱与子弹系统损失的机械能 $\Delta E=$ _____.

4—6 一质量为 m 的物体,以初速 v_0 从地面抛出,抛射角 $\theta=30°$,如忽略空气阻力,则从抛出到刚要接触地面的过程中,物体动量增量的大小为 _____,方向为 _____.

三、计算与证明题

4—7 一小船质量为 100 kg,船头到船尾共长 3.6 m.现有一质量为 50 kg 的人从船头走到船尾时,船将移动多少距离? 假定水的阻力不计.

4—8 如图4—2所示,一轻质弹簧劲度系数为 k,两端各固定一质量均为 M 的物块 A 和 B,放在水平光滑桌面上静止.今有一质量为 m 的子弹沿弹簧的轴线方向以速度 v_0 射入一物块而不射出,求此后弹簧的最大压缩长度.

图4—2

4－9　一质量为 m 的小球,由顶端沿质量为 M 的圆弧形木槽自静止下滑,设圆弧形槽的半径为 R,如图 4－3 所示.忽略所有摩擦,求:

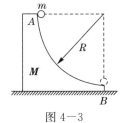

(1)小球刚离开圆弧形槽时,小球和圆弧形槽的速度各是多少?

(2)小球滑到 B 点时对木槽的压力.

图 4－3

4－10　一质量均匀柔软的绳竖直悬挂着,绳的下端刚好触到水平地板上.如果把绳的上端放开,绳将落到地板上.试证明:在绳下落过程中的任意时刻,作用于地板上的压力等于已落到地板上绳的重量的 3 倍.

4－11　一颗子弹由枪口射出时速率为 v_0 m·s^{-1},当子弹在枪筒内被加速时,它所受的合力为 $F=(a-bt)$N(a,b 为常数),其中 t 以秒为单位:

(1)假设子弹运行到枪口处合力刚好为零,试计算子弹走完枪筒全长所需时间;

(2)求子弹所受的冲量;

(3)求子弹的质量.

4－12　一绳跨过一定滑轮,其两端分别拴有质量为 m_1 及 m_2 的物体($m_1>m_2$),m_1 静止在桌面上,如图 4－4 所示.抬高 m_2,使绳处于松弛状态.当 m_2 自由落下 h 距离后,绳才被拉紧,试求此时两物体的速度及 m_1 所能上升的最大高度.

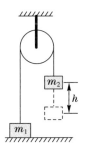

4－13　如图 4－5 所示,质量为 M、倾角为 θ 的光滑斜面放置在光滑地面上,质量为 m 的滑块沿斜面自由下滑,其下落高度为 h 时,斜面的后退速度为 u,试求 u 随 h 变化的函数关系.

图 4－4

图 4－5

4－14　质量分别为 m_A 和 m_B 的两物体 A 和 B,用劲度系数为 k 的弹簧相连,静止放置在光滑水平面上,质量为 m 的子弹以水平速度 v_0 射入物体 A,如图 4－6 所示,设子弹射入时间极短.试求:

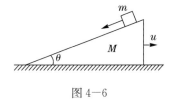

图 4－6

(1)物体 B 的最大动能;

(2)弹簧的最大形变.

4—15 一架喷气式飞机以 210 m·s⁻¹ 的速度飞行,它的发动机每秒钟吸入 75 kg的空气,在发动机体内与 3.0 kg 燃料燃烧后以相对于飞机 490 m·s⁻¹ 的速度向后喷出.试求发动机对飞机的推力.

4—16 如图 4—7 所示,质量为 $m_1 = 2.0$ kg 的笼子,用轻弹簧悬挂起来,静止在平衡位置,弹簧伸长 $y_0 = 0.10$ m,今有 $m_2 = 2.0$ kg 的油灰由距离笼子底高 $h = 0.3$ m 处自由落到笼子上,试求笼子向下移动的最大距离.

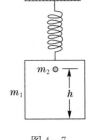

图 4—7

4—17 一个小球与一质量相等的静止小球发生非对心弹性碰撞,试证碰后两小球的运动方向互相垂直.

4—18 质量 $M = 10$ kg 的物体放在光滑的水平桌面上,并与一水平轻弹簧相连,弹簧的劲度系数 $k = 1000$ N·m⁻¹. 今有一质量 $m = 1$ kg 的小球以水平速度 $v_0 = 4$ m·s⁻¹ 飞来,与物体 M 相撞后以 $v_1 = 2$ m·s⁻¹ 的速度弹回. 试问:

(1)弹簧被压缩的长度为多少?

(2)小球 m 和物体 M 的碰撞是完全弹性碰撞吗?

(3)如果小球上涂有黏性物质,相撞后可与 M 粘在一起,则(1)、(2)所问的结果又如何?

第五章

角动量守恒与刚体的定轴转动

角动量守恒定律也是自然界中最基本的普适规律之一,它对宏观、微观及宇观系统都适用.刚体也是一个为讨论问题方便而假设的理想模型.所谓刚体,就是在运动变化过程中,物体内任意两点间的距离(或相对位置)都不发生改变.

本章主要从角动量的概念出发,探讨质点系角动量的变化规律及其在刚体定轴转动中的应用.

§5—1 角动量与角动量守恒定律

一、质点的角动量定理和角动量守恒定律

1. 质点的角动量

有了动量为什么还要引入角动量呢? 我们来看一个实例:一匀质飞轮绕通过其中心并垂直于飞轮平面的定轴转动时,虽然飞轮在转动,但它的质心保持静止,按质点系动量的定义,飞轮的总动量为零. 这说明用动量来量度物体的转动运动是不恰当的. 因此,与在描述转动时引入与速度和加速度相对应的角量(角速度和角加速度)相类似,我们引入与动量相对应的角量——角动量,也称动量矩.

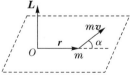

设一质量为 m 的质点以速度 v 运动,相对于参考点 O 的位矢为 r,如图5—1—1所示. 我们定义质点对 O 点的角动量为

图5—1—1 质点角动量的定义

$$L = r \times mv = r \times p \qquad (5—1—1)$$

角动量是矢量,它定义为 r 和 p 的叉乘积,所以它既垂直于 r,也垂直于 p,即垂直于 r 和 p 所组成的平面,其指向由**右手螺旋法则**来确定:当右手四个手指由 r 的正向沿小于 π 的角度转向 p 的正向时,大拇指所指的方向即为 L 的方向.至于质点角动量 L 的值,由矢量的矢积法则,知

$$L = rp\sin\alpha \qquad (5-1-2)$$

式中,α 为 r 与 p 之间的夹角.

在涉及质点的转动问题中,多以转动中心为参考点来描述质点的运动,所以也常说**角动量是描述转动状态的物理量**.例如,在微观领域有电子绕原子核运动的轨道角动量,还有粒子本身的自旋角动量等.

这里必须指出的是:

(1)并非质点做周期性曲线运动才有角动量.例如,如图 5—1—2 所示,一质点以动量 p 距定点 O 为 d 的直线运动就具有角动量,其量值为 $L=pd$,且在整个运动过程中都具有这一量值.显然,如果速度 v 的方向正好指向或离开给定点 O,$\sin\alpha=0$,质点相对 O 点的角动量就是零.

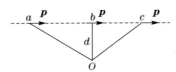

图 5—1—2　做直线运动的质点对 O 点的角动量

(2)质点的角动量是相对于选定的参考点定义的,所以,同一质点对不同的参考点角动量是不相同的.例如圆锥摆的运动,如图 5—1—3所示,摆球对圆心 O 和对悬挂点 O' 的角动量是不相同的.请读者自己分析.

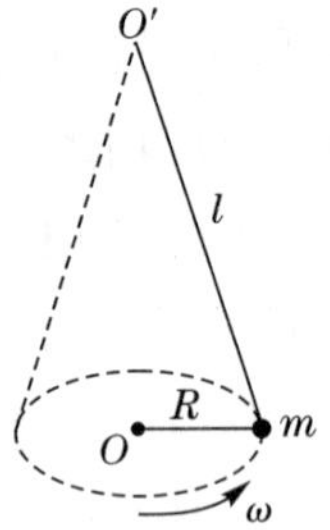

在 SI 中,角动量的单位为 $\mathrm{kg \cdot m^2 \cdot s^{-1}}$,量纲为 $\mathrm{L^2MT^{-1}}$.

图 5—1—3　角动量与参考点有关

2. 质点的角动量定理

根据牛顿第二定律,质点所受合外力等于

质点动量的时间变化率,那么,质点角动量的时间变化率与质点所受外力又有什么联系呢?

将式(5-1-1)对 t 求导,并注意到 $\boldsymbol{v}\times m\boldsymbol{v}=0$,则得

$$\frac{\mathrm{d}\boldsymbol{L}}{\mathrm{d}t}=\frac{\mathrm{d}\boldsymbol{r}}{\mathrm{d}t}\times m\boldsymbol{v}+\boldsymbol{r}\times\frac{\mathrm{d}(m\boldsymbol{v})}{\mathrm{d}t}=\boldsymbol{r}\times\boldsymbol{F}$$

我们定义力的作用点相对于参考点的位矢 $\boldsymbol{r}$ 与力 $\boldsymbol{F}$ 的叉乘积为力对参考点的力矩,以 $\boldsymbol{M}$ 表示,即有

$$\boldsymbol{M}=\boldsymbol{r}\times\boldsymbol{F}\qquad(5-1-3)$$

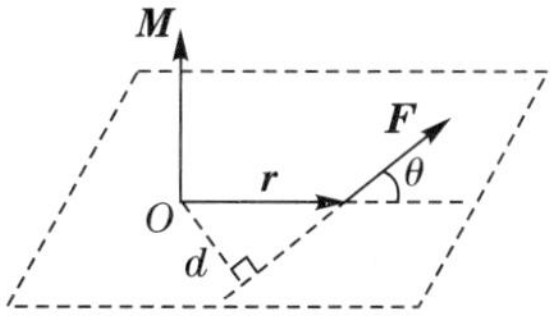

力矩为矢量,其方向垂直于 $\boldsymbol{r}$ 和 $\boldsymbol{F}$ 组成的平面,指向由右手螺旋法则确定.力矩的大小为 $M=rF\sin\theta=Fd$,如图 5-1-4 所示.

图 5-1-4　力矩的大小及方向

在 SI 中,力矩的单位为 N·m,量纲为 L^2MT^{-2}.

有了力矩的概念,则有

$$\boldsymbol{M}=\frac{\mathrm{d}\boldsymbol{L}}{\mathrm{d}t}\qquad(5-1-4)$$

这就是说,**质点所受合外力对任一参考点的力矩等于质点对该点角动量的时间变化率**.这就是质点**角动量定理**的微分形式.

由式(5-1-4),有

$$\boldsymbol{M}\mathrm{d}t=\mathrm{d}\boldsymbol{L}$$

积分得

$$\int_{t_1}^{t_2}\boldsymbol{M}\mathrm{d}t=\boldsymbol{L}_2-\boldsymbol{L}_1\qquad(5-1-5)$$

力矩对时间的积分 $\int_{t_1}^{t_2}\boldsymbol{M}\mathrm{d}t$ 称为冲量矩,又叫角冲量.故上式表示,质点所受外力的冲量矩等于质点角动量的增量.这就是质点角动量定理的积分形式.

由于质点的角动量定理是在牛顿定律的基础上导出的,故它仅适用于惯性系.描述质点角动量的参考点必须固定在惯性系中.

3. 质点的角动量守恒定律

由质点的角动量定理,可知

当 $\boldsymbol{M}=0$ 时,$\boldsymbol{L}=\boldsymbol{r}\times m\boldsymbol{v}=$ 恒矢量　(5-1-6)

107

这表明,如果质点所受合外力对某一固定点的力矩为零,则质点对该点的角动量保持不变. 这一结论叫作**质点的角动量守恒定律**.

由力矩的定义 $M=r\times F$ 可知,力矩为零有以下两种可能.

(1) $F=0$,即质点不受外力作用.

(2) $F\neq0$,但 $F/\!/r$,即力的作用线始终通过某一固定点,这样的力称为有心力,这一固定点称为力心. 行星绕太阳的运动、卫星等人造天体绕地球的运动、原子中电子绕核的运动等都是在有心力的作用下运动. 显然,在有心力作用下,质点的角动量守恒.

例如,我国第一颗人造地球卫星,近地点到地面的距离 $l_1=439$ km,远地点到地面的距离 $l_2=2\,384$ km,若卫星在近地点的速率 $v_1=8.1$ km·s^{-1},求卫星在远地点的速率 v_2. 已知地球半径 $R=6\,378$ km.

卫星在绕地球运行过程中,所受之力主要是地球引力,其他力可略去不计. 万有引力为有心力,故卫星在运动过程中角动量守恒,即有

$$mv_1(R+l_1)=mv_2(R+l_2)$$

由此得

$$v_2=\frac{R+l_1}{R+l_2}v_1=\frac{6\,378+439}{6\,378+2\,384}\times8.1=6.3(\text{km·s}^{-1})$$

二、质点系的角动量定理和角动量守恒定律

1. 质点系的角动量

质点系的角动量是组成质点系的各质点对给定参考点的角动量的矢量和,即

$$L=\sum_i L_i=\sum_i r_i\times m_i v_i \qquad (5-1-7)$$

式中, r_i 为第 i 个质点对参考点的位矢, m_i 和 v_i 分别为第 i 个质点的质量和速度.

2. 质点系的角动量定理

将式(5-1-7)对 t 求导,并注意到 $\dfrac{\mathrm{d}r_i}{\mathrm{d}t}=v_i$, $v_i\times v_i=0$,则得

$$\frac{\mathrm{d}L}{\mathrm{d}t}=\sum_i\frac{\mathrm{d}L_i}{\mathrm{d}t}=\sum_i r_i\times(F_i^{(\mathrm{i})}+F_i^{(\mathrm{e})})=\sum_i M_i^{(\mathrm{i})}+\sum_i M_i^{(\mathrm{e})}$$

式中, $\sum\limits_i \boldsymbol{M}_i^{(\mathrm{i})} = \sum\limits_i \boldsymbol{r}_i \times \boldsymbol{F}_i^{(\mathrm{i})}$ 代表系统的内力矩, 表示系统内各质点间相互作用对参考点的力矩的矢量和. 由于系统内力总是成对出现, 大小相等, 方向相反, 而且在同一直线上, 因此, 任一对内力(如第 i 与第 j 个质点间的相互作用力)对参考点的力矩的矢量和为

$$\sum_i \boldsymbol{M}_i^{(\mathrm{i})} = \boldsymbol{r}_i \times \boldsymbol{F}_i + \boldsymbol{r}_j \times \boldsymbol{F}_j = (\boldsymbol{r}_i - \boldsymbol{r}_j) \times \boldsymbol{F}_i$$

但由于 $\boldsymbol{r}_i - \boldsymbol{r}_j$ 与 $\boldsymbol{F}_i$ 在同一直线上而使 $(\boldsymbol{r}_i - \boldsymbol{r}_j) \times \boldsymbol{F}_i = 0$, 故 $\sum\limits_i \boldsymbol{M}_i^{(\mathrm{i})} = 0$.

代入上式, 得

$$\frac{\mathrm{d}\boldsymbol{L}}{\mathrm{d}t} = \sum_i \boldsymbol{M}_i^{(\mathrm{e})} = \boldsymbol{M} \qquad (5-1-8)$$

式(5−1−8)称为质点系角动量定理的微分形式, 它表明, **质点系的角动量对时间的变化率等于它所受到的合外力矩.**

由式(5−1−8), 有

$$\boldsymbol{M}\mathrm{d}t = \mathrm{d}\boldsymbol{L}$$

积分得

$$\int_{t_1}^{t_2} \boldsymbol{M}\mathrm{d}t = \boldsymbol{L}_2 - \boldsymbol{L}_1 \qquad (5-1-9)$$

这就是说, **质点系获得的冲量矩等于其角动量的增量.** 式(5−1−9)称为质点系角动量定理的积分形式.

这里需要指出, 质点系的合外力矩不等于其外力矢量和的力矩. 合外力矩

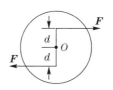

图 5−1−5　$\sum \boldsymbol{F}_i = 0, \boldsymbol{M} \neq 0$

为各外力对同一参考点的力矩的矢量和, 即 $\boldsymbol{M} = \sum\limits_i (\boldsymbol{r}_i \times \boldsymbol{F}_i)$. 由于一般情况下, 各外力的作用点的位矢各不相同, 所以不能先求合力 $\boldsymbol{F} = \sum \boldsymbol{F}_i$, 再求合力的力矩. 例如, 如图 5−1−5 所示, 作用于系统的合外力为零, 合外力矩却不为零. 但求重力矩除外, 可以把系统内各质点所受重力平移到质心 C, 先求其合力 $\boldsymbol{G} = \sum\limits_i m_i \boldsymbol{g}$, 再由 $\boldsymbol{r}_C \times \boldsymbol{G}$ 得到重力的合力矩.

3. 质点系的角动量守恒定律

当质点系所受的合外力矩 $\boldsymbol{M} = 0$ 时, 由式(5−1−9)可以得到

$$\boldsymbol{L} = 恒矢量 \qquad (5-1-10)$$

这表明,当质点系所受的合外力矩为零时,其角动量守恒. 这就是**质点系的角动量守恒定律**.

这里应注意:

(1)在某一过程中角动量守恒,不仅指该过程始、末状态的角动量相等,而且要求整个过程中任意两个瞬间系统角动量的大小、方向都不变. 所以,角动量守恒的条件是系统所受的合外力矩为零,而不是冲量矩为零. 例如,在圆锥摆中,摆球以悬挂点 O' 为参考点(见图5-1-3),摆球运动一周时,显然始末状态的角动量相等,但是这一过程角动量却是不守恒的.

(2)区分系统动量守恒和角动量守恒的条件. 例如图5-1-6中的两种冲击摆:在图5-1-6(a)中,m,M 系统的动量及对 O 的角动量均守恒;而在图5-1-6(b)中,轴 O 对系统的约束力不能忽略,但该约束力对 O 轴的力矩

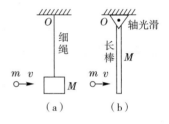

图5-1-6 两种冲击摆

为零,所以,系统的总动量不守恒,而它对 O 轴的角动量守恒. 同样,一个系统的动量守恒,其角动量不一定守恒,如图5-1-5所示就是这种情况.

例5-1-1 质量为 m 的质点在 Oxy 平面内运动,质点的矢径为

$$r = a\cos\omega t\, i + b\sin\omega t\, j$$

a,b,ω 为正的常量,且 $a>b$,如图5-1-7

所示. 试证明质点在运动过程中角动量守恒,并计算其大小和方向.

图5-1-7 例5-1-1用图

证明 先证明质点在运动过程中所受力矩为零.

因为

$$a = \frac{\mathrm{d}^2 r}{\mathrm{d}t^2} = -a\omega^2\cos\omega t\, i - b\omega^2\sin\omega t\, j$$

$$= -\omega^2(a\cos\omega t\, i + b\sin\omega t\, j) = -\omega^2 r$$

所以

$$F = -m\omega^2 r$$

为有心力,因而对原点的力矩恒为零,即

$$M = r \times F = 0$$

由角动量定理可知,质点的角动量守恒,即

$$L = 恒矢量$$

按定义,有

$$L = r \times mv = r \times m\frac{\mathrm{d}r}{\mathrm{d}t}$$

$$= r \times m(-a\omega\sin\omega t\, i + b\omega\cos\omega t\, j)$$

$$= (a\cos\omega t\, i + b\sin\omega t\, j) \times m(-a\omega\sin\omega t\, i + b\omega\cos\omega t\, j)$$

$$= mab\omega k$$

由此可知,L 为常矢量,方向指向 z 轴正向(图 $5-1-7$ 中未画出),大小为 $mab\omega$.

例 5-1-2 如图 5 1-8 所示,在光滑的水平面上,质量为 M 的木块连在劲度系数为 k、原长为 l_0 的轻弹簧上,弹簧的另一端固定在平面上的 O 点.一质量为 m 的子弹,以水平速度 v_0(与 OA 垂直)射向木块,并停在其中,然后一起由 A 点沿

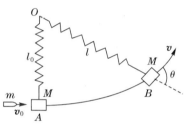

图 $5-1-8$ 例 $5-1-2$ 用图

曲线运动到 B 点.已知 $OB = l$,求物体(包括子弹)在 B 点的速度的大小和 θ 角的大小.

解 设子弹射入木块后的速度为 v_1,根据动量守恒、机械能守恒和角动量守恒(为什么守恒? 请分析守恒条件),有

$$mv_0 = (m+M)v_1 \tag{1}$$

$$\frac{1}{2}(m+M)v_1^2 = \frac{1}{2}(m+M)v^2 + \frac{1}{2}k(l-l_0)^2 \tag{2}$$

$$mv_0l_0 = (m+M)vl\sin\theta \tag{3}$$

由(1)式,得

$$v_1 = \frac{m}{m+M}v_0$$

将 v_1 代入(2)式,求得

$$v = \frac{1}{m+M}\sqrt{m^2v_0^2 - k(m+M)(l-l_0)^2}$$

将 v 代入(3)式,则得

$$\sin\theta = \frac{mv_0 l_0}{l \sqrt{m^2 v_0^2 - k(m+M)(l-l_0)^2}}$$

试问:对全过程是否可用机械能守恒定律

$$\frac{1}{2}mv_0^2 = \frac{1}{2}(m+M)v^2 + \frac{1}{2}k(l-l_0)^2$$

计算并说明原因.

§5－2 刚体的定轴转动

一、定轴转动刚体的角动量和转动惯量

1. 定轴转动刚体的角动量

刚体可以看成"质点系".因此,质点系中关于角动量的概念及公式对刚体同样成立.现在只考虑刚体绕固定轴转动的情况,这时刚体上各质点都在各自的转动平面上绕固定轴以相同的角速度 ω 转动,如图 5－2－1 所示.

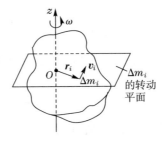

图 5－2－1 定轴转动刚体的角动量

设刚体第 i 个"质点"的质量为 Δm_i,它到转轴的距离为 r_i,当刚体以角速度 $\boldsymbol{\omega}$ 绕定轴转动时,由式(5－1－7)可得定轴转动刚体的角动量为

$$\boldsymbol{L} = \sum_i \boldsymbol{r}_i \times \Delta m_i \boldsymbol{v}_i = \left(\sum_i \Delta m_i r_i^2\right)\boldsymbol{\omega} \qquad (5－2－1)$$

其方向沿 z 轴方向.若在轴上选定一个正方向,则定轴转动刚体的角动量是一个代数量.

2. 转动惯量

将式(5−2−1)与动量 $p=mv$ 类比,我们发现 $\sum_i \Delta m_i r_i^2$ 与平动问题中的质量 m 地位相当,由此可定义描述转动物体性质的又一个重要物理量——**转动惯量**,用 J 表示,即

$$J = \sum_i \Delta m_i r_i^2 \qquad (5-2-2)$$

亦即,**刚体的转动惯量等于刚体内各质点的质量与其到转轴距离平方的乘积之和**. 对于质量连续分布的刚体,转动惯量定义式中的求和应以积分来代替,即

$$J = \int r^2 \,\mathrm{d}m \qquad (5-2-3)$$

积分式中的 $\mathrm{d}m$ 为质元的质量,r 为质元到转轴的距离. 具体计算时,根据刚体质量分布的不同,可以引入相应的质量密度,进而建立质元质量 $\mathrm{d}m$ 的具体表达式,然后进行积分运算.

(1)刚体质量为线分布(细杆状刚体)时,其质量线密度为 $\lambda=\dfrac{\mathrm{d}m}{\mathrm{d}l}$,则

$$J = \int_L \lambda r^2 \,\mathrm{d}l \qquad (5-2-4)$$

(2)刚体质量为面分布(薄板状刚体)时,其质量面密度为 $\sigma=\dfrac{\mathrm{d}m}{\mathrm{d}S}$,则

$$J = \int_S \sigma r^2 \,\mathrm{d}S \qquad (5-2-5)$$

(3)刚体质量为体分布时,其质量体密度为 $\rho=\dfrac{\mathrm{d}m}{\mathrm{d}V}$,则

$$J = \int_V \rho r^2 \,\mathrm{d}V \qquad (5-2-6)$$

在 SI 中,转动惯量的单位为 $\mathrm{kg \cdot m^2}$,量纲为 $\mathrm{L^2 M}$.

例 5−2−1　求质量为 m,半径为 R 的均匀细圆环,对通过环中心且垂直于环面的轴的转动惯量(如图 5−2−2 所示).

解

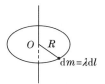

图 5−2−2　例 5−2−1 用图

$$J = \int_0^{2\pi R} R^2 \lambda \,\mathrm{d}l = R^2 \frac{m}{2\pi R} \cdot 2\pi R = mR^2$$

例 5－2－2 求半径为 R，质量为 m 的均匀薄圆盘，对过盘心且垂直于盘面的轴的转动惯量.

解 薄圆盘可以看成许多同心圆环的集合，任取一半径为 r，宽度为 dr 的圆环，如图 5－2－3 所示.设圆盘的质量面密度为 σ，则所取圆环的质量为

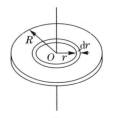

$$dm = \sigma \cdot 2\pi r dr$$

由上例所得结果可知，该圆环对过盘　图 5－2－3　例 5－2－2 用图
心且垂直于盘面的轴的转动惯量为

$$dJ = r^2 dm = 2\pi\sigma r^3 dr$$

故整个圆盘对该轴的转动惯量为

$$J = 2\pi\sigma \int_0^R r^3 dr = 2\pi \frac{m}{\pi R^2} \cdot \frac{1}{4} R^4 = \frac{1}{2} mR^2$$

例 5－2－3 求质量为 m，长为 l 的均匀细杆的转动惯量.

（1）转轴垂直于杆并通过杆的中点；

（2）转轴垂直于杆并通过杆的一端.

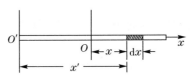

图 5－2－4　例 5－2－3 用图

解 （1）取坐标系如图 5－2－4 所示，在杆上任取一长度元 dx，该线元的质量为

$$dm = \lambda dx$$

则细杆对过中点的垂直转轴的转动惯量为

$$J = \int_{-l/2}^{l/2} x^2 \lambda dx = \lambda \frac{l^3}{12} = \frac{1}{12} ml^2$$

（2）当转轴过端点 O' 且垂直细杆时，转动惯量为

$$J = \int_0^l x'^2 \lambda dx' = \lambda \frac{l^3}{3} = \frac{1}{3} ml^2$$

这一结果可改写为

$$J = \frac{1}{12}ml^2 + m\left(\frac{l}{2}\right)^2$$

这表明,刚体对某轴的转动惯量 J 等于刚体对过质心,且与该轴平行的轴的转动惯量 J_C 与刚体质量 m 和两轴间距离 h 的平方的积之和,即

$$J = J_C + mh^2 \tag{5-2-7}$$

这称为**平行轴定理**.

例5-2-4 如图 5-2-5 所示是钟摆绕 O 轴转动,细杆长为 l,质量为 m,圆盘半径为 R,质量为 M,求钟摆对 O 轴的转动惯量.

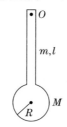

图 5-2-5 例 5-2-4 用图

解 杆绕 O 轴的转动惯量为

$$J_m = \frac{1}{3}ml^2$$

根据平行轴定理,盘绕 O 轴的转动惯量为

$$J_M = \frac{1}{2}MR^2 + M(R+l)^2$$

利用转动惯量的可加性,即得钟摆绕 O 轴的转动惯量为

$$J = J_m + J_M = \frac{1}{3}ml^2 + \frac{1}{2}MR^2 + M(R+l)^2$$

由上述各例可知,刚体的转动惯量与下述因素有关:

(1)刚体的质量;

(2)刚体质量的分布;

(3)转轴的位置.

表 5－1　几种刚体的转动惯量

刚体	转轴	转动惯量
细棒	通过中心与棒垂直	$J_C = \dfrac{1}{12}ml^2$
	通过端点与棒垂直	$J_D = \dfrac{1}{3}ml^2$
细圆环	通过中心与环面垂直	$J_C = mR^2$
	通过边缘与环面垂直	$J_D = 2mR^2$
	直径	$J_x = J_y = \dfrac{1}{2}mR^2$
薄圆盘	通过中心与盘面垂直	$J_C = \dfrac{1}{2}mR^2$
	通过边缘与盘面垂直	$J_D = \dfrac{3}{2}mR^2$
	直径	$J_x = J_y = \dfrac{1}{4}mR^2$
圆柱体	几何轴	$J_C = \dfrac{1}{2}mR^2$
	通过中心与几何轴垂直	$J_D = \dfrac{1}{4}mR^2 + \dfrac{1}{12}ml^2$
圆筒	对称轴	$J_C = \dfrac{1}{2}m(R_2^2 + R_1^2)$
球壳	中心轴	$J_C = \dfrac{2}{3}mR^2$
	切线	$J_D = \dfrac{5}{3}mR^2$
球体	中心轴	$J_C = \dfrac{2}{5}mR^2$
	切线	$J_D = \dfrac{7}{5}mR^2$
立方体	中心轴	$J_C = \dfrac{1}{6}ml^2$
	棱边	$J_D = \dfrac{2}{3}ml^2$

二、刚体定轴转动的角动量定理和角动量守恒定律

1. 刚体定轴转动的角动量定理

将式(5－1－8)应用于刚体的定轴转动,并考虑到式(5－2－1)和(5－2－2),得

$$M = \frac{\mathrm{d}L}{\mathrm{d}t} \qquad (5-2-8)$$

及

$$\int_{t_0}^{t} M\mathrm{d}t = \int_{L_0}^{L} \mathrm{d}L = L - L_0 = J\omega - J\omega_0 \qquad (5-2-9)$$

式中,M 为刚体受到的合外力矩,L 为刚体的角动量,J 为刚体的转动惯量,ω 为刚体的角速度.应注意,这些量都是对同一转轴而言的.式(5－2－8)称为刚体定轴转动角动量定理的微分形式,它表明,刚体的角动量对时间的变化率等于作用于刚体上的合外力矩;式(5－2－9)称为刚体定轴转动角动量定理的积分形式,它表明,**刚体角动量的增量等于刚体受到的冲量矩.**

2. 角动量守恒定律

从式(5－2－8)和(5－2－9)可以看出,**若刚体所受合外力矩为零,则此刚体的角动量不变**,即

$$L = 恒量,或 J\omega = J\omega_0 \qquad (5-2-10)$$

这个结论叫作角动量守恒定律.

例 5－2－5 一质量为 M,长度为 l 的均匀细棒,可绕过其顶端的水平轴 O 自由转动.质量为 m 的子弹以水平速度 v_0 射入静止的细棒下端,穿出后子弹的速度损失 3/4,求子弹穿出后棒所获得的角速度(如图 5－2－6 所示).

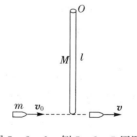

图 5－2－6 例 5－2－5 用图

解 [**方法一**] 用动量定理和角动量定理求解.

设棒对子弹的阻力为 f,对子弹应用动量定理

$$\int_0^t f\mathrm{d}t = mv - mv_0 = -\frac{3}{4}mv_0 \qquad (1)$$

子弹对细棒的冲击力为 f',对细棒应用角动量定理

$$\int_0^t f'l\,\mathrm{d}t = J\omega$$

而 $f' = -f, J = \dfrac{1}{3}Ml^2$,故上式变为

$$\int_0^t f\,\mathrm{d}t = -\frac{1}{3}Ml\omega \qquad (2)$$

比较式(1)(2)两式,可得

$$\omega = \frac{9mv_0}{4Ml}$$

[方法二]　用角动量守恒定律求解.

取子弹和细棒作为系统.在打击过程中,子弹与细棒之间的作用力为内力,轴上的作用力以及重力均不产生力矩,故系统所受合力矩为零,系统角动量守恒.即

$$mlv_0 = mlv + J\omega$$

由此解得

$$\omega = \frac{ml(v_0 - v)}{J} = \frac{\dfrac{3}{4}mlv_0}{\dfrac{1}{3}Ml^2} = \frac{9mv_0}{4Ml}$$

三、刚体定轴转动定律

由于定轴转动刚体的转动惯量为常量,由式(5-2-8)可得

$$M = \frac{\mathrm{d}L}{\mathrm{d}t} = J\frac{\mathrm{d}\omega}{\mathrm{d}t} = J\beta \qquad (5-2-11)$$

这就是说,**刚体所受到的对于某一定轴的合外力矩等于刚体对该轴的转动惯量与刚体在此合外力矩作用下所获得的角加速度(β)的乘积.这一结论叫作刚体定轴转动定律.**

从式(5-2-11)可以看出,如对不同的定轴转动刚体施以相同的力矩,转动惯量大者获得的角加速度小,转动惯量小者获得的角加速度大.可见,转动惯量是刚体转动惯性的量度.

转动定律在刚体定轴转动中的地位与牛顿第二定律在质点直线运动中的地位完全相似.

顺便指出,由质点系的牛顿第二定律式(2-1-2)和转动定律式(5-2-11),可以得到刚体的平衡条件

$$\sum \boldsymbol{F}_i = 0, \quad \sum \boldsymbol{M}_i = 0 \qquad (5-2-12)$$

例5-2-6　如图5-2-7所示,一轻绳跨过一定滑轮,滑轮半径为R,质量为m_1,滑轮可视为匀质圆盘.绳的一端悬挂一质量为m_2的物体,另一端以力F竖直向下拉,求物体的加速度和绳中的张力(不计滑轮轴处的摩擦,并设绳与滑轮之间无相对滑动).

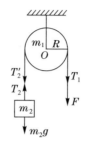

图5-2-7　例5-2-6用图(a)

解　由于考虑滑轮的质量,所以滑轮两边绳中的张力 T_1、T_2'不等,但 $T_2' = T_2$,如图5-2-7所示.对 m_2 应用牛顿第二定律,有

$$T_1 = F \qquad (1)$$
$$T_2 - m_2 g = m_2 a \qquad (2)$$

因为重力 $m_1 g$、轴承反力 N 对垂直于纸面的 O 轴无力矩,所以,根据转动定律,可得

$$T_1 R - T_2 R = J\beta \qquad (3)$$

式中,$J = \dfrac{1}{2} m_1 R^2$.

由于绳与滑轮之间无相对滑动,则有

$$a = a_t = R\beta \qquad (4)$$

联立解得

$$\begin{cases} a = \dfrac{2F - 2m_2 g}{m_1 + 2m_2} \\ T_1 = F \\ T_2 = m_2 \dfrac{2F + m_1 g}{m_1 + 2m_2} \end{cases}$$

现以物体 m_3 替换 F,且有 $m_3 g = F$,再求物体的加速度和绳中的张力.

解 这时各物体受力情况,如图
5−2−8所示,则有

$$\begin{cases} m_3g - T_3 = m_3a \\ T_2 - m_2g = m_2a \\ T_3R - T_2R = J\beta \left(J = \dfrac{1}{2}m_1R^2 \right) \\ a = R\beta \end{cases}$$

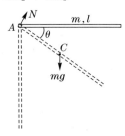

图5−2−8　例5−2−6用图(b)

联立解得

$$\begin{cases} a = \dfrac{2m_3 - 2m_2}{m_1 + 2m_2 + 2m_3}g \\ T_2 = m_2(g + a) = \dfrac{m_2(m_1 + 4m_3)}{m_1 + 2m_2 + 2m_3}g \\ T_3 = m_3(g - a) = \dfrac{m_3(m_1 + 4m_3)}{m_1 + 2m_2 + 2m_3}g \end{cases}$$

例5−2−7 如图5−2−9所示,质量为m,长为l的匀质细杆,可绕水平的光滑轴在竖直平面内转动,转轴O在杆的A端. 若使杆于水平位置从静止开始向下摆动,求杆摆至铅直位置时的角速度和角加速度.

图5−2−9　例5−2−7用图

解 杆在摆动过程中,受到重力mg(作用点在杆的重心C上)和轴反力N的作用,N对轴无力矩,重力对转轴的力矩随杆的位置而变. 当杆摆至与水平方向成角度θ时,重力对转轴的力矩为

$$M = mg\frac{l}{2}\cos\theta$$

根据转动定律,有

$$mg\frac{l}{2}\cos\theta = J\beta = J\frac{d\omega}{dt} = J\frac{d\omega}{d\theta}\frac{d\theta}{dt} = J\omega\frac{d\omega}{d\theta}$$

分离变量,得

$$mg\frac{l}{2}\cos\theta d\theta = J\omega d\omega$$

对上式积分,并注意到 $\theta=0$ 时,$\omega=0$;$\theta=\dfrac{\pi}{2}$,$\omega=\omega$,得

$$\int_0^{\frac{\pi}{2}} mg\,\frac{l}{2}\cos\theta\,\mathrm{d}\theta = \int_0^{\omega} J\omega\,\mathrm{d}\omega$$

解得

$$\omega = \sqrt{\frac{mgl}{J}}$$

将 $J=\dfrac{1}{3}ml^2$ 代入,得

$$\omega = \sqrt{\frac{3g}{l}}$$

因为在铅直位置时,$M=0$,由转动定律即得

$$\beta = 0$$

§5-3　刚体定轴转动中的功能关系

一、力矩的功

刚体在力 $\boldsymbol{F}$(为简单计,设作用线在转动平面内)作用下,作用点相对于转轴的位矢为 $\boldsymbol{r}$. 当刚体发生角位移 $\mathrm{d}\theta$ 时,P 点的线位移为 $\mathrm{d}\boldsymbol{r}$,如图5-3-1所示. 在此过程中,力 $\boldsymbol{F}$ 所做的元功为

$$\mathrm{d}A = \boldsymbol{F}\cdot\mathrm{d}\boldsymbol{r}$$

$$= F\,|\,\mathrm{d}\boldsymbol{r}\,|\cos(\frac{\pi}{2}-\varphi)$$

$$= Fr\sin\varphi\,\mathrm{d}\theta$$

式中,$Fr\sin\varphi$ 正是力 $\boldsymbol{F}$ 对 Oz 轴的力矩,以 M 表示,所以

$$\mathrm{d}A = M\mathrm{d}\theta \quad (5-3-1)$$

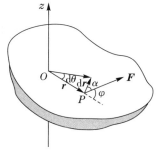

图5-3-1　力矩的功

这说明,外力对定轴转动刚体做的元功等于相应的力矩和角位移元的乘积.

对于有限角位移 $\Delta\theta = \theta_2 - \theta_1$，外力所做的总功为

$$A = \int dA = \int_{\theta_1}^{\theta_2} M d\theta \qquad (5-3-2)$$

如果刚体受到几个外力的作用，则以上两式中的 M 应为合外力矩. 以上两式中的功也常称为力矩的功. 显然，力矩所做的功实质上就是力做功在刚体转动情况下的特殊表现形式（即把外力所做的功用描述转动的有关参量表示出来）.

力矩做功的正负，可通过 M 与 $d\theta$ 的正负来决定：如果 M 与 $d\theta$ 同号，则 A 为正；如果 M 与 $d\theta$ 异号，则 A 为负.

力矩的功率为

$$P = \frac{dA}{dt} = M \frac{d\theta}{dt} = M\omega \qquad (5-3-3)$$

即力矩的功率等于力矩与角速度的乘积. 当功率一定时，转速越低，力矩越大；反之，转速越高，力矩越小.

二、定轴转动的动能定理

1. 刚体的转动动能
刚体中各质元动能的总和，称为刚体的转动动能，即

$$E_k = \sum_i \frac{1}{2} \Delta m_i v_i^2 = \frac{1}{2} \sum \Delta m_i r_i^2 \omega^2$$

$$= \frac{1}{2} \left(\sum \Delta m_i r_i^2 \right) \omega^2 = \frac{1}{2} J \omega^2 \qquad (5-3-4)$$

2. 定轴转动的动能定理
由式(5-3-1)和(5-2-11)，有

$$dA = M d\theta = J\beta d\theta = J \frac{d\omega}{dt} d\theta = J\omega d\omega$$

两边积分，得

$$A = \int_{\theta_1}^{\theta_2} M d\theta = \int_{\omega_1}^{\omega_2} J\omega d\omega = \frac{1}{2} J\omega_2^2 - \frac{1}{2} J\omega_1^2 = E_{k2} - E_{k1}$$

$$(5-3-5)$$

式(5-3-5)说明，合外力矩对绕定轴转动刚体所做的功等于刚体转动动能的增量. 这一结论称为**定轴转动的动能定理**.

例 5-3-1　如图 5-3-2 所示,质量为 m_1,半径为 R 的匀质圆盘,可绕通过盘心且与盘面垂直的光滑水平轴 O,在铅直平面内转动.若在圆盘边缘 A 点处固定一个质量为 m_2 的质点,当连线 OA 自水平位置由静止下摆 $\theta=45°$ 角时,求质点 m_2 的角速度、切向及法向加速度的大小.

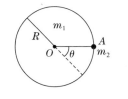

图 5-3-2　例 5-3-1 用图

解　以圆盘、质点为系统,则重力为外力,它对系统做的功为 $m_2gR\sin\theta$,根据系统的动能定理,有

$$m_2gR\sin\theta = \frac{1}{2}J\omega^2$$

式中,$J=\frac{1}{2}m_1R^2+m_2R^2$ 为系统的转动惯量,将之代入上式即可求得质点的角速度,即

$$\omega = \sqrt{\frac{2\sqrt{2}m_2g}{(m_1+2m_2)R}}$$

由图 5-3-2 可知,外力矩 $M=m_2gR\cos\theta$,按转动定律,有
$$m_2gR\cos\theta = J\beta$$

解得

$$\beta = \frac{\sqrt{2}m_2g}{(m_1+2m_2)R}$$

所以,质点的切向及法向加速度分别为

$$a_t = R\beta = \frac{\sqrt{2}m_2g}{m_1+2m_2}$$

$$a_n = R\omega^2 = \frac{2\sqrt{2}m_2g}{m_1+2m_2}$$

三、含有刚体的力学系统的机械能守恒定律

1. 刚体的重力势能

作为质点系,刚体的重力势能应为刚体内各质元重力势能之和.以坐标原点 O 为重力势能零点,设 z 轴竖直向上,z_i 为质元 Δm_i 的坐标,Δm_i 的重力势能为 $E_{pi}=\Delta m_i g z_i$,所以刚体的总重力势能为

$$E_p = \sum_i \Delta m_i g z_i = g\sum_i \Delta m_i z_i$$

由质点系质心的定义

$$r_C = \frac{\sum \Delta m_i \boldsymbol{r}_i}{m}$$

可知

$$E_{\mathrm{p}} = mgz_C$$

习惯上,重力势能用高度 h 来表示. 以 h_C 表示刚体质心到零势能面的高度,则刚体的重力势能为

$$E_{\mathrm{p}} = mgh_C \qquad\qquad (5-3-6)$$

这就是说,**刚体的重力势能和将它的质量全部集中在其质心上的质点的重力势能相同,只由质心高度来决定,而与刚体的空间方位无关.**

2. 含有刚体的力学系统的机械能守恒定律

对于含有刚体的力学系统来说,如果**在运动过程中,只有保守内力做功,而外力和非保守内力都不做功,或做功的代数和为零,则该系统的机械能守恒,**即

$$当 A^{(e)} + A_{\mathrm{nc}}^{(i)} = 0 \text{ 时}, E_{\mathrm{k}} + E_{\mathrm{p}} = 恒量 \qquad (5-3-7)$$

从形式上看,这与质点系的机械能守恒定律完全相同,但在物理内涵上却有所扩充和发展,这主要反映在机械能的计算上. 对于含有刚体的力学系统来说,计算机械能,既要考虑平动动能、质点的重力势能、弹性势能,还要考虑刚体的重力势能及转动动能.

例 5-3-2 一质量为 m,长度为 l 的均匀细杆,可绕通过其一端 O 且与杆垂直的光滑水平轴转动,如图 5-3-3 所示. 若将此杆在水平位置由静止释放,求当杆转到与水平方向成 $\dfrac{\pi}{6}$ 角时的角速度.

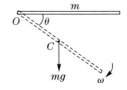

图 5-3-3 例 5-3-2 用图

解 [方法一] 用转动定律求解.

细杆所受重力矩为

$$M = mg\,\frac{l}{2}\cos\theta$$

转动惯量为

$$J = \frac{1}{3}ml^2$$

按转动定律,有

$$mg\,\frac{l}{2}\cos\theta = (\frac{1}{3}ml^2)\beta$$

即

$$\frac{g}{2}\cos\theta = \frac{l}{3}\frac{d\omega}{dt}$$

上式中 ω, θ, t 均为变量,为了便于积分,我们做变换

$$\frac{g}{2}\cos\theta = \frac{l}{3}\frac{d\omega}{d\theta}\frac{d\theta}{dt} = \frac{l}{3}\omega\frac{d\omega}{d\theta}$$

分离变量,得

$$\omega d\omega = \frac{3g}{2l}\cos\theta d\theta$$

两边积分

$$\int_0^\omega \omega d\omega = \frac{3g}{2l}\int_0^\theta \cos\theta d\theta$$

由此得

$$\omega = \sqrt{\frac{3g}{l}\sin\theta}$$

当 $\theta = \frac{\pi}{6}$ 时, $\omega = \sqrt{\frac{3g}{2l}}$.

[方法二]　用定轴转动的动能定理求解.

按定轴转动的动能定理,有

$$\int_0^\theta mg\,\frac{l}{2}\cos\theta d\theta = \frac{1}{2}J\omega^2$$

$$mg\,\frac{l}{2}\sin\theta = \frac{1}{6}ml^2\omega^2$$

由此得

$$\omega = \sqrt{\frac{3g}{l}\sin\theta}$$

当 $\theta = \frac{\pi}{6}$ 时, $\omega = \sqrt{\frac{3g}{2l}}$.

[**方法三**] 用机械能守恒定律求解.

摩擦力不计,轴上支承力不做功,只有重力做功,故系统机械能守恒.取细杆的水平位置为重力势能零点,则有

$$\frac{1}{2}J\omega^2 - mg\ \frac{l}{2}\sin\theta = 0$$

由此解得

$$\omega = \sqrt{\frac{3g}{l}\sin\theta}$$

当 $\theta = \dfrac{\pi}{6}$ 时, $\omega = \sqrt{\dfrac{3g}{2l}}$.

*§5—4   刚体进动

我们以陀螺为例来说明进动运动. 一个形状对称的物体绕其轴转动,若轴上一点固定不动,则这个物体就叫陀螺. 常见的玩具陀螺如图5—4—1所示. 当陀螺不旋转时,由于受到重力矩作用,它会倒下来. 但当陀螺绕自身对称轴高速旋转时,尽管同样受到重力矩的作用,却不会倾倒,这时陀螺的对称轴将绕竖直轴转动,沿如图5—4—1虚线所示路径画出一个圆锥来. 我们把这种转动称为进动,也称为旋进.

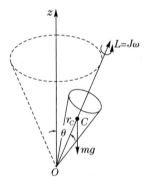

图5—4—1　陀螺的进动

为什么旋转的陀螺在重力矩作用下不倾倒呢? 其实,这不过是机械运动矢量性的一种表现. 由质点动力学知识可知,抛到空中的物体,在重力作用下会落回地面;但是如果速度很大,抛得很高,物体就变成了卫星,这时虽然仍受到地球引力的作用,但不会落回地面,而且此时物体的运动方向既不是原来的方向,也不是外力的方向,实际的运动是由上述两个方向共同决定的. 刚体的进动,也是相同的原理.

现在,我们来分析一下刚体的进动现象. 设陀螺的质量为 m ,对自身对称轴的转动惯量为 J ,轴与竖直方向的夹角为 θ ,陀螺绕对称轴自转角速度为 $\boldsymbol{\omega}$,对称轴绕竖直轴旋转的角速度为 $\boldsymbol{\Omega}$,则陀螺绕对称轴自转时,其角动量为

$$\boldsymbol{L} = J\boldsymbol{\omega}$$

L 的方向沿陀螺的对称轴,以陀螺与地面的接触点 O 为参考点,陀螺所受的重力矩为

$$\boldsymbol{M} = \boldsymbol{r}_C \times m\boldsymbol{g}$$

其方向沿水平方向,与陀螺的对称轴垂直,即与 $\boldsymbol{L}$ 垂直. 所以,$\boldsymbol{M}$ 不能改变 $\boldsymbol{L}$ 的大小,只能改变 $\boldsymbol{L}$ 的方向. 由角动量定理,有

$$\mathrm{d}\boldsymbol{L} = \boldsymbol{M}\mathrm{d}t$$

这表明,陀螺自旋角动量增量 $\mathrm{d}\boldsymbol{L}$ 的方向与 $\boldsymbol{M}$ 平行,沿水平方向. 于是 $\boldsymbol{L}$ 的方向,也就是自转轴的方向不会向下倾倒,而是在水平面内持续偏转而形成绕竖直轴的旋进运动. 由图 5—4—2 中的矢量三角形可以看出,在 $\mathrm{d}t$ 时间内,陀螺绕对称轴转过的角度为

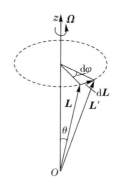

$$\mathrm{d}\varphi = \frac{|\mathrm{d}\boldsymbol{L}|}{L\sin\theta}$$

所以,陀螺的旋进角速度的大小为

$$\Omega = \frac{\mathrm{d}\varphi}{\mathrm{d}t} = \frac{|\mathrm{d}\boldsymbol{L}|}{L\sin\theta\,\mathrm{d}t} = \frac{M}{L\sin\theta}$$

图 5—4—2 旋进角速度

这里需要指出的是,上式只是一个近似关系. 因为我们在推导中做了一个简化处理,即认为 $\omega \gg \Omega$,忽略了进动角动量,而把自旋角动量看作总角动量了. 在一般情况下,θ 角不能保持恒定,而是在两个固定值之间做周期性摆动. 我们把这种摆动称为章动,如图 5—4—3 所示.

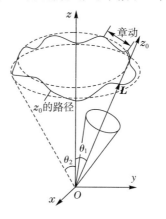

旋进运动在技术上有很广泛的应用. 如炮弹和枪弹在飞行过程中,由于受到空气的阻力矩作用会发生翻转,这样就有可能出现弹尾先触目标而不引爆等情况. 我们在枪膛内壁刻上螺旋形的来复线,可以使弹体射出后像陀螺一样高速旋转,这时空气阻力矩就只能使弹体绕

图 5—4—3 章 动

质心前进方向旋进,而不致使它翻转. 日常生活中也常常见到旋进现象. 如正在行驶的自行车,对地面稍有倾斜时,并不倾倒而只出现转弯的倾向.

进动的概念在微观领域也常常用到. 例如,原子中的电子由于自旋和绕核运动,都具有角动量,在外磁场中,电子在磁力矩作用下,将以外磁场方向为轴线做进动,从而产生附加磁矩. 这是从物质的电结构来说明物质磁性的理论依据.

*§5—5 对称性和守恒定律

一、对称性

对称性概念来源于生活,例如圆、雪花、树叶、动物的体形和古建筑等,都具有很好的对称性.可以说,对称性在自然界中是无处不在无时不有的.根据《韦伯斯特大辞典》的解释,对称就是"和谐形态所显示出的美",因此它基本上是一个静态观念.在物理学中,我们可以把对称性概括为:如果一种现象或一个系统在某一变换或操作下保持不变,我们就说这种现象或这个系统对于这个变换或操作是对称的.这正如李政道所指出的:"对称概念本身并没有静止的意思,它的普遍性远远超过了它通常的含义,而广泛适用于从我们宇宙的产生到微观亚核反应的一切自然现象."

常见的对称性时空操作,有空间的平移、转动以及时间的平移等.例如,一根无限长的直导线沿其自身方向做任意大小的平移将都是对称的.对于圆形物,则对通过圆心并垂直于圆平面的轴旋转任意角度也都是对称的.再如,一理想单摆,经历时间 $T=2\pi \sqrt{l/g}$ 后仍恢复原来状态,即它对时间平移是对称的.

现代物理学研究表明:宇宙中的对称性和宇宙中的守恒定律有着一一对应的关系.仅就我们力学范围而言,则有空间平移对称性和动量守恒定律相联系,空间旋转对称性和角动量守恒定律相联系,时间平移对称性和能量守恒定律相联系.

二、对称性原理

对称性原理是指,若存在某种对称性,就必有某个不可观测的量存在,就必存在某条守恒定律;反之亦然.如果某种对称性出现破缺,则必能找到破缺的规律,所以每一种对称破缺的发现都具有非常重要和深远的意义.例如,在1956年,李政道和杨振宁发现宇称在弱作用中不守恒,这在观念上是一个重大的变革,引起当时物理学界的震动,起了一种解放思想、开阔眼界的作用,使自然科学中关于对称性的研究进入到一个新的更高阶段.由于这个发现,他们获得了1957年诺贝尔物理学奖.

应用对称性原理有三个逻辑步骤:

(1)假设某个绝对量不可观测;

(2)导出时空的某种对称性(物理定律的某种不变性);

(3)引出某条守恒定律.

1. 空间平移对称性和动量守恒定律

设两个质量为 m_1 和 m_2 的质点,在一维空间中的位置为 x_1 和 x_2,如图 5-5-1 所示. 它们之间的相互作用能为 $E_p(x_1、x_2)$. 如果假设空间是均匀的,即质点的绝对空间位置是不可观测量,那么原点位置是随意的,可以将它平移 Δ,即做变换

$$x' = x - \Delta$$

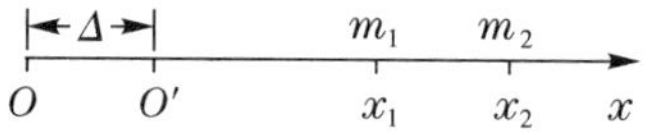

图 5-5-1　空间平移

在此变换下,两质点系统的势能 $E_p(x_1,x_2)$ 不应当改变,否则粒子的绝对空间位置就不是不可观测量的了. 于是有

$$E_p(x'_1, x'_2) = E_p(x_1, x_2)$$

这意味着,势能函数 E_p 只取决于两质点的相对位置 $x_2 - x_1$ 及 $x'_2 - x'_1$,且 $x'_2 - x'_1 = x_2 - x_1$,故有

$$E_p(x'_2 - x'_1) = E_p(x_2 - x_1)$$

由 $F = -\dfrac{\partial E_p}{\partial x}$ 得,质点 2 对质点 1 的作用力和质点 1 对质点 2 的作用力分别为

$$F_{12} = -\frac{\partial E_p(x_2 - x_1)}{\partial x_1} = -\frac{\partial E_p(x_2 - x_1)}{\partial(x_2 - x_1)} \cdot \frac{\partial(x_2 - x_1)}{\partial x_1} = \frac{\partial E_p(x_2 - x_1)}{\partial(x_2 - x_1)}$$

$$F_{21} = -\frac{\partial E_p(x_2 - x_1)}{\partial x_2} = -\frac{\partial E_p(x_2 - x_1)}{\partial(x_2 - x_1)} = -F_{12}$$

设质点 m_1 的动量是 p_1,质点 m_2 的动量是 p_2,则有

$$F_{12} + F_{21} = \frac{dp_1}{dt} + \frac{dp_2}{dt} = \frac{d}{dt}(p_1 + p_2) = \frac{dp}{dt} = 0$$

式中,$p = p_1 + p_2$ 是两质点系的总动量. 由于我们所讨论的是一维体系,所以全部矢量是用代数量表示的,若考虑到方向,则有

$$\boldsymbol{p} = \boldsymbol{p}_1 + \boldsymbol{p}_2 = 恒矢量$$

由于动量具有可加性,因此,我们很容易将它推广到由 n 个质点组成的系统和三维运动,即有

$$\boldsymbol{p} = \boldsymbol{p}_1 + \boldsymbol{p}_2 + \cdots\cdots + \boldsymbol{p}_n = \sum_{i=1}^{n} \boldsymbol{p}_i = 恒矢量$$

这样,我们就从空间的均匀性导出了动量守恒定律.

2. 时间平移对称性和能量守恒定律

假设"绝对时间"是不可观测量,则在时间平移变换 $t' \to t + \tau$ 下,物理规律

保持不变.

设质量为 m 的质点沿 x 轴运动,所受的保守力场的势能函数为 $E_p(x,t)$,则其运动方程为

$$m\frac{\mathrm{d}^2x}{\mathrm{d}t^2}=-\frac{\partial E_p(x,t)}{\partial x}$$

设时间坐标的起点发生一无穷小变量 Δt,即

$$t \rightarrow t' = t + \Delta t$$

在此时间坐标变换下,由于 $\mathrm{d}t'=\mathrm{d}t$,则上式变为

$$m\frac{\mathrm{d}^2x}{\mathrm{d}t^2}=-\frac{\partial E_p(x,t+\Delta t)}{\partial x}$$

如果系统的运动方程具有时间平移对称性,那么可以得到

$$E_p(x,t+\Delta t) = E_p(x,t)$$

说明 E_p 中不能显含时间 t,$\frac{\partial E_p}{\partial t}=0$,因此将其运动方程两边同时乘以 $\frac{\mathrm{d}x}{\mathrm{d}t}$,得

$$m\frac{\mathrm{d}x}{\mathrm{d}t}\frac{\mathrm{d}^2x}{\mathrm{d}t^2}=-\frac{\mathrm{d}x}{\mathrm{d}t}\frac{\mathrm{d}E_p(x)}{\mathrm{d}x}$$

即

$$\frac{\mathrm{d}}{\mathrm{d}t}\left[\frac{1}{2}m\left(\frac{\mathrm{d}x}{\mathrm{d}t}\right)^2+E_p\right]= 0$$

所以

$$\frac{1}{2}mv^2+E_p = E = 常量$$

上式表示系统的机械能守恒.可见,机械能守恒定律就是时间平移对称性的表现.更一般的理论推导表明,能量守恒定律是时间平移对称性相对应的守恒定律.

如果假设空间的绝对方向是不可观测量,我们能导出旋转对称,并且得到角动量守恒定律.李政道指出,这种逻辑步骤能够推广到物理学中从相对论到量子论的所有对称原理.它成为我们对自然界作理论分析的一个极强有力的工具.仅从非常简单的不可观测量的假设出发,我们能够得到非常广泛而普遍的结论.这些结论独立于所考虑的特殊系统的细致结构.他还特别指出,在所有智慧的追求中,很少有哪一个能和对称原理的深刻概括性和优美简洁相比.

杨振宁在 1957 年 12 月 11 日的诺贝尔讲演中说道:"周期表的总结构,本质上就是库仑定律各向同性的直接结果.反粒子(如正电子、反质子、反中子)的存在,是根据洛仑兹变换的对称性从理论上预料到的.在上述两例中,都利用了对称定律的简单数学表达式.当人们考虑这一过程中的优雅而完美的数学推理,并把它同复杂而意义深远的物理结论加以对照时,一种对于对称原理威力的敬佩之情便会油然而生."

习题五

一、选择题

5—1 力 $\boldsymbol{F}=3\boldsymbol{i}+5\boldsymbol{j}$,其作用点的矢径为 $\boldsymbol{r}=4\boldsymbol{i}-3\boldsymbol{j}$,式中 F 的单位为 kN,r 的单位为 m,则该力对坐标原点的力矩大小为 （ ）

(A)-3 kN·m (B)29 kN·m (C)19 kN·m (D)3 kN·m

5—2 一子弹水平射入一竖直悬挂的木棒后一同上摆.在上摆的过程中,以子弹和木棒为系统,则总角动量、总动量及总机械能是否守恒？ （ ）

(A)三量均不守恒 (B)三量均守恒

(C)只有总机械能守恒 (D)只有总动量不守恒

5—3 人造地球卫星绕地球做椭圆运动,地球在椭圆的一个焦点上,卫星的动量 $\boldsymbol{p}$、角动量 $\boldsymbol{L}$ 及卫星与地球所组成的系统的机械能 E 是否守恒？（ ）

(A)p、L、E 都不守恒 (B)p 守恒,L、E 不守恒

(C)p 不守恒,L、E 守恒 (D)p、L、E 都守恒

(E)p、E 不守恒,L 守恒

5—4 一力学系统由两个质点组成,它们之间只有引力作用.若两质点所受外力的矢量和为零,则此系统 （ ）

(A)动量、机械能以及对一轴的角动量守恒

(B)动量、机械能守恒,但角动量是否守恒不能断定

(C)动量守恒,但机械能和角动量是否守恒不能断定

(D)动量和角动量守恒,但机械能是否守恒不能断定

5—5 一个转动惯量为 J 的圆盘绕一固定轴转动,初角速度为 ω_0.设它所受阻力矩与转动角速度成正比,即 $M=-k\omega$(k 为正常数).它的角速度从 ω_0 变为 $\dfrac{\omega_0}{2}$ 所需时间是 （ ）

(A)$J/2$ (B)J/k (C)$(J/k)\ln 2$ (D)$J/2k$

二、填空题

5—6 半径为 $r=1.5$ m 的飞轮,初角速度 $\omega_0=10$ rad·s^{-1},角加速度 $\beta=-5$ rad·s^{-2}.若初始时刻角位移为零,则在 $t=$＿＿＿＿＿＿ 时角位移再次为零,而此时边缘上点的线速度 $v=$＿＿＿＿＿.

5—7 匀质大圆盘质量为 M,半径为 R,对于过圆心 O 点且垂直于盘面转轴的转动惯量为 $\dfrac{1}{2}MR^2$.如果在大圆盘的右半圆上挖去一个小圆盘,半径

为 $R/2$，如图 5—1 所示. 剩余部分对于过 O 点且垂直于盘面转轴的转动惯量为_____.

5—8 一根匀质细杆质量为 m，长度为 l，可绕过其端点的水平轴在竖直平面内转动. 则它在水平位置时所受的重力矩为_____. 若将此杆截取 2/3，则剩下 1/3 在上述同样位置时所受的重力矩为_____.

图 5—1

5—9 长为 l 的匀质细杆，可绕过其端点的水平轴在竖直平面内自由转动. 如果将细杆置于水平位置，然后让其由静止开始自由下摆，则开始转动的瞬间，细杆的角加速度为_____，细杆转动到竖直位置时角速度为_____.

5—10 长为 l，质量为 m 的匀质细杆，以角速度 ω 绕过杆端点垂直于杆的水平轴转动，杆的动量大小为_____，杆绕转动轴的动能为_____，动量矩为_____.

5—11 如图 5—2 所示，用三根长为 l 的细杆（忽略杆的质量）将三个质量均为 m 的质点连接起来，并与转轴 O 相连接，若系统以角速度 ω 绕垂直于杆的 O 轴转动，则中间一个质点的角动量为_____，系统的总角动量为_____. 如考虑杆的质量，若每根杆的质量为 M，则此系统绕轴 O 的总转动惯量为_____，总转动动能为_____.

图 5—2

三、计算与证明题

5—12 一质量为 m 的质点位于 (x_1, y_1) 处，速度为 $\boldsymbol{v} = v_x\boldsymbol{i} + v_y\boldsymbol{j}$，质点受到一个沿负方向的力 f 的作用，求相对于坐标原点的角动量以及作用于质点上的力的力矩.

5—13 哈雷彗星绕太阳运动的轨道是一个椭圆. 它离太阳最近距离为 $r_1 = 8.75 \times 10^{10}$ m 时的速率是 $v_1 = 5.46 \times 10^4$ m·s^{-1}，它离太阳最远时的速率是 $v_2 = 9.08 \times 10^2$ m·s^{-1}，这时它离太阳的距离 r_2 是多少？（太阳位于椭圆的一个焦点.）

5—14 平板中央开一小孔，质量为 m 的小球用细线系住，细线穿过小孔后挂一质量为 M_1 的重物. 小球做匀速圆周运动，当半径为 r_0 时重物达到平衡. 今在 M_1 的下方再挂一质量为 M_2 的物体，如图 5—13 所示. 试问这时小

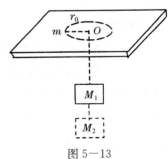

图 5—13

球做匀速圆周运动的角速度 ω' 和半径 r' 为多少？

5－15　如图 5－4 所示，一半径为 R 的光滑圆环置于竖直平面内. 有一质量为 m 的小球穿在圆环上，并可在圆环上滑动. 小球开始时静止于圆环上的点 A（该点在通过环心 O 的水平面上），然后从点 A 开始下滑. 设小球与圆环间的摩擦略去不计. 求小球滑到点 B 时对环心 O 的角动量和角速度.

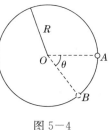

图 5－4

5－16　一质量为 m_1，长为 l 的均匀细杆，静止放置于滑动摩擦因数为 μ 的水平面上，它可绕过其端点 O 且与平面垂直的光滑轴转动. 今有一质量为 m_2 的滑块从侧面与细杆的另一端 A 相碰，碰撞时间极短. 已知碰撞前后滑块速度的大小分别为 v_1 和 v_2，方向均与杆垂直，指向如图 5－5 所示. 求碰撞后细杆从开始运动到停止所需要的时间.

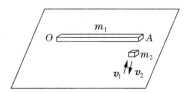

图 5－5

5－17　如图 5－6 所示，物体 1 和 2 的质量分别为 m_1 与 m_2，滑轮的转动惯量为 J，半径为 r.

(1)如果物体 2 与桌面间的摩擦因数为 μ，求系统的加速度 a 及绳中的张力 T_1 和 T_2.（设绳子与滑轮间无相对滑动，滑轮与转轴无摩擦.）

(2)如果物体 2 与桌面间为光滑接触，求系统的加速度 a 及绳中的张力 T_1 和 T_2.

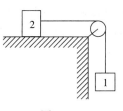

图 5－6

5－18　如图 5－7 所示，轻绳绕于半径 $r＝20$ cm 的飞轮边缘，在绳端施以大小为 98 N 的拉力，飞轮的转动惯量 $J＝0.5$ kg·m². 设绳子与滑轮间无相对滑动，飞轮和转轴间的摩擦不计. 试求：

(1)飞轮的角加速度；

(2)当绳端下降 5 m 时，飞轮的动能；

(3)如果将质量 $m＝10$ kg 的物体挂在绳端，试计算飞轮的角加速度.

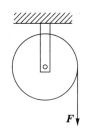

图 5－7

133

5—19 固定在一起的两个同轴均匀圆柱体可绕其光滑的水平对称轴OO'转动.设大小圆柱体的半径分别为R和r,质量分别为M和m.绕在两柱体上的细绳分别与物体m_1和m_2相连,m_1和m_2则挂在圆柱体的两侧,如图5—8所示.设$R=0.20$ m,$r=0.10$ m,$m=4$ kg,$M=10$ kg,$m_1=m_2=2$ kg,且开始时m_1,m_2离地均为$h=2$ m.求:

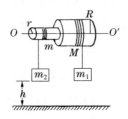

图 5—8

(1)柱体转动时的角加速度;

(2)两侧细绳的张力.

5—20 在自由旋转的水平圆盘上站一质量为m的人.圆盘的半径为R,转动惯量为J,角速度为ω.如果此人由盘边走到盘心,求角速度的变化及此系统动能的变化.

5—21 如图5—9所示,质量为m_1,长为l的直杆,可绕水平轴O无摩擦地转动.设一质量为m_2的子弹沿水平方向飞来,恰好射入杆的下端,若直杆(连同射入的子弹)的最大摆角为$\theta=60°$,试证明子弹的速率为

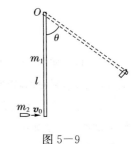

$$v_0=\sqrt{\frac{(m_1+2m_2)(m_1+3m_2)gl}{6m_2^2}}$$

图 5—9

5—22 三个质量均为m的小球,其中小球a,b分别固定在一长为l的刚性轻质细杆两端,并放在光滑的水平面上.现小球d以速度v_0与b球做对心弹性碰撞,如图5—10所示.求:

(1)碰后d球的速度,a,b两球的质心速度以及绕其质心的角速度;

(2)d球失去的动能.

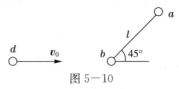

图 5—10

5—23　如图 5—11 所示,一匀质细杆质量为 m,长为 l,可绕过一端 O 的水平轴自由转动,杆于水平位置由静止开始摆下.求:

(1)初始时刻的角加速度;

(2)杆转过 θ 角时的角速度.

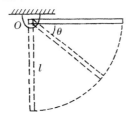

图 5—11

5—24　一个质量为 M、半径为 R 并以角速度 ω 转动着的飞轮(可看作匀质圆盘),在某一瞬时突然有一片质量为 m 的碎片从轮的边缘上飞出,如图 5—12 所示.假定碎片脱离飞轮时的瞬时速度方向正好竖直向上.

(1)它能升高多少?

(2)求余下部分的角速度、角动量和转动动能.

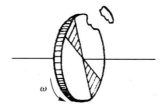

图 5—12

第六章

理想流体的基本规律

流体是液体和气体的统称,它最鲜明的特征是具有流动性.可压缩性和黏滞性也是流体的主要特性.因此,实际流体的运动情况,一般都是比较复杂的.本章只研究理想流体动力学的基本规律及其应用.

*§6—1 流体动力学的基本概念

研究流体运动的常用方法有两种.一种是将流体分成许多无穷小的微元,根据力学的动力学方程研究每个微元的运动规律,这种方法的着眼点是每一个微元的运动,这种方法称为拉格朗日方法.另一种是将注意力集中到空间各点,研究任一时刻流体微元流经空间各点的速度分布(即速度场),并找出速度场随时间变化的规律,这种方法的着眼点是流体的各种物理量的时空分布,如速度场、压力场、密度场等,这种方法称为欧拉方法.欧拉方法是更为先进的场论方法,已成为流体力学的主流方法.下面,我们将采用这种方法来研究流体的运动.

一、理想流体、流线和流管

1.理想流体

实际流体都是可压缩的,但液体的可压缩性很小.例如,10℃水,增加一个大气压的压强,体积只减小原来的二万分之一,所以通常可以忽略液体的可压缩性.气体的可压缩性较大,但对于流动的气体,很小的压强变化就会导致气体的迅速流动,因此不会引起密度的显著改变,所以在研究流动的气体时,也可以认为气体是不可压缩的.

实际流体都具有黏滞性.所谓黏滞性,就是当流体流动时,层与层之间阻碍相对运动的内摩擦力. 例如, 液体在管中流动时, 管中心流速最大, 越靠近管壁流速越小, 速度不同的各个流层之间有内摩擦力存在, 即黏滞性. 水和酒精等液体的黏滞性很小, 气体的黏滞性更小. 研究黏滞性小的流体在小范围内流动时, 黏滞性可以忽略不计.

综上所述, 为了抓住主要矛盾, 简化问题的讨论, 我们用理想流体这个理想模型来取代实际流体. 所谓理想流体, 就是完全不可压缩和完全没有黏滞性的流体. 当实际流体的可压缩性和黏滞性都处于次要地位时, 就可视为理想流体.

2. 流线和流管

在某一时刻 t, 在有流体的空间里每个点 (x, y, z) 都有一个流速矢量 $v(x, y, z, t)$. 如果速度场不随时间变化, 即 $v = v(x, y, z)$, 这种流动就称为定常流动. 为形象化描述流体的流动, 常采用流线和流管的方法. 如图 6—1—1 所示, 流线上每一点的切线方向就是该处速度场的方向. 由于流体空间每一点都有确定的速度, 所以流线不会相交. 在流体内部作一闭合曲线, 通过闭合曲线上每一点作流线所围成的管状曲面, 称为流管. 由于流线不会相交, 流速矢量与流线相切, 流管内外的流体在运动过程中不会相混合, 管内流体不会流出管外, 管外流体也不会流进管内. 流管的形状一般是随时间变化的, 对于定常流动, 流线图不随时间变化, 流管也不随时间改变形状.

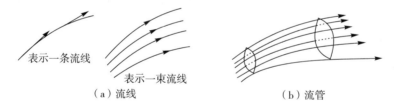

表示一条流线

表示一束流线

（a）流线

（b）流管

图 6—1—1　流线、流管示意图

流线和流管实际上都不存在. 人们靠丰富的想象人为地引入流线和流管, 使得抽象的流速场变得形象具体, 把无形的变成有形的. 人们通过流线和流管的直观图像, "看见了" 流速场的存在, 这是形象化思维方法, 在物理学中经常用到. 例如, 用直观而形象的图示所描述的力线观念是近代自然科学中的创见. 法拉第的电场线、磁感应线的图示方法与麦克斯韦的数学抽象的和谐结合, 丰富了近代的科学方法论. 图示方法弥补了用文字表达的不足, 而且既形象又一目了然.

二、连续性方程

在研究理想流体定常流动时, 根据质量守恒, 我们找到一个十分重要的关系. 在流体中, 取任意一段细流管, 设其两端的截面积分别为 S_1 和 S_2, 如图 6—1—2 所示. 假设每一截面上各点的流速相等, 以 $\boldsymbol{v}_1$ 表示 S_1 处流速, $\boldsymbol{v}_2$ 表示 S_2 处流速, 流体只能从流管的一端流入, 从流管的另一端流出, 这段流管内的流体质量必定是不变的, 即同一时间内从 S_1 流入和从 S_2 流出的流体的质量应相等, 即

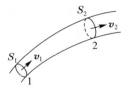

图 6—1—2 连续性方程

$$S_1 v_1 = S_2 v_2 \qquad (6-1-1)$$

这一关系称为连续性方程, 也称为连续性原理. 根据式(6—1—1), 横截面大的地方流速小, 流线疏一些, 横截面小的地方流速大, 流线密一些, 所以, 流线的密疏程度反映了流速的快慢. 不过流线的这一性质对于可压缩流体是不成立的.

单位时间通过某截面的流体体积, 称为流过该截面的体积流量, 简称流量, 用 Q_v 表示, 即

$$Q_v = \frac{\Delta V}{\Delta t} = \frac{\Delta l S}{\Delta t} = v S \qquad (6-1-2)$$

在 SI 中, 流量的单位为 $\mathrm{m^3 \cdot s^{-1}}$, 量纲为 $\mathrm{L^3 T^{-1}}$.

例 6—1—1 已知消防队员使用的喷水龙头入水口截面直径是 $6.4 \times 10^{-2}\ \mathrm{m}$, 出水口的截面直径是 $2.5 \times 10^{-2}\ \mathrm{m}$, 若入水的速度是 $4.0\ \mathrm{m \cdot s^{-1}}$, 那么射出水的速度是多少?

解 设入水口的截面积为 S_1, 水的流速为 v_1, 出水口的截面积为 S_2, 射出水的速度为 v_2, 由连续性方程

$$v_2 S_2 = v_1 S_1$$

则得

$$v_2 = \frac{S_1}{S_2} v_1 = \frac{(6.4)^2}{(2.5)^2} \times 4.0\ \mathrm{m \cdot s^{-1}} = 26\ \mathrm{m \cdot s^{-1}}$$

即射出水的速度为 $26\ \mathrm{m \cdot s^{-1}}$.

连续性方程不但可以引申出速度传递的概念, 而且还引申出速度可以放大和缩小的概念. 如果改变 v_1, 那么 v_2 也将随着做相应的改变, 如果设法调节 v_1, 那么 v_2 也将得到相应的调节. v_1 在一定范围内的无级调节, 必将使 v_2 也获得无级调节, 这是液压传动被普遍应用的一个原因.

*§6—2 伯努利方程及其应用

伯努利方程是流体动力学的一个基本规律, 但它并不是一条新的原理, 而是功能原理在流体动力学中的表现形式.

一、伯努利方程

如图 $6-2-1$ 所示,在做定常流动的理想流体中任取一细流管,分别用截面 S_1 和 S_2 截出一段流体,在时间间隔 Δt 内,左端的 S_1 从位置 a_1 移到 b_1,右端的 S_2 从位置 a_2 移到 b_2. 令 $a_1b_1=\Delta l_1$,$a_2b_2=\Delta l_2$,则 $\Delta V_1 = S_1\Delta l_1$ 和 $\Delta V_2 = S_2\Delta l_2$ 分别是在同一时间间隔内流入和流出的流体体积,对于不可压缩流体,$\Delta V_1 = \Delta V_2 = \Delta V$,且

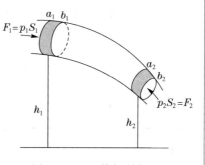

图 $6-2-1$　伯努利方程

流体各处的密度 ρ 相等,用 m 表示 ΔV 体积中流体的质量,则 $m = \rho\Delta V$.

设截面 S_1 和 S_2 处的压强分别为 p_1 和 p_2,流速分别为 v_1 和 v_2,流管中的流体经 Δt 时间后,由 a_1,a_2 位置流到 b_1,b_2 位置,这相当于把质量为 m 的流体由位置 1 流到位置 2,故考查能量变化时,只需计算两端体元 ΔV_1 和 ΔV_2 之间的能量差. 先看动能的改变

$$\Delta E_k = \frac{1}{2}mv_2^2 - \frac{1}{2}mv_1^2 = \frac{1}{2}\rho\Delta V(v_2^2 - v_1^2)$$

再看重力势能的改变

$$\Delta E_p = mgh_2 - mgh_1 = \rho g(h_2 - h_1)\Delta V$$

其中 h_1,h_2 分别为 S_1 和 S_2 距零势能面的高度.

对这段流体做功的外力,只有段外流体对它的压力,在图上用 F_1 和 F_2 表示. 作用于 S_1 上的力 F_1 所做的功为

$$A_1 = F_1\Delta l_1 = p_1 S_1\Delta l_1 = p_1\Delta V_1$$

作用于 S_2 上的力 F_2 所做的功为

$$A_2 = -F_2\Delta l_2 = -p_2 S_2\Delta l_2 = -p_2\Delta V_2$$

因此,外力对这段流体所做的总功为

$$A^{(e)} = A_1 + A_2 = (p_1 - p_2)\Delta V$$

由功能原理,有

$$(p_1 - p_2)\Delta V = \frac{1}{2}\rho(v_2^2 - v_1^2)\Delta V + \rho g(h_2 - h_1)\Delta V$$

即

$$p_1 + \frac{1}{2}\rho v_1^2 + \rho gh_1 = p_2 + \frac{1}{2}\rho v_2^2 + \rho gh_2 \qquad (6-2-1)$$

对细流管而言,上式中的 v,h,p 都表示横截面处的平均值,在 $v\Delta t$ 长的一

段距离内,v 可做恒量处理,因而上式是一个近似关系.若令流管两端的面积趋于零,使流管变为流线,再令时间 Δt 也趋于零,虽然结果还是式(6−2−1),但已经是一个精确的关系,这时 v,h,p 表示流线上某一点的流速、高度和压强,可以将式(6−2−1)写成

$$\frac{1}{2}\rho v^2 + \rho gh + p = 常量 \qquad (6-2-2)$$

上式表示理想流体做定常流动时,在同一流线上任一点的动能体密度 $\frac{1}{2}\rho v^2$、势能体密度 ρgh、压强 p 三者之和为一常量. 这就是伯努利方程,也叫伯努利原理.

需要注意的是,应用伯努利方程必须同时满足三个条件:理想流体、定常流动和同一流线. 另外,伯努利方程只在惯性系中成立.

流体静力学作为流体动力学的特例,当 $v_1 = v_2 = 0$ 时,式(6−2−1)变为

$$p_2 - p_1 = -\rho g(h_2 - h_1)$$

即为静止流体内不同高度上两点的压强差.

二、伯努利方程的应用

伯努利方程和连续性方程联合使用,可以讨论和解决许多实际问题.

例 6−2−1 一大容器下部有一小孔,小孔的线度与容器内自由表面到小孔处的高度 h 相比很小,如图 6−2−2(a)所示.液体视作理想流体,求在重力场中液体从小孔流出的速度和流量.

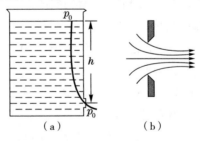

图 6−2−2 例 6−2−1 用图

解 容器很大,小孔很小,可以认为在短时间内,液面高度没有明显变化,所以可以看成定常流动,小孔的流速不变,液面的流速为零.

选择小孔中心处为势能零点,对从液面到小孔的一根流线应用伯努利方程,有

$$p_0 + \rho gh = p_0 + \frac{1}{2}\rho v^2$$

所以小孔处液体的流速为

$$v = \sqrt{2gh}$$

结果表明,小孔处的流速和物体自高 h 处自由下落得到的速度是相同的.

如小孔的面积为 S,则从小孔流出的流量为

$$Q = \rho v S = \rho S \sqrt{2gh}$$

不过,实际上穿过小孔的流线彼此并不平行,由于惯性,流出小孔的流体不可能突然改变自己的运动方向而必然沿着光滑的曲线运动,如图 6－2－2(b)所示.经过某个短距离之后,流线才平行,这时液流横截面积已缩小到小孔面积的大约 65%.这种现象叫作流束收缩.因此,计算流量应用有效截面积 S' 代替 S,即得实际流量.

例 6－2－2 如图 6－2－3 所示,一倒立圆锥形容器,高为 h,底面半径为 R,装满水(视为理想流体),锥顶有一小孔,面积为 S.试求水面降到 $\dfrac{h}{3}$ 时所需的时间.

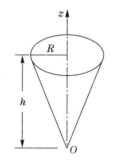

图 6－2－3 例 6－2－2 用图

解 取锥顶小孔处为 z 轴的原点.当液面的高度为 z 时,液面下降的速度 $u = -\dfrac{\mathrm{d}z}{\mathrm{d}t}$.对液面上一点和锥顶小孔上一点应用伯努利方程,有

$$p_0 + \frac{1}{2}\rho\left(\frac{\mathrm{d}z}{\mathrm{d}t}\right)^2 + \rho g z = p_0 + \frac{1}{2}\rho v^2$$

即

$$\left(\frac{\mathrm{d}z}{\mathrm{d}t}\right)^2 + 2gz = v^2 \tag{1}$$

再由连续性方程,有

$$Sv = \pi r^2\left(-\frac{\mathrm{d}z}{\mathrm{d}t}\right) \tag{2}$$

其中 r 为液面高度为 z 时的半径.

由(1)、(2)两式消去 $\dfrac{\mathrm{d}z}{\mathrm{d}t}$,解得

$$v = \sqrt{\frac{2gz}{1 - \left(\dfrac{S}{\pi r^2}\right)^2}} \tag{3}$$

将式(3)代入式(2),并注意 $S \ll \pi r^2$,有

$$S\sqrt{2gz} = \pi r^2\left(-\frac{\mathrm{d}z}{\mathrm{d}t}\right)$$

由图中几何关系 $\dfrac{r}{z}=\dfrac{R}{h}$,或 $r=\dfrac{R}{h}z$,代入上式,得

$$S\sqrt{2gz}=\pi\left(\dfrac{R}{h}z\right)^2\left(-\dfrac{\mathrm{d}z}{\mathrm{d}t}\right)$$

或

$$\mathrm{d}t=\dfrac{-\pi R^2}{Sh^2\sqrt{2g}}z^{3/2}\mathrm{d}z$$

对上式积分,即得

$$t=-\dfrac{\pi R^2}{Sh^2\sqrt{2g}}\int_h^{h/3}z^{3/2}\mathrm{d}z=\dfrac{\pi R^2}{135S}\sqrt{\dfrac{2h}{g}}(3-\sqrt{3})$$

例 6－2－3 介绍几个实际应用的典型事例.

1. 空吸作用

如图 6－2－4 所示,水平管 A,C 处的横截面积大于 B 处,流体由 A 向 B 流动,水平管本身就是一个流管,对位置 1 和 2,有

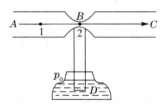

$$S_1v_1=S_2v_2$$

$$p_1+\dfrac{1}{2}\rho v_1^2=p_2+\dfrac{1}{2}\rho v_2^2$$

图 6－2－4　空吸作用原理图

因为 $S_1>S_2$,所以 $v_2>v_1$,故有 $p_2<p_1$. 增加流管中流体速度,可以使 B 处的流速增到很大,从而使 B 处的压强很小,远小于大气压 p_0,于是容器 D 中流体因受大气压强的作用被压到 B,被水管中的流体带走. 这种作用叫空吸作用.

空吸作用应用很广,喷雾器、水流抽气机、射流真空泵、内燃机中的汽化器等,都是根据这一原理制成的.

2. 文丘里流量计

文丘里流量计,常用于测量液体在管道中的流量或流速. 它是一节水平管,两头做得和管道一样粗,中间逐渐缩细,以保证定常流动. 在变截面管的下方装有 U 形管,管内装有水银,如图 6－2－5 所示. 测量水平管道内的流量时,将流量计串接于管道中,根据水银面的高度差,即可求出流量或流速.

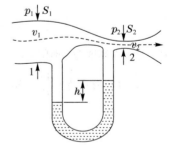

图 6－2－5　文丘里流量计原理图

由连续性方程

$$v_1S_1=v_2S_2$$

和伯努利方程

$$p_1 + \frac{1}{2}\rho v_1^2 = p_2 + \frac{1}{2}\rho v_2^2$$

可解出流量

$$Q = v_1 S_1 = v_2 S_2 = S_1 S_2 \sqrt{\frac{2(p_1 - p_2)}{\rho(S_1^2 - S_2^2)}} \qquad (6-2-3)$$

所以测出压强差 $p_1 - p_2 = (\rho_0 - \rho)gh$，以及截面积 S_1 和 S_2，即可计算出管中液体的流量. 其中 ρ_0 为水银密度，ρ 为管道中流体的密度.

式(6−2−3)是理论值，在实际工程应用时，还需要根据具体情况进行修正.

3. 测流速的皮托管

如图 6−2−6 所示的装置为皮托管的原理图. 开口 A 迎向流体，开口 B 在侧壁，B 与 A 可视为在同一水平面上. 流体在 A 处受阻，$v_A = 0$，这里叫作驻点. 流速 v_B 近似等于待测流速 v. 两开口分别通向 U 形管压强计的两端，根据两液面的高度差 h，即可求出流体的流速.

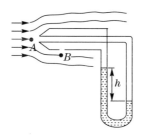

图 6−2−6　皮托管原理图

根据伯努利方程，对 A, B 两点，有

$$p_A = p_B + \frac{1}{2}\rho v_B^2$$

即得

$$v_B = \sqrt{2\rho_0 gh/\rho}$$

这就是待测流体的速度. 在实际应用中，上式也需要修正.

皮托管常用于测量气体的流速. 用皮托管来测流速，必须与流体接触，多少会影响到原来流体的流动状况. 这是接触式仪器不可避免的缺点. 随着激光技术的发展，已设计出各种非接触式的激光流速仪，在测量时不会影响流体的流动状况. 它的测量动态范围大，精度高，能够测出局部流速的瞬时值和流管截面内的流速分布. 皮托管还可用于测量风动空气的流速、火箭燃料的流速、飞机产生涡流时空气流速分布状况等，成为现代研究流体动力学的重要工具.

4. 飞机升力的产生

仅在水平方向流动的流体，其重力势能保持常量，方程（6−2−2）就简化为

$$\frac{1}{2}\rho v^2 + p = 常量$$

于是,对于一个水平流管,流速大处,压强小,流速小处,压强就大.设计机翼时,设法使其前侧的上表面的空气的流速比下表面大,因而上方的压强就比下方小,这个压强差的存在就产生一个向上的力,如图 6-2-7 所示.如果机翼的面积为 S,则这个向上的升力为 $F=(p_2-p_1)S=\dfrac{1}{2}S\rho(v_1^2-v_2^2)$.作为很好的近似,可认为飞机的飞行速率 $v=\dfrac{1}{2}(v_1+v_2)$,于是升力可写为 $F=S\rho v(v_1-v_2)$.

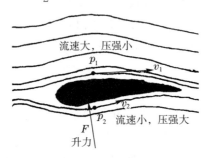

流速大,压强小

p_1

v_1

p_2　流速小,压强大

F
升力

图 6-2-7　飞机升力的产生

习题六

6-1　水在粗细不均匀的水平管中做定常流动.已知在截面 S_1 处的压强为 110 Pa,流速为 0.2 m·s^{-1},在截面 S_2 处的压强为 5 Pa,求 S_2 处的流速.

6-2　水在截面不同的水平管中做定常流动,出口处的截面积为管的最细处的 3 倍.若出口处的流速为 2 m·s^{-1},则最细处的压强为多少?若在此最细处开一小孔,水会不会流出来?

6-3　如图 6-1 所示,一密封水箱内装有海水,水深 $h=2.00$ m,水面以上是空气,其压力为 $p=40.5\times10^5$ Pa,海水从箱底的小孔流出,小孔截面积为 $S=10.0$ cm^2.设海水的密度为 $\rho=1.03$ g·cm^{-3},试求:

(1)水流出的速度大小 v 和流量 Q;

(2)流出的水流施于水箱的反作用力.

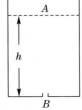

A

h

B

图 6-1

6-4　如图 6-2 所示,有一开口截面积很大的水箱,深度 $h=h_a-h_b=40.0$ cm,接到箱外的水平管,水平管的截面积依次为 1.00 cm^2,0.50 cm^2 和 0.20 cm^2.设液体为理想流体,试求:

(1)流量 Q 和水平管每一段的速率 v_c,v_e,v_g;

(2)与水平管相通的各竖直管中的液柱高度 h_c, h_e 和 h_g.

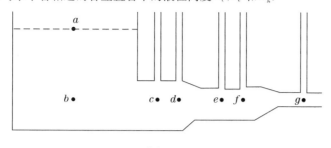

图 6-2

6-5 在如图 6-3 所示的虹吸管装置中,已知 h_1 和 h_2,试问:

(1)当截面均匀的虹吸管下端被塞住时,A,B 和 C 处的压强各为多大?

(2)当虹吸管下端开启时,A,B 和 C 处的压强又各为多少? 这时水流出虹吸管的速率有多大?

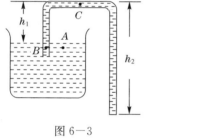

图 6-3

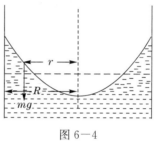

图 6-4

6-6 如图 6-4 所示,试证明:盛在圆柱形容器内以角速度 ω 绕中心轴做匀角速度旋转的流体,其表面为一旋转抛物面.

6-7 一个大水池水深 $H = 10\ \text{m}$,在水面下 $h = 3\ \text{m}$ 处的侧壁开一个小孔,问:

(1)从小孔射出的水流在池底的水平射程 R 是多少?

(2)h 为多少时射程最远? 最远射程为多少?

6-8 欲用内径为 $1\ \text{cm}$ 的细水管将地面上内径为 $2\ \text{cm}$ 的粗水管中的水引到 $5\ \text{m}$ 高的楼上.已知粗水管中的水压为 $4 \times 10^5\ \text{Pa}$,流速为 $4\ \text{m} \cdot \text{s}^{-1}$.若忽略水的黏滞性,楼上细水管出口处的流速和压强分别为多少?

阅读资料

经典力学大厦的建立和发展

波兰天文学家哥白尼的不朽著作《天体运行论》的出版,给宗教统治和托勒密模型以致命的一击.这是科学的独立宣言,在人类思想解放史上具有划时代的意义.

哥白尼的日心地动说,还只是一个缺乏物理基础的模型(他假定行星都绕圆轨道运动),而且当时就遇到两大困难:第一是恒星视差问题,地球如果相对恒星运动,那么应该可以观察到恒星的周年视差,以当时的条件无法解决;第二是地动抛物问题,既然地球在运动,那么地球上的物体为何没有被抛在后面.

德国天文学家开普勒在丹麦天文学家第谷长期艰苦观测所获得资料的基础上,经过16年的艰苦的整理、试验,摆脱了"匀速圆周运动"的老观念,最后归纳出行星运动的三个定律:

(1)行星做椭圆运动,太阳位于椭圆的一个焦点上;

(2)太阳到行星的矢径在相同时间内扫过相等的面积;

(3)行星绕日的周期 T 的平方与它绕太阳的椭圆轨道"半长轴" R 的立方成正比,即

$$T^2/R^3 = 常数$$

至此,太阳系的概念已牢牢确立,行星按照开普勒定律有条不紊地遨游太空,开普勒成了"天空立法者".但是,行星运动规律也需要一个动力学的解释.

哥白尼革命直接导致人类对新物理学的寻求,正是在将天空动力学与地上物理学相结合之后,有别于亚里士多德物理学的新物理学在伽利略和牛顿手中诞生了.

在近代科学的开创者行列里,意大利科学家伽利略的贡献最为突出.他创造并示范了新的科学实验传统,以追究事物之量的数学关系为目标的研究纲领,以及将实验与数学相结合的科学方法,正是他的工作将近代物理学乃至近代科学带上了历史的舞台.因此,伽利略被称为"近代科学之父".

伽利略结束了亚里士多德物理学错误观念的长期统治.如亚里士多德认为,在落体运动中,重的物体先于轻的物体落到地面,而且速度与重量成正比.伽利略运用演绎法中的归谬法(即反证法),从重物比轻物下落快的假设,推出了重物下落得更慢的互相矛盾的结论,并认为轻、重物体应同时落地.再如,亚里士多德认为,力产生运动,力又维

持运动. 伽利略第一次将其澄清, 指出加速度是力作用的结果, 除此之外, 力对运动别无影响. 这样, 伽利略把力的作用同运动状态的变化联系起来, 从而把动力学的研究引上了正确的轨道. 他还为了"冲淡重力"和减少空气阻力等的影响, 首次用斜面来做力学实验, 从而实现了不靠外力来维持的"惯性运动", 并逐渐明确了"加速度"的概念. 他对力学相对性原理进行思考, 留下了"伽利略变换"这一宝贵遗产. 可以说, 伽利略为后来牛顿力学的建立铺平了道路. 爱因斯坦评论说:"伽利略的发现以及他所应用的科学推理方法", 是人类思想史上最伟大的成就之一, 标志着物理学的真正开始.

英国科学家牛顿在伽利略、开普勒等人工作的基础上, 系统总结了力学的三条基本定律, 创建了完整的新物理学体系. 为了表述力学运动的需要, 他与莱布尼兹差不多同时发明了微积分. 他发现了万有引力定律, 开辟了天文学的新纪元. 牛顿对光学(主张光的微粒说)也有重要贡献.

我们来看看牛顿关于万有引力的思考. 从开普勒第三定律和向心力公式, 可以很容易推出向心力与半径的平方成反比. 牛顿早在1666 年就得出了这一结论. 到了 17 世纪 80 年代, 胡克、雷恩和哈雷也分别发现了这一关系. 但他们都没能证明其逆命题: 在平方反比于距离的力作用下, 行星必做椭圆运动. 只有牛顿给出了这一数学证明. 然而, 即使确认了椭圆轨道与平方反比作用力之间的这种互推关系, 也并不等于发现了万有引力. 万有引力的关键在"万有", 它是一种普遍存在的力. 首先, 人们必须证明支配行星运动的那个力与地面物体的重力是同一种类型的力. 牛顿最先想到这一点, 著名的苹果落地的故事说的就是这段历史. 这个故事的真假已不可考, 重要的是, 牛顿当时确实想到过重力既支配苹果的下落也支配月球的旋转.

牛顿在 17 世纪 60 年代就已萌发的思想, 为何直到 17 世纪 80 年代才重提呢? 牛顿当时面临的一个主要困难是, 他不能肯定是否应该由地心开始计算月地距离. 因为这牵涉到地球对月球的引力是否正像它的全部质量都集中在中心点上那样. 虽然在距离比较大的情况下, 他这样做不会引起太大的误差, 但对谨慎过人的牛顿而言,

147

这一点足以使他放弃这种本来十分卓越的思想.

1685年初,情况出现了转机,牛顿运用他自己发明的微积分证明了地球吸引外部物体时,恰像全部的质量集中在球心一样.这个困难一解决,"宇宙的全部奥秘就展现在他的面前了".在哈雷的鼓励下,牛顿全力投入写作一本著作.在不到18个月的时间里,科学史上最伟大的一部著作《自然哲学的数学原理》(简称《原理》)于1686年完成,1687年出版.

《原理》共分为四大部分.第一部分属总论性质,包括定义和解释以及公理或运动的定律.这一部分是牛顿对前人工作的一种系统化总结,也是牛顿力学的基本框架.接着分三卷论述,第一、二卷都是"论物体的运动",分别研究引力问题和讨论物体在介质中的运动.第三卷冠以总题目"论宇宙的系统",是牛顿力学在天文学中的具体应用.

《原理》开辟了一个全新的宇宙体系,是那样的明澈和有条理,使守旧分子毫无抵挡的勇气和能力;它开创了理性的时代,由此人类思想获得了可以用理性解决面临的所有问题的自主权.英国著名诗人波普有一首赞美牛顿的名诗,诗中写道:"大自然和它的规律/隐藏在黑暗之中/上帝说:让牛顿去吧/一切便灿然明朗."

《原理》的出版是物理学史上具有划时代意义的事件,它把地面上物体的运动和太阳系内行星的运动统一在相同的物理定律之中,从而完成了人类文明史上第一次自然科学的大综合,是人类文明进步的划时代标志.它不仅总结和发展了牛顿之前物理学的几乎全部重要成果,而且也是后来所有科学著作和科学方法的楷模.牛顿开创了因果科学观的完整体系,揭示了自然界在这一层次的深刻规律.直到20世纪初期,牛顿的这种因果决定论仍统治着整个物理学乃至自然科学.

《原理》的出版,标志着经典力学大厦的建立.牛顿是科学史上的一位巨人,他代表了整整一个时代,人们常把经典力学称为牛顿力学,它的建立常被认为是第一次科学革命.

法国科学家拉格朗日在欧拉[*]和达朗贝尔[**]力学研究的基础上,写成了《分析力学》一书(1788 年出版),这是继牛顿《自然哲学的数学原理》之后的又一部重要经典力学著作,奠定了整个分析力学的基础,开辟了力学的新纪元.

在《分析力学》中,他不用一张图,把纯分析方法,特别是变分法巧妙地应用于质点动力学和刚体力学.从虚功原理和达朗贝尔原理出发得到了动力学普遍方程,它概括了整个力学体系,进而又引入了数目恰等于系统自由度数的并相互独立的广义坐标及广义力的概念,把普遍方程又变换成包括这些新变量的一套全新的高度统一的微分方程组,即拉格朗日方程.

$$\frac{\mathrm{d}}{\mathrm{d}t}\left(\frac{\partial T}{\partial \dot{q}_\alpha}\right) - \frac{\partial T}{\partial q_\alpha} = Q_\alpha, \alpha = 1, 2, 3, \cdots, s$$

式中,$\dot{q}_\alpha$ 是广义速度,$\dfrac{\partial T}{\partial \dot{q}_\alpha}$ 是广义动量,$\dfrac{\partial T}{\partial q_\alpha}$ 称为拉格朗日力.

$T = \dfrac{1}{2}\sum\limits_{i=1}^{n} m_i \overline{r_i}^2$ 为系统的动能,$Q_\alpha = \sum\limits_{i=1}^{n}\left(\overline{F_i} \cdot \dfrac{\partial \overline{r_i}}{\partial q_\alpha}\right)$ 称为广义力.

对于保守系统,拉格朗日方程为

$$\frac{\mathrm{d}}{\mathrm{d}t}\left(\frac{\partial L}{\partial \dot{q}_\alpha}\right) - \frac{\partial L}{\partial q_\alpha} = 0, \alpha = 1, 2, 3, \cdots, s$$

其中,$L = T - V$,称为拉格朗日函数,V 为系统的势能.共有 s 个方程,s 为自由度数.

于是,把力学体系的运动方程,从以矢量(位移和力)为基本概念的牛顿力学形式,推进到以标量(广义坐标和能量)为基本概念的分析力学形式.但该方程组一般说来是非线性的,方程的解表现为位形空间中的轨线.其主要缺点是过位形空间中的任一点,没有给

---

[*] 欧拉,瑞士科学家.他的《力学或运动科学的分析解说》,是用分析的方法来发展牛顿质点动力学的第一本教科书.欧拉还与莫培督几乎同时独立地得出了力学中的最小作用原理.欧拉为力学和物理学的变分原理的许多研究奠定了数学基础,这种变分原理至今仍在科研中应用.

[**] 达朗贝尔,法国科学家.他的《动力学论》是在法国最早综述牛顿力学的著作.拉格朗日评价说:"它立即澄清了在此以前存在于这门学科中的紊乱."在《动力学论》里,他将牛顿第二定律表示的运动方程看成在每一瞬时处于平衡状态的力系,即 $\boldsymbol{F} + (-ma) = 0$,称之为达朗贝尔原理,为分析力学的创立打下了基础.

出速度和动量.对于初始坐标相同而动量不同的条件,其位形轨迹都由同一点出发,而以后的轨迹形状可以完全不同.这在理论研究中是很不方便的.为此,哈密顿在1834年引入了广义动量 p_α 作为一组新的独立变量.系统的状态由 $2s$ 个正则变量(q_α, p_α)来描述,它包含了位形和速度分布两个因素在内,将微分形式的分析力学向前推进了一步.这比拉格朗日变量 q_α 内容更为丰富,全面地描述了运动过程.这样就可将 s 个二阶常微分方程即拉格朗日方程,经过 L 函数生成的勒让德变换,变换成 $2s$ 个一阶偏微分方程组,即

$$\dot{p}_\alpha = -\frac{\partial H}{\partial q_\alpha} \qquad \dot{q}_\alpha = \frac{\partial H}{\partial p_\alpha} \qquad (\alpha = 1, 2, 3, \cdots, s)$$

式中,$H(q, p, t) = -L(q, \dot{q}, t) + \sum_{\alpha=1}^{s} p_\alpha \dot{q}_\alpha$,称为哈密顿函数;广义动量 p_α,广义坐标 q_α,统称为正则变量或正则坐标.

方程的右端完全由一个统一的包含了完整系统力学行为全部信息的哈密顿函数所规定.雅可比把它称为哈密顿正则方程.该式结构简单,除了相差一个符号外,变量 q_α 和 p_α 是完全对称的.哈密顿在这里引入了 $2s$ 维的相空间,系统在任一时刻的运动状态,由相空间中的一个点表示,其运动过程相当于该点在相空间中描绘出一条连续曲线——相轨线.初始条件不同,相当于相空间中不同的点,通过相空间中的一个指定点,正则方程只能确定一条积分曲线,所以相轨迹除了个别奇点外不会相交,于是全部相轨迹给出了一族清晰的图像.不仅如此,哈密顿方程有其独立于拉格朗日方程的理论价值,例如,刘维定理揭示的力学系统在相空间中的运动规律为经典力学提供了一条过渡到统计物理学的途径,但在拉格朗日引入的位形空间中就不存在类似的运动规律.再如,哈密顿方程可以用泊松括号表示,即

$$\begin{aligned} \dot{p}_\alpha &= [p_\alpha, H] \\ \dot{q}_\alpha &= [q_\alpha, H] \end{aligned} \qquad (\alpha = 1, 2, 3, \cdots, s)$$

它们初步揭示了经典力学和量子力学的对应关系,但却无法与拉格朗日方程产生直接联系.因此,哈密顿方程比拉格朗日方程显示出更大的优越性和简单、对称、和谐、统一的美.

分析力学的积分形式是从对最小作用原理的研究发展起来的

变分原理,这是以最小观念为基础开辟的一个处理力学问题的全部途径.欧拉和莫培督差不多同时提出了最小作用量原理,拉格朗日将它进行了推广.然而,最小作用量原理的决定性发展应归功于哈密顿.他对拉格朗日提出的最小作用量原理进行了研究,并将他对光学中研究得出的概念应用到力学中去,于 1834 年建立了以他的名字命名的原理——哈密顿原理.他的杰出贡献是:认为"作用量"不一定最小,也可以最大.他是第一个给出该原理准确而科学的表述的人.在泊松研究的基础上,引入的作用量或主函数为

$$S = \int_{t_1}^{t_2} L \mathrm{d}t$$

并认为真实的运动是使作用稳定的运动.从上式取极值的条件即可得到

$$\delta_s = \delta \int_{t_1}^{t_2} L \mathrm{d}t = 0$$

这就是著名的哈密顿原理.该原理首次发表于 1834 年,无论在保守系统或非保守系统中它都成立,用它可将拉格朗日方程化为齐次方程.该原理的数学形式简洁,内容广泛.它将动力学问题转化为数学的一般体系的一部分,更深刻地揭示了客观事物之间的紧密联系,在物理学中有极高的地位.它不仅可以看作力学的最高原理,甚至可以看作整个物理学的最高原理.利用哈密顿函数 H,就可以从哈密顿原理推出哈密顿正则方程以及各种动力学定律.哈密顿原理如此神奇有效,具有如此高的理论价值不能不令人惊叹!可以说,它成为继牛顿之后力学发展的一个最大飞跃,把分析力学推向了一个新的高峰,而且,它还成为量子力学和生物体内平衡原理的基础.

爱因斯坦创立狭义相对论后,又把牛顿力学推向高速领域,创建了相对论力学(详见教材"相对论"一章).至此,经典力学大厦已臻辉宏.

第七章

狭义相对论力学基础

19 世纪中叶,随着科学技术的发展与进步,人们发现了一系列电磁现象的实验定律.1864 年,麦克斯韦把这些实验定律归纳为麦克斯韦方程组,并预言了电磁波的存在.19 世纪后期,随着电磁波的发现及无线电技术的发展,人们逐渐认识到电磁场是一种客观存在.但是,由于受到传统机械论的局限,电磁场仍被看作某种充满整个宇宙的特殊介质"以太(ether)"的运动形态,把电磁波看作"以太"介质的某种振动的传播形式,这就是所谓的"以太理论".另一方面,由麦克斯韦方程组能导出波动方程,得到电磁波的传播速度为 $c = 1/\sqrt{\varepsilon_0 \mu_0}$ 的结论.按照"以太理论",这一结论只对"以太参考系"成立.根据伽利略的旧时空观,物体的运动速度是和惯性系的选择有关的,光在不同的惯性系中传播的速度不同,不可能恒定为 c,由此可以得出结论:利用电磁运动可以确定一个特殊的参考系,从而使相对于这一参考系的运动成为"绝对运动".于是,经典力学中的"一切惯性系等价"的相对性原理在电磁现象中不再成立.

但是,在 19 世纪末对光速的测量证实了"在真空中的光速相对任何惯性系都等于 c"的结论,从而否定了特殊参考系的存在,并为普遍适用于机械运动和电磁运动的相对性原理的建立奠定了基础.19 世纪末,经典物理学(古典物理学、统计力学、经典电磁理论)已具有相当严密和完整的理论体系,并在大量的实验和生产实践中得到反复的验证和证明.物理学家开尔文在即将进入 20 世纪的一次演说中说:"科学这艘航船,在战胜了大量的水下暗礁和猛烈的风暴之后,终于驶进了宁静的港湾,所有最重要的问题都得到了解决,剩下的只是更详细地解释一些细节,以及反复审核局部问题了.在物理学晴朗的天空下还存在两朵令人不安的乌云：(1)黑体辐射紫外灾难；(2)迈克尔逊得到的地球相对于"以太"速度的零结果."现在我们知道,两朵乌云的解决引发了现代物理学的革命,诞生了相对论和量子论,这场革命将 20 世纪的物理学推向了顶峰.本章先介绍具有代表性的迈克尔逊—莫雷实验(1887 年),然后介绍爱因斯坦的狭义相对论.

*§7－1 迈克尔逊—莫雷实验

以太理论认为,只有在相对以太静止的特殊参考系,真空中沿各个方向的光速才是 c.如果存在以太,而地球相对以太的运动速度为 u,则地球上的观察者观察到的光速应为 $c－u$,因而光速的大小依赖于 c 与 u 的夹角.只要我们测出各个方向光速的差异,就有可能探知地球相对以太的运动,这就是迈克尔逊—莫雷实验的基本设想.

迈克尔逊—莫雷实验的装置如图 7－1－1(a)所示.

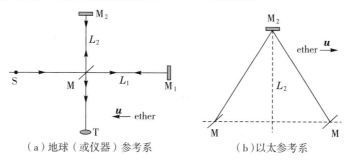

（a）地球（或仪器）参考系   （b）以太参考系

图 7－1－1 迈克尔逊－莫雷实验装置示意图

迈克尔逊干涉仪是固定在地球上的.地球绕太阳公转运动的速度 $u \approx 30\ \mathrm{km \cdot s^{-1}}$.测量在不同季节的白天和晚上进行,因而可以估计测量过程中,地球相对以太参考系的运动速度至少和 u 同一数量级.设由光源 S 发出的一束平行光线被半镀银镜 M 分成两束：透过 M 的光束 1 被镜 M_1 反射回 M,再被 M 反射至望远镜 T；被 M 反射的光束 2 经 M_2 反射后回到 M,然后透过 M 到达望远镜 T.两束光在望远镜的镜像平面上形成干涉条纹.由于装置中 M 与光束方向的夹角为 45°,M_1 与 M_2 近似互相垂直,故在望远镜中将会观察到由空气劈尖所形成的等厚干涉条纹.

设 $MM_1 = L_1$,$MM_2 = L_2$,又设地球相对以太参考系的速度 u 沿 MM_1 方向,

则可求得两束光的相位差. 根据伽利略的速度合成定理, 光束 1 从 M 到 M_1, 再从 M_1 到 M 所经历的时间为

$$t_1 = \frac{L_1}{c-u} + \frac{L_1}{c+u} = 2\frac{L_1}{c}\frac{1}{1-(u/c)^2} \tag{7-1-1}$$

光束 2 从 M 到 M_2, 再从 M_2 到 M 所经历的时间 t_2 应满足 [如图 7-1-1(b)所示]

$$t_2 = \frac{2L_2}{\sqrt{c^2-u^2}} = \frac{2L_2}{c}\frac{1}{\sqrt{1-(u/c)^2}} \tag{7-1-2}$$

由此可见, 两束光的相位差为

$$\Delta\varphi = \frac{2\pi}{T}(t_2-t_1) = \frac{2\pi}{T}\frac{2}{c}\left[\frac{L_2}{\sqrt{1-(u/c)^2}} - \frac{L_1}{1-(u/c)^2}\right] \tag{7-1-3}$$

如果将仪器旋转 $90°$, 则两光束位置互换, 两束光的相位差为

$$\Delta\varphi' = \frac{2\pi}{T}(t_2'-t_1') = \frac{2\pi}{T}\frac{2}{c}\left[\frac{L_2}{1-(u/c)^2} - \frac{L_1}{\sqrt{1-(u/c)^2}}\right] \tag{7-1-4}$$

因此, 两束光相位差的改变为

$$\Delta\varphi' - \Delta\varphi = \frac{2\pi}{\lambda}(L_1+L_2)\frac{u^2}{c^2} \tag{7-1-5}$$

在得到上式时已将分母按泰勒级数展开, 取到 v^2/c^2 项.

干涉条纹移动的条数为

$$\Delta N = \frac{\Delta\varphi'-\Delta\varphi}{2\pi} = \frac{(L_1+L_2)}{\lambda}\frac{u^2}{c^2} \tag{7-1-6}$$

迈克尔逊—莫雷实验中, $L_1+L_2 \approx 22$ m, $u/c=10^{-4}$, 如取 $\lambda=5.5\times10^{-7}$ m, 则 $\Delta N=0.4$. 因此, 干涉条纹将移动 0.4 个条纹的距离, 而迈克尔逊—莫雷实验装置的精度是 0.01 个条纹, 因此 0.4 个条纹的移动肯定能被探测到. 但是, 在一年四季的白天和夜晚进行实验, 都没有观测到条纹移动. 解释迈克尔逊—莫雷实验结果有两种可能: 一是认为任何惯性系中所有方向测得真空中的光速均为 c, 当仪器转动 $90°$ 后, 两束光的相位差没有变化, 因而 $\Delta N=0$. 但是, 在任何惯性系测得的光速都为 c, 将明显与伽利略变换矛盾, 这就要摈弃旧的时空观; 第二种考虑是仍然保留以太参考系的概念, 而设法提出其他假设解释实验结果. 1892 年前后, 洛伦兹和斐兹杰惹提出了"收缩假说", 他们认为所有物体在相对以太运动的方向上有一个按因子 $\sqrt{1-(u/c)^2}$ 的收缩. 这个假设能解释迈克尔逊—莫雷实验的结果. 如果洛伦兹和斐兹杰惹的收缩理论正确的话, 相对以太运动的透明物质将可发生双折射现象. 但是, 1902 年瑞利做的实验和 1904 年

布拉斯做的实验都得到否定的结果. 另一个假设是"以太牵引说". 它假定以太会黏附于各种有质量的物体上,于是在地球周围的以太被地球牵引,跟地球一起运动. 这样,在地面附近所做的实验就不存在相对以太的运动. 迈克尔逊—莫雷实验的结果也得到了解释,但是这又与菲索的流水实验及光行差现象矛盾. 除此之外,还有各种假设,均只能解释其中一部分现象而不能解释另一部分现象,在此不再赘述.

§7-2 狭义相对论的两个基本假设

1905 年,爱因斯坦总结了前人的一系列实验事实,在"论运动物体的电动力学"一文中提出了两条相对论的基本假设:

相对性原理:空间是均匀且各向同性的,时间也是均匀的,不存在特殊的惯性系. 包括机械运动规律和电磁运动规律在内,一切物理规律在所有惯性系中都是相同的.

光速不变性原理:真空中的光速既不依赖于光源的运动,也不依赖于接收器的运动,在所有惯性系中,它具有相同的数值.

由这两个假设可以直接导出整个狭义相对论. 这一理论不仅成功地解释了当时已有的全部实验事实,还预言了新的效应,并被以后的实验所证实. 例如,1964 年,在西欧核子中心(CERN),利用高能质子(19.2 GeV)打靶,产生的中性介子 π^0,具有速度 $v_s = 0.999\ 75c$,π^0 立即($\tau = 0.8 \times 10^{-16}$ s)衰变为光子(6 GeV),光子从产生靶处飞到光子探测器路程达 80 m,记录 π^0 产生和到达光子探测器的时间为 $\Delta t = 267$ ns. 结果表明,由 $v_s = 0.999\ 75c$ 射出的光的速度还是 c. 这是实验室第一次精确地证明光速不变. 1972 年,西欧核子中心的贝利和皮加索等人观测沿圆形轨道飞行的 μ 子束,对飞行的 μ 子寿命进行测量,证实了时钟延缓效应(后面将介绍). 1975 年,斯耐德等人测定的横向多普勒效应与爱因斯坦的狭义相对论理论一致. 半个世纪以来,大量的关于质能关系和运动学的实验,无一不与爱因斯坦的狭义相对论理论预言一致. 这一切都证明了建立在相对性原理和光速不变性原理基础上的狭义相对论理论的巨大成功.

容易看出,爱因斯坦的相对性原理与旧时空观存在着深刻的矛盾.

(1)伽利略的速度合成定理与光速不变原理相矛盾.设 K' 参考系以 $\boldsymbol{u} = u\boldsymbol{e}_x$ 相对 K 参考系运动.如果光源在 K' 系静止,光源在 K' 系发出的光沿 $\pm\boldsymbol{e}_x$ 方向的光速均为 c.根据伽利略的速度合成定理,在 K 系沿 $\pm\boldsymbol{e}_x$ 方向的光速应分别为 $c\pm u$.这与光速不变原理存在着明显的矛盾.

(2)在伽利略变换中,时间是绝对的,对于不同惯性系,$t = t'$.因此,如果某两个事件在 K' 系是同时发生的,$\Delta t' = 0$,则对任一惯性系 K 来说,这两个事件也必然是同时发生的,$\Delta t = 0$,但是从光速不变原理来看,在 K' 系同时发生的两个事件在 K 系就不一定同时了.例如,火车(K' 系)以 $\boldsymbol{u} = u\boldsymbol{e}_x$ 相对地面(K 系)做匀速直线运动,如图 7-2-1 所示.设在 $t' = 0$ 时有一个雷电打在车厢中 A 点处.我们把闪光传到车厢的末端的 B 点称为事件 1,把闪光传到车厢的前端的 C 点称为事件 2,已知 $BA = AC$.这样,由于光速在 K' 系沿各个方向均为 c,故两闪光同时传到 B 点和 C 点,即 K' 系测得事件 1 和事件 2 是同时发生的.但在 K 系观测者看来,雷打在 A 处后,当光向四面八方传播时,B 点迎着闪光移动,而 C 点则背着闪光移动.考虑到光速在 K 系沿各个方向传播速度也为 c,所以闪光应先到达 B 点,后到达 C 点,即在 K 系观测者看来,事件 1 和事件 2 就不是同时发生的了.

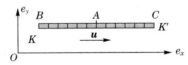

图 7-2-1　在地面(K 系)和运动的火车(K' 系)上观察 A 点
发出的光到达 B 点和 C 点的先后关系

由此可见,根据低速运动所形成的旧时空观(牛顿-伽利略时空观)仅在一定范围内是正确的.当研究高速运动特别是电磁波传播的现象时,就会发现旧时空观与实验事实的深刻矛盾.因此,必须从具有更广泛实验基础的爱因斯坦相对性原理出发,建立新的相对论时空观.

§7-3 洛伦兹坐标变换和速度变换

1904 年,洛伦兹为了保证麦克斯韦方程组在 K' 系中数学形式不变,引入了时间收缩因子 $\sqrt{1-u^2/c^2}$,得到了洛伦兹变换式,但他仍坚持旧的绝对时空观概念,认为特殊惯性系是存在的,引入"当地时间"t' 只是一种数学手段,没有认识到 t' 就是 K' 系实际测得的时间.1905 年,爱因斯坦建立狭义相对论之后,从狭义相对论的基本原理严格导出了洛伦兹变换式,即洛伦兹坐标变换式.

一、洛伦兹坐标变换

设有两个惯性系 K 和 K',其中惯性系 K' 沿 xx' 轴以速度 $\boldsymbol{u}$ 相对 K 系运动,如图 7-3-1 所示,以两个惯性系的原点相重合的瞬时作为计时的起点.若有一个事件发生在 P 点,从惯性系 K 测得 P 点的坐标为 x,y,z,时间为 t;而从惯性系 K' 测得 P 点的坐标为 x',y',z',时间为 t'.在伽利略变换中,时间是绝对的,不依赖于惯性系的改变而变化,同一事件发生的

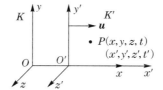

图 7-3-1　两个惯性系 K 和 K',其中惯性系 K' 沿 xx' 轴以速度 $\boldsymbol{u}$ 相对 K 系运动

时间是相同的,即 $t=t'$.然而在狭义相对论中,这个结论已经不成立了.由狭义相对论的相对性原理和光速不变性原理,可导出该事件在两个惯性系 K 和 K' 中的时空坐标变换式.即

$$\begin{cases} x' = \dfrac{x-ut}{\sqrt{1-\beta^2}} = \gamma(x-ut) \\[2mm] y' = y \\[2mm] z' = z \\[2mm] t' = \dfrac{t-ux/c^2}{\sqrt{1-\beta^2}} = \gamma\left(t-\dfrac{ux}{c^2}\right) \end{cases} \qquad (7-3-1)$$

式中,$\beta=u/c$,$\gamma=1/\sqrt{1-\beta^2}$,$c$ 为光速.从式(7-3-1)可解得 x,y,z 和 t,即得逆变换为

$$\begin{cases} x = \dfrac{x' + ut'}{\sqrt{1-\beta^2}} = \gamma(x' + ut') \\[3mm] y = y' \\[2mm] z = z' \\[3mm] t = \dfrac{t' + ux'/c^2}{\sqrt{1-\beta^2}} = \gamma\left(t' + \dfrac{ux'}{c^2}\right) \end{cases} \qquad (7-3-2)$$

式(7−3−1)和式(7−3−2)都叫作**洛伦兹变换式**.从洛伦兹变换式可以看出,t 和 t' 都依赖于空间坐标,即 t 是 t' 和 x' 的函数,t' 是 t 和 x 的函数.这与伽利略变换式截然不同.不过,当惯性系 K' 相对于惯性系 K 的速度 u 远小于光速 c 时,$\beta=u/c\ll1$,洛伦兹变换式就转换为伽利略变换式了.由此,我们可以说,在物体的运动速度远小于光速时,洛伦兹变换和伽利略变换是等效的.可见,伽利略变换式只适用于低速运动物体的坐标变换.

二、洛伦兹速度变换

利用洛伦兹时空坐标变换式可以得到洛伦兹速度变换式,用以替代伽利略速度变换式.设有惯性系 K 和 K',且 K' 以速度 $\boldsymbol{u}$ 沿 xx' 方向相对于 K 系运动,如图7−3−1所示,考虑一点 P 在空间运动,从 K 系来看,点 P 的速度为 $\boldsymbol{v}(v_x, v_y, v_z)$;从 K' 系来看,点 P 的速度为 $v'(v'_x, v'_y, v'_z)$.它们的速度分量分别为

$$v_x = \frac{\mathrm{d}x}{\mathrm{d}t}, v_y = \frac{\mathrm{d}y}{\mathrm{d}t}, v_z = \frac{\mathrm{d}z}{\mathrm{d}t}$$

及

$$v'_x = \frac{\mathrm{d}x'}{\mathrm{d}t'}, v'_y = \frac{\mathrm{d}y'}{\mathrm{d}t'}, v'_z = \frac{\mathrm{d}z'}{\mathrm{d}t'}$$

我们的目的是要找出这些分量之间的关系,为此,对式(7−3−1)进行微分运算,得

$$\frac{\mathrm{d}x'}{\mathrm{d}t'} = \frac{\dfrac{\mathrm{d}x'}{\mathrm{d}t}}{\dfrac{\mathrm{d}t'}{\mathrm{d}t}} = \frac{\dfrac{\mathrm{d}x}{\mathrm{d}t} - \beta c}{1 - \dfrac{\beta}{c}\dfrac{\mathrm{d}x}{\mathrm{d}t}}$$

$$\frac{\mathrm{d}y'}{\mathrm{d}t'} = \frac{\dfrac{\mathrm{d}y'}{\mathrm{d}t}}{\dfrac{\mathrm{d}t'}{\mathrm{d}t}} = \frac{\dfrac{\mathrm{d}y}{\mathrm{d}t}}{\gamma\left(1 - \dfrac{\beta}{c}\dfrac{\mathrm{d}x}{\mathrm{d}t}\right)}$$

$$\frac{\mathrm{d}z'}{\mathrm{d}t'} = \frac{\dfrac{\mathrm{d}z'}{\mathrm{d}t}}{\dfrac{\mathrm{d}t'}{\mathrm{d}t}} = \frac{\dfrac{\mathrm{d}z}{\mathrm{d}t}}{\gamma\left(1 - \dfrac{\beta}{c}\dfrac{\mathrm{d}x}{\mathrm{d}t}\right)}$$

即

$$v'_x = \frac{v_x - u}{1 - \dfrac{uv_x}{c^2}}, \quad v'_y = \frac{v_y\sqrt{1 - u^2/c^2}}{1 - \dfrac{uv_x}{c^2}}, \quad v'_z = \frac{v_z\sqrt{1 - u^2/c^2}}{1 - \dfrac{uv_x}{c^2}}$$

$$(7-3-3)$$

式(7-3-3)叫作洛伦兹速度变换式. 同样, 我们可以得到上式的逆变换式为

$$v_x = \frac{v'_x + u}{1 + \dfrac{uv'_x}{c^2}}, \quad v_y = \frac{v'_y\sqrt{1 - u^2/c^2}}{1 + \dfrac{uv'_x}{c^2}}, \quad v_z = \frac{v'_z\sqrt{1 - u^2/c^2}}{1 + \dfrac{uv'_x}{c^2}}$$

$$(7-3-4)$$

当 $u \ll c$, 洛伦兹速度变换式就退回到伽利略速度变换式. 速度变换公式回到经典力学时的速度相加法则. 由速度合成公式, 小于或等于光速的两速度合成后的数值仍不超过真空中的光速.

例 7-3-1 由速度变换公式考察相对论情形与牛顿力学情形的偏离.

解 $v_x = \dfrac{v'_x + u}{1 + \dfrac{uv'_x}{c^2}}$ (相对论速度变换公式), $v_x = v'_x + u$ (牛顿力学速度变换公式).

(1) $v'_x = 5\ \mathrm{m \cdot s^{-1}}, u = 30\ \mathrm{m \cdot s^{-1}}$,

由 $v_x = \dfrac{v'_x + u}{1 + \dfrac{uv'_x}{c^2}} = 34.999\ 999\ 999\ 999\ 941\ 7\ \mathrm{m \cdot s^{-1}}$,

而 $v_x = v'_x + u = 35\ \mathrm{m \cdot s^{-1}}$, 这说明, 低速时相对论速度变换与牛顿力学的偏离可忽略不计.

(2) $v'_x = 0.95c, u = 0.2c$，则 $v_x = \dfrac{v'_x + u}{1 + \dfrac{uv'_x}{c^2}} = 0.996c.$

由牛顿力学速度变换公式，得 $v_x = v'_x + u = 1.15c$，这说明，在高速领域牛顿力学的偏离是比较大的.

(3) $v'_x = c, u = c$，则 $v_x = \dfrac{v'_x + u}{1 + \dfrac{uv'_x}{c^2}} = \dfrac{2c}{1+1} = c.$ 而 $v_x = v'_x + u = 2c,$

这说明，在相对论力学中两个小于或等于光速的速度合成后的数值仍不超过真空中的光速，与牛顿力学截然不同.

§7—4　同时的相对性、长度收缩和时间延缓

运用洛伦兹变换式可以得到许多与日常经验相违背的、令人惊奇的重要结论，这些结论已被近代高能物理实验所证实. 例如，物体的长度在不同的惯性系中测量的结果会不同，某一过程发生的时间随惯性系而异，以及动量与速度的关系和质能关系等. 下面，我们介绍同时的相对性，在此基础上讨论时间延缓和长度收缩问题.

一、同时的相对性

在牛顿力学中，时间是绝对的，对于不同惯性系，$t = t'$. 因此，如果某两个事件在 K' 系是同时发生的，$\Delta t' = 0$，则对任一惯性系 K 来说，这两个事件也必然是同时发生的，$\Delta t = 0$. 但是，从狭义相对论来看，**在 K' 系同时发生的两个事件在 K 系就不一定是同时的了. 这就是狭义相对论的同时的相对性.** 例如，火车（K' 系）$u = u e_x$ 相对地面（K 系）做匀速直线运动（如图 7—2—1 所示）. 设在 t' 时有一个雷电打在车厢中点 A 处. 我们把闪光传到车厢末端的 B 点称为事件 1，把闪光传到车厢前端的 C 点称为事件 2，已知 $BA = AC$. 这样，由于光速在 K' 系沿各个方向均为 c，故两闪光同时传到 B 点和 C 点，即 K' 系测得事件 1 和事件 2 是同时发生的. 但在 K 系观测者看来，雷电打在 A 处后，当光向四面八方传播时，B 点迎着闪光移动，而 C 点则背着闪光移动. 考虑到光速在 K 系沿各个方向传播速度也为 c，所

以闪光应先到达 B 点,后到达 C 点,即在 K 系观测者看来,事件 1 和事件 2 就不是同时发生的了.既然由 A 点发出的光到达 B 点和到达 C 点这两个事件的同时性与所取的惯性系有关,那么就不应该有与惯性系无关的绝对时间,这就是同时的相对性.

同时的相对性也可以由洛伦兹变换式求得.设在惯性系 K' 中,不同地点 x_1' 和 x_2' 同时发生两个事件,即 $\Delta t' = t_2' - t_1'$,$\Delta x' = x_2' - x_1'$.由式(7−3−2)可得

$$\Delta t = \frac{\Delta t' + \frac{v}{c^2}\Delta x'}{\sqrt{1 - \beta^2}}$$

现在 $\Delta t' = 0$,$\Delta x' \neq 0$,所以 $\Delta t \neq 0$.这表明,不同地点发生的两个事件,对 K' 系的观察者来说是同时发生的,而对 K 系的观察者来说便不是同时发生的."同时"具有相对意义,它与惯性系有关.只有在 K' 系中同一地点($\Delta x' = 0$)同时($\Delta t' = 0$)发生的两事件,K 系才会认为这两事件也是同时发生的.

仿照上述办法,不难对相反的情形得出同样的结论.即在 K 系不同地点同时发生的两事件,K' 系不认为是同时发生的;只有 K 系同一地点同时发生的两事件,K' 系才认为是同时发生的.可见,不同的惯性系各有自己的"同时性",并且所有的惯性系都是"平等"的,这正是相对性原理所要求的.

二、长度的收缩

在伽利略变换中,两点之间的距离或物体的长度是不随惯性系而变的.例如,长为 1 m 的尺子,不论在运动的车厢里或者在车站里测量它,其长度都是 1 m.那么在洛伦兹变换中,情况又是怎样的呢?

设有两个观察者分别静止于惯性系 K 和 K' 中,K' 系以速度 $\boldsymbol{u}$ 相对于 K 系沿 Ox 轴运动.一细棒静止于 K' 系中并沿 Ox' 轴放置,如图 7−4−1 所示,考虑到细棒的长度应是在同一时刻测得细棒两端

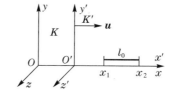

图 7−4−1　在两惯性系 S 和 S′中
细棒长度的测量

点的距离,因此,K'系中的观察者若同时测得细棒两端点的坐标为 x_1' 和 x_2',则细棒长为 $l' = x_2' - x_1'$. 通常把**观察者相对细棒静止时所测得的细棒长度称为细棒的固有长度** l_0,在此处 $l' = l_0$. 当两观察者相对静止时(K'系相对于 K 系的速度 u 为零),他们测得的细棒长相等. 但当 K' 系以及相对 K' 系静止的细棒以速度 u 沿 xx' 轴相对 K 系运动时,在 K' 系中观察者测得细棒长 l' 仍不变,而 K 系中的观察者则认为细棒相对于 K 系运动,并同时测得其两端点的坐标为 x_1 和 x_2,即细棒的长度为 $l = x_2 - x_1$. 利用洛伦兹变换式,有

$$x_1' = \frac{x_1 - ut_1}{\sqrt{1 - \beta^2}}, x_2' = \frac{x_2 - ut_2}{\sqrt{1 - \beta^2}}$$

式中,$t_1 = t_2$. 将上两式相减,得

$$x_2' - x_1' = \frac{x_2 - x_1}{\sqrt{1 - \beta^2}}$$

即 $l = l' \sqrt{1 - \beta^2} = l_0 \sqrt{1 - \beta^2}$.

由于 $\sqrt{1 - \beta^2} < 1$,故 $l < l'$. 这就是说,从 K 系测得运动细棒的长度 l,要比从相对细棒静止的 K' 系中所测得的长度 l' 缩短了 $\sqrt{1 - \beta^2} < 1$ 倍. 物体的这种沿运动方向发生的长度收缩称为洛伦兹收缩. 容易证明,若棒静止于 K 系中,则从 K' 系测得棒的长度,也只有固有长度的 $\sqrt{1 - \beta^2} < 1$ 倍.

我们知道,在经典物理学中棒的长度是绝对的,与惯性系的运动无关. 而在狭义相对论中,同一根棒在不同的惯性系中测量所得的长度不同. 物体相对观测者静止时,其长度的测量值最大,而当它相对于观察者以速度 u 运动时,**在运动方向上物体长度要缩短,其测量值只有固有长度的** $\sqrt{1 - \beta^2}$ **倍.**

从表面上看,棒的相对缩短不符合日常经验,这是因为在日常生活和技术领域中所遇到的运动都比光速要慢得多,由于 $\beta \ll 1$,$l = l' \sqrt{1 - \beta^2} \approx l'$,对于相对运动速度较小的惯性系来说,长度可以近似看作一绝对量. 在地球上宏观物体所达到的最大速度一般为若干千米每秒,此最大速度与光速之比的数量级为 10^{-5} 左右. 以这样的速度,长度的相对收缩数量级约为 10^{-10},故可以忽略不计.

例 7−4−1 一长为 1 m 的棒,相对于 K' 系静止并与 x' 轴夹角 $\theta'=45°$. K' 系相对于 K 系以 $v=\sqrt{3}c/2$ 速度沿 xx' 方向运动. 问:在 K 系的观察者来看,此棒的长度以及它与 x 轴的夹角为多少?

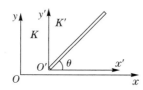

图 7−4−2 例 7−4−1 用图

解 如图 7−4−2 所示,在 K' 系有

$$l'_x = l'\cos\theta'$$
$$l'_y = l'\sin\theta'$$

由于 K' 系相对于 K 系沿 xx' 方向运动,所以有

$$l_x = l'_x\sqrt{1-v^2/c^2} = l'\cos\theta'\sqrt{1-v^2/c^2}$$
$$l_y = l'_y = l'\sin\theta'$$

在 K 系观察棒的长度为

$$l = \sqrt{l_x^2+l_y^2} = l\sqrt{1-(v^2/c^2)\cos^2\theta'} = 0.79(\text{m})$$

在 K 系观察棒与 x 轴的夹角为

$$\tan\theta = \frac{l_x}{l_y} = \frac{l'\sin\theta'}{l'\cos\theta'\sqrt{1-v^2/c^2}} = 2$$

即 $\theta = 63°37'$.

三、运动的时钟延缓(time dilation)——时间膨胀(钟慢)效应

在牛顿力学中,时间是绝对的,与参考系的选择无关,但在狭义相对论中则不然. 现在我们由洛伦兹变换出发,建立不同惯性系中同一物理过程的时间联系. 设某一物体静止于 K' 系的同一地点 x' 处,物体内部相继发生了两个事件(如飞船上的人抽烟、原子分子振动一个周期的始点和终点等),这两个事件相对于 K' 系中的时钟分别发生于 t'_1 和 t'_2 时刻,**两事件的时间间隔——固有时(相对静止的时钟测量的时间)**为 $\Delta t' = t'_2 - t'_1$. 在 K 系中,测量两事件发生的时间间隔和位置,其值分别为 t_1、t_2 和 x_1、x_2,在 K 系中的时钟测得的时

间间隔为 $\Delta t = t_2 - t_1$. 若 K' 系以速度 u 沿 xx' 轴运动,则根据洛伦兹变换式可得

$$t_1 = \gamma(t_1' + \frac{u}{c^2}x')$$

$$t_2 = \gamma(t_2' + \frac{u}{c^2}x')$$

于是 $\Delta t = t_2 - t_1 = \gamma(t_2' - t_1') = \gamma\Delta t'$,或 $\Delta t = \dfrac{\Delta t'}{\sqrt{1-\beta^2}} = \dfrac{\Delta t_0}{\sqrt{1-\beta^2}}$.

由上式可以看出,由于 $\sqrt{1-\beta^2}<1$,故 $\Delta t > \Delta t'$. 这就是说,从 K' 系中所记录的某一地点发生的两个事件的时间间隔,小于由 K 系所记录这两个事件的时间间隔. 换句话说,K 系的钟记录 K' 系内某一地点发生的两个事件的时间间隔,比 K' 系的钟所记录的这两个事件的时间间隔要长些,由于 K' 系是以速度 u 沿 xx' 轴相对 K 系运动,因此可以说,**运动着的时钟走慢了,这就是时间延缓效应.** 同样,从 K' 系看 K 系的钟,也认为运动着的 K 系的时钟走慢了.

1971 年,美国科学家在地面把 4 台准精度为 10^{-9} s 的铯原子钟放到喷气式飞机上绕地球飞行一圈,然后返回地面与地面静止的原子钟比较,结果慢了 59 ns. 与相对论值只差不到 10%,后来将原子钟放到飞船上,实验精度进一步提高.

在经典物理学中,我们将发生两事件的时间间隔,看作量值不变的绝对量. 与此不同,在狭义相对论中,发生两事件的时间间隔,在不同的惯性系中是不同的. 这就是说,两事件之间的间隔是相对的概念,它与惯性系有关. 只有在运动速度 $u \ll c$ 时,$\Delta t' \approx \Delta t$,对于缓慢运动的情形来说,两事件的时间间隔近似为一绝对量.

例 7-4-2 观测者甲和乙分别静止于两个惯性参考系 K 和 K' 中,甲测得在同一地点发生的两事件间隔为 4 s,而乙测得这两个事件的时间间隔为 5 s,求 K' 相对于 K 的运动速度.

解 因两个事件在 K 系中同一地点发生,则根据时钟变慢公式,有 $\Delta t = \gamma\Delta t_0$,在 K 系中(相对事件静止)的甲测得的是固有时 $\Delta t_0 = 4$ s,而在 K' 系中(相对事件运动)的乙测得的是运动时 $\Delta t = 5$ s.

$$\gamma^{-1} = \sqrt{1-(u/c)^2} = \Delta t_0/\Delta t = 4/5$$

$$u = c\sqrt{1-(\Delta t_0/\Delta t)^2} = 3c/5 = 1.8 \times 10^8 \text{ m} \cdot \text{s}^{-1}$$

四、时钟延缓效应与尺度收缩效应是相关的

时间的度量是相对的,与所选择的惯性参考系有关,时间与空间是相互关联的. 不存在孤立的时间,也不存在孤立的空间. 地球表面能观测到寿命极短的 μ 子充分揭示了这种关联. 宇宙射线中有许多能量极高的 μ 子,它们是在大气层上部(≈ 10 km)产生的,μ 子以接近光速($v=0.998c$)运动,静止 μ 子的平均寿命只有 2.15×10^{-6} s,进入大气层的 μ 子自发衰变为电子(或正电子)和中微子(或反中微子),即

$$\mu^{\pm} \rightarrow e^{\pm} + \nu + \bar{\nu}$$

其中 $e^{\pm}$,ν,$\bar{\nu}$ 分别为电子(正电子)、中微子和反中微子.

按经典时空观,μ 子在衰变前所走路程为 $\Delta y = 0.998c \times \Delta t_0 = 644$ m,显然不能到达地球,在地球表面不能探测到. 按相对论时空观,以地面为参考系,μ 子寿命延长为 $\Delta t = \dfrac{\Delta t_0}{\sqrt{1-0.998^2}} = 34 \times 10^{-6}$ s,$\Delta y = \Delta t \times v = 10\ 180$ m > 10 km,完全能够到达地面,因而在地球表面能探测到 μ 子.

以 μ 子为参考系,运动距离(大气层的厚度)收缩为 $\Delta y' = \Delta y \times \sqrt{1-0.998^2} = 632$ m,同样可到达地面.

静止 μ 子的平均寿命只有 2.15×10^{-6} s,如果不是由于相对论效应,这些 μ 子接近光速($v=0.998c$)运动时,是不能到达地面的. 实际上,大部分 μ 子都能穿透大气层到达地球表面正是相对论时空观的结果. 在地球参考系中,这是由于 μ 子寿命延长;在 μ 子参考系中,而是由于大气层的厚度缩小. 可见,长度收缩效应和时钟延缓效应是相互关联的,选择不同的参考系,同一物理过程表现的效应不同.

综上所述,狭义相对论指出的时间和空间的量度与参考系的选择有关. 时间和空间是互相联系的,并与物质有着不可分割的联系. 不存在孤立的时间,也不存在孤立的空间. 时间、空间和运动三者之间的紧密联系,深刻地反映了相对论时空的本质.

§7—5 相对论动力学基本方程

通过前面的学习我们知道,相对论的时空观与经典的旧时空观存在明显的差异,相对论的时空观要求在不同的惯性系内,时空坐标变换遵循洛伦兹关系式,物理规律符合相对性原理,即物理规律在洛伦兹变换下保持不变的形式.牛顿运动方程在伽利略变换下是不变的,但在洛伦兹变换下不是不变的.为了给出在洛伦兹变换下保持不变的物理规律,需要将牛顿力学推广到相对论力学.下面,从分析相对论的速度和动量开始,介绍爱因斯坦的相对论动力学.

一、动量与速度的关系

在牛顿力学中,质点的动量表达式为

$$\boldsymbol{p} = m\boldsymbol{v} \tag{7-5-1}$$

其中 m 是质点的质量,它是不依赖于速度的常量; $\boldsymbol{v}$ 是质点运动的速度,在不同惯性系中,质点的速度变换遵循伽利略变换式.

对于一个由许多质点组成的力学体系,其动量为

$$\boldsymbol{p} = \sum_i \boldsymbol{p}_i = \sum_i m_i \boldsymbol{v}_i$$

在没有外力作用下,该力学体系的总动量是守恒的,即

$$\sum_i m_i \boldsymbol{v} = 常矢量$$

在狭义相对论中,质点的动量表达式是什么呢?若仍采用式(7-5-1),由于不同惯性系的速度变换遵循洛伦兹变换式,动量守恒表达式将发生改变.若要保持动量守恒表达式不变,就必须对式(7-5-1)所给出的动量表达式进行修正,使之适合洛伦兹变换式.按照狭义相对论的相对性原理和洛伦兹变换式,当动量守恒表达式在任意惯性系中都保持不变时,质点的动量表达式应为

$$\boldsymbol{p} = m\boldsymbol{v} = \frac{m_0}{\sqrt{1-(v/c)^2}}\boldsymbol{v} \tag{7-5-2}$$

式(7-5-2)称为**相对论动量表达式**,其中 m 是质点的质量(相对论质量),与运动速度相关,也称为运动质量, m_0 为质点静止时的质量,

通常称为静质量, v 为质点相对某惯性系运动时的速度. 当质点的速率远小于光速, 即 $v \ll c$ 时, 质点的相对论质量近似等于其静质量, 即 $m \approx m_0$, 这时相对论质量 m 与静质量 m_0 就没有明显的差别了, 可以认为质点的质量为一常量. 这时, $p \approx m_0 v$, 相对论动量表达式(7-5-2)与牛顿力学的动量表达式(7-5-1)相同. 这表明, 在 $v \ll c$ 的情况下, 牛顿力学仍然是适用的.

一般来说, 宏观物体的运动速度比光速小得多, 其质量和静质量很接近. 例如, 火箭以第二宇宙速度 $v = 11.2 \ \mathrm{km \cdot s^{-1}}$ 运动, 这个速度与光速相比还是很小的, 所以火箭的质量变化是微不足道的, 此时 $m = \dfrac{m_0}{\sqrt{1 - \left(\dfrac{11.2}{3 \times 10^5}\right)^2}} = 1.000\,000\,000\,9 m_0$, 因而可以忽略其质量的改变. 但对于微观粒子, 如电子、质子、介子等, 其速度可以接近光速, 这时其质量和静质量就有显著的不同. 例如, 在加速器中被加速的质子, 当其速度达到 $2.7 \times 10^8 \ \mathrm{m \cdot s^{-1}}$ 时, 其质量

$$m = \frac{m_0}{\sqrt{1 - \left(\dfrac{2.7 \times 10^8}{3 \times 10^8}\right)^2}} = \frac{m_0}{\sqrt{1 - 0.81}} = 2.3 m_0$$

因此, 对于做高速运动的微观粒子, 其相对论效应对质量的影响是不可忽略不计的.

二、相对论动力学基本方程

由相对论动量表达式(7-5-2), 当有外力 F 作用于质点时, 牛顿第二定律的相对论表达式可写为

$$F = \frac{\mathrm{d}p}{\mathrm{d}t} = \frac{\mathrm{d}}{\mathrm{d}t}(mv) = \frac{\mathrm{d}}{\mathrm{d}t}\left[\frac{m_0 v}{(1 - v^2/c^2)^{1/2}}\right] \quad (7-5-3)$$

上式为**相对论力学的基本方程**. 显然, 若作用在质点系上的合外力为零, 则系统的总动量应当不变, 为一守恒量. 由相对论动量表达式可得系统的动量守恒定律为

$$\sum p_i = \sum m_i v_i = \sum \frac{m_{0i}}{(1 - v^2/c^2)^{1/2}} v_i = 常矢量$$

$$(7-5-4)$$

当质点的运动速度远小于光速,即 $v/c \ll 1$ 时,式(7-5-3)可写成

$$\boldsymbol{F} = \frac{\mathrm{d}(m_0\boldsymbol{v})}{\mathrm{d}t} = m_0\frac{\mathrm{d}\boldsymbol{v}}{\mathrm{d}t} = m_0\boldsymbol{a}$$

这正是经典力学中牛顿第二定律.这表明,在物体的速度远小于光速的情形下,相对论质量 m 和静质量 m_0 一样,可视为常量,牛顿第二定律的形式 $\boldsymbol{F}=m\boldsymbol{a}$ 是成立的.同样在 $v/c \ll 1$ 的情形下,系统的总动量亦可由式(7-5-4)写成

$$\sum \boldsymbol{p}_i = \sum m_i\boldsymbol{v}_i = \sum \frac{m_{0i}}{(1-v^2/c^2)^{1/2}}\boldsymbol{v}_i = \sum m_{0i}\boldsymbol{v}_i = 常矢量$$

由上式可以明显看到,这正是经典力学的动量守恒定律.

总之,相对论的动力学方程式(7-5-3)和动量守恒定律式(7-5-4)具有普遍的意义,而牛顿力学则只是相对论力学在物体低速运动条件下很好的近似.

§7-6 相对论的质量、动量和能量的关系

前面介绍了相对论的动量和质量的概念、动量与速度的关系以及相对论动力学基本方程.在此基础上,下面,进一步介绍相对论的质量与能量、动能与能量两个重要的基本关系式.

一、质量与能量的关系

由相对论力学的基本方程式(7-5-3)出发,可以得到狭义相对论的一个重要关系式——质量与能量关系式.

设有一静止质量为 m_0 的质点受外力 $\boldsymbol{F}$ 作用,在 $\boldsymbol{F}$ 的作用下发生位移为 $\mathrm{d}\boldsymbol{r}$,外力对质点所做的元功为 $\mathrm{d}A=\boldsymbol{F}\cdot\mathrm{d}\boldsymbol{r}$,所以质点动能的增量为

$$\mathrm{d}E_\mathrm{k} = \boldsymbol{F}\cdot\mathrm{d}\boldsymbol{r}$$

假定外力与位移方向相同,当质点的速度为 v 时,它所具有的动能等于外力所做的功,即

$$E_\mathrm{k} = \int \boldsymbol{F}\cdot\mathrm{d}\boldsymbol{r} = \int \frac{\mathrm{d}p}{\mathrm{d}t}\mathrm{d}r = \int v\mathrm{d}p$$

利用 $\mathrm{d}(pv) = p\mathrm{d}v + v\mathrm{d}p$，上式可写成

$$E_k = pv - \int_0^v p\mathrm{d}v$$

将式(7—5—2)代入得

$$E_k = \frac{m_0 v^2}{\sqrt{1 - v^2/c^2}} - \int_0^v \frac{m_0 v}{\sqrt{1 - v^2/c^2}}\mathrm{d}v$$

积分后，得

$$E_k = \frac{m_0 v^2}{\sqrt{1 - v^2/c^2}} + m_0 c^2 \sqrt{1 - v^2/c^2} - m_0 c^2$$

即

$$E_k = mv^2 + mc^2(1 - v^2/c^2) - m_0 c^2 = mc^2 - m_0 c^2$$

$$(7-6-1)$$

上式是相对论性动能的表达式，它与经典力学中的动能表达式毫无相似之处. 然而，在 $v \ll c$ 的极限情况下，有 $(1 - v^2/c^2)^{-1/2} \approx \left(1 + \frac{1}{2}\frac{v^2}{c^2}\right)$. 把它代入式(7—6—1)，得

$$E_k = m_0 \left(1 - \frac{v^2}{c^2}\right)^{-1/2} c^2 - m_0 c^2$$

$$= m_0 \left(1 + \frac{1}{2}\frac{v^2}{c^2}\right)c^2 - m_0 c^2 = \frac{1}{2}m_0 v^2$$

这正是经典力学的动能表达式. 这表明，经典力学的动能表达式是相对论力学动能表达式在物体的运动速度远小于光速情形下的近似.

此外，由式(7—6—1)可得

$$mc^2 = E_k + m_0 c^2 \qquad (7-6-2)$$

爱因斯坦对此做出了具有深刻意义的说明：**mc^2 是质点运动时具有的总能量，而 $m_0 c^2$ 为质点静止时具有的静能量**. 表 7—1 给出了一些微观粒子和轻核的静能量，这样，上式表明质点的总能量等于质点的动能和其静能量之和，或者说，质点的动能是其总能量与静能量之差[式(7—6—1)]. 从相对论的观点来看，**质点的能量等于其质量与光速二次方的乘积**，如以符号 E 代表质点的总能量，则有

$$E = mc^2 \qquad (7-6-3)$$

表 7—1　一些基本粒子和轻核的静能量

粒子	符号	静能量/ MeV
光子	γ	0
电子（或正电子）	e（或$+e$）	0.510
μ 子	$\mu^{\pm}$	105.7
π 介子	π^{0}	139.6
质子	p	938.280
中子	n	939.573
氘	^{2}H	1 875.628
氚	^{3}H	2 808.944
氦（α 粒子）	^{4}He	3 727.409

这就是**质能关系式**. 它是狭义相对论的一个重要结论, 具有重要的意义. 式(7—6—3)指出, 质量和能量这两个重要的物理量之间有着密切的联系. 如果一个物体或物体系统的能量有 ΔE 的变化, 则无论能量的形式如何, 其质量 Δm 必有相应的改变. 由式(7—6—3)可知, 它们之间的关系为

$$\Delta E = (\Delta m)c^2 \qquad (7-6-4)$$

在日常现象中, 观测系统能量的变化并不难, 但其相应的质量变化却极微小, 不易觉察到. 例如, 将 1 kg 水从 0 ℃ 加热到 100 ℃时所增加的能量为

$$\Delta E = 4.18 \times 10^3 \times 100 \text{ J} = 4.18 \times 10^5 \text{ J}$$

而质量相应地只增加了

$$\Delta m = \frac{\Delta E}{c^2} = \frac{4.18 \times 10^5}{(3 \times 10^8)^2} \text{ kg} = 4.6 \times 10^{-12} \text{ kg}$$

然而, 在研究核反应时, 实验却完全验证了质能关系式.

1932 年, 英国物理学家考克饶夫(Cockcroft)和爱尔兰物理学家瓦耳顿(Walton)首次利用人工核蜕变实验验证了质能关系式, 并于 1952 年荣获诺贝尔物理学奖. 他们所设计的实验是, 利用高速质子束轰击威尔逊(Wilson)云室内的锂靶, 锂原子核俘获一个质子成为不稳定的铍原子核, 然后蜕变为两个氦原子核(α 粒子), 并以近 $180°$ 角高速飞出. 核反应方程为

$$^{7}_{3}\text{Li} + ^{1}_{1}\text{H} \rightarrow ^{8}_{4}\text{Be} \rightarrow ^{4}_{2}\text{He} + ^{4}_{2}\text{He}$$

实验测得两个 α 粒子的总动能为 17.3 MeV(1 MeV=1.60×10^{-13} J)，这个总动能就是核反应后两个 α 粒子所具有的动能之和 ΔE_k. 由质能关系式(7-6-4)知，两 α 粒子的质量比其静质量增加了

$$\Delta m = \frac{\Delta E_k}{c^2} = \frac{17.3 \times 1.60 \times 10^{-13}}{(3.0 \times 10^8)^2} \text{ kg} = 3.08 \times 10^{-29} \text{ kg},$$

如采用原子质量单位 u(一个原子质量单位等于处于基态的^{12}C 原子静质量的 1/12,1 u=1.66×10^{-27} kg),则

$$\Delta m = \frac{3.08 \times 10^{-29}}{1.66 \times 10^{-27}} \text{ u} = 0.018\ 55 \text{ u}$$

由质谱仪测量质子($_1^1$H)、锂原子核($_3^7$Li)和 α 粒子($_2^4$He)的静质量分别为

$$m_H = 1.007\ 83 \text{ u}, m_{Li} = 7.016\ 01 \text{ u}, m_{He} = 4.002\ 60 \text{ u}$$

据此可算出该反应前后,生成物的质量减少为

$$\Delta m = (1.007\ 83 \text{ u} + 7.016\ 01 \text{ u}) - 2 \times 4.002\ 60 \text{ u}$$
$$= 0.018\ 64 \text{ u}$$

减少的质量转化为生成物——两个 α 粒子的动能

$$\Delta E_k = \frac{0.018\ 64 \times 1.66 \times 10^{-27} \times 9.0 \times 10^{-16}}{1.60 \times 10^{-13}} \text{ MeV} = 17.41 \text{ MeV}$$

与实验测得的两个 α 粒子的总动能 17.3 MeV 非常接近(相对误差 <0.5%). 后来,人们又做了许多有关核反应方面的实验,都得出了与式(7-6-4)相符合的结果. 所有这类实验都验证了质能关系的正确性,这些结果进一步证实狭义相对论的基本原理是正确的.

二、动量与能量的关系

在牛顿力学中,质点的质量 m 是一个不依赖于速度的常量,一个质量为 m 的质点的动量 $\boldsymbol{p} = m\boldsymbol{v}$,动能 $E_k = \frac{1}{2}mv^2 = p^2/2m$,这是牛顿力学的动量与动能关系式. 这个关系式对洛伦兹变换不是不变的,不适用于高速运动. 为此需要给出洛伦兹变换不变的相对论的动量与能量关系式. 由前述可知,在相对论中,静质量为 m_0、运动速

度为 v 的质点的总能量和动量，可由下列公式给出

$$E = mc^2 = \frac{m_0 c^2}{\sqrt{1 - v^2/c^2}}, \boldsymbol{p} = m\boldsymbol{v} = \frac{m_0 v}{\sqrt{1 - v^2/c^2}}$$

在这两个公式中消去速度 v，可以得到动量和能量之间的关系，即

$$(mc^2)^2 = (m_0 c^2)^2 + m^2 v^2 c^2$$

由于 $\boldsymbol{p} = m\boldsymbol{v}$，$E_0 = m_0 c^2$ 和 $E = mc^2$，所以上式可写成

$$E^2 = E_0^2 + p^2 c^2 \qquad (7-6-5)$$

这就是**相对论动量和能量关系式，它对洛伦兹变换保持不变**. 对动能为 E_k 的粒子，用 $E = E_k + m_0 c^2$ 代入式（7-6-5），可得

$$E_k = \frac{p^2}{m + m_0}$$

当 $v \ll c, m \approx m_0$，于是 $E_k = \frac{p^2}{2m}$，回到了牛顿力学表达式.

如果质点的能量 E 远远大于其静能量 E_0，即 $E \gg E_0$，那么式（7-6-5）中的等号右边第一项可略去不计，（7-6-5）式可近似写成

$$E \approx pc \qquad (7-6-6)$$

当然，此式也可以表述像光子这类静质量为零的粒子的能量和动量之间的关系（此时，式中为等号）. 我们知道，频率为 ν 的光束，其光子的能量为 $h\nu$，而 h 称作普朗克常量. 于是，由式（7-6-6）可得光子的动量为

$$p = \frac{E}{c} = \frac{h\nu}{c} = \frac{h}{\lambda} \qquad (7-6-7)$$

式中，λ 为此光束的波长. 这就告诉我们，光子的动量与光的波长成反比. 由此，人们对光的本性的认识又深入了一步.

上面简单叙述了狭义相对论的时空观和相对论力学的一些重要结论. 关于相对论的电磁理论以及相对论力学的协变表述将在电动力学中进一步讲述. 总之，狭义相对论的建立是物理学发展史上的一个里程碑，具有深远的意义. 它揭示了空间和时间之间，以及时空和运动物质之间的深刻联系. 这种相互联系，把牛顿力学中认为互不相关的绝对空间和绝对时间，结合成为一种统一的运动物质的存在形式.

与牛顿力学相比较,狭义相对论更客观、更真实地反映了自然规律. 目前,狭义相对论不但被大量的实验事实所证实,而且还成为研究宇宙星体、粒子物理以及一系列工程物理(如反应堆中能量的释放、带电粒子加速器的设计)等问题的基础. 当然,随着科学技术的不断发展,一定还会有新的、目前尚不知道的事实被发现,甚至还会有新的理论出现. 然而,以大量的实验事实为根据的狭义相对论在科学中的地位是无法否定的. 这就像在低速、宏观物体的运动中,牛顿力学仍然是十分精确的理论那样.

例 7—6—1 原子核结合能的计算. 已知质子和中子的静能量分别为

$$M_p = 938.280 \text{ MeV}$$
$$M_n = 939.573 \text{ MeV}$$

两个质子和两个中子组成一个氦核 $^4_2$He,实验测得它的静能量为 $M_A = 3\,727.409$ MeV,试计算形成一个氦核时放出的能量.

解 两个质子和两个中子组成一个氦核之前,总静能量为

$$M = 2M_p + 2M_n = 3\,755.706 \text{ MeV}$$

而从实验测定,氦核静能量 M_A 小于质子和中子的总静能量 M,该差额 $\Delta M = M - M_A$ 称为原子核的质量(静能量)亏损. 对于 $^4_2$He 核,则

$$\Delta M = M - M_A = 3\,755.706 \text{ MeV} - 3\,727.409 \text{ MeV}$$
$$= 28.297 \text{ MeV}$$

由此可知,当质子和中子组成原子核时,将有大量的能量放出. 质子和中子结合成 1 mol 氦核(即 4.002 g 氦核)时所放出的能量为

$$\Delta E = 6.022 \times 10^{23} \times 28.297 \text{ MeV} = 1.704 \times 10^{25} \text{ MeV}$$

这相当于燃烧差不多 100 吨标准煤所放出的热量.

例 7—6—2 设一质子以速度 $v = 0.80c$ 运动. 求其总能量、动能和动量.

解 从表 7—1 知道,质子的静能量为 $E_0 = m_0c^2 = 938$ MeV,所以,质子的总能量为

$$E = mc^2 = \frac{m_0 c^2}{\sqrt{1 - v^2/c^2}} \text{ MeV} = 1\,563 \text{ MeV}$$

质子的动能为

$$E_k = E - m_0c^2 = 1\,563 \text{ MeV} - 938 \text{ MeV} = 625 \text{ MeV}$$

173

质子的动量为

$$p = mv = \frac{m_0 v}{(1 - v^2/c^2)^{1/2}}$$

$$= \frac{1.67 \times 10^{-27} \times 0.8 \times 3 \times 10^8}{(1 - 0.8^2)^{1/2}} \ \text{kg} \cdot \text{m} \cdot \text{s}^{-1}$$

质子的动量也可由式（7—6—5）求得，即

$$cp = \sqrt{E^2 - (m_0 c^2)^2} = \sqrt{1\ 563^2 - 938^2} \ \text{MeV} = 1\ 250 \ \text{MeV}$$

$$p = 1\ 250 \ \text{MeV}/c$$

注　在 MeV/c 中"c"是作为光速的符号而不是数值. 在核物理中经常用"MeV"作为能量的单位.

*§ 7—7　广义相对论简介

前面介绍了爱因斯坦的狭义相对论,给出了一些物理规律的相对论表达形式,然而爱因斯坦的狭义相对论只适用于惯性系,对于非惯性系,物理规律的相对论表述应该具有什么样的形式呢? 爱因斯坦自狭义相对论建立后,一直在思考这个问题,直到 1915 年才有了答案. 他提出了包括非惯性系在内的相对论,即广义相对论. 与狭义相对论相比,广义相对论所用的数学知识要高深得多. 这里只能简略介绍一下广义相对论的等效原理和相对性原理等基本概念,更广泛的内容将在广义相对论一章详细阐述.

一、广义相对论的等效原理和相对性原理

为了方便阐述广义相对论的基本原理,假设一位观察者在宇宙飞船内做自由落体实验,如图 7—7—1 所示.

在图 7—7—1(b)中,宇宙飞船静止在地面惯性系上,他将看到质点因引力作用而自由下落;在图 7—7—1(a)中, 宇宙飞船处于不受力的自由空间内,是一个孤立宇宙飞船,质点是静止的,但当飞船突然获得一个向上的加速度,这时飞船变成非惯性系,他将看到质点的运动是与图 7—7—1(b)中完全相同的自由落体运动. 显然,如果他不知道飞船外的情况,在这个局部范围内,单凭这个实验,他将无法判断自己究竟是在自由空间相对于星球做加速运动,还是静止在引力场中. 事实上,由于惯性质量与引力质量相等,我们无法根据上述两个实验来区分哪一个是在静止于地面的飞船内做的,哪一个是在自由空间加速运动的

飞船内做的. 由此,我们可得出结论:在处于均匀恒定引力场的惯性系中所发生的一切物理现象可以与一个不受引力场影响,但以恒定加速度运动的非惯性系内的物理现象完全相同. 这便是通常所说的等效原理. 由于引力场和加速效应等效,所以让宇宙飞船在引力场中自由下落,飞船舱内的观察者将处于失重状态之中,这时引力场的作用在这个局部环境中将被加速运动完全抵消. 爱因斯坦据此把相对性原理推广到非惯性系,认为物理定律在非惯性系中可以和局部惯性系中完全相同,但在局部惯性系中要有引力场存在,或者说,所有非惯性系和有引力场存在的惯性系对于描述物理现象都是等价的. 这就是广义相对论的相对性原理. 考虑到引力场在大尺度上并不均匀,它在场中各点的强度(即质点在该处自由下落的加速度 g)是不同的. 因此,在引力场空间每一点上配置的自由下落的实验室只代表那一点上的惯性系,这种惯性系叫作局部惯性系.

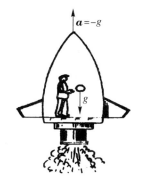

（a）具有加速度 $\boldsymbol{a}$ 的孤立火箭　　　　（b）静止于引力场中的火箭

图 7-7-1　一位观察者在火箭舱里做自由落体实验

在引力场中,总存在着许许多多的局部惯性系,这些局部惯性系是有相对速度的,虽然如此,我们在每一局部惯性系中都能应用狭义相对论的结论.

二、广义相对论效应

建立在广义相对论的相对性原理之上的广义相对论,其实是考虑了引力场的相对论. 由于引入了场的概念,因而在广义相对论中,认识到物质、空间和时间之间,存在着比经典物理更为复杂和深刻的联系. 在宇宙空间内物质积聚的地方,存在着较强的引力场,它将直接影响时空的性质. 广义相对论证明,在某点上的引力场越强,则处于引力场的钟走得越慢. 爱因斯坦由此预测了光谱线的红向移动(即在引力极强的远处恒星上所发射出来的某一元素的谱线在地球上测得的频率小于地球上所发射的). 此外,由广义相对论还知道,光线经过质量较大的物体附近时,受其引力场的影响,应向该物体的方向偏转.

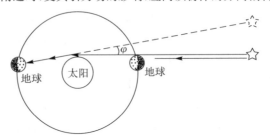

图 7—7—2   引力使光线弯曲

例如,如图 7—7—2 所示,在太阳的情况下,这时偏转角 φ 为 1.75″.从星球射来的光线,经过太阳附近然后再照射到地球上所发生的偏转,只能在日食时才可以观测到.作为广义相对论初期重大事实验证之一,我们应该介绍一下水星近日点的进动.天文观测发现行星的近日点有进动,它们的轨道不是严格闭合的.牛顿力学虽能做出解释,但计算值与观测值每世纪 5600.73″ 的进动相比少了 43.11″.用广义相对论,考虑到时空弯曲引起的修正,就能得出水星近日点的进动应有每世纪43.03″的附加值.

除引力红移和光线弯曲外,广义相对论的另一个重要预测是黑洞.1939 年,美国年轻的物理学家奥本海默(Oppenheimer)和斯奈德尔(Snyder)从广义相对论出发提出这样一个观点:如果一个星体的密度非常巨大,它的引力也是非常巨大的,以至于在某一半径 R_s(常称之为临界半径)之内,任何物体甚至电磁辐射都不能从它的引力作用下逃逸.任何光束,只要它距此致密星体的距离小于临界半径 R_s,光束都将落入此星体中,而这个星体又没有任何电磁辐射发射出来,这种星体被称为黑洞.正因为黑洞没有电磁辐射发射出来,故它很难被观测到.1964 年,天文物理学家发现宇宙中有一颗星的光谱线出现周期性的变红和变紫.经计算,在这颗星的附近应有一颗质量很大、而半径很小的伴星,但又观察不到这颗伴星的谱线,因此天文学家猜测这颗伴星实际上是一个黑洞.这是人类首次发现的黑洞.此后,天文物理学家又陆续发现了一些黑洞,并认为黑洞是由恒星在其引力坍缩下形成的.

总体来看,狭义相对论和广义相对论对物理学不同领域所起的作用各不相同,在宏观、低速的情况下,两者的效应均可略去,而在微观、高能物理中狭义相对论取得了辉煌的成就,它是人们认识微观世界和高能物理的基础.它和弱相互作用、电磁相互作用有着密切的联系.而广义相对论则适用于大尺度的时空,即大于 10^8 光年范围的所谓宇观世界,广义相对论的成果要在宇观世界才能显示出来.

习题七

一、选择题

7—1 两事件分别由两个观察者 S、S' 观察,S、S' 彼此相对做匀速运动,观察者 S 测得两事件相隔 3 s,两事件发生地点相距 10 m,观察者 S' 测得两事件相隔 5 s,S' 测得两事件发生地的距离最接近于 （　）

(A)0 m　　(B)2 m　　(C)10 m　　(D)17 m　　(E)10^9 m

7—2 以下关于同时性的结论中,正确的是 （　）

(A)在一惯性系同时发生的两个事件,在另一惯性系一定不同时发生

(B)在一惯性系不同地点同时发生的两个事件,在另一惯性系一定同时发生

(C)在一惯性系同一地点同时发生的两个事件,在另一惯性系一定同时发生

(D)在一惯性系不同地点不同时发生的两个事件,在另一惯性系一定不同时发生

7—3 某种介子静止时寿命为 10^{-8} s,质量为 10^{-25} g. 如它在实验室中的速度为 2×10^8 m/s,则它的一生中能飞行(以 m 为单位) （　）

(A)10^{-3}　　(B)2　　(C)$\sqrt{5}$　　(D)$6/\sqrt{5}$　　(E)$9/\sqrt{5}$

7—4 已知电子的静能为 0.51 MeV,若电子的动能为 0.25 MeV,则它增加的质量约为静止质量的 （　）

(A)0.1 倍　　(B)0.2 倍　　(C)0.5 倍　　(D)0.9 倍

7—5 E_k 是粒子的动能,p 是它的动量,那么粒子的静能 $m_0 c^2$ 等于（　）

(A)$(p^2 c^2 - E_k^2)/2E_k$　　(B)$(p^2 c^2 - E_k)/2E_k$　　(C)$p^2 c^2 - E_k^2$

(D)$(p^2 c^2 + E_k^2)/2E_k$　　(E)$(pc - E_k)^2/2E_k$

7—6 把一个静止质量为 m_0 的粒子,由静止加速到 $v=0.6c$,需做的功为 （　）

(A)0.18 $m_0 c^2$　　(B)0.25 $m_0 c^2$　　(C)0.36 $m_0 c^2$　　(D)1.25 $m_0 c^2$

二、填空题

7—7 陈述狭义相对论的两条基本原理.

(1)_____;

(2)_____.

7—8 两个惯性系 K 和 K',相对速率为 $0.6c$,在 K 系中观测,一事件发生

在 $t=2\times10^{-4}$ s，$x=5\times10^3$ m处，则在 K' 系中观测，该事件发生在 $t'=$ _____ s，$x'=$ _____ m 处.

7—9 半人马星座 α 星是距离太阳系最近的恒星，它距离地球 $S=4.3\times10^{16}$ m．设有一宇宙飞船自地球飞到半人马星座 α 星，若宇宙飞船相对于地球的速度为 $v=0.999c$，按地球上的时钟计算要用多少年时间？如以飞船上的时钟计算，所需时间又为多少年？

7—10 两火箭 A，B 沿同一直线相向运动，测得两者相对地球的速度大小分别为 $v_A=0.9c$，$v_B=0.8c$．则两者互测的相对运动速率为 _____ ．

7—11 α 粒子在加速器中被加速，当加速到质量为静止质量的 5 倍时，其动能为静止能量的 _____ 倍.

7—12 静止的 μ 子的平均寿命约为 $\tau_0=2\times10^{-6}$ s．今在 8 km 的高空，由于 π 介子的衰变产生一个速度为 $v=0.998c$（c 为真空中光速）的 μ 子，则此 μ 子 _____（填"能"或"不能"）到达地面.

7—13 设有两个静止质量均为 m_0 的粒子，以大小相等的速度 v_0 相向运动并发生碰撞，合成为一个粒子，则该复合粒子的静止质量 $m_0'=$ _____ ，运动速度 $v=$ _____ ．

三、计算与证明题

7—14 一航空母舰从太平洋的 A 点出发向北航行，速度为 $0.6c$，设 $t=t'=0$ 时刻，A 点和航空母舰的尾部重合，这时恰巧有一架飞机自舰尾向东北方向滑行，经过 $t'=20$ s 后滑行 150 m 离舰飞行，假设 A 点为地球参考系的原点．求飞机离舰飞行时在地球参考系的时空坐标和速度.

7—15 一体积为 V_0，质量为 m_0 的立方体沿其一棱的方向相对于观察者 A 以速度 v 运动，则观察者 A 测得其密度是多少？

7—16 设一飞行器自西向东沿水平方向飞行，飞行速度为 $0.6c$，飞行器内一物体自尾部移动到首部，移动距离 100 m，用时 20 s，问：

(1)地面上观察者所看到的飞行器的长度是多少？

(2)地面上观察者看到的飞行器内物体移动的时间是多少？

(3)地面上观察者看到的物体移动的速度是多少？

7—17 一列火车长 0.40 km（火车上观察者测得），以 300 km·h^{-1} 的速度行驶，地面上的观察者发现有两个闪电同时击中火车前后两端．问火车上的观察者测得两闪电击中火车前后两端的时间间隔是多少？

7—18 在惯性系 S 中，有两事件发生于同一地点，且第二事件比第一事件晚发生 $\Delta t=2$ s；而在另一惯性系 S' 中，观测第二事件比第一事件晚发生 $\Delta t'=3$ s．那么在 S' 系中发生两事件的地点之间的距离是多少？

7—19 π^+介子是一种不稳定的粒子,其平均寿命为 2.6×10^{-8} s(在它自身参考系中测得). 如果此粒子相对实验室以 $0.8c$ 的速度运动,那么实验室坐标系中测得 π^+ 介子的寿命是多少?π^+ 介子在衰变前运动了多长距离?

7—20 要使电子的速度从 $v_1=1.2\times10^8$ m·s^{-1} 增加到 $v_2=2.4\times10^8$ m·s^{-1},必须对它做多少功?(电子静止质量 $m_e=9.11\times10^{-31}$ kg)

7—21 设有一 π^+ 介子,在静止下来后,衰变为 μ^+ 子和中微子 γ. 三者的静止质量分别为 m_π,m_μ 和 0,求 μ^+ 子和中微子 γ 的动量、能量和动能.

7—22 一静质量为 207 MeV 的粒子经过某加速器后,总能量变为 1000 MeV,求该粒子的动能、动量和速率.

7—23 北京正负电子对撞机,将正负电子分别加速到 $0.8c$ 后发生对撞,对撞后湮灭为两个同频率的光子,求碰撞前正负电子的相对速度是多少?湮灭为两光子的频率是多少?

7—24 试证:一粒子的相对论动量大小可表示为

$$p=\frac{\sqrt{2E_0E_k+E_k^2}}{c}$$

式中,E_0 为粒子的静止能量,E_k 为粒子的动能,c 为真空中的光速.

❷ ━━━━ 阅读资料

爱因斯坦和世界物理年

1905 年是科学史上翻天覆地的一年,这一年名不见经传的爱因斯坦发表的 5 篇论文彻底改变了传统的物理学,也为造福后世的诸多技术奠定了基础,百年之际,联合国大会决议,2005 年为世界物理年,以纪念这个"奇迹之年".

世界物理年的决定过程:

2000 年,欧洲物理学会提出设立"2005 世界物理年"的倡议;

2002 年,国际纯粹与应用物理联合会通过了该倡议;

2003 年,该倡议经联合国教科文组织在第 32 次全体会议表决通过;

2004 年 6 月,联合国召开第 58 次会议,通过 2005 年为"世界物理年"的决议.

一、爱因斯坦（1879～1955）

1879年3月14日，爱因斯坦在德国小城乌尔姆出生，他的父母都是犹太人．爱因斯坦有一个幸福的童年，他的父亲是位平静、温顺的好心人，爱好文学和数学．他的母亲个性较强，喜爱音乐，并影响了爱因斯坦．爱因斯坦从6岁起学小提琴，从此小提琴成为他的终身伴侣．爱因斯坦的父母对他有着良好的影响和家庭教育，家中弥漫着自由的精神和祥和的气氛．

和牛顿一样，爱因斯坦年幼时也未显出智力超群，相反，到了4岁多还不会说话，家里人甚至担心他是个低能儿．6岁时他进入了国民学校，是一个十分沉静的孩子，喜欢玩一些需要耐心和坚韧的游戏，例如用纸片搭房子．

1888年，爱因斯坦进入中学后，学业也不突出，除了数学很好以外，其他功课都不怎么样，尤其是拉丁文和希腊文，他对古典语言毫无兴趣．当时的德国学校必须接受宗教教育，开始时爱因斯坦非常认真，但当他读了通俗的科学书籍后，意识到宗教里有许多故事是不真实的．12岁时他放弃了对宗教的信仰，并对所有权威和社会环境中的信念产生了怀疑，并发展成一种自由的思想．爱因斯坦发现周围有一个巨大的自然世界，它离开人类独立存在，就像一个永恒的谜．看到许多他非常尊敬和钦佩的人在专心从事这项事业时，他找到了内心的自由和安宁．于是，少年时代的爱因斯坦就选择了科学事业，希望掌握这个自然世界的奥秘，而一旦选择了这一道路，就坚持不懈地走了下去，从来没有后悔过．

1895年，爱因斯坦来到瑞士苏黎世，准备报考苏黎世的联邦工业大学，虽然他的数学和物理考得不错，但其他科目没有考好，学校校长推荐他去瑞士的阿劳州立中学学习一年，以补齐功课．在阿劳州立中学的这段时光使爱因斯坦感受到快乐，他尝到了瑞士自由的空气和阳光，并决心放弃德国国籍．

1896年，爱因斯坦正式成为一个无国籍的人，并考进了联邦工业大学．大学期间，爱因斯坦迷上了物理学．一方面，他阅读了德国著名物理学家基尔霍夫、赫兹等人的著作，钻研了麦克斯韦的电磁理论和马赫的力学，并经常去理论物理学教授的家中请教；另一方面,他大部分时间是去物理实验室做实验,迷恋于直接观察和测量. 1900 年,爱因斯坦大学毕业.1901 年,他获得了瑞士国籍.1902 年, 在他的朋友格罗斯曼的帮助下,爱因斯坦终于在伯尔尼的瑞士联邦 专利局找到了一份稳定的工作——当技术员.

二、改变世界的 5 篇文章

1905 年,爱因斯坦连续写了 6 篇论文,尤其是在从 3 月到 9 月 这 6 个月内,在三个不同领域中,他做出了四个具有划时代意义的贡 献.下面介绍其中的 5 篇文章.

(1)《关于光的产生和转化的一个启发性观点》,该文于 1905 年 6 月发表,提出了"光量子"理论,将量子概念应用于解释光电效应, 这将 1900 年普朗克创立的量子论大大推进了一步,对早已成定论的 光的波动理论提出了有力的挑战,揭示了光的波粒二象性的特征. 该成果使他获得了 1921 年的诺贝尔物理学奖,光电效应成为后来众 多技术的基础.

(2)《关于热的分子运动论所要求的静止液体中悬浮小粒子的 运动》,1905 年 7 月发表,被认为第二篇"对世界产生革命性影响"的 论文,该文为"特定大小原子的存在"提供了证明.

(3)《分子大小的新测定》,在 1905 年 4 月、5 月和 12 月,爱因斯 坦写了 3 篇关于分子运动论的论文,目的是通过观测液体中悬浮粒 子的运动来测定分子的实际大小,以解决半个世纪以来科学界和哲 学界争论不休的"原子是否存在"的问题,他的理论预测得到两位化 学家的实验证实,使各国科学家认为,分子和原子的存在性问题已 无任何怀疑的余地.

(4)《论动体的电动力学》(狭义相对论),这是他 10 年酝酿和反 复苦思的结果,该文解决了 19 世纪末出现的物理学的一个严重危 机.到 19 世纪 70 年代,以牛顿力学为基础的经典物理学在各个领域 都取得了辉煌成就,不少物理学家认为物理学理论已接近完成.可 是在 19 世纪 80 年代的"以太漂移"实验与理论预测刚好相反.爱因 斯坦提出了两个假设:相对性原理和光速不变原理,并在此基础上 建立了狭义相对论.

(5)《物体的惯性是否决定其内能》,该文是 1905 年 9 月写的一篇短文,是作为相对论的一个推论,即 $E=mc^2$,这就是质能相当性,它解释了一个当时使所有物理学家困惑的现象:放射性元素(如镭)不断地释放出大量的能量. 它是 20 世纪 30 年代开始蓬勃发展起来的核物理学和探索物质基本结构的粒子物理学的理论基础,也为核能的利用开辟了道路,使人类进入了原子能时代.

相对论冲击了自牛顿以来的古典物理学理论体系,改变了传统的空间、时间观念,深刻地影响了科学方法论和哲学的认识论,正如普朗克早在 1910 年所说的,由相对论"所带来的物理世界观的革命,在广度和深度上,只有哥白尼的世界体系的提出所引起的革命可以相比拟",也正是普朗克的推动,相对论很快成为人们研究和讨论的课题,爱因斯坦也因此受到了学术界的关注.

三、爱因斯坦一生最重要贡献

他一生发表过约 300 篇科学论文,最重要的贡献有:

1. 狭义相对论

这个理论指出在宇宙中唯一不变的是光在真空中的速度,其他任何事物——速度、长度、质量和时间间隔,都随观察者的参考系(特定观察)而变化. 根据相对论,时空是相关联的,三维空间和时间构成四维时空,这完全区别于牛顿(1643~1727)所提出的时间和空间都是绝对的,时空是分离的时空观.

由狭义相对论协变性,可推论出 $E=mc^2$.

2. 广义相对论的建立

1905 年,发表相对论的第一篇文章时并没有立即引起强烈的反响,但普朗克给予了支持和推动.

1907 年,在朋友建议下,爱因斯坦将那篇著名论文提交给联邦工业大学,申请一个编外讲师职位,答复是论文无法理解,没有拿到大学教职,许多有名望的人为他鸣不平.

1908 年,得到编外职位.

1909 年,当上副教授.

1913 年,应普朗克之邀担任新成立的威廉皇帝物理研究所所长和柏林大学教授.

正是在此期间他考虑建立广义相对论.

使爱因斯坦不安的两个问题：

第一,引力问题.狭义相对论对于力学、电动力学、热力学的规律是正确的,但它无法解释引力问题.牛顿的引力理论是超距的.两个物体之间的引力作用在瞬间传递,即以无穷大的速度传递.这与最大信号传递速度、极限的光速相冲突.

第二,非惯性系问题.狭义相对论与以前的物理规律一样,只适用于惯性系.但事实上却很难找到真正的惯性系.因此,必须考虑非惯性系.

狭义相对论很难解释所谓的孪生子佯谬.

该佯谬说的是：一对孪生兄弟,哥哥在宇宙飞船上以接近光速的速度做宇宙航行.根据相对论高速运动的时钟变慢理论,等哥哥回到地球,弟弟已经变老了,因为地球上已经经历了几十年,但是按照相对性原理,飞船相对于地球做高速运动,在飞船上观察地球也相对于飞船做高速运动.因此如果弟弟看哥哥变年轻的话,哥哥看弟弟也应该年轻了.这个问题没法回答.

这里有一个狭义相对论所无法解决的问题：狭义相对论只处理匀速直线运动,而哥哥要回到地球经历了两次变速运动,这是狭义相对论无法处理的.

1907年,《关于相对性原理和由此得出的结论》论文发表,首次提出等效性原理,后来又不断发展等效原理的思想,他以惯性质量和引力质量成正比的自然规律作为等效原理的根据,提出：在无限小的体积中均匀的引力场完全可以代替加速运动的参考系.同时,爱因斯坦提出了封闭箱的说法：在一个封闭箱中的观察者,无论用何种方法也无法确定他究竟是静止于一个引力场中,还是处在没有引力场却在做加速运动的空间中,这是解释等效原理最常用的说法,而惯性质量与引力质量相等是等效原理的自然推论.

1915年11月,爱因斯坦向普鲁士科学院提交了4篇论文,在这些论文中他提出了新的看法,证明了水星近日点的运动,并给出了正确的引力场方程,广义相对论由此诞生了.

1916年,完成长篇论文《广义相对论的基础》.书中首先将以前

适用于惯性系的相对论称为狭义相对论,将只对于惯性系物理规律同样成立的原理称为狭义相对性原理,并表述为:

物理学的定律必须对于无论哪种方式运动着的参考系都成立.

广义相对论:①很好地解释了水星近日点运动中一直无法解释的43 s.②广义相对论第二大预言是引力红移,即在强引力场中光谱向红端移动.③第三大预言是引力场使光线偏转,最靠近地球的大引力场是太阳引力场,广义相对论预言,遥远的星光如果掠过太阳表面将会发生1.7 s偏转.经美国科学家爱丁顿的鼓动,美国曾派出两支远征队分赴两地观察日全食,最终证实了爱因斯坦的预言.

对爱因斯坦及其理论的评价:

英国皇家学会会长汤姆逊1919年在英国皇家学会和天文学会上说:"这是自从牛顿时代以来所取得的关于万有引力理论的最重大成果.""爱因斯坦的相对论是人类思想最伟大的成果之一."法国一位物理学家说:"在我们这一时代的物理学家中爱因斯坦将位于最前列,他现在是、将来还是人类宇宙中最光辉的巨星之一.""他也许比牛顿更伟大."

第八章

振动学基础

　　振动是遍及自然界和社会科学界最普遍的一种运动形式. 例如,行星的运动、动物的心跳、固体原子的振动、生态的循环、股票指数的振荡等. 从更宏大的范围来看,一些宇宙学家认为,整个宇宙可能正在做两次振动间隔为数百亿年的振动. 这里所说的振动是一种周期性的运动,在时间上具有重复性或往复性的一种运动. 如果物体在平衡位置附近做往复的周期性运动,称为机械振动. 电流、电压、电场强度和磁场强度围绕某一数值做周期性变化,称为电磁振动或电磁振荡. 在物理学中,一般地说,任何一个物理量在某一数值附近做周期性的变化,都可以认为该物理量在振动. 尽管这些物理现象的具体机制各不相同,但作为振动这种运动的形式,它们具有共同的特征.

　　最基本、最简单的振动是简谐运动,一切复杂的振动都可以分解为若干个简谐运动. 因此,本章从讨论简谐运动的基本规律入手,进而讨论振动的合成,并简要介绍阻尼振动、受迫振动和共振现象、电磁振荡等.

§8-1　简谐运动

　　物体运动时,如果离开平衡位置的位移(或角位移)按余弦函数(或正弦函数)的规律随时间变化,这种运动就叫简谐运动,简称谐运动.

　　下面以弹簧振子为例,研究简谐运动的运动规律.

一、简谐运动的表达式

把轻弹簧(质量可以忽略不计)的一端固定,另一端与质量为 m 的物体相连,这样的弹簧和物体组成的系统称为弹簧振子. 如图 8-1-1所示为一个在光滑水平面上放置的弹簧振子. 当弹簧处于自然长度(既未伸长,也未压缩)时,物体所受合外力为零,物体处于平衡位置 O 点. 以 O 点为坐标原点,向右为 x 轴正方向建立坐标系.

如果把物体稍微移动后释放,由于弹簧产生形变,便有指向平衡位置 O 点的弹性力作用在物体上,迫使物体回到平衡位置. 物体将在 O 点两侧做往复运动. 如果水平面光滑,物体离开平衡位置的位移 x 将按余弦(或正弦)函数的规律随时间 t 变化,这正是简谐运动. 下面予以证明.

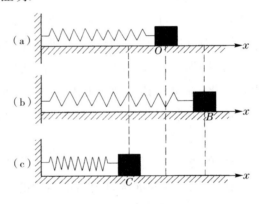

图 8-1-1　弹簧振子的振动

在小幅度振动情况下(在弹性限度内),由胡克定律可知,物体受到的弹性力 F 与物体相对于平衡位置的位移 x 成正比,即

$$F = -kx$$

式中, k 为弹簧的劲度系数,负号表示力和位移的方向相反. 如果物体所受的合外力与其位移成正比而方向相反,这样的力称为线性回复力. 由于在光滑的水平面上摩擦力为零,因此作用在物体上的合外力也就等于它受到的弹性力.

根据牛顿第二定律,物体的加速度为

$$\frac{\mathrm{d}^2 x}{\mathrm{d}t^2} = \frac{F}{m} = -\frac{k}{m}x \qquad (8-1-1)$$

令 $\omega^2 = \frac{k}{m}$,代入式(8-1-1),得

$$\frac{\mathrm{d}^2 x}{\mathrm{d}t^2} = -\omega^2 x \qquad (8-1-2)$$

此方程是二阶常系数齐次线性微分方程.这个微分方程的解为

$$x = A\cos(\omega t + \varphi) \qquad (8-1-3)$$

式中,A 和 φ 是积分常数,它们的物理意义及确定方法将在后面讨论.由式(8-1-3)可见,弹簧振子相对平衡位置的位移按余弦函数关系随时间变化,所做的正是简谐运动,上式称为简谐运动表达式.

由弹簧振子的振动可知,**物体在线性回复力作用下的运动就是简谐运动**.这是物体做简谐运动的动力学特征.**如果物体的加速度与其位移成正比,而且方向相反,则物体做简谐运动**.这一结论称为简谐运动的运动学特征.

二、简谐运动的速度和加速度

由速度和加速度的定义以及简谐运动表达式(8-1-3)可得,做简谐运动物体的速度和加速度分别为

$$v = \frac{\mathrm{d}x}{\mathrm{d}t} = -\omega A\sin(\omega t + \varphi) = v_{\mathrm{m}}\cos\left(\omega t + \varphi + \frac{\pi}{2}\right)$$

$$(8-1-4)$$

式中,$v_{\mathrm{m}} = \omega A$ 称为速度幅值;

$$a = \frac{\mathrm{d}^2 x}{\mathrm{d}t^2} = -\omega^2 A\cos(\omega t + \varphi) = a_{\mathrm{m}}\cos(\omega t + \varphi + \pi)$$

$$(8-1-5)$$

式中,$a_{\mathrm{m}} = \omega^2 A$ 称为加速度幅值.

由式(8-1-3)、(8-1-4)、(8-1-5)可画出如图 8-1-2 所示的位移、速度和加速度与时间的关系图像.可以看出,物体做简谐

运动时,它的位移、速度和加速度都随时间做周期性变化,而区别是三者的初相位不同.

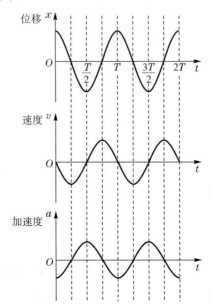

图 8—1—2　简谐运动中的位移、速率、加速度与时间的关系图像

三、简谐运动的振幅、周期(频率、角频率)和相位(初相位)

振幅、周期和相位都是描写简谐运动的物理量,现结合简谐运动表达式(8—1—3)来说明这些量的物理意义.

1. 振幅 A

在简谐运动表达式 $x = A\cos(\omega t + \varphi)$ 中,因为 $|\cos(\omega t + \varphi)| \leqslant 1$,所以物体的运动范围在 $+A$ 和 $-A$ 之间,我们把简谐运动物体离开平衡位置最大位移的绝对值 A,称为振幅.

2. 周期和频率

(1)周期 T. 物体做一次完全振动所经历的时间叫作周期,用 T 表示,其单位是秒(s).

从周期的定义可知,每隔一个周期,物体的振动状态就完全重复一次,即

$$x = A\cos(\omega t + \varphi) = A\cos[\omega(t + T) + \varphi] = A\cos(\omega t + \varphi + \omega T)$$

由余弦函数的周期性可知,满足上述方程的 T 最小值应为 $\omega T = 2\pi$,所以

$$T = \frac{2\pi}{\omega} \qquad (8-1-6)$$

因为弹簧振子的 $\omega = \sqrt{\dfrac{k}{m}}$,所以其周期为

$$T = 2\pi\sqrt{\frac{m}{k}}$$

(2)频率和角频率. 单位时间内物体所做的完全振动的次数称为频率,用 ν 表示,它的单位是赫兹(Hz). 显然,频率和周期之间的关系为

$$\nu = \frac{1}{T} = \frac{\omega}{2\pi} \qquad (8-1-7)$$

因此

$$\omega = 2\pi\nu \qquad (8-1-8)$$

可见 ω 表示物体在 2π 秒内所做的完全振动的次数,称 ω 为角频率(或圆频率).

对于弹簧振子,其频率

$$\nu = \frac{1}{2\pi}\sqrt{\frac{k}{m}}$$

因为弹簧振子的角频率 $\omega = \sqrt{\dfrac{k}{m}}$ 是由其质量 m 和劲度系数 k 决定的,所以周期和频率完全决定于振动系统本身的物理性质. 这种仅由振动系统本身的固有性质所决定的周期和频率称为振动的固有周期和固有频率.

利用式(8-1-6)、(8-1-7)和(8-1-8),简谐运动表达式还可写为

$$x = A\cos\left(\frac{2\pi}{T}t + \varphi\right)$$

$$x = A\cos(2\pi\nu t + \varphi)$$

3. 相位和初相

对于振幅 A 和角频率 ω 已知的简谐运动,由式(8-1-3)和(8-1-4)可知,振动物体在任一时刻 t 的运动状态(位置和速度)都

决定于物理量$(\omega t+\varphi)$. 这就是说,$(\omega t+\varphi)$**是决定简谐运动物体运动状态的物理量**,称为振动的相位.

当$t=0$时,相位$(\omega t+\varphi)=\varphi$,所以$\varphi$称为初相位,简称初相. 它是决定初始时刻振动物体运动状态的物理量. 用"相位"描述简谐运动物体的运动状态,能充分体现出简谐运动的周期性. 物体的振动在一个周期之内,每时每刻的运动状态都不相同,这相当于相位经历着从 0 到 2π 的变化. 例如,余弦函数表示的简谐运动,若某时刻$(\omega t_1+\varphi)=0$,即相位为零,则可确定t_1时刻,$x=A,v=0$,表示物体处在正位移最大处而速度为零;当相位$(\omega t_2+\varphi)=\dfrac{\pi}{2}$时,$x=0,v=-\omega A$,表示在$t_2$时刻物体处在平衡位置并以最大速率向$x$轴负方向运动;若相位$(\omega t_3+\varphi)=\dfrac{3\pi}{2}$时,$x=0,v=\omega A$,即在$t_3$时刻物体也处在平衡位置但以最大速率向$x$轴正方向运动. 可见,在$0\sim2\pi$范围内,不同的相位对应不同的运动状态. 此外,当振动物体的相位经历了2π的变化,即相位由$(\omega t+\varphi)$变为$[(\omega(t+T)+\varphi)]$时,振动经历了一个周期,物体恢复到原来的运动状态.

4. 常数 A 和 φ 的确定

对于一个简谐运动,如果知道了A,ω和φ就可以写出它的表达式. 因此,这三个量称为描述简谐运动的三个特征量,给定它们数值就等于给定了一个简谐运动. 我们知道,角频率ω是由振动系统本身的性质所决定的. 下面来说明在角频率ω已经确定的情况下,由振动系统的初始条件,即$t=0$时,物体的位移x_0和速度v_0可确定振动的振幅A和初相φ.

将$t=0$代入式(8−1−3)和式(8−1−4),可得

$$x_0=A\cos\varphi$$
$$v_0=-\omega A\sin\varphi$$

联立求解上面两式,得

$$A=\sqrt{x_0^2+\dfrac{v_0^2}{\omega^2}} \qquad (8-1-9)$$

$$\tan\varphi=-\dfrac{v_0}{\omega x_0} \qquad (8-1-10)$$

式中，φ 所在象限可由 x_0 及 v_0 的正负号确定. 可见，对于一定的振动系统（ω 为已知量），它的振幅 A 和初相 φ 决定于系统的初始条件.

四、旋转矢量法

简谐运动除了用余弦函数表示外，也常采用旋转矢量来描述. 这样，一方面有助于形象地了解振幅、相位和角频率等物理量的意义，另一方面也有助于简化在简谐运动研究中的数学处理.

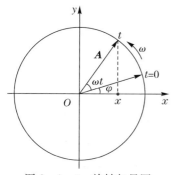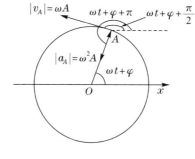

图 8-1-3　旋转矢量图　　　图 8-1-4　旋转矢量末端的速度和加速度

如图 8-1-3 所示，矢量 A 称为旋转矢量（或振幅矢量），它绕 O 点做逆时针旋转. 矢量旋转的角速度为 ω；令 $t=0$ 时刻，矢量 A 与 x 轴的夹角为 φ. 在任意时刻 t，矢量 A 与 x 轴的夹角为 $(\omega t + \varphi)$，因此，任意时刻矢量 A 在 x 轴上的投影为

$$x = A\cos(\omega t + \varphi)$$

这正是简谐运动的表达式. 因此，旋转矢量 A 在 x 轴上的投影做的就是简谐运动. 在旋转矢量图上，可以直接确定简谐运动的三个特征量：旋转矢量 A 的长度代表振幅，A 旋转的角速度 ω 代表角频率，$t=0$ 时 A 与 x 轴的夹角 φ 代表初相位. 此外，旋转矢量末端的速度和加速度在 x 轴上的投影也等于简谐运动的速度和加速度. 如图 8-1-4 所示，矢量末端的速度和加速度大小分别为 ωA 和 $\omega^2 A$，它们的方向与 x 轴正方向的夹角分别为 $\omega t + \varphi + \dfrac{\pi}{2}$ 和 $\omega t + \varphi + \pi$，因此矢量末端速度和加速度在 x 轴的投影分别为

$$v = \omega A\cos(\omega t + \varphi + \frac{\pi}{2})$$

$$a = \omega^2 A\cos(\omega t + \varphi + \pi)$$

以上两式与式(8—1—4)、(8—1—5)完全相同.由此可见,从旋转矢量 A 不仅可以给出简谐运动的 A、ω 和 φ,也可以给出简谐运动的 v 和 a,所以旋转矢量可以表示简谐运动.

利用旋转矢量还可以比较两个同频率简谐运动步调上的关系.设有如下两个简谐运动

$$x_1 = A_1\cos(\omega t + \varphi_1)$$
$$x_2 = A_2\cos(\omega t + \varphi_2)$$

它们的相位差为

$$\Delta\varphi = (\omega t + \varphi_2) - (\omega t + \varphi_1) = \varphi_2 - \varphi_1$$

这说明,两个同频率简谐运动任意时刻的相位差就是它们初相位的差.

当 $\Delta\varphi = \varphi_2 - \varphi_1 = 0$(或者 2π 的整数倍)时,在同一时刻 x_1 和 x_2 表达式中的余弦函数取相同值,两振动物体同时到达正最大位移处,同时到达平衡位置,又同时到达负最大位移处;在旋转矢量图上看,旋转矢量 A_1 和 A_2 始终同方向.在这种情况下,x_1 和 x_2 的振动步调完全一致,所以称它们同相位.

当 $\Delta\varphi = \pi$(或者 π 的奇数倍)时,x_1 和 x_2 的符号相反,其中一个到达正最大位移处,另一个却到达负最大位移处,并且同时通过平衡位置但向相反方向运动;在旋转矢量图上看,旋转矢量 A_1 和 A_2 始终反方向.在这种情况下,x_1 和 x_2 的振动步调完全相反,所以称它们相位相反.同相和反相的旋转矢量及位移 x 随时间 t 变化曲线如图8—1—5所示.

当 $\Delta\varphi$ 取其他值时,称两个振动不同相,$\Delta\varphi$ 就是旋转矢量 A_1 和 A_2 的夹角.如果 $\Delta\varphi = \varphi_2 - \varphi_1 > 0$,则称 x_2 振动超前 x_1 振动 $\Delta\varphi$;如果 $\Delta\varphi = \varphi_2 - \varphi_1 < 0$,则称 x_2 振动落后 x_1 振动 $\Delta\varphi$.由于 $\Delta\varphi$ 的周期是 2π,所以我们约定 $|\Delta\varphi| \leqslant \pi$.例如,当 $\Delta\varphi = \varphi_2 - \varphi_1 = \dfrac{3}{2}\pi$ 时,一般不说 x_2 振动超前 x_1 振动 $\dfrac{3}{2}\pi$,而说 x_2 振动落后于 x_1 振动 $\dfrac{\pi}{2}$.

与上述相类似,我们还可以从相位上来比较简谐运动的位移、速度和加速度之间步调上的关系.从式(8—1—3)、(8—1—4)和(8—1—5)可见,加速度与位移反相,速度比位移超前$\dfrac{\pi}{2}$而比加速度落后$\dfrac{\pi}{2}$.

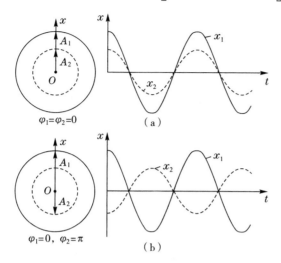

$$\varphi_1=\varphi_2=0 \qquad (a)$$

$$\varphi_1=0,\ \varphi_2=\pi \qquad (b)$$

图 8－1－5　同相和反相的旋转矢量及 $x-t$ 曲线

例 8－1－1　一物体沿 x 轴做简谐运动,振幅 $A=0.12$ m,周期 $T=2$ s. 当 $t=0$ 时,物体的位移 $x=0.06$ m,且向 x 轴正方向运动. 求:

(1)此简谐运动的表达式;

(2)$t=\dfrac{T}{4}$时,物体的位置、速度和加速度;

(3)物体从 $x=-0.06$ m 向 x 轴负方向运动,第一次回到平衡位置所需的时间.

解　(1)设这一简谐运动的表达式为

$$x = A\cos(\omega t + \varphi)$$

现在,$A=0.12$ m,$T=2$ s,$\omega=\dfrac{2\pi}{T}=\pi$ s^{-1}. 由初始条件:$t=0$ 时,$x_0=0.06$ m,可得

$$0.06 = 0.12\cos\varphi$$

或

$$\cos\varphi = \frac{1}{2}, \quad \varphi = \pm\frac{\pi}{3}$$

根据初始速度条件 $v_0=-\omega A\sin\varphi$,取舍 φ 值. 因为 $t=0$ 时,物体

向 x 轴正方向运动,即 $v_0 > 0$,所以

$$\varphi = -\frac{\pi}{3}$$

这样,此简谐运动的表达式为

$$x = 0.12\cos\left(\pi t - \frac{\pi}{3}\right) \text{ m}$$

利用旋转矢量法来求解 φ 是很直观方便的. 根据初始条件就可画出振幅矢量的初始位置,如图 8-1-6 所示,从而得 $\varphi = -\frac{\pi}{3}$.

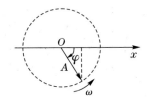

图 8-1-6 例 8-1-1 用图(1)

(2)由(1)中简谐运动表达式,得

$$v = \frac{\mathrm{d}x}{\mathrm{d}t} = -0.12\pi\sin\left(\pi t - \frac{\pi}{3}\right) \text{ m·s}^{-1}$$

$$a = \frac{\mathrm{d}v}{\mathrm{d}t} = -0.12\pi^2\cos\left(\pi t - \frac{\pi}{3}\right) \text{ m·s}^{-2}$$

在 $t = \dfrac{T}{4} = 0.5$ s 时,从上列各式求得

$$x = 0.12 \times \cos\left(\pi \times 0.5 - \frac{\pi}{3}\right) \text{ m} = 6\sqrt{3} \times 10^{-2} \text{ m} = 0.104 \text{ m}$$

$$v = -0.12 \times \pi\sin\left(\pi \times 0.5 - \frac{\pi}{3}\right) \text{ m·s}^{-1} = -0.06\pi \text{ m·s}^{-1}$$

$$= -0.18 \text{ m·s}^{-1}$$

$$a = -0.12 \times \pi^2\cos\left(\pi \times 0.5 - \frac{\pi}{3}\right) \text{ m·s}^{-2} = -6\sqrt{3}\pi^2 \text{ m·s}^{-2}$$

$$= -1.03 \text{ m·s}^{-2}$$

(3)当 $x = -0.06$ m,设该时刻为 t_1,得

$$-0.06 = 0.12\cos\left(\pi t_1 - \frac{\pi}{3}\right)$$

$$\cos\left(\pi t_1 - \frac{\pi}{3}\right) = -\frac{1}{2}$$

$$\pi t_1 - \frac{\pi}{3} = \frac{2\pi}{3}$$

因为物体向 x 轴负向运动，$v < 0$，所以不取 $\dfrac{4\pi}{3}$. 求得

$$t_1 = 1 \, \text{s}$$

当物体第一次回到平衡位置，设该时刻为 t_2，由于物体向 x 轴正向运动，所以此时物体在平衡位置处的相位为 $\dfrac{3\pi}{2}$，则由

$$\pi t_2 - \frac{\pi}{3} = \frac{3\pi}{2}$$

求得

$$t_2 = \frac{11}{6} \, \text{s} = 1.83 \, \text{s}$$

所以，从 $x = -0.06 \, \text{m}$ 处第一次回到平衡位置所需时间为

$$\Delta t = t_2 - t_1 = 0.83 \, \text{s}$$

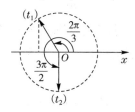

图 8-1-7　例 8-1-1 用图(2)

利用旋转矢量求解会更简便. 由旋转矢量图 8-1-7 可知，$x = -0.06 \, \text{m}$ 向 x 轴负方向运动，第一次回到平衡位置时，矢量转过的角度为 $\dfrac{3\pi}{2} - \dfrac{2\pi}{3} = \dfrac{5\pi}{6}$，这就是两者的相位差，由于矢量逆时针旋转的角速度为 ω，所以可得到所需的时间

$$\Delta t = \frac{\dfrac{5\pi}{6}}{\omega} = 0.83 \, \text{s}$$

例 8-1-2　垂直悬挂的弹簧下端系一质量为 m 的小球，弹簧伸长量为 b. 先用手将重物上托使弹簧保持自然长度然后放手. 求证：放手后小球做简谐运动，并写出其振动表达式.

解　取静平衡位置为坐标原点，如图 8-1-8 所示. 当小球挂在弹簧上静平衡时，有

$$mg - kb = 0$$

小球运动到坐标为 x 的位置时，作用在小球上的合外力为

$$F = mg - k(x+b) = -kx$$

由上式即可判定小球做简谐运动. 小球运动的微分方程为

$$m\frac{\mathrm{d}^2 x}{\mathrm{d}t^2} = -kx$$

即

$$\frac{\mathrm{d}^2 x}{\mathrm{d}t^2} + \frac{k}{m}x = 0$$

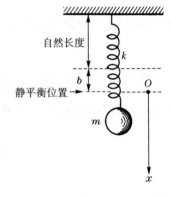

图 8-1-8 例 8-1-2 用图

其 x 项前的系数即为角频率的二次方，有

$$\omega = \sqrt{\frac{k}{m}} = \sqrt{\frac{g}{b}}$$

从选定"放手"为计时零点及图示坐标系来看，初始条件为：当 $t=0$，$x_0 = -b$，$v_0 = 0$. 根据式(8-1-9)和式(8-1-10)可确定振幅和初相，得到

$$A = b, \varphi = \pi$$

故此简谐运动的表达式为

$$x = b\cos\left(\sqrt{\frac{g}{b}}t + \pi\right)$$

例 8-1-3　一简谐运动的振动曲线如图 8-1-9 所示. 求角频率 ω、初相 φ 及振动表达式.

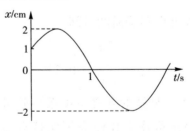

图 8-1-9 例 8-1-3 用图

解　如果振动系统的动力学性质已知，那么我们可以像例 8-1-2 那样，先写出振动系统的动力学方程，然后求其振动角频率. 本例题已知振动曲线，可这样求其角频率 ω：从振动曲线 $x-t$ 图上解读 $t=$

0时刻及 $t=1$ s 时刻物体的运动状态,然后求出它们对应的相位;因为角频率反映相位随时间 t 的变化快慢,故从两个时刻物体的不同运动状态(相位)可求出角频率. 至于初相 φ ,只要由 $t=0$ 时刻的运动状态即可求得. 振幅 $A=2$ cm 已知.

当 $t=0$ 时, $x_0=\dfrac{A}{2}$, $v_0>0$,由解析法或矢量图法皆可得到初相 φ 为

$$\varphi=-\frac{\pi}{3}$$

当 $t=1$ s 时, $x_1=0$, $v_1<0$,对应的相位为

$$(\omega t+\varphi)\big|_{t=1}=\frac{\pi}{2}$$

即

$$\omega\times1-\frac{\pi}{3}=\frac{\pi}{2}$$

得

$$\omega=\frac{5}{6}\pi$$

所以,此简谐运动表达式为

$$x=2\cos\left(\frac{5}{6}\pi t-\frac{\pi}{3}\right)\ \text{cm}$$

五、简谐运动的例子

1. 单摆

如图 8－1－10 所示,一根不会伸缩的细线,上端固定,下端悬挂一个很小的重物,把重物略加移动后就可在竖直平面内来回摆动,这种装置称为单摆. 通常称细线为摆线,重物为摆球. 设某一时刻摆线偏离铅垂线的角位移为 θ ,并规定逆时针方向为角位移的正方向;摆线长为 l . 摆球的切向加速度 $a_\tau=l\dfrac{\mathrm{d}^2\theta}{\mathrm{d}t^2}$,重力的切向分力 $mg\sin\theta$ 与 θ 反向. 根据牛顿第二定律,得

$$-mg\sin\theta=ml\frac{\mathrm{d}^2\theta}{\mathrm{d}t^2}$$

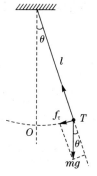

图 8－1－10　单摆

当 θ 很小($\theta < 5°$)时,$\sin\theta \approx \theta$,所以

$$\frac{\mathrm{d}^2\theta}{\mathrm{d}t^2} = -\frac{g}{l}\theta = -\omega^2\theta$$

式中,$\omega^2 = \dfrac{g}{l}$. 与式(8−1−2)比较可知,在小角度摆动的情况下,单摆的振动是简谐运动,其角频率和周期分别为

$$\omega = \sqrt{\frac{g}{l}}, T = 2\pi\sqrt{\frac{l}{g}} \qquad (8-1-11)$$

可见,单摆的周期取决于摆线的长度和该处的重力加速度. 可通过测量单摆的周期来确定当地的重力加速度.

2. 复摆

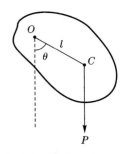

图 8−1−11　复摆

如图 8−1−11 所示,一个可以绕固定轴 O 摆动的物体称为复摆(或物理摆). 平衡时,复摆的质心 C 在轴的正下方. 若复摆对轴 O 的转动惯量为 J,C 到 O 的距离 OC $= l$. 设在任一时刻 t,复摆受到的重力矩

$$M = -mgl\sin\theta$$

式中,负号表明力矩 M 的转向与角位移 θ 的转向相反.

当摆角很小时,$\sin\theta \approx \theta$,则 $M = -mgl\theta$. 根据转动定律,得

$$\frac{\mathrm{d}^2\theta}{\mathrm{d}t^2} = -\frac{mgl}{J}\theta = -\omega^2\theta$$

式中,$\omega = \sqrt{\dfrac{mgl}{J}}$. 与式(8−1−2)比较可知,在小角度摆动的情况下,复摆的振动是简谐运动,其周期为

$$T = 2\pi\sqrt{\frac{J}{mgl}} \qquad (8-1-12)$$

由式(8−1−12)可知,若测出复摆的 m、l 及 T,可求出复摆的转动惯量 J. 对形状复杂的物体的转动惯量,用数学方法计算比较困难,常用振动方法进行测定.

六、简谐运动的能量

以水平放置的弹簧振子为例讨论简谐运动系统的能量. 设在某

一时刻,物体的位移为 x,速率为 v,则弹簧振子的势能和动能分别为

$$E_p = \frac{1}{2}kx^2 = \frac{1}{2}kA^2\cos^2(\omega t + \varphi) \qquad (8-1-13)$$

$$E_k = \frac{1}{2}mv^2 = \frac{1}{2}m\omega^2 A^2\sin^2(\omega t + \varphi) \qquad (8-1-14)$$

可见,弹簧振子系统的势能和动能都是随时间 t 做周期性变化的.位移最大时,势能最大,动能为零,反之亦然.

由于振动过程中,弹簧振子在水平方向不受外力及非保守内力作用,其总能量守恒.

$$E = E_k + E_p = \frac{1}{2}m\omega^2 A^2\sin^2(\omega t + \varphi) + \frac{1}{2}kA^2\cos^2(\omega t + \varphi)$$

因为 $\omega^2 = \dfrac{k}{m}$,所以有

$$E = E_k + E_p = \frac{1}{2}kA^2 = \frac{1}{2}m\omega^2 A^2 \qquad (8-1-15)$$

所以,**弹簧振子的总机械能是常量,该系统是保守系统.弹簧振子的总能量与其振幅的二次方成正比**,说明振幅的大小直接反映振动能量的大小.由于系统的初始振动状态决定了振幅,因而也决定了弹簧振子的总能量.

图 8-1-12 给出了弹簧振子的动能、势能及总机械能和时间的关系曲线(为简单起见,设 $\varphi = 0$).

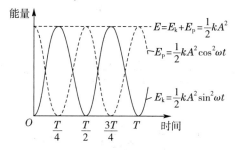

图 8-1-12　弹簧振子的能量和时间的关系曲线($\varphi = 0$)

考虑振子的能量作为位移 x 的函数.势能函数为 $E_p = \dfrac{1}{2}kx^2$,用能量守恒求出动能为

$$E_k = E - \frac{1}{2}kx^2 = \frac{1}{2}k(A^2 - x^2)$$

图 8—1—13 给出了弹簧振子动能 E_k、势能 E_p 和位移 x 的关系曲线,每个曲线都是中心在 $x=0$ 的抛物线.从势能曲线可见,简谐运动的平衡位置($x=0$)在势能函数的最小值处.或者说,在系统势能函数最小值附近的小幅振动是简谐运动.这一结论具有普遍意义,适用于任何一个谐振系统.

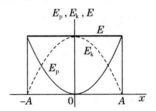

图 8—1—13　弹簧振子的能量和位移的关系曲线

例 8—1—4　质量为 $0.10\,\text{kg}$ 的物体,以振幅 $1.0\times10^{-2}\,\text{m}$ 做简谐运动,其最大加速度为 $4.0\,\text{m}\cdot\text{s}^{-2}$.求:

(1)振动的周期;

(2)通过平衡位置时的动能;

(3)总能量;

(4)物体在何处其动能和势能相等?

解　(1)因

$$a_{\max} = A\omega^2$$

故

$$\omega = \sqrt{\frac{a_{\max}}{A}} = \sqrt{\frac{4.0\,\text{m}\cdot\text{s}^{-2}}{1.0\times10^{-2}\,\text{m}}} = 20\,\text{s}^{-1}$$

得

$$T = \frac{2\pi}{\omega} = \frac{2\pi}{20\,\text{s}^{-1}} = 0.314\,\text{s}$$

(2)因通过平衡位置时速度为最大,故

$$E_{k,\max} = \frac{1}{2}mv_{\max}^2 = \frac{1}{2}m\omega^2 A^2$$

将已知数据代入,得

$$E_{k,max} = 2.0 \times 10^{-3} \text{ J}$$

（3）总能量

$$E = E_{k,max} = 2.0 \times 10^{-3} \text{ J}$$

（4）当 $E_k = E_p$ 时，

$$E_p = 1.0 \times 10^{-3} \text{ J}$$

由 $E_p = \dfrac{1}{2}kx^2 = \dfrac{1}{2}m\omega^2 x^2$，得

$$x^2 = \frac{2E_p}{m\omega^2} = 0.5 \times 10^{-4} \text{ m}^2$$

$$x = \pm 0.707 \text{ cm}$$

§8—2 简谐运动的合成

在实际问题中,常会遇到一个质元同时参与几个振动的情况.例如,两个人讲话或者乐队合奏同时传到某一点时,该处的空气质点就同时参与两个或多个振动,这时空气质元的运动实际上就是两个或多个振动的合成.振动合成的基本知识在光学、声学、无线电技术和交流电工学等方面都有着广泛的应用.任何复杂的振动都可以看成若干个简谐运动的合成,但一般的振动合成问题比较复杂,本节主要讨论几种简单但属基本的简谐运动的合成问题.

一、同方向同频率简谐运动的合成

如图8—2—1所示,弹簧的一端悬挂在车厢天花板上,另一端挂一个物体.车厢的底座安装在弹簧上.物体相对车厢而言,做上下振动,而车厢本身又在底座的弹簧上做上下振动,所以物体同时参与两个同一方向的振动.这时物体的运动就是两个同方向振动的合成.如果这两个振动的频率相等,物体的运动

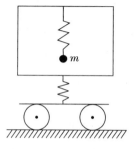

图8—2—1 两个同方向振动的合成

就是两个同方向同频率振动的合成.

1. 解析法

设质点沿 x 轴同时参与两个独立的同频率简谐运动. 每个运动的位移与时间关系可表示为

$$x_1 = A_1\cos(\omega t + \varphi_1)$$
$$x_2 = A_2\cos(\omega t + \varphi_2)$$

显然,合成运动的合位移 x 仍沿 x 轴,而且等于这两个分振动位移的代数和,即

$$x = x_1 + x_2$$
$$= (A_1\cos\varphi_1 + A_2\cos\varphi_2)\cos\omega t - (A_1\sin\varphi_1 + A_2\sin\varphi_2)\sin\omega t$$

令

$$A_1\cos\varphi_1 + A_2\cos\varphi_2 = A\cos\varphi$$
$$A_1\sin\varphi_1 + A_2\sin\varphi_2 = A\sin\varphi$$

代入上式,得

$$x = A\cos\varphi\cos\omega t - A\sin\varphi\sin\omega t = A\cos(\omega t + \varphi)$$

$$(8-2-1)$$

这表明两个同方向同频率简谐运动的合振动仍是简谐运动,它的角频率与分振动的角频率相同,而其合振幅 A 和初相位 φ 分别应满足

$$A = \sqrt{A_1^2 + A_2^2 + 2A_1A_2\cos(\varphi_2 - \varphi_1)} \qquad (8-2-2)$$

$$\tan\varphi = \frac{A_1\sin\varphi_1 + A_2\sin\varphi_2}{A_1\cos\varphi_1 + A_2\cos\varphi_2} \qquad (8-2-3)$$

2. 旋转矢量法

用简谐运动的旋转矢量法,可以很方便地得到合振动的位移 x.

如图 8-2-2 所示,两个分振动的旋转矢量分别为 $\boldsymbol{A}_1$ 和 $\boldsymbol{A}_2$,并且以相同的匀角速度 ω 绕 O 点旋转. 当 $t=0$ 时,它们与 x 轴间的夹角分别为 φ_1 和 φ_2,在 x 轴上的投影分别 x_1 及 x_2. 以 $\boldsymbol{A}_1$ 和 $\boldsymbol{A}_2$ 为邻边作平行四边形,得合矢量 $\boldsymbol{A} = \boldsymbol{A}_1 + \boldsymbol{A}_2$,合矢量 $\boldsymbol{A}$ 与 x 轴间夹角为 φ. 由于 $\boldsymbol{A}_1$,$\boldsymbol{A}_2$ 以相同角速度绕 O 点旋转,它们的夹角($\varphi_2 - \varphi_1$)在旋转过程中保持不变,整个平行四边形可视为一不变形的整体,所以合矢量 $\boldsymbol{A}$ 的大小保持不变,并以相同的角速度 ω 绕 O 点旋转. 从图 8-2-2 中可以看出,任一时刻合矢量 $\boldsymbol{A}$ 在 x 轴上的投影

$x=x_1+x_2$,因此合矢量 **A** 就是合振动所对应的旋转矢量,而开始时合矢量 **A** 与 x 轴的夹角 φ 即为合振动的初相位. 由图 8－2－2 可得合振动的位移

$$x = A\cos(\omega t + \varphi)$$

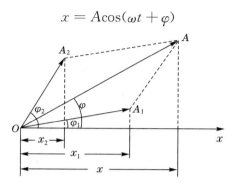

图 8－2－2　用旋转矢量法求振动的合成

根据平行四边形法则,可求得合振动的振幅

$$A = \sqrt{A_1^2 + A_2^2 + 2A_1 A_2 \cos(\varphi_2 - \varphi_1)}$$

合振动的初相 φ 应满足

$$\tan\varphi = \frac{A_1 \sin\varphi_1 + A_2 \sin\varphi_2}{A_1 \cos\varphi_1 + A_2 \cos\varphi_2}$$

这一结果与前面用解析法求得的结果一致.

从以上两式可以看出,合振动的振幅 A 不仅与 A_1,A_2 有关,而且和两个分振动的初相差$(\varphi_2-\varphi_1)$有关. 下面讨论两个特例,这两种情况在讨论声波和光波干涉、衍射问题时经常用到.

（1）如果相位差$(\varphi_2-\varphi_1)=2k\pi,k=0,\pm1,\pm2,\cdots$

$$A = \sqrt{A_1^2 + A_2^2 + 2A_1 A_2} = A_1 + A_2$$

即当两分振动的相位相同或相位差为 2π 的整数倍时,合成振动的振幅等于两分振动的振幅之和,合成结果相互加强.

（2）如果相位差$(\varphi_2-\varphi_1)=(2k+1)\pi,k=0,\pm1,\pm2,\cdots$

$$A = \sqrt{A_1^2 + A_2^2 - 2A_1 A_2} = |A_1 - A_2|$$

即当两分振动的相位相反或相位差为 π 的奇数倍时,合成振动的振幅等于两振动振幅之差的绝对值,合成结果相互减弱. 如果 $A_1=A_2$,则 $A=0$,两振动合成的结果使质点处于平衡状态.

在一般情形下,相位差$(\varphi_2 - \varphi_1)$取任意值,合振幅A的值在$A_1 + A_2$和$|A_1 - A_2|$之间.

例8-2-1 求如图8-2-3所示的两个简谐运动的合振动的表达式.

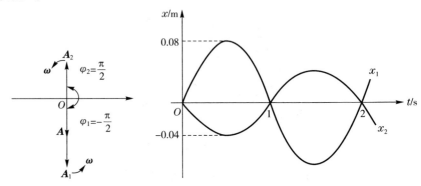

(a) $t=0$时刻x_1与x_2对应的矢量图　　　　(b) x_1与x_2的振动曲线

图8-2-3　例8-2-1用图

解　这是同频率同方向的简谐运动的合成问题. 由如图8-2-3(b)所示的振动曲线可知,两个分振动的角频率都是

$$\omega = \frac{2\pi}{T} = \frac{2\pi}{2} = \pi \text{ s}^{-1}$$

在图8-2-3(a)中,我们作出$t=0$时刻两简谐运动对应的旋转矢量. 明显可见,两者反相,合振动的振幅及初相分别为

$$A = A_1 - A_2 = 0.08 - 0.04 = 0.04(\text{m})$$

$$\varphi = -\frac{\pi}{2}$$

从而,合振动的表达式为

$$x = 0.04\cos\left(\pi t - \frac{\pi}{2}\right) \text{ m}$$

二、N个同方向同频率简谐运动的合成

上述用旋转矢量求出两个简谐运动合成的方法,可以推广至N个简谐运动的合成. 显然,N个同方向同频率简谐运动的合成依然是简谐运动.

这里给出一个特殊的例子. 设有N个同方向同频率的简谐运

动,它们的振幅相等,均为 a,初相分别为 $0, \alpha, 2\alpha, \cdots, (N-1)\alpha$,它们的简谐运动表达式分别为

$$x_1 = a\cos\omega t$$

$$x_2 = a\cos(\omega t + \alpha)$$

$$x_3 = a\cos(\omega t + 2\alpha)$$

$$\vdots$$

$$x_N = a\cos[\omega t + (N-1)\alpha]$$

根据前面的讨论可以推知,上述 N 个简谐运动的合振动仍为简谐运动,设其表达式为

$$x = \sum_{i=1}^{N} x_i = A\cos(\omega t + \varphi)$$

下面,我们采用几何方法求出合振动的振幅 A 和初相 φ.

如图 8-2-4 所示,首尾相连地依次作出代表这 N 个简谐运动在 $t=0$ 时刻的旋转矢量 $\boldsymbol{a}_i, i=1, \cdots, N$,相邻矢量的夹角均为 α. 根据矢量相加的多边形法则,从起点 O 到终点 M 所作的矢量 OM 就是合振动的旋转矢量 $\boldsymbol{A}$,它的大小为合振动的振幅 A,它与 x 轴的夹角 φ 为合振动的初相.

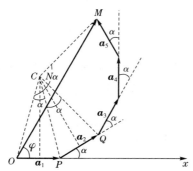

图 8-2-4 N 个同方向同频率等幅简谐运动的合成(图中取 $N=5$)

在图 8-2-4 中作 $\boldsymbol{a}_1$ 和 $\boldsymbol{a}_2$ 的中垂线,相交于 C 点. 显然,$\triangle OCP$ 和 $\triangle PCQ$ 的顶角都等于 α,所以 $\angle OCM = N\alpha$. 因 $OC = PC = QC$,并令其等于 R,所以 $OC = CM = R$. 在 $\triangle OCM$ 中,边长 OM 即合振动振幅

$$A = 2R\sin\frac{N\alpha}{2}$$

在△OCP中，

$$a = 2R\sin\frac{\alpha}{2}$$

从而有

$$A = a\frac{\sin\frac{N\alpha}{2}}{\sin\frac{\alpha}{2}} \qquad (8-2-4)$$

又因为

$$\angle COM = \frac{1}{2}(\pi - N\alpha)$$

$$\angle COP = \frac{1}{2}(\pi - \alpha)$$

因此

$$\varphi = \angle COP - \angle COM = \frac{N-1}{2}\alpha \qquad (8-2-5)$$

式中，φ 为 A 与 x 轴间夹角，即合振动的初相.

合振动表达式最后写为

$$x = A\cos(\omega t + \varphi) = a\frac{\sin\frac{N\alpha}{2}}{\sin\frac{\alpha}{2}}\cos(\omega t + \frac{N-1}{2}\alpha)$$

下面讨论在光的衍射问题中有重要应用的两种特殊情况.

(1)各分振动的初相相同，即 $\alpha = 2k\pi, k = 0, \pm1, \pm2, \cdots$于是有

$$A = \lim_{\alpha \to 2k\pi} a\frac{\sin\frac{N\alpha}{2}}{\sin\frac{\alpha}{2}} = Na$$

这时合振幅 A 有极大值. 在矢量图中就是这 N 个矢量的方向都相同，合成振动的振幅最大.

(2)各分振动的初相差 $\alpha = \frac{2k'\pi}{N}, k' = \pm1, \pm2, \cdots$但不含 N 的整数倍. 代入式(8-2-4)，得

$$A = a\frac{\sin k'\pi}{\sin\frac{k'\pi}{N}} = 0$$

这时合振幅 A 有极小值. 在矢量图中,N 个旋转矢量组成一封闭多边形,显然合振幅为零.

三、同方向不同频率简谐运动的合成 拍

设有两个同方向简谐运动,频率分别为 ω_1 和 ω_2. 为简单起见,设它们的振幅相同,初相都是零,即

$$x_1 = A\cos\omega_1 t = A\cos 2\pi\nu_1 t$$
$$x_2 = A\cos\omega_2 t = A\cos 2\pi\nu_2 t$$

运用三角函数的和差化积公式,可得合振动

$$x = x_1 + x_2 = \left[2A\cos\left(2\pi\frac{\nu_2-\nu_1}{2}t\right)\right]\cos\left(2\pi\frac{\nu_2+\nu_1}{2}t\right)$$

$$(8-2-6)$$

上式是两个不同频率的简谐运动的乘积,不符合简谐运动的定义,因此合振动不再是简谐运动.

考虑一种重要的特殊情况:ν_1 和 ν_2 都较大,而它们的差很小,即 $|\nu_2-\nu_1|\ll\nu_1+\nu_2$. 在这种情况下,合振动表现出非常值得注意的特点,合振动中 $\cos\left(2\pi\frac{\nu_2-\nu_1}{2}t\right)$ 的频率比 $\cos\left(2\pi\frac{\nu_2+\nu_1}{2}t\right)$ 的频率小很多,因此可以把合振动近似地看成振幅为 $\left|2A\cos\frac{2\pi(\nu_2-\nu_1)}{2}t\right|$,角频率为 $\frac{2\pi(\nu_2+\nu_1)}{2}$ 的简谐振动. 由于振幅的缓慢变化是周期性的,所以合振动会出现时强时弱的现象,如图 8-2-5 所示.

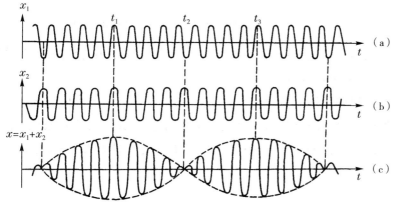

图 8-2-5 两个同方向不同频率简谐运动的合成

　　两个频率都较大而频率差很小的两个同方向简谐运动,在合成时产生合振幅周期性变化的现象称为拍.而合振幅变化的频率,即 $\left| 2A\cos\left(2\pi\dfrac{\nu_2-\nu_1}{2}t\right) \right|$ 的频率称为拍的频率,简称拍频,用 ν 表示.由于是绝对值,所以 ν 应该等于余弦函数 $\cos\left(2\pi\dfrac{\nu_2-\nu_1}{2}t\right)$ 频率 $\dfrac{|\nu_2-\nu_1|}{2}$ 的2倍,即

$$\nu=|\nu_2-\nu_1| \tag{8-2-7}$$

可见,拍频等于两个分振动频率之差的绝对值.

　　上述结果也可用旋转矢量来形象地说明.如图 8-2-6 所示(这里假设 $\nu_2>\nu_1$),由于 $\boldsymbol{A}_1$ 和 $\boldsymbol{A}_2$ 旋转的角速度不同,它们之间的夹角会随着时间改变,因而合矢量的长度(即合振动的振幅)也将随时间变化.假如 $\boldsymbol{A}_2$ 比 $\boldsymbol{A}_1$ 转得快,单位时间内 $\boldsymbol{A}_2$ 比 $\boldsymbol{A}_1$ 多转 $\nu_2-\nu_1$ 圈,因而两个矢量恰好重合(合振动加强)和恰好反向(合振动减弱)的次数都是 $\nu_2-\nu_1$ 次,可见拍频等于 $\nu_2-\nu_1$.

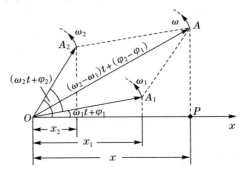

图 8-2-6　两个同方向不同频率简谐运动的合成

　　拍是一种重要现象,有许多应用.例如,利用拍现象进行速度测量、地面卫星跟踪等.

　　拍现象可用实验来演示.敲击两个频率相差很小的音叉,就会听到声音时强时弱的嗡嗡之音,叫作"拍音".在吹奏双簧管时,由于簧管两个簧片的频率差别很小,可以听到时强时弱的悦耳的拍音.

*四、互相垂直的同频率简谐运动的合成

设一质点同时参与沿 x 轴方向和沿 y 轴方向的两个同频率的简谐运动,即

$$x = A_1\cos(\omega t + \varphi_1)$$

$$y = A_2\cos(\omega t + \varphi_2)$$

以上两式实际上就是质点运动轨迹的参数方程,消去参量 t,可得质点的轨迹方程为

$$\frac{x^2}{A_1^2} + \frac{y^2}{A_2^2} - 2\frac{xy}{A_1 A_2}\cos(\varphi_2 - \varphi_1) = \sin^2(\varphi_2 - \varphi_1) \qquad (8-2-8)$$

一般情况下,式(8−2−8)是一个椭圆方程,因此质点的运动轨迹是椭圆,具体形状与相位差($\varphi_2 - \varphi_1$)和振幅 A_1,A_2 有关.下面讨论几种特殊情况.

(1)$\Delta\varphi = \varphi_2 - \varphi_1 = 0$,即两分振动同相.这时,式(8−2−8)变为

$$y = \frac{A_2}{A_1}x$$

质点的运动轨迹是一条通过坐标原点的直线,斜率为 A_2/A_1,如图 8−2−7(a)所示.在 t 时刻,质点离开平衡位置(0,0)的位移 s 为

$$s = \pm\sqrt{x^2 + y^2} = \sqrt{A_1^2 + A_2^2}\cos(\omega t + \varphi)$$

可见,合振动仍是简谐运动,频率与分振动频率相同,而振幅为 $\sqrt{A_1^2 + A_2^2}$.

(2)$\Delta\varphi = \varphi_2 - \varphi_1 = \pi$,即两分振动反相.这时,轨迹方程为

$$y = -\frac{A_2}{A_1}x$$

质点的运动轨迹是一条斜率为 $-\dfrac{A_2}{A_1}$ 的直线,合振动是频率与分振动频率相同,振幅等于 $\sqrt{A_1^2 + A_2^2}$ 的简谐运动,如图 8−2−7(b)所示.

(3)$\Delta\varphi = \varphi_2 - \varphi_1 = \dfrac{\pi}{2}$,即 y 比 x 超前 $\dfrac{\pi}{2}$.这时,式(8−2−8)变为

$$\frac{x^2}{A_1^2} + \frac{y^2}{A_2^2} = 1$$

质点的运动轨迹是以坐标轴为主轴的正椭圆,如图 8−2−7(c)所示,此时质点不做简谐运动.下面分析质点的运动方向.

在图 8−2−7(c)中,让质点坐标 x 从零开始逐渐增大,由于 y 比 x 超前 $\dfrac{\pi}{2}$,所以当 $x = A_1$ 时,$y = 0$,随着 x 从 A_1 开始逐渐减小,y 从零开始逐渐变为负值.这样,质点就从椭圆上的点($x = A_1$,$y = 0$),按顺时针方向沿椭圆运动.因此,质点做右旋的椭圆运动,而运动周期仍等于分振动的周期.

(4)$\Delta\varphi = \varphi_2 - \varphi_1 = -\dfrac{\pi}{2}$,即 y 比 x 落后 $\dfrac{\pi}{2}$.这时,式(8—2—8)可化为

$$\frac{x^2}{A_1^2} + \frac{y^2}{A_2^2} = 1$$

质点的运动轨迹仍为正椭圆,但质点以分振动的周期做左旋的椭圆运动,如图8—2—7(d)所示.

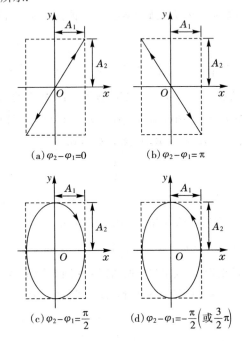

图 8—2—7　同频率相互垂直的两简谐运动的合成

(5)当 $\Delta\varphi = \varphi_2 - \varphi_1$ 等于其他值时,合振动的轨迹一般为斜椭圆;当 $A_1 = A_2$ 时,椭圆变成圆.

与上述合成过程相反,一个圆周运动或椭圆运动可以分解成两个互相垂直的同频率简谐运动,这种方法在分析光的偏振时要经常用到.

*五、互相垂直的不同频率简谐运动的合成

在一般情况下,由于相位差不是定值,合运动的轨迹将是不稳的.如果两个分振动的频率比 $\nu_y:\nu_x$ 恰好等于简单的整数比,那么合振动的轨迹则是稳定的封闭曲线,这些曲线称为李萨如(J. A. Lissajous)图形.在图 8—2—8 中给出了对应不同周期比及相位差时的李萨如图形.在工程技术领域,常利用李萨如图形进行频率和相位的测定.

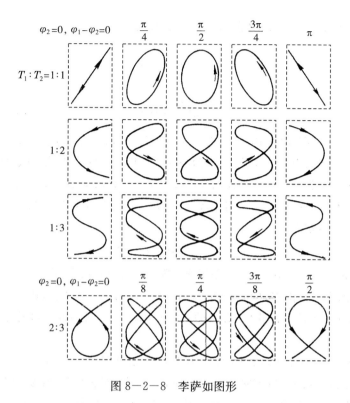

图 8—2—8 李萨如图形

*§ 8—3 阻尼振动

上面所讨论的简谐运动,振动系统都是在没有阻力作用下振动的,振动的能量保持不变,振幅也保持不变.但是,现实情况下振动系统总要受到阻力作用.由于克服阻力做功而产生能量损耗,所以振动系统的振幅不断减小.甚至在阻力很大的时候,系统将不再进行往复运动,而是直接回到平衡位置后静止.通常把振幅随时间减小的振动称为阻尼振动.

在通常情况下,振动系统所受阻力主要来自周围介质的黏滞力,例如空气或液体等.实验指出,当物体的运动速率不太大时,黏滞阻力与速率成正比,即

$$F_\tau = -\gamma v = -\gamma \frac{\mathrm{d}x}{\mathrm{d}t}$$

式中,比例系数 γ 与物体的形状、大小及介质的性质有关,负号表示阻力与速度的方向相反.对于弹簧振子,在弹性力和黏滞阻力的共同作用下,根据牛顿第二定律,有

$$-kx - \gamma \frac{\mathrm{d}x}{\mathrm{d}t} = m \frac{\mathrm{d}^2 x}{\mathrm{d}t^2}$$

对于某一给定的振动系统,m,k,γ均为常量,令

$$\omega_0^2 = \frac{k}{m}, \beta = \frac{\gamma}{2m}$$

则有

$$\frac{\mathrm{d}^2 x}{\mathrm{d} t^2} + 2\beta \frac{\mathrm{d} x}{\mathrm{d} t} + \omega_0^2 x = 0 \qquad (8-3-1)$$

式$(8-3-1)$就是阻尼情况下振动系统的运动方程,其中ω_0是振动系统的固有角频率,是没有阻尼情形下振动的角频率;β叫作阻尼系数,它表征阻尼作用的大小. 运动方程$(8-3-1)$的解与β和ω_0的大小有关,下面分别予以说明.

在通常情况下,阻尼作用比较小,即$\beta < \omega_0$,这种情况称为欠阻尼. 方程$(8-3-1)$的解为

$$x = A e^{-\beta t} \cos(\omega t + \varphi) \qquad (8-3-2)$$

式中,$\omega = \sqrt{\omega_0^2 - \beta^2}$,而$A$和$\varphi$是积分常数,由初始条件决定.式$(8-3-2)$说明阻尼振动的位移和时间的关系为两项$A e^{-\beta t}$和$\cos(\omega t + \varphi)$的乘积,其中$\cos(\omega t + \varphi)$反映了在弹性力和阻力作用下的周期运动;而$A e^{-\beta t}$则反映了阻尼对振幅的影响.

图$8-3-1$表示阻尼振动的位移时间曲线. 从图中可以看出,在一个位移极大值之后,隔一段固定的时间,会出现下一个较小的极大值,因为位移不能在每一周期后恢复原值,所以,严格来说,阻尼振动不是周期运动,我们常把阻尼振动称作准周期性运动.

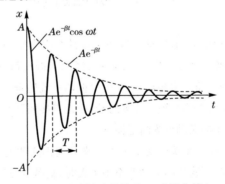

图$8-3-1$ 阻尼振动的位移—时间曲线($\varphi=0$)

一般把振动物体相继两次通过极大(或极小)位置所经历的时间称为阻尼振动周期,即

$$T = \frac{2\pi}{\omega} = \frac{2\pi}{\sqrt{\omega_0^2 - \beta^2}}$$

显然,阻尼振动的周期大于固有周期$T_0 \left(= \frac{2\pi}{\omega_0}\right)$.阻尼作用越大,振幅衰减

得越快,振动越慢.

如果阻尼很大,即 $\beta > \omega_0$,运动方程(8−3−1)的解就不再是式(8−3−2)的形式了,这时物体不但不能做往复运动,而且要经过较长时间才能回到平衡位置,这种情况称为过阻尼,如图 8−3−2 曲线 b 所示.

如果阻尼系数等于固有频率,即 $\beta = \omega_0$ 的情况,称为临界阻尼,这时物体刚开始不能做往复运动,但能很快回到平衡位置,如图 8−3−2 曲线 c 所示.

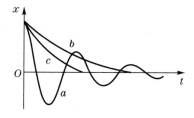

图8−3−2给出三种阻尼情况下位移随时间的变化关系.可以看出,若希望物体在一段时间内近似做简谐运动,则应使阻尼作用尽可能小;若希望物体在不发生往复运动的情况下尽快返回到平衡位置(如电磁仪表的指针),则应对系统施加临界阻尼.在临界阻尼和过阻尼的情况下,物体的运动已不具有振动的特征了.

图 8−3−2　三种阻尼的比较

例 8−3−1 有一单摆在空气(室温为 20 ℃)中来回摆动,其摆线长 $l=1.0$ m,摆锤是半径 $r=5.0 \times 10^{-3}$ m 的铅球.求:

(1)摆动周期;

(2)振幅减小 10% 所需的时间;

(3)能量减小 10% 所需的时间;

(4)从以上所得结果说明空气的粘性对单摆周期、振幅和能量的影响.

(已知铅球密度为 $\rho = 2.65 \times 10^3$ kg·m^{-3},20 ℃时空气的黏度 $\eta = 1.78 \times 10^{-5}$ Pa·s).

解 (1)单摆固有角频率

$$\omega_0 = \sqrt{\frac{g}{l}} = \sqrt{\frac{9.8 \text{ m·s}^{-2}}{1.0 \text{ m}}} = 3.13 \text{ s}^{-1}$$

空气作用在铅球上的黏滞阻力为 F_τ,根据斯托克斯公式,得

$$F_\tau = -6\pi r \eta v = -C \cdot v$$

其中

$$C = 6\pi r \eta$$

阻尼系数

$$\beta = \frac{C}{2m} = \frac{6\pi r \eta}{2\left(\frac{4}{3}\pi r^3\right)\rho} = \frac{9\eta}{4r^2\rho}$$

$$= \frac{9 \times 1.78 \times 10^{-5} \text{ Pa·s}}{4 \times (5 \times 10^{-3} \text{ m})^2 (2.65 \times 10^3 \text{ kg·m}^{-3})} = 6.04 \times 10^{-4} \text{ s}^{-1}$$

可见 $\beta \ll \omega_0$，于是 $\omega = \sqrt{\omega_0^2 - \beta^2} \approx \omega_0$，因而，有阻尼时摆的周期为

$$T = \frac{2\pi}{\omega} \approx \frac{2\pi}{\omega_0} = \frac{2\pi}{3.13 \text{ s}^{-1}} \approx 2 \text{ s}$$

（2）在有阻尼的情况下，单摆的振幅

$$A' = Ae^{-\beta t}$$

设振幅减小 10% 所需时间为 t_1，则有

$$0.9A = A' = Ae^{-\beta t_1}$$

则

$$t_1 = \frac{\ln \dfrac{1}{0.9}}{\beta} = \frac{\ln \dfrac{1}{0.9}}{6.04 \times 10^{-4} \text{ s}} = 174 \text{ s} \approx 3 \text{ min}$$

（3）因为能量与振幅的二次方成正比，所以有

$$\frac{E'}{E} = \left(\frac{A'}{A}\right)^2 = e^{-2\beta t}$$

设能量减小 10% 所需的时间为 t_2，则有

$$0.9 = e^{-2\beta t_2}$$

则

$$t_2 = \frac{\ln \dfrac{1}{0.9}}{2\beta} = 87 \text{ s} \approx 1.5 \text{ min}$$

（4）从以上所求结果可见，空气的粘性对单摆的周期几乎没有影响，而对振幅和能量有显著的影响，$t_2 < t_1$ 表明能量比振幅要减小得快. $t_2 \approx 44T$，即摆来回振动大约 44 次，其能量就减小了 10%，因此要维持等幅振动，就需要设法补充能量. 下面介绍的受迫振动就是在有阻尼的情况下，靠外界补充能量以维持等幅振动.

§8—4 受迫振动 共振

在实际振动过程中，阻尼总是客观存在的. 要使振动持续不断地进行，必须不断地给振动系统补充能量. 施加周期性外力是补充能量的一种方法. 这种系统在周期性外力作用下所进行的振动称为受迫振动.

一、受迫振动

设一振动系统在弹性力 $-kx$、粘性阻力 $-\gamma v$ 和周期性外力

$F_0\cos\omega_\mathrm{p}t$ 的作用下做受迫振动. 周期性外力常称为驱动力(或强迫力), F_0 和 ω_p 分别代表驱动力的幅值和角频率. 根据牛顿第二定律, 运动方程为

$$-kx - \gamma\frac{\mathrm{d}x}{\mathrm{d}t} + F_0\cos\omega_\mathrm{p}t = m\frac{\mathrm{d}^2x}{\mathrm{d}t^2}$$

令 $\omega_0^2 = \dfrac{k}{m}, 2\beta = \dfrac{\gamma}{m}, f = \dfrac{F_0}{m}$, 上式可写为

$$\frac{\mathrm{d}^2x}{\mathrm{d}t^2} + 2\beta\frac{\mathrm{d}x}{\mathrm{d}t} + \omega_0^2 x = f\cos\omega_\mathrm{p}t \qquad (8-4-1)$$

一般情况下, 碰到的都是欠阻尼($\beta < \omega_0$)情况下的受迫振动, 这时微分方程(8-4-1)的解为

$$x = Ae^{-\beta t}\cos(\sqrt{\omega_0^2 - \beta^2}\,t + \varphi) + A\cos(\omega_\mathrm{p}t + \psi)$$

此解中, 第一项表示欠阻尼振动, 它的振幅随时间衰减;第二项表示一个等幅振动. 经过一段时间后, 欠阻尼振动衰减到可以忽略不计, 余下的就只有上述等幅振动, 即

$$x = A\cos(\omega_\mathrm{p}t + \psi) \qquad (8-4-2)$$

式(8-4-2)表示达到稳定状态后的受迫振动, 这是角频率等于驱动力频率 ω_p 的简谐运动. 常说的受迫振动, 指的就是这种稳定状态下的受迫振动.

把式(8-4-2)代入运动方程(8-4-1), 可求得受迫振动的振幅和初相位分别为

$$A = \frac{f}{\sqrt{(\omega_0^2 - \omega_\mathrm{p}^2)^2 + 4\beta^2\omega_\mathrm{p}^2}} \qquad (8-4-3)$$

$$\tan\psi = \frac{-2\beta\omega_\mathrm{p}}{\omega_0^2 - \omega_\mathrm{p}^2} \qquad (8-4-4)$$

这说明, 受迫振动的振幅和初相位不仅与驱动力有关, 而且还与固有频率和阻尼系数有关.

从能量的角度看, 当受迫振动达到稳定状态时, 周期性外力在一个周期内对振动系统做功而提供的能量, 恰好用来补偿系统在一个周期内克服阻力做功所消耗的能量, 因而使受迫振动的振幅保持稳定不变.

二、共振

由式(8—4—3)可见，当驱动力的角频率 ω_p 等于某一特定值时，受迫振动的振幅会达到极大值.从 $\dfrac{\mathrm{d}A}{\mathrm{d}\omega_p}=0$ 可求出此时驱动力的角频率

$$\omega_r = \sqrt{\omega_0^2 - 2\beta^2} \qquad (8-4-5)$$

把式(8—4—5)代入式(8—4—3)，可得到振幅的极大值为

$$A_r = \frac{f}{2\beta\sqrt{\omega_0^2 - \beta^2}} \qquad (8-4-6)$$

在受迫振动中振幅出现极大值的现象，称为共振.共振时的角频率 ω_r 称共振角频率.

由式(8—4—5)和(8—4—6)可见，阻尼系数 β 愈小，共振角频率 ω_r 与系统的固有角频率 ω_0 就愈接近，共振振幅 A_r 愈大. $\beta \ll \omega_0$ 的情况下，有 $\omega_r = \omega_0$，当驱动力频率 ω_p 等于系统固有频率 ω_0 时发生共振，这时的共振振幅最大.进一步分析表明，在发生共振时驱动力总是对系

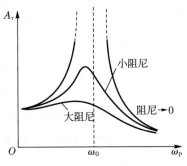

图 8—4—1 共振频率

统做正功，系统从外界最大限度地获得能量，从而振幅急剧增大；随着振幅的增大，阻力的功率也不断增大，最后使振幅保持稳定.图 8—4—1表示的就是在不同阻尼情况下受迫振动的振幅 A_r 随驱动力频率 ω_p 变化的情况.

共振现象可以发生在振荡电路中.在周期性电动势作用下，电流振幅达到极大值的现象称为电共振.收音机和电视机的选台，就是通过调节机内振荡电路的固有频率，使之等于外来信号的频率来实现.微观世界也广泛存在共振现象，例如核磁共振.所谓核磁共振，是指处于恒定外磁场中具有磁矩的原子核，对某一频率电磁波能量所发生的共振吸收.共振吸收的情况与样品中原子核的密度、周围环境等因素有关.因此，原子核可以看成安置在样品中的微小

探针,通过核磁共振可以探测样品的信息.

发生共振时,由于振幅过大可能会损坏机器、设备或建筑. 1940年,美国的一座大桥刚启用 4 个月就坍塌了,原因是一阵不算太强的大风所引起的桥的共振. 据报道,我国某城市有几栋高层居民楼经常摇晃,引起居民的恐慌,后来发现距居民楼 800 m 处有四台大功率锯石机,其工作频率为 1.5 Hz,恰好等于居民楼的固有频率,楼的摇晃原来是一种共振现象. 由于共振,可能会引起巨大的破坏,所以在工程技术中防振和减振是一项十分重要的任务.

习题八

一、选择题

8—1 一弹簧振子,当把它水平放置时,它做简谐运动. 若把它竖直放置或放在光滑斜面上,下列情况中正确的是 （ ）

(A)竖直放置做简谐运动,在光滑斜面上不做简谐运动

(B)竖直放置不做简谐运动,在光滑斜面上做简谐运动

(C)两种情况都做简谐运动

(D)两种情况都不做简谐运动

8—2 如图 8—1 所示为两个简谐运动的振动曲线,则有 （ ）

(A)A 超前 $\pi/2$　　　(B)A 落后 $\pi/2$

(C)A 超前 π　　　(D)A 落后 π

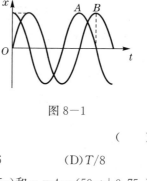

图 8—1

8—3 一个质点做简谐运动,周期为 T,当质点由平衡位置向 x 轴正方向运动时,由平衡位置到二分之一最大位移处所需要的最短时间为 （ ）

(A)$T/4$　　　(B)$T/12$　　　(C)$T/6$　　　(D)$T/8$

8—4 分振动方程分别为 $x_1=3\cos(50\pi t+0.25\pi)$ 和 $x_2=4\cos(50\pi t+0.75\pi)$ (SI 制),则它们的合振动表达式为 （ ）

(A)$x=2\cos(50\pi t+0.25\pi)$　　　(B)$x=5\cos(50\pi t)$

(C)$x=5\cos\left(50\pi t+\dfrac{\pi}{2}+\tan^{-1}\dfrac{1}{7}\right)$　　(D)$x=7$

8—5 两个质量相同的物体分别挂在两个不同的弹簧下端,弹簧的伸长量

分别为 Δl_1 和 Δl_2,且 $\Delta l_1=2\Delta l_2$,两弹簧振子的周期之比 $T_1:T_2$ 为 （   ）

(A)2   (B)$\sqrt{2}$ (C)$\dfrac{1}{2}$ (D)$1/\sqrt{2}$

二、填空题

8－6 一单摆的悬线长 l,在顶端固定的铅直下方 $l/2$ 处有一小钉,如图8-2所示.则单摆的左右两方振动周期之比 T_1/T_2 为_____.

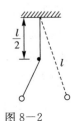

8－7 若两个同方向不同频率的谐运动的表达式分别为 $x_1=A\cos10\pi t$ 和 $x_2=A\cos12\pi t$,则它们的合振动频率为_____,每秒的拍数为_____.

图 8－2

8－8 弹簧振子做简谐振动,振动曲线如图8-3所示.则它的周期 $T=$_____,其余弦函数描述时初相位 $\varphi=$_____.

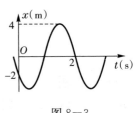

8－9 两个同方向同频率的简谐运动,其合振动的振幅为0.2 m,合振动的相位与第一个简谐运动的相位差为 $\dfrac{\pi}{6}$.若第一个简谐运动的

图 8－3

振幅为 $\sqrt{3}\times10^{-1}$ m,则第二个简谐运动的振幅为_____ m,第一、二两个简谐运动的相位差为_____.

8－10 质量为 m 的物体和一轻弹簧组成弹簧振子,其固有振动周期为 T,当它做振幅为 A 的自由简谐运动时,其振动能量 $E=$_____.

三、计算与证明题

8－11 做简谐运动的小球,速度最大值为 $v_m=3$ cm·s^{-1},振幅 $A=2$ cm,若从速度为正的最大值某点开始计算时间.

(1)求振动的周期;

(2)求加速度的最大值;

(3)写出振动表达式.

8－12 设想沿地球直径凿一隧道,并设地球是密度为 $\rho=5.5\times10^3$ kg·m^{-3} 的均匀球体,试证:

(1)当无阻力时,一物体落入此隧道后将做简谐运动;

(2)物体由地球表面落至地心的时间为

$$t=\frac{1}{4}\sqrt{\frac{3\pi}{G\rho}}=21 \text{ min}$$

式中,G 是引力常量.

8－13 如图8-4所示,轻质弹簧的一端固定,另一端系一轻绳,轻绳绕过

滑轮连接一质量为 m 的物体,绳在轮上不打滑,使物体上下自由振动.已知弹簧的劲度系数为 k,滑轮的半径为 R,转动惯量为 J.

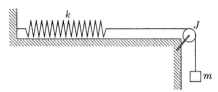

图 8-4

(1)证明物体做简谐运动;

(2)求物体的振动周期;

(3)设 $t=0$ 时,弹簧无伸缩,物体也无初速,写出物体的振动表达式.

8-14 如图 8-5 所示,一质量为 M 的盘子系于竖直悬挂的轻弹簧下端,弹簧的劲度系数为 k.现有一质量为 m 的物体自离盘 h 高处自由下落,掉在盘上没有反弹,以物体掉在盘上的瞬时作为计时起点,求盘子的振动表达式.(取物体掉入盘子后的平衡位置为坐标原点,位移以向下为正.)

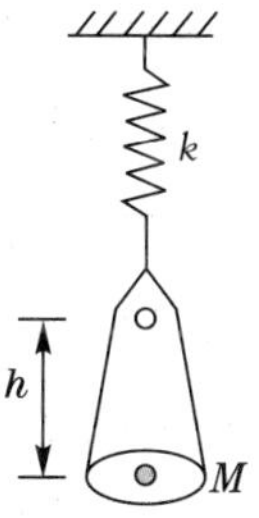

8-15 一弹簧振子做简谐运动,振幅 $A=0.20$ m,如果弹簧的劲度系数 $k=2.0$ N·m^{-1},所系物体的质量 $m=0.50$ kg.试求:

图 8-5

(1)当动能和势能相等时,物体的位移是多少?

(2)设 $t=0$ 时,物体在正最大位移处,达到动能和势能相等处所需的时间是多少?(在一个周期内)

8-16 有两个同方向同频率的简谐运动,它们的振动表达式为

$$x_1 = 0.05\cos\left(10t + \frac{3}{4}\pi\right), x_2 = 0.06\cos\left(10t + \frac{1}{4}\pi\right)(\text{SI 制})$$

(1)求它们合成振动的振幅和初相位;

(2)若另有一振动 $x_3 = 0.07\cos(10t + \varphi_0)$,问 φ_0 为何值时,$x_1 + x_3$ 的振幅为最大? φ_0 为何值时,$x_2 + x_3$ 的振幅为最小?

8-17 质量为 0.1 kg 的质点同时参与互相垂直的两个振动,其振动表达式分别为 $x = 0.06\cos\left(\frac{\pi}{3}t + \frac{\pi}{3}\right)$ m 及 $y = 0.03\cos\left(\frac{\pi}{3}t - \frac{\pi}{6}\right)$ m.求:

(1)质点的运动轨迹;

(2)质点在任一位置所受的作用力.

❸ ━━━━━━━━━━ 阅读资料

非线性振动初步

1. 自激振动

用周期性外力来激励的振动叫作受迫振动,我们已在§8—4中讨论过了.用单方向的外力来激励的振动叫作自激振动或自振,这是下面要讨论的内容.

自激振动在自然界里和生活中是很常见的.例如,树梢在狂风中呼啸,提琴奏出悠扬的小夜曲,自来水管突如其来的喘振,夜深人静时听到墙上老式挂钟持续地发出"滴答滴答"的摆动声,这些无不是各式各样的自激振动.用车、铣、刨、磨等机床加工时,搞得不好,刀具自激振动起来,会在工件表面上啃出波浪式的纹路,严重地影响加工的光洁度和机床的寿命.所以,自激振动是一种相当普遍的现象.

线性系统不改变振动的频率,而自激振动把单方向运动的能源转化为周期性振荡的能量,这种转化需要靠非线性机制来完成.所以,自激振动本质上是一种非线性振动.

下面,我们介绍两个典型的机械自激振动实例.

(1)干摩擦引起的自激振动.

不加润滑的物体在一起摩擦时发出的吱轧尖叫,弦乐器奏出的悦耳琴声,这些都是干摩擦引起的自激振动.我们用如图1所示较简单的模型来分析这种现象.传送带以恒定速度 v_0 前进,系在另一端固定的弹簧上的物体受传送带摩擦力 f 的带动而向前移;与此同时弹簧被拉伸,以更大的力向后拉那个物体.当此力超过了最大静摩擦时,该物体突然向后滑动.于是弹簧缩短,向后拉物体的力减小,直到传送带又能将它带动向前为止.如此周而复始,形成振荡.在这种振荡过程中弹簧是逐渐伸张、突然松弛的,其波形如图2所示,这种振动属于张弛型振动.以上便是干摩擦引起自激振动的大致物理图像.

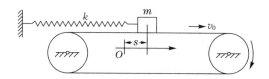

图 1　干摩擦引起自激振动的模型

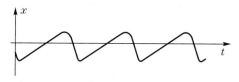

图 2　张弛型振动

下面,我们对干摩擦引起自激振动做一些细致的分析.摩擦力 f 是相对速度的函数,其形式如图 3 所示,是非线性的.该物体的运动方程为

$$m\ddot{s} + \gamma\dot{s} + ks = f(\dot{s} - v_0) \tag{1}$$

式中,$\ddot{s} = \dfrac{\mathrm{d}^2 x}{\mathrm{d}t^2}$ 为加速度,$\dot{s} = \dfrac{\mathrm{d}s}{\mathrm{d}t}$ 为速度,$\dot{s} - v_0$ 是物体相对于传送带的速度.

本系统有一个相对于实验室参考系静止不动($\dot{s} = 0$)的平衡位置 $s = s_0$,在这里弹簧的拉力与滑动摩擦力抵消:$ks_0 = f(-v_0)$,即 $s_0 = -f(-v_0)/k$.取此平衡位置为坐标原点,即令 $x = s - s_0$,$\dot{x} = \dot{s}$,$\ddot{x} = \ddot{s}$,上式化为

$$m\ddot{x} + r\dot{x} + kx = f(\dot{x} - v_0) - f(f - v_0)$$

在平衡点 $\dot{x} = 0$ 附近,上式右端可近似写为 $f'(-v_0)\dot{x}$,移项后,得

$$m\ddot{x} + [\gamma - f'(-v_0)]\dot{x} + kx = 0 \tag{2}$$

上式,方括弧内的量相当于有效阻力系数.当 $f'(-v_0) > \gamma$ 时,有效阻力系数为负,平衡态失稳,物体不再静止,开始振荡起来.

我们可以从摩擦力做功的角度来分析,如图 3 所示,振子的速度 $\dot{x} \leqslant v_0$ 时,摩擦力的方向与 x 轴的正方向相同,即 $\dot{x} > 0$ 时做正功,$\dot{x} < 0$ 时做负功.又由图可见,当 $\dot{x} \leqslant v_0$ 时,振子在正功区所受的摩擦力较负功区大,即振子来回一次获得的正功大于负功,能量增大,速度幅值 $\dot{x}_\mathrm{m}$ 增加,直至 $\dot{x}_\mathrm{m} = v_0$.若 $\dot{x}_\mathrm{m} > v_0$,则振子受到反方向的摩擦

力,落入到负功区,能量急剧减少,最终还是回复到 $\dot{x}_m = v_0$ 的状态. 换句话说,振子的能量不会无限积累,振幅将稳定在一定的水平上.

上面的分析也可以在相图上看清楚,如图4所示.相图的原点 O 是平衡点,失稳后,所有附近的相点都背离它.数值计算表明,螺旋式扩展的相轨渐近地趋于同一个闭合曲线(图中的粗线).如果我们的初始状态不在该闭合曲线之内,而是在它之外,则相轨将向内卷缩,终将从外面渐近地趋于它.所以,这根闭合曲线是内外所有相轨的极限,称为极限环.图4中极限环上那段 $\dot{x} = v_0$ 的水平直线,代表物体跟传送带走的平缓伸张过程(相当于波形图2中曲线沿斜线上升部分);下面那段弯回的曲线,代表超过了静摩擦极限后,物体被弹簧急剧拉回的松弛过程(相当于波形图2中曲线的陡峭下跌部分).这样一张一弛,物体就持续地振荡下去.

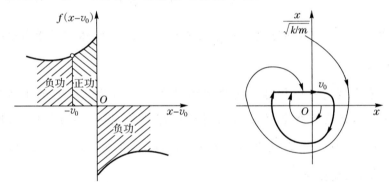

图3　传送带的摩擦力和它的功　　图4　干摩擦引起自激振动的极限环

极限环的形状和大小由系统本身的参量和工作点(本例中取决于 v_0)所决定,它决定了振荡的振幅和周期.在这一点上自激振动与受迫振动是不同的,受迫振动的周期由驱动力的频率决定.

(2)由机械控制的自激振动.

许多人工的振荡装置,如钟表、电铃、蒸汽机或内燃机的调速器等,其中控制向系统输送能量的"阀门",是由特殊的机械装置担当的.下面以老式的挂钟为例来做进一步的分析与说明.

老式挂钟的结构如图5(a)所示,包括三个基本部分:①振动系统——摆;②恒定能源——降落的重锤(或弹簧发条)和与之相连的棘轮 A;③擒纵机构——与摆作刚性联结的锚 B,其上附有两个特殊形状的齿(掣子)1和2,控制着棘轮供入能量.擒纵机构与棘轮的细部如图5(b)所示,控制过程是按如下方式实现的:当棘轮齿落在锚齿1的尖斜面上时,棘轮齿就推动锚和与它相连的摆;这时,第二锚齿2就沿棘轮齿侧面滑动而下降,并挡住下一个棘轮齿,直到摆完成向右偏移而回到中间位置为止.锚齿对棘轮齿相继两次推动的时间间隔,取决于摆长和锚齿尺寸.所以,表面看起来好像与受迫振动情形类似,钟摆受到的冲击力也是周期性的,其实,这个周期是由摆本身决定的,这是一种自激振动.

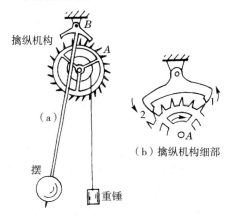

图 5　老式的挂钟

作为小振幅近似,钟摆的运动方程可以写成

$$\ddot{\theta} - \frac{f_{阻}(\dot{\theta})}{m} + \omega_0^2 \theta = 0 \tag{3}$$

式中,θ 是角位移,$\omega_0 = \sqrt{g/l}$,符号上面的点代表对时间 t 的求导.因为钟摆所受的摩擦力主要是干摩擦,而不是流体的阻力,方程式中的阻力项本应采用如图3所示的非线性形式.为了简化我们的模型,忽略摩擦力与速度大小的依赖关系,假定它的大小是恒定的,只是其方向总与速度相反,即令 $f_{阻}/m = -B\text{sgn}(\dot{\theta})$[①]. 于是,方程式(3)简化为

$$\ddot{\theta} + b\text{sgnn}(\dot{\theta}) + \omega_0^2 \theta = 0$$

---

① 函数 $\text{sgn}(x) = \dfrac{|x|}{x} = \begin{cases} +1 & x>0, \\ -1 & x<0, \end{cases}$ 为正负号函数.

采用无量纲化和归一化的方法,这个方程式还可进一步简化.首先,用无量纲的时间 $\tau = \omega_0 t$ 代替 t,并把符号上的点理解为对 τ 求导,于是 $\dot{\theta} \rightarrow \omega_0 \dot{\theta}, \ddot{\theta} \rightarrow \omega_0^2 \ddot{\theta}$;其次,令 $x = \theta \omega_0^2 / B$,于是

$$\ddot{x} + \operatorname{sgn}(\dot{x}) + x = 0$$

或

$$\ddot{x} \pm 1 + x = 0 \tag{4}$$

式中,$\dot{x} > 0$ 时取 $+$ 号,$\dot{x} < 0$ 时取 $-$ 号.上式又可写为

$$(x \pm 1)^{\cdot\cdot} + (x \pm 1) = 0 \tag{5}$$

这方程式在形式上与一个无阻尼的简谐运动相似.用 $(x \pm 1)^{\cdot}$ 乘以上式,得

$$(x \pm 1)^{\cdot}(x \pm 1)^{\cdot\cdot} + (x \pm 1)(x \pm 1)^{\cdot} = \frac{1}{2}\{[(x \pm 1)^{\cdot}]^2 + (x \pm 1)^2\}^{\cdot}$$
$$= 0$$

积分后,得

$$[(x \pm 1)^{\cdot}]^2 + (x \pm 1)^2 = 常量$$

现在,我们来考虑相图.此式给出的相轨道是以 $(x \mp 1, \dot{x} = 0)$ 为中心的圆弧.我们假定,每当 $x = -1, \dot{x} > 0$ 时擒纵轮受到棘轮一次冲击,摆的能量突然增加一个数值 $\xi(\xi > 0)$.于是,在相图 6(a) 中从 a 点出发的相轨将循 $abcde$ 路线到达 e 点,其中 ab 是以 $B(-1,0)$ 为中心的圆弧,故 b 的坐标为 $(-1, A-1)$.在 b 处能量增加 ξ,状态跳到 c 点.简谐振动的能量正比于振幅的平方,选取适当的能量单位,可使其能量等于振幅的平方.b 点的振幅为 $A-1$,能量为 $(A-1)^2$,从而 c 点的能量为 $\xi + (A-1)^2$,振幅(即 c 点的纵坐标)为 $\sqrt{\xi + (A-1)^2}$.cd 也是以 B 点为中心的圆弧,de 是以 $C(1,0)$ 点为中心的半圆.设 e 点的横坐标为 $-A'$,则 $A' = \overline{Oe} = \overline{Ce} - 1 = \overline{Cd} - 1 = \overline{Od} - 2 = \overline{Bd} - 3 = \overline{Bc} - 3 = \sqrt{\xi + (A-1)^2} - 3$.如果从 e 出发再绕一圈,我们将得到类似的结果.普遍地,我们有从第 n 次到第 $n+1$ 次振幅间的递推关系为

$$A_{n+1} = \sqrt{\xi + (A_n - 1)^2} - 3 \tag{6}$$

经过多次迭代,如果相轨趋向闭合的话,我们就得到一个极限环.轨线闭合的条件是 $A_{n+1} = A_n = A_0$,由上式可得

$$A_0 = \frac{\xi}{8} - 1$$

轨线进入极限环,意味着振动系统进入自激振动状态,如图 6(b)所示.由于只有当 $A_0 > 1$(即环的左边缘在 B 点之左)时极限环才会出现,这要求 $\xi > 16$,即输入的能量太小了不行[在图 6(b)中我们取了 $\xi = 64, A_0 = 7$].

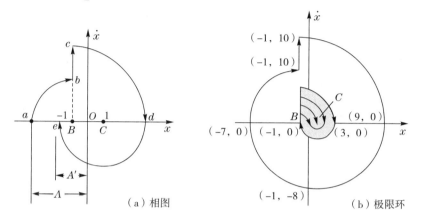

（a）相图　　　　　（b）极限环

图 6　挂钟的相图

值得注意的是,在钟摆的相干面上,大极限环内还有一个小极限环,即图6(b)中阴影区的边界.当初态落到这区域里,相轨将向内卷缩,最后被吸引到 BC 线段上,就停止不动了.只有初态落到小极限环之外,相轨才逐渐扩展到大极限环上,时钟开始正常运转.所以说,在挂钟的相平面内有个死区.若重锤降到最低位置时钟停了,只把重锤提上去不行,还得拨弄一下摆锤,使系统跳出死区,钟才能走起来.

2. 软激励和硬激励自振稳定的和不稳定的极限环

现在,让我们从相图的角度抽象地概括一下自激振动的特点.自激振动与受迫振动不同,它是在非周期力的激励下做具有确定振幅和频率的持续振荡.在数学上,它相当于一个孤立的闭合轨道,即极限环.这只有在非保守的、非线性的系统中才能发生,保守系统中也有闭合轨道,但那不是孤立的,而且是结构不稳定的,稍有阻尼,轨道就不再闭合了.

自激振动有软激励和硬激励两种情况.它们相图的特点分别如图 7(a)和7(b)所示(这里所表现的是相图的拓扑结构,极限环的具体形状并不重要).在软激励的情况里有一个稳定极限环,它外边的轨线向内卷缩,里边的轨线向外扩展,从两侧渐近地逼近它.此时极限环内有一个不稳定的不动点,或者叫作源,其周围的轨线是向外发散的.在物理上这就是失稳的平衡点.在硬激励的情况里有两个极限环,外边一个是稳定的,里边有一个不稳定极限环.所谓不稳定,是指它外边的轨线向外扩展,里边的轨线向内卷缩,从两侧背离它.此时内极限环里有一个稳定的不动点,或者叫作汇,其周围轨线是向里汇集的.在物理上,小极限环内是振动的死区,汇是稳定的平衡点.软激励只需任意小的能量来启动,硬激励则需超过一定大小的能量才能激发.不难看出,本节所举的两个例子中,传送带激励的质量——弹簧系统属于软激励自振系统,挂钟则为硬激励自振系统.

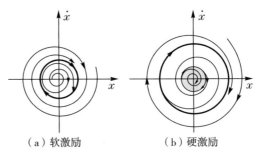

（a）软激励　　　　　　（b）硬激励

图 7　稳定和不稳定的极限环

3. 什么是"混沌"?

远古时代,人们对大自然的变幻无常怀着神秘莫测的恐惧.几千年的文明进步使人类逐渐认识到,大自然是有规律可循的.经典力学在天文学上的预言获得辉煌的成就,无疑给予人们巨大的信心,以至于在18世纪里将宇宙看作一架庞大时钟的机械宇宙观占据了统治地位.伟大的法国数学家拉普拉斯(Pierre Simon de Laplace)的一段名言把这种彻底的决定论思想发挥到了顶峰:

"设想有位智者在每一瞬间得知激励大自然的所有的力,以及组成它的所有物体的相互位置,如果这位智者如此博大精深,他能对这样众多的数据进行分析,把宇宙间最庞大物体和最轻微原子的运动凝聚到一个公式之中,对他来说没有什么事情是不确定的,将来就像过去一样展现在他的眼前."

牛顿力学在天文上处理得最成功的是两体问题,譬如地球和太阳的问题.两个天体在万有引力的作用下,围绕它们共同的质心做严格的周期运动.正因为如此,我们地球上的人类才有个安宁舒适的家园.但是太阳系中远不止两个成员,第三者的介入会不会动摇这种稳定与和谐? 长期以来天文学上按牛顿力学来处理这类问题,用所谓"摄动法",即把其他天体的作用看作微小的扰动,以计算对两体轨道的修正.拉普拉斯用这种方法"证明"了三体的运动也是稳定的.当拿破仑问他这个证明中上帝起了什么作用时,他的回答是:"陛下,我不需要这样的假设."拉普拉斯否定了上帝,然而他的结论却是错的,因为他所用的摄动法级数不收敛.

第一个意识到三体问题全部复杂性的也是法国数学家,他叫庞加莱(Henri Poincaré).庞加莱是 19～20 世纪之交最伟大的数学家,当今有关"混沌"理论最深刻的思想,都已经在他的头脑里形成了.只不过那时没有强有力的计算机把他的思想清晰地表达出来.

1887 年,瑞典国王奥斯卡二世(OscarⅡ)以 2 500 克朗为奖金征文,题目是天文学上的基本问题:"太阳系稳定吗?"庞加莱是最渊博的数学家,他谙熟当时数学的每个领域,对奥斯卡国王的问题自然要试一下身手.庞加莱并没有最终解决它,事后表明,此问题的复杂性是人们没有预料到的.但由于他的工作对这个领域产生了深刻影响,庞加莱还是获得了奖金.

在万有引力作用下,三体的运动方程可以按照牛顿定律严格地给出,但由于它们是非线性的,谁也不会把它们的解表达成解析形式(事后证明这是不可能的;不仅三体问题的运动方程不可能,而绝大多数非线性微分方程的解都不可能写成解析形式).庞加莱另辟蹊径,发明了相图和拓扑学的方法,在不求出解的情况下,通过直接考查微分方程本身的结构去研究它的解的性质.庞加莱开拓了整整一个数学新领域——微分方程的定性理论,至今有着极其深远的影响.

十足的三体问题太复杂了,庞加莱采用了美国数学家希尔(Hill)提出的简化模型:假定有两个天体,它们在万有引力作用下,围绕共同的质心,沿着椭圆形的轨道,做严格的周期性运动;另有一颗宇宙尘埃,在这两个天体的引力场中游荡.两天体可完全不必理会这颗尘埃产生的引力对它们轨道的影响,更不会动摇它们之间运动的和谐,因为颗粒的质量相对它们自己来说实在太小了.可是颗粒的运动会是怎样的呢?这简化模型现称之为"限制性三体问题".庞加莱用自己发明的独特方法探寻着颗粒有没有周期性轨道.他在相空间的截面上发现,颗粒的运动竟是没完没了的自我缠结,密密麻麻地交织成如此错综复杂的蜘蛛网,如图8所示.要知道,当时并没有计算机把这一切显示在屏幕上,上述复杂图像是庞加莱靠逻辑思维在自己的头脑里形成的.他在论文中写道:"为这图形的复杂性所震惊,我都不想把它画出来."这样复杂的运动是高度不稳定的,任何微小的扰动都会使粒子的轨道在一段时间以后有显著的偏离.因此,这样的运动在一段时间以后是不可预测的,因为在初始条件或计算过程中,任何微小的误差都会导致计算结果严重的失实.

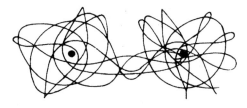

图8　限制性三体问题相轨示意图

庞加莱的发现告诉我们,简单的物理模型(如限制性三体问题)会产生非常复杂的运动,决定论的方程(拉普拉斯意义下的)可导致无法预测的结果.虽然庞加莱的发现已有100多年了,而且在此期间许多优秀的数学家继庞加莱之后做出了卓越的贡献,直到1975年学术界才创造了"混沌(chaos)"这个古怪的词儿,①来刻画这类复杂的运动.

---

① 　科学术语有时与它们在日常生活中的含义不同,在这种情况下很容易引起误解.所以我们要对"混沌"一词的来源做些必要的解释.在英文里 chaos 一词有两个意思:1.人们设想在有序宇宙之前曾存在过无序的无形物质.2.完全无序,彻底混乱.汉语辞典里"混沌"一词的含义主要有:1.古代传说中指天地开辟前的元气状态.2.浑然一体,不可分剖.中、英文在第一条含义上是相符的.100多年前玻耳兹曼把混沌当作科学术语来使用(分子混沌拟设),20世纪30~40年代维纳(N. Wiener)把混沌一词使用到他的论文上,其含义都是指随机过程引起的无序状态.当今把它用来特指决定性动力学系统中的内禀随机行为,大概是从1975年一篇署名 Li-York 的论文开始的.

20 世纪 70～80 年代在学术界掀起了混沌理论的热潮,从数学、力学波及物理学各个领域,乃至天文学、化学、生物学等自然科学.在新闻媒体的报导下,又将"混沌"一词传播到社会上,难免被渲染上几分神秘的色彩.

什么是混沌? 撇开数学上严格的定义不谈,我们可以说混沌是在决定性动力学系统中出现的一种貌似随机的运动.动力学系统通常由微分方程、差分方程或简单的迭代方程所描述,"决定性"指方程中的系数都是确定的,没有概率性的因素.从数学上说,对于确定的初始值,决定性的方程应给出确定的解,描述着系统确定的行为.但在某些非线性系统中,这种过程会因初始值极微小的扰动而产生很大的变化,即系统对初值依赖的敏感性,由于这种初值敏感性,从物理上看,过程好像是随机的.这种"假随机性"与方程中有反映外界干扰的随机项或随机系数而引起的随机性不同,是决定性系统内部所固有的,可称之为内禀随机性.

对初值依赖的敏感性是怎样产生的? 先看一个最简单的三体例子.如图 9(a)所示,A,B,C 是光滑水平桌面上三个完全相同的台球,B,C 两球并列在一起,作为静止的靶子,A 球沿它们中心连线的垂直平分线朝它们撞去.设碰撞是完全弹性的,碰撞后三球各自如何运动? 若设想因 A 球瞄得不够准而与 B,C 球的碰撞稍分先后,则我们就会得到如图 9(b)和(c)所示截然不同的结果.在这样一个简单的二维三体问题里,无限小的偏差竟然使完全决定性的牛顿定律给出全然不同的答案!

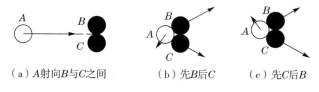

(a)A 射向 B 与 C 之间   (b)先 B 后 C (c)先 C 后 B

图 9   台球问题中的不确定性

再看另外的例子.单摆和倒摆都是单个质点的一维运动,在能量给定时运动都是确定的.它们的相图有一个共同之处,即都有连到一点的分界线,这点对应着势能的极大,即不稳定的平衡点.相图上的这类特殊点,叫作鞍点或双曲点,因为与之相连的四条相轨中两条指向它,两条背离它,而附近的相轨呈双曲线状,如图 10 所示.现在,我们给问题增添一点复杂性,假定存在阻尼和驱动力,让摆做受迫振动.这样一来,双曲点就成了敏感地区.因为当质点被驱动到它附近时,

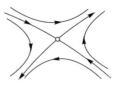

图 10　鞍　点

能量稍有剩余,就会越过势垒的顶峰,跨到它的另外一侧;能量稍有欠缺,则为势垒所阻,滑回原来的一侧.可以设想,此后质点的轨迹将会截然不同.相图里双曲点的存在,预示着混沌运动的可能.

的确,计算机数值计算和真实的物理实验都表明,在一定的参数下,在单摆和倒摆的受迫振动中都会出现混沌运动.待开始一段暂态过程过去后,周期运动的相轨趋于闭合曲线,即极限环;混沌运动的相轨则趋于非常复杂的吸引子,叫作奇怪吸引子或混沌吸引子.如图 11 所示为几幅单摆受迫振动相图上的吸引子,其中(a)是周期运动的极限环,(b)是产生倍周期分岔后的极限环,它在绕两周后才闭合起来;(c)则为混沌吸引子,它既不是闭合曲线,又与真正的随机运动有区别,其中有一定的内部结构.

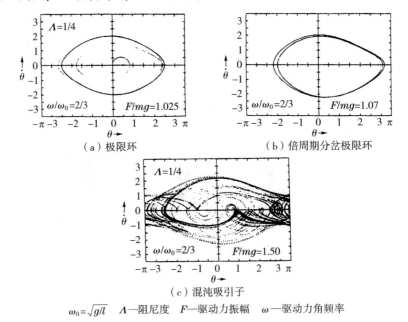

（a）极限环　　　　　　　　　　　（b）倍周期分岔极限环

（c）混沌吸引子

$\omega_0 = \sqrt{g/l}$　Λ—阻尼度　F—驱动力振幅　ω—驱动力角频率

图 11　受迫单摆的吸引子

第九章

波动学基础

　　振动在空间的传播过程称为波动,简称波,这是一种常见的物质运动形式.通常将波动分为两大类:一类是机械振动在介质中的传播,称为机械波,如声波、水波和地震波等;另一类是变化电场和变化磁场在空间的传播,称为电磁波,如无线电波、光波和 X 射线等.机械波只能在介质中传播,例如声波的传播要有空气做介质,水波的传播要有水做介质.但是电磁波的传播不需要介质,它可以在真空中传播.

　　虽然各类波的具体物理本质不同,但它们都具有叠加性,都能发生干涉和衍射现象,也就是说它们具有波动的普遍性质.机械波和电磁波统称为经典波,它们代表的是某种实在的物理量的波动.除了经典波能发生干涉和衍射现象外,实验中发现,电子、质子和中子这些微观粒子也具有波动性,这方面内容将在第二十章中介绍.

　　本章主要内容有:机械波的基本特征,波函数和波的能量,惠更斯原理与波的传播规律,驻波,多普勒效应,声波以及电磁波的发射和传播过程中的规律.

§9—1　机械波的基本特征

一、机械波的形成条件

　　无限多个质点相互之间通过弹性力联系在一起的介质叫作弹性介质,它可以是固体、液体或气体.当弹性介质中任一质点受外界扰动而离开平衡位置时,周围质点将对它作用一弹性力,使其回到平衡位置，并在平衡位置附近做振动. 与此同时，这个质点也给周围质点以弹性力作用，使它们也在自己的平衡位置附近振动起来，这些质点又将使其外围质点振动起来. 这样依次带动，使振动以一定速度在弹性介质中由近及远地传播出去，就形成机械波. 由此可见，要形成机械波，**首先要有做机械振动的物体，即波源；其次要有能够传播机械振动的介质. 这是产生机械波必须具备的两个条件.**

应当注意，波动只是振动状态在介质中的传播. 在传播过程中，介质中的各质点并不随波前进，而只在各自的平衡位置附近振动. 例如投石入水，水波荡漾开去，而漂浮在水面上的树叶只在原地上下运动并未随波而去. 这也告诉我们，波动的传播方向与质点的振动方向不一定相同. 振动状态的传播速度即波速与质点的振动速度是两个大小、方向并不相同的物理量.

二、横波和纵波

按照振动方向与波的传播方向之间的关系，波可以分成横波和纵波两类. **如果振动方向与波的传播方向垂直，则这种波称为横波；如果振动方向与波的传播方向平行，则这种波称为纵波.**

如图 9—1—1 所示是横波在一根细绳上传播的示意图. 把细绳分成许多可视为质点的小段，质点之间有弹性力相联系. 设 $t=0$ 时，质点都在各自的平衡位置，此时质点 0 在外界作用下由平衡位置向上运动. 由于弹性力的作用，质点 0 带动质点 1 向上运动，继而质点 1 又带动质点 2，…，于是质点就先后上、下振动起来，图 9—1—1 中画出了不同时刻各质点的振动状态. 设波源（质点 0）做周期为 T 的谐振动，由图可见，$t=\dfrac{T}{4}$ 时，质点 0 的初始振动状态传到了质点 4，$t=\dfrac{T}{2}$ 时，质点 0 的初始振动状态传到了质点 8，…，$t=T$ 时，质点 0 完成了自己的一次全振动，其初始振动状态传到了质点 16. 从图中可以看到，质点 16 与质点 0 处于同一振动状态，但在时间上落后了一个周期 T，相位也落后了 2π. 就这样，弹性介质（细绳）中一个质点的振动，依次引起其他质点的振动，由近及远地传播出去，形成机械波.因为质点的振动方向与波的传播方向垂直,波为横波.

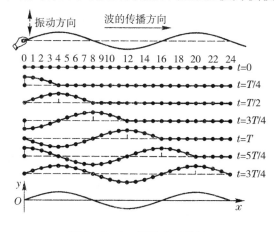

图 9－1－1　绳索上的横波

如图 9－1－2 所示是纵波在一根弹簧上传播的示意图.同理可分析纵波的形成情况,只不过此时质点的振动方向与波的传播方向一致.

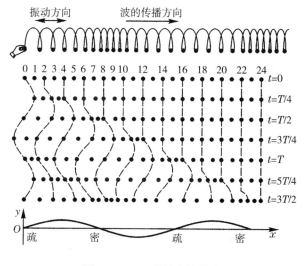

图 9－1－2　弹簧中的纵波

从图 9－1－1 和图 9－1－2 中可以看出,无论是横波还是纵波,它们的传播过程都有两个特点:

(1)介质中各质点都做与波源同方向同频率的振动.

(2)沿着波的传播方向,介质中各质点的振动相位是逐一落后的. 如在图 9-1-1 中, 与质点 0 的相位比较, 质点 4, 8, 12, 16, 20 的相位依次落后 $\frac{\pi}{2}$, π, $\frac{3\pi}{2}$, 2π, $\frac{5\pi}{2}$.

从图 9-1-1 中也可以看出, 横波的外形特征是在横向具有凸起的"波峰"和凹下的"波谷", 且波峰和波谷是交替出现的; 而纵波的外形特征是在纵向具有"稀疏"和"稠密"的区域, 故又称纵波为"疏密波".

横波在弹性介质中传播时, 一层介质相对另一层介质发生横向平移, 称为切变. 固体能够产生恢复这一切变的弹性力, 因此横波只能在固体中传播. 纵波在弹性介质中传播时, 介质产生压缩或膨胀形变. 固体、液体和气体都能产生恢复这种形变的弹性力, 因此纵波能在固体、液体和气体中传播. 纵波传播的其他规律与横波相同.

横波和纵波是波动的两种最基本的形式, 任何复杂形式的波动都可以看成是横波和纵波的叠加. 比如形成原因比较复杂的水面波, 因在水面上有表面张力, 故能承受切变, 所以水面波是纵波与横波的合成波. 此时构成水的微元在自己平衡位置附近做椭圆运动.

三、波面和波线

为了形象地描述波在空间的传播情况, 我们引入波面、波前和波线的概念. 在各向同性的均匀介质中, 由一个点波源发出的振动状态, 经过一段时间以后, 将到达与点波源距离相同的点构成的球面, 引起球面上各质点做相位相同的振动. 我们把**介质中相位相同的点所连成的曲面称为波面或波阵面**, 亦即同相面. 最前面的波面称为波前. **波面是球面的波称为球面波. 波面是平面的波称为平面波**. 平面波是一种近似, 即在离波源足够远, 且观察范围很小时, 球面可看成是平面, 因此, 可以认为是平面波. 波面可以有任意多个, 一般使相邻两个波面之间的距离等于一个波长. 代表波的传播方向的直线, 称为波线. 在各向同性均匀介质中, 波线恒与波面垂直. 球面波、平面波的波面、波前和波线如图 9-1-3 所示.

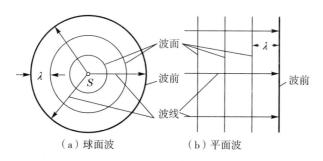

（a）球面波　　　　　（b）平面波

图 9—1—3　波线、波面与波前

四、描述波动的物理量

下面介绍几个重要的物理量，对波做进一步描述.

1. 波长

如前所述，同一时刻，沿波线上各质点的振动相位是逐一落后的. 我们把同一波线上相邻的相位差为 2π 的两质点间距离叫作波长，用 λ 表示. 因为相位差为 2π 的两质点，其振动步调完全一致，所以波长就是一完整波形的长度，反映了波动这一运动形式具备空间周期性特征.

2. 波的周期和频率

波动过程也具有时间上的周期性. **波前进一个波长的距离所需的时间叫作波的周期，用 T 表示. 周期的倒数叫作频率**，即频率为单位时间内波前进距离中波的数目，用 ν 表示，有

$$\nu = \frac{1}{T} \qquad (9-1-1)$$

波源做一次完全振动，波前进的距离等于一个波长，所以波的周期（或频率）等于波源的振动周期（或频率）. 因此，具有一定振动周期和频率的波源，在不同介质中产生的波的周期和频率是相同的，与介质性质无关.

3. 波速

单位时间内某一振动状态传播的距离叫作波速，用 u 表示. 振动状态常用相位来描述，因此这一速度就是**振动相位的传播速度，**故也**称为相速度**. 在一个周期内，波前进一个波长的距离，所以波速

与波长、周期和频率的关系为

$$u = \frac{\lambda}{T} = \nu\lambda \qquad (9-1-2)$$

波速的大小取决于介质的性质,在不同的介质中,波速是不同的. 波在固体、液体和气体中传播速率不同;在同一固体介质中,纵波和横波的传播速率也不同.

由式(9-1-2)可见,因为波的周期(或频率)与介质无关,对同一频率的波,其波长将随介质不同而不同.

例 9-1-1 在室温下,已知空气的声速 u_1 为 340 m·s^{-1},水中的声速 u_2 为 1450 m·s^{-1},求频率为 200 Hz 和 2000 Hz 的声波在空气中和在水中的波长各为多少.

解 由式(9-1-2)可得

$$\lambda = \frac{u}{\nu}$$

频率为 200 Hz 及 2000 Hz 的声波在空气中的波长分别为

$$\lambda_1 = \frac{u_1}{\nu_1} = \frac{340 \text{ m·s}^{-1}}{200 \text{ Hz}} = 1.7 \text{ m}$$

$$\lambda_2 = \frac{u_1}{\nu_2} = \frac{340 \text{ m·s}^{-1}}{2000 \text{ Hz}} = 0.17 \text{ m}$$

它们在水中的波长分别为

$$\lambda_1' = \frac{u_2}{\nu_1} = \frac{1450 \text{ m·s}^{-1}}{200 \text{ Hz}} = 7.25 \text{ m}$$

$$\lambda_2' = \frac{u_2}{\nu_2} = \frac{1450 \text{ m·s}^{-1}}{2000 \text{ Hz}} = 0.725 \text{ m}$$

可见,同一频率的声波,在水中的波长比在空气中的波长要长得多.

可以证明,拉紧的绳子或弦线中横波的波速为

$$u_T = \sqrt{\frac{T}{\mu}} \qquad (9-1-3)$$

式中,T 为绳子或弦线中张力,μ 为其线密度.

在均匀细棒中,纵波的波速为

$$u_L = \sqrt{\frac{Y}{\rho}} \qquad (9-1-4)$$

式中,Y 是棒的杨氏模量,ρ 是棒的密度.

在"无限大"的各向同性均匀固体中,横波的波速为

$$u_T = \sqrt{\frac{G}{\rho}} \qquad (9-1-5)$$

式中,G 为固体的切变模量,ρ 为固体的密度.其纵波的波速要比式 (9−1−5)给出的大一些.

液体和气体(统称流体)只能传播纵波,其波速为

$$u_L = \sqrt{\frac{K}{\rho}} \qquad (9-1-6)$$

式中,K 是流体的体积模量,ρ 是流体的密度.

下面简单介绍介质的杨氏模量 Y、切变模量 G 和体积模量 K.

(1)杨氏模量.

如果在截面积为 S、长为 l 的固体细棒两端加上大小相等、方向相反的轴向拉力 F,使棒伸长 Δl,如图 9−1−4(a)所示.在弹性限度范围内,应力 F/S 与应变 $\Delta l/l$ 成正比,即

$$\frac{F}{S} = Y \frac{\Delta l}{l} \qquad (9-1-7)$$

式中,比例系数 Y 由材料的性质决定,叫作杨氏模量.

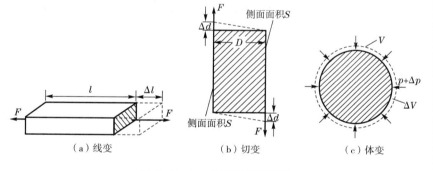

图 9−1−4 几种形变示意图

(2)切变模量.

在平行于柱体上、下底面(面积均为 S)施加一大小相等、方向相反的切向力 F,使柱体发生如图 9−1−4(b)所示的切变.实验证明,在弹性限度内,切应力 F/S 与切应变 $\theta \approx \dfrac{\Delta d}{D}$ 成正比,即

$$\frac{F}{S} = G \frac{\Delta d}{D} \qquad (9-1-8)$$

式中,比例系数 G 称为切变模量.同种固体材料的切变模量 G 总小于其杨氏模量 Y,因此在同一固体材料中,横波波速要比纵波波速小.

(3)体积模量.

设流体压强由 p 增加到 $p+\Delta p$,流体的体积相应地由 V 变化至 $V+\Delta V$,如图 $9-1-4$(c)所示,则在通常压强范围内,有

$$\Delta p = -K \frac{\Delta V}{V} \qquad (9-1-9)$$

式中,比例系数 K 称作体积模量,它的大小与流体类别有关.上式中"$-$"号表示压强增大(减小)时体积缩小(增大),K 总取正值.

杨氏模量 Y、切变模量 G 和体积模量 K 的单位均为 Pa,1 Pa $=1$ N $\cdot$ m^{-2}.

例 9$-$1$-$2 假如声波在空气中传播时,空气的压缩与膨胀过程进行得非常迅速,以至于来不及与周围交换热量,声波的传播过程可看作绝热过程.

(1)若视空气为理想气体,试证:声速 u 与压强 p 的关系为 $u=\sqrt{\gamma p/\rho}$,与温度 T 的关系为 $u=\sqrt{\gamma RT/M}$. 式中 $\gamma=C_{p,m}/C_{V,m}$ 为气体的摩尔热容之比,ρ 为密度,R 为普适气体常量,M 为摩尔质量.

(2)求 0 ℃和 20 ℃时,空气中的声速. (空气的 $\gamma=1.4$,$M=2.89 \times 10^{-2}$ kg $\cdot$ mol^{-1})

解 (1)已知气体中纵波的波速为

$$u = \sqrt{K/\rho} \qquad ①$$

式中,体积模量 K 可写成微分形式

$$K = -V \frac{\mathrm{d}p}{\mathrm{d}V} \qquad ②$$

由理想气体绝热方程

$$pV^\gamma = 常量$$

取微分,得

$$\gamma p V^{\gamma-1} 1 \mathrm{d}V + V^\gamma \mathrm{d}p = 0$$

$$\frac{\mathrm{d}p}{\mathrm{d}V} = -\frac{\gamma p}{V}$$

代入式②,得

$$K = \gamma p$$

再代入式①,即得

$$u = \sqrt{\gamma p / \rho}$$

又由理想气体状态方程,有 $\rho = \dfrac{Mp}{RT}$,代入上式,即得

$$u = \sqrt{\gamma RT / M}$$

(2)0 ℃时,空气中声速为

$$u = \sqrt{\frac{1.4 \times (8.31\ \mathrm{J \cdot mol^{-1} \cdot K^{-1}})(273\ \mathrm{K})}{2.89 \times 10^{-2}\ \mathrm{kg \cdot mol^{-1}}}} = 331\ \mathrm{m \cdot s^{-1}}$$

20 ℃时,声速为

$$u = \sqrt{\frac{1.4 \times (8.31\ \mathrm{J \cdot mol^{-1} \cdot K^{-1}})(293\ \mathrm{K})}{2.89 \times 10^{-2}\ \mathrm{kg \cdot mol^{-1}}}} = 343\ \mathrm{m \cdot s^{-1}}$$

§9－2　平面简谐波

一般说来,波动中各质点的振动是复杂的. 最简单而又最基本的波动是简谐波,即波源以及介质中各质点的振动都是简谐运动,这种情况一般发生在理想的无吸收的均匀无限大介质中. 由于任何复杂的波都可以看成由若干个简谐波叠加而成,因此,研究简谐波具有重要意义. 若简谐波的波阵面是平面,就称为平面简谐波. 因为同一波阵面上各点振动状态相同,所以在研究平面简谐波传播规律时,只要讨论与波阵面垂直的任一条波线上波的传播规律就可以了.

一、平面简谐波的波函数

如图 9－2－1 所示,设有一平面简谐波沿 x 轴正方向以速度 u 传播(x 轴即为任意一条波线),介质中各质中的振动沿 y 方向. 已知坐标原点 O 处质点的振动表达式为

$$y_0 = A\cos(\omega t + \varphi)$$

式中, y_0 表示垂直于 x 方向的位移, A 是振幅, ω 是角频率, $(\omega t + \varphi)$ 表示 t 时刻 O 点的相位. 由于波线上各点都在振动,因此我们需要研

究任意坐标 x 处的质点在任意时刻 t 的状态，即坐标 x 处质点的振动表达式．

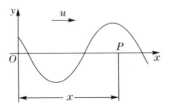

图 9－2－1　平面简谐波的波形曲线

考虑坐标 $x>0$ 处的质点的振动．由于波沿 x 轴正方向传播，所以坐标 x 处的质点的振动相位要比 O 点的振动相位滞后 $\dfrac{x}{u}$ 时间，因此 t 时刻 x 点的相位为

$$\omega\left(t-\frac{x}{u}\right)+\varphi$$

这样一来，x 处质点的振动表达式应为

$$y=A\cos\left[\omega\left(t-\frac{x}{u}\right)+\varphi\right] \qquad (9-2-1)$$

对于 $x<0$ 的点，上式也成立，这时 x 处质点的相位比 O 点的相位超前 $\dfrac{|x|}{u}$ 时间．上式就是沿 x 轴正方向传播的平面简谐波的波函数，也称为平面简谐波的波动表达式．它给出当简谐波沿 x 轴正方向在介质中传播时，质点的位移 y 与坐标 x、时间 t 的函数关系 $y=f(x,t)$．

利用 $\omega=\dfrac{2\pi}{T}$ 和 $u=\dfrac{\lambda}{T}$，波函数（9－2－1）可表示为

$$y=A\cos\left[2\pi\left(\frac{t}{T}-\frac{x}{\lambda}\right)+\varphi\right] \qquad (9-2-2)$$

如果定义波数 k，即

$$k=\frac{2\pi}{\lambda}=\frac{\omega}{u} \qquad (9-2-3)$$

则简谐波的波函数还可写成

$$y=A\cos(\omega t-kx+\varphi) \qquad (9-2-4)$$

上式是更常用的波函数的表达形式．波数 k 和角频率 ω 相对应，$\omega=\dfrac{2\pi}{T}$ 表示单位时间内相位的变化，而 $k=\dfrac{2\pi}{\lambda}$ 表示单位距离内相位的变化．

上面讨论的是沿 x 轴正方向传播的简谐波,如果沿 x 轴负方向传播,只要在式(9-2-1)中让 x 变号就可以了.因此**平面简谐波波函数**的一般形式可写成

$$y = A\cos(\omega t \mp kx + \varphi) = A\cos\left[2\pi\left(\frac{t}{T} \mp \frac{x}{\lambda}\right) + \varphi\right]$$

$$(9-2-5)$$

式中,负号表示沿 x 轴正方向传播,正号表示沿 x 轴负方向传播.

以上讨论的是横波的情形,但所有公式均可用来描述纵波.对于横波,质点垂直于 x 方向的位移就是距离其平衡位置的位移,也是质点的 y 轴坐标.而对于纵波,由于质点的振动方向与波的传播方向相同,前面公式中的 x 则表示质点平衡位置的坐标,而公式中的 y 不再是质点的 y 轴坐标,而是表示距离质点平衡位置的位移,该位移是沿 x 轴方向的.

二、波函数的物理意义

平面简谐波的波函数表示质点偏离平衡位置的位移 y 是两个自变量 x 和 t 的函数,即 $y=f(x,t)$.为了深刻理解其物理意义,下面分几种情况进行讨论.

1.如果 x 为某一定值,比如 $x=x_1$ 时,y 仅是 t 的函数

波函数(9-2-4)成为

$$y = A\cos(\omega t - kx_1 + \varphi) = A\cos\left(\omega t - 2\pi\frac{x_1}{\lambda} + \varphi\right)$$

$$= A\cos(\omega t + \varphi_1),\text{其中 } \varphi_1 = \varphi - 2\pi\frac{x_1}{\lambda} \qquad (9-2-6)$$

这就是波线上 x_1 处质点在任意时刻离开自己平衡位置的位移,即为 x_1 处质点的简谐运动表达式,相应曲线如图9-2-2所示.上式是时间周期函数.以 $T=\dfrac{2\pi}{\omega}$ 为周期,说明波动过程在时间上具有周期性.此外,x_1 处质点的振动相位

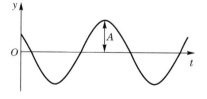

图9-2-2 振动质点的位移时间曲线

比原点 O 处质点的振动相位始终落后 $2\pi\dfrac{x_1}{\lambda}$,x_1 越大,相位落后越

多,因此,沿着波的传播方向,各质点的振动相位依次落后.相距 Δx $=x_2-x_1$ 两点间的相位差为

$$\Delta \varphi = \varphi_2 - \varphi_1 = \frac{2\pi}{\lambda}(x_2 - x_1) = k\Delta x$$

若 $\Delta x = \lambda$,则 $\Delta \varphi = 2\pi$,这正表明波动具有空间周期性.

2. 如果 t 为某一定值,比如 $t=t_1$ 时,y 仅是 x 的函数

波函数(9—2—4)成为

$$y = A\cos(\omega t_1 - kx + \varphi) \qquad (9-2-6)$$

这时波函数给出了在 t_1 时刻,波线上各个质点的位移分布情况,即给出了 t_1 时刻的波形.形象地说,它是一张 t_1 时刻这些质点的"集体照",如图9—2—3所示,这是一条余弦函数曲线,正好说明是一列简谐波.

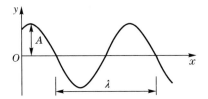

图9—2—3 在给定时刻各质点的位移与平衡位置的关系

3. 如果 x 和 t 都变化,那么 y 是 x 和 t 的函数

如果 x 和 t 都变化,则波函数(9—2—4)给出了波线上各个不同质点在不同时刻的位移,或者说它包括了各个不同时刻的波形,也就是反映了波形不断向前推进的波动传播的全过程.下面进一步分析这一过程.

设时刻 t_1 位于 x_1 处的质点的位移为

$$y(x_1,t_1) = A\cos\left(\omega t_1 - \frac{\omega}{u}x_1 + \varphi\right)$$

经过 Δt 时间到时刻 $t_2 = t_1 + \Delta t$,x_1 处的振动状态传播的距离为 $\Delta x = u\Delta t$,这里 u 是波速,那么位于 $x_2 = x_1 + \Delta x$ 处质点在 t_2 时刻的位移为

$$y(x_2,t_2) = A\cos\left[\omega(t_1 + \Delta t) - \frac{\omega}{u}(x_1 + \Delta x) + \varphi\right]$$

$$= A\cos\left[\omega(t_1 + \Delta t) - \frac{\omega}{u}(x_1 + u\Delta t) + \varphi\right]$$

$$= A\cos\left(\omega t_1 - \frac{\omega}{u}x_1 + \varphi\right)$$

$$= y(x_1,t_1) \qquad (9-2-7)$$

由于这里 x_1 是任意取的,所以上述讨论意味着 x 轴上任一点,经过时间 Δt 都向前传过了 $\Delta x = u\Delta t$ 的距离. 因此,在时间 Δt 内,整个波形沿波的前进方向平移了一段距离 $\Delta x = u\Delta t$. 图 $9-2-4$ 给出了时刻 t_1 和时刻 $t_1 + \Delta t$ 的两条波形曲线. 由图可见,想获取 $t + \Delta t$ 时刻的波形,只要将 t 时刻的波形沿波的前进方向平移 $\Delta x = u\Delta t$ 距离即可得到. 故由式($9-2-7$)描述的波称为行波. 所谓波动,即波形的移动过程.

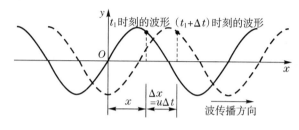

图 $9-2-4$ 波的传播

例 9—2—1 一余弦横波在弦上传播,其波函数为

$$y = 0.02\cos\pi(5x - 200t) \text{ m}$$

式中,x 和 y 的单位为 m,t 的单位为 s.

(1)试求其振幅、波长、频率、周期和波速;

(2)分别画出对应 $t = 0.0025$ s 和 $t = 0.005$ s 时刻弦上的波形图.

解 (1)由已知的波函数求波动的特征量,一般采用比较系数法,即将已知波函数改写成式($9-2-1$)和式($9-2-2$)等标准形式,然后通过比较求出各参量. 现有

$$y = 0.02\cos\pi(5x - 200t) = 0.02\cos\pi(200t - 5x)$$
$$= 0.02\cos 2\pi\left(\frac{t}{0.01} - \frac{x}{0.4}\right) \text{ (m)}$$

上式说明此简谐波向 x 正方向传播,而将它与式($9-2-2$)相比较,得

$$A = 0.02 \text{ m}, T = 0.01 \text{ s}, \lambda = 0.4 \text{ m}$$

且有

$$\nu = \frac{1}{T} = 100 \text{ Hz}, \quad u = \nu\lambda = 40 \text{ m} \cdot \text{s}^{-1}$$

(2)有两种方法可用于画出某时刻的波形图.一种方法是先求出给定时刻的波形曲线方程(将时间定值代入波函数即得到 $y-x$ 的函数关系),然后根据曲线方程画出波形曲线.另一种方法是先画出 $t=0$ 时刻的波形图,由于波动过程中波形将向前推进,故用平移法能得到另一给定时刻的波形图.这里,我们采用第二种方法.

$t=0$ 时刻的波形为

$$y = 0.02\cos5\pi x = 0.02\cos2\pi\frac{x}{0.4}(\text{m})$$

根据上式即可画出 $t=0$ 时刻的波形图,如图9—2—5(a)所示.在 $t=0.0025$ s(即 $t=\frac{1}{4}T$)时,波形曲线应较 $t=0$ 时刻向 x 正向平移一般距离 $\Delta x=u\cdot\Delta t=\frac{1}{4}uT=\frac{1}{4}\lambda$;而在 $t=0.005$ s(即 $t=\frac{1}{2}T$)时,波形曲线应较 $t=0$ 时刻向 x 正向平移 $\frac{1}{2}\lambda$ 的距离.两时刻的波形图如图9—2—5(b)和图9—2—5(c)所示.

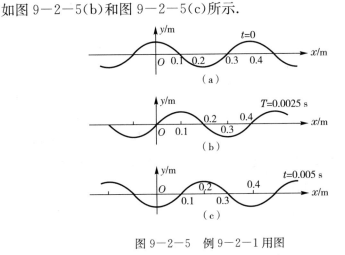

图9—2—5 例9—2—1用图

例9—2—2 一平面简谐波在介质中以速度 $u=20$ m·s^{-1}沿 x 轴负向传播.已知 A 点的振动表达为 $y=3\cos4\pi t$,其中,t 的单位为 s,y 的单位为 m.

(1)以 A 点为坐标原点,写出波函数,并求介质质元的振动速度的表达式;

(2)以距 A 点 5 m 处的 B 点为坐标原点,写出此波的波函数.

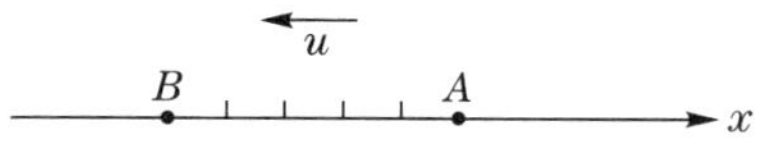

解 （1）以 A 点为坐标原点.已知 $y_A = 3\cos 4\pi t\,(\mathrm{m})$，且波沿 x 轴负向传播，则波函数可写成

图9-2-6　例9-2-2用图

$$y = 3\cos 4\pi \left(t + \frac{x}{20}\right)\,\mathrm{m} \qquad ①$$

位于 x 处的介质质元的振动速度为

$$v = \frac{\partial y}{\partial t} = -12\pi\sin 4\pi\left(t + \frac{x}{20}\right) = 12\pi\cos\left[4\pi\left(t + \frac{x}{20}\right) + \frac{\pi}{2}\right]\,(\mathrm{m \cdot s^{-1}}) \qquad ②$$

（2）以 B 点为坐标原点. B 点的振动要比 A 点的振动滞后 $\dfrac{x_A - x_B}{u}$ 这样一段时间，因此， B 点的振动表达式为

$$y_B(t) = y_A\left(t - \frac{x_A - x_B}{u}\right) = 3\cos 4\pi\left(t - \frac{5}{20}\right) = 3\cos(4\pi t - \pi)\,(\mathrm{m})$$

也可用 $x_B = -5\,\mathrm{m}$ 代入式①，直接得到上式.在已知新坐标原点 B 的振动表达式的情况下，写出新坐标系中的波函数非常方便，有

$$y = 3\cos\left[4\pi\left(t + \frac{x'}{20}\right) - \pi\right]\,(\mathrm{m}) \qquad ③$$

比较式①与式③可见，在不同的坐标系中其运动规律的数学表达式是有所区别的.这一点我们在讨论振动问题时也遇到过，对于不同的时间零点的选择，所得到的振动表达式中含有的初相位是不一样的.波动表达式不仅与时间零点选择有关，而且还与坐标原点选择有关.也可由式①做坐标变换 $x = x' - 5$，即得到以 B 点为坐标原点的波函数式③.

例9-2-3 一平面简谐纵波沿着 x 轴正向传播，弹簧中某圈的最大位移为 $3.0\,\mathrm{cm}$，振动频率为 $25\,\mathrm{Hz}$，弹簧中相邻两疏部中心的距离为 $24\,\mathrm{cm}$.当 $t = 0$ 时，在 $x = 0$ 处质元的位移为零，并向 x 轴正向运动.试写出该波的波函数.

解 相邻两疏部中心（或相邻两密部中心）的距离即为简谐纵波的波长，故 $\lambda = 24\,\mathrm{cm}$.又已知 $\nu = 25\,\mathrm{Hz}$，则有

$$u = \lambda\nu = 600\,\mathrm{cm \cdot s^{-1}},\ \omega = 2\pi\nu = 50\pi\,\mathrm{s^{-1}}$$

设在 $x=0$ 处质元的振动方程为

$$y_0 = A\cos(\omega t + \varphi)$$

式中，$A=3.0$ cm 已知，再由初始条件：$y_0 \big|_{t=0} = A\cos\varphi = 0$，$v\big|_{t=0} = \frac{\partial y_0}{\partial t}\big|_{t_0} = -A\omega\sin\varphi > 0$，可确定初相 $\varphi = -\frac{\pi}{2}$.

坐标原点处振动方程为

$$y_0 = 3\times10^{-2}\cos\left(50\pi t - \frac{\pi}{2}\right) \tag{SI}$$

沿 x 轴正向传播的此简谐纵波的波函数为

$$y = 3.0\times10^{-2}\cos\left[50\pi\left(t - \frac{x}{6}\right) - \frac{\pi}{2}\right] \tag{SI}$$

我们用 SI 表示上两式中物理量的单位皆采用国际单位制.

例 9—2—4　如图 9—2—7(a)所示为一平面简谐横波在 $t=0$ 时刻的波形图. 已知周期 $T=4$ s，其他数据如图所示，求：

(1)建立该波的波函数. 并求出图中 P 点 2 s 后的振动速度；

(2)如图 9—2—7(a)所示波形是 $t = \frac{T}{4}$ 时的波形图，且该波改为向 x 负向传播，求此情况下的波函数.

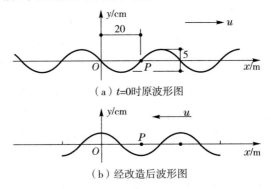

（a）$t=0$ 时原波形图

（b）经改造后波形图

图 9—2—7　例 9—2—4 用图

解　(1)设沿 x 轴正向传播的简谐波的波函数为 $y = A\cos\left[\omega\left(t - \frac{x}{u}\right) + \varphi\right]$，从图 9—2—7(a)中可知 $A=2.5$ cm $=0.025$ m，$\lambda=40$ m，$T=4$ s，则 $\omega = \frac{2\pi}{T} = \frac{2\pi}{4} = \frac{\pi}{2}$ s^{-1}，$u = \frac{\lambda}{T} = \frac{40}{4} = 10$ m·s^{-1}.

求 φ 初相时可将波形沿 x 轴正向向前推进 Δx,从而判断出原点 O 处质点处于向上(正向位移方向)运动,由此可知 $\varphi = +\dfrac{3}{2}\pi$(或 $-\dfrac{\pi}{2}$),最终建立的波函数为

$$y = 0.025\cos\left[\frac{\pi}{2}\left(t - \frac{x}{10}\right) + \frac{3\pi}{2}\right](\text{m}) \qquad ①$$

式①对 t 求导,得

$$v = -0.025 \times \frac{\pi}{2}\sin\left[\frac{\pi}{2}\left(t - \frac{x}{10}\right) + \frac{3\pi}{2}\right](\text{m} \cdot \text{s}^{-1}) \qquad ②$$

将 $t = 2\,\text{s}$,$x = 20\,\text{m}$ 代入式②,得

$$v_P = -0.025 \times \frac{\pi}{2} \times \sin\left[\frac{\pi}{2}\left(2 - \frac{20}{10}\right) + \frac{3\pi}{2}\right] = 0.0125\pi(\text{m} \cdot \text{s}^{-1})$$

(2)若图 9—2—7(a)中波形图是 $t = \dfrac{T}{4}$ 时的图形,而且该波向 x 负向传播,则将波形右移 $\dfrac{T}{4}$,可得 $t = 0$ 时的波形,如图 9—2—7(b)所示,可见 $t = 0$ 时 O 处的质点在最大正位移处,即 $\varphi = 0$. 因此,波函数为

$$y = 0.025\cos\left[\frac{\pi}{2}\left(t + \frac{x}{10}\right)\right](\text{m})$$

三、平面波的波动微分方程

为简单起见,这里不利用牛顿定律导出平面波波函数所满足的波动微分方程,而是根据已知的平面简谐波的波函数,反过来求它所满足的波动微分方程. 这样研究问题的方法在物理学中是经常采用的.

将平面简谐波的波函数

$$y = A\cos\left[\omega\left(t - \frac{x}{u}\right) + \varphi\right]$$

分别对 t 和 x 求二阶偏导数,有

$$\frac{\partial^2 y}{\partial t^2} = -A\omega^2\cos\left[\omega\left(t - \frac{x}{u}\right) + \varphi\right]$$

$$\frac{\partial^2 y}{\partial x^2} = -A\frac{\omega^2}{u^2}\cos\left[\omega\left(t - \frac{x}{u}\right) + \varphi\right]$$

比较上面两式，可得

$$\frac{\partial^2 y}{\partial x^2} = \frac{1}{u^2} \frac{\partial^2 y}{\partial t^2} \qquad (9-2-8)$$

上式就是**平面波的波动**（微分）**方程**.

对于任一沿 x 轴方向传播的平面波（若不是平面简谐波，可以认为是由许多不同频率的平面简谐波的合成），将其波函数对 t 和 x 求二阶偏导数，所得的结果仍然满足式(9-2-8)，所以式(9-2-8)是一切平面波所满足的微分方程. 它反映了一切平面波的共同特征，不仅适用于机械波，也广泛适用于电磁波、热传导、化学中的扩散等过程. 它是物理学中的一个具有普遍意义的方程. 可以说，物理量 y 不论是力学量还是电磁学量或是其他量，只要它与时间 t 和坐标 x 的函数关系满足微分方程式(9-2-8)，这一物理量就必定按波的形式传播，而且偏导数 $\frac{\partial^2 y}{\partial t^2}$ 系数的倒数的平方根就是波的传播速度.

普遍情况下，物理量 $\xi(x、y、z、t)$ 在三维空间中以波的形式传播，对于各向同性、均匀无吸收介质，则有

$$\frac{\partial^2 \xi}{\partial x^2} + \frac{\partial^2 \xi}{\partial y^2} + \frac{\partial^2 \xi}{\partial z^2} = \frac{1}{u^2} \frac{\partial^2 \xi}{\partial t^2} \qquad (9-2-9)$$

上式是描述波动过程的线性二阶偏微分方程，通常称为（三维的）波动微分方程. 对不同的具体物理问题，附以不同的初始条件和边界条件，对式(9-2-9)进行求解，能够深入刻画波的传播规律.

§9-3　波的能量　能流密度

波在弹性介质中传播时，介质中各质元都在自己的平衡位置附近振动，因而具有动能，同时介质要产生形变，所以还具有势能. 因此，在振动传播的同时伴随着机械能量的传播. 对于机械波来说，我们把波动引起的介质的能量，称为波的能量.

一、波的能量和能量密度

我们以沿弹性直棒传播的纵波为例导出波的能量表达式,其结论对横波同样是适用的.

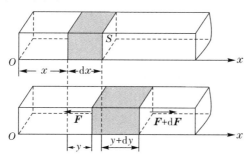

图 9-3-1 纵波在固体直棒中的传播

如图 9-3-1 所示,设介质密度为 ρ,当平面简谐波 $y=A\cos\left[\omega\left(t-\dfrac{x}{u}\right)+\varphi\right]$ 在介质中传播时,坐标为 x、体积为 $\mathrm{d}V$ 介质元的振动动能为

$$\mathrm{d}E_k = \frac{1}{2}(\mathrm{d}m)v^2 = \frac{1}{2}\rho\mathrm{d}V\left(\frac{\partial y}{\partial t}\right)^2$$

$$= \frac{1}{2}\rho\mathrm{d}V\omega^2A^2\sin^2\left[\omega\left(t-\frac{x}{u}\right)+\varphi\right] \quad (9-3-1)$$

同时,介质元因形变而具有弹性势能. 从图 9-3-1 中可以看出,介质元的长度变化为 $\mathrm{d}y$,而其原长为 $\mathrm{d}x$,所以应变为 $\dfrac{\mathrm{d}y}{\mathrm{d}x}$. 根据杨氏模量定义 $\dfrac{\mathrm{d}F}{S}=Y\dfrac{\mathrm{d}y}{\mathrm{d}x}$ 和胡克定律,该介质元所受的弹性力 $\mathrm{d}F=k\mathrm{d}y$,可得 $k=\dfrac{SY}{\mathrm{d}x}$,因此介质元的弹性势能为

$$\mathrm{d}E_p = \frac{1}{2}k(\mathrm{d}y)^2 = \frac{1}{2}YS\mathrm{d}x\left(\frac{\mathrm{d}y}{\mathrm{d}x}\right)^2$$

式中,$S\mathrm{d}x$ 为介质元的体积 $\mathrm{d}V$,又因 $u=\sqrt{\dfrac{Y}{\rho}}$,所以

$$\mathrm{d}E_p = \frac{1}{2}\rho u^2\mathrm{d}V\left(\frac{\mathrm{d}y}{\mathrm{d}x}\right)^2$$

考虑到 y 是 x 和 t 的二元函数,故上式中 $\dfrac{\mathrm{d}y}{\mathrm{d}x}$ 应是 $\dfrac{\partial y}{\partial x}$,于是有

$$
\begin{aligned}
\mathrm{d}E_\mathrm{p} &= \frac{1}{2}\rho u^2 \mathrm{d}V\left(\frac{\partial y}{\partial x}\right)^2 \\
&= \frac{1}{2}\rho u^2 \mathrm{d}V A^2 \frac{\omega^2}{u^2}\sin^2\left[\omega\left(t-\frac{x}{u}\right)+\varphi\right] \\
&= \frac{1}{2}\rho \mathrm{d}V A^2 \omega^2 \sin^2\left[\omega\left(t-\frac{x}{u}\right)+\varphi\right]
\end{aligned}
\qquad (9-3-2)
$$

于是,介质元的总机械能为其动能和势能之和,即

$$
\mathrm{d}E = \mathrm{d}E_\mathrm{k} + \mathrm{d}E_\mathrm{p} = \rho \mathrm{d}V \omega^2 A^2 \sin^2\left[\omega\left(t-\frac{x}{u}\right)+\varphi\right]
$$

$$
(9-3-3)
$$

从以上分析可知:

（1）比较 $\mathrm{d}E_\mathrm{k}$ 和 $\mathrm{d}E_\mathrm{p}$ 表达式可见,在波动传播过程中,任一介质元的动能和势能都随时间变化;在任何时刻大小相等,且是同相位的,即步调是一致的. 动能和势能的这种变化关系与弹簧振子的振动动能和势能的变化关系完全不同.

（2）由 $\mathrm{d}E$ 表达式可见,在波的传播过程中,任一介质元的总机械能不是常量,而是随时间 t 做周期性变化,这与弹簧振子的总能量是常量完全不同.

（3）使用在上一节中通过波函数表达式分析振动相位在介质中传播过程的同样方法,分析式（9-3-3）可知,$\mathrm{d}E(t_1+\Delta t, x_1+\Delta x)$ $=\mathrm{d}E(t_1, x_1)$,其中 $\Delta x = u\Delta t$. 这说明,波的能量是伴随波一起传播的,能量的传播速度就是波速 u. 也就是说,波的传播过程就是能量的传播过程.

为了精确地描述介质中各处能量的分布,我们引入波的能量密度,即单位体积介质内波的能量,用 w 表示. 由式（9-3-3）,可得

$$
w = \frac{\mathrm{d}E}{\mathrm{d}V} = \rho A^2 \omega^2 \sin^2\left[\omega\left(t-\frac{x}{u}\right)+\varphi\right] \qquad (9-3-4)
$$

上式说明,介质中任一点处波的能量密度随时间做周期性变化.

能量密度在一个周期内的平均值 $\overline{w}$,称为波的平均能量密度,即

$$
\overline{w} = \frac{1}{T}\int_0^T w\,\mathrm{d}t = \frac{1}{2}\rho\omega^2 A^2 \qquad (9-3-5)
$$

由上式可知,**波的平均能量密度与振幅的二次方、频率的二次方和介质的密度成正比**.

二、能流密度

波的能量传播特征是用能流密度来描述的,**能流密度是指单位时间内通过垂直于波传播方向的单位面积的平均能量**. 能流密度是一矢量,用 I 表示,其方向就是波速的方向,它的大小反映了波的强弱,故能流密度也称波的强度,简称波强. 利用图 9−3−2 可方便地求出能流密度的大小,已知介质中的平均能量密度为

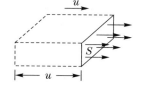

图 9−3−2 波的能流密度

$\overline{w}$,在 S 面左方的体积 $u \cdot S$ 里的能量恰好在单位时间内全部通过面积 S,因而能流密度的大小为

$$I = \frac{\overline{w} u S}{S} = \overline{w} u = \frac{1}{2} \rho A^2 \omega^2 u \qquad (9-3-6)$$

这表明,波强的大小与振幅的二次方、频率的二次方、波速以及介质的密度成正比. 上式虽然是由平面简谐波得到的,但对于任何弹性简谐波都适用. 波强的单位是 $\text{W} \cdot \text{m}^{-2}$.

例 9−3−1 用聚焦超声波的方法,可以在液体中产生强度达 $120\,\text{kW} \cdot \text{cm}^{-2}$ 的大振幅超声波. 设此简谐波的频率为 $500\,\text{kHz}$,液体的密度为 $1\,\text{g} \cdot \text{cm}^{-3}$,声速为 $1500\,\text{m} \cdot \text{s}^{-1}$,求这时液体质点声振动的位移振幅、速度振幅和加速度振幅.

解 由式(9−3−6),根据题中有关数据代入即可求得

$$A = \frac{1}{\omega} \sqrt{\frac{2I}{\rho u}} = \frac{1}{2\pi \times 5 \times 10^5} \sqrt{\frac{2 \times 120 \times 10^7}{1 \times 10^3 \times 1.5 \times 10^3}}$$

$$= 1.27 \times 10^{-5}\,(\text{m})$$

$$v_{\text{m}} = A\omega = 1.27 \times 10^{-5} \times (2\pi \times 500 \times 10^3) = 39.9\,(\text{m} \cdot \text{s}^{-1})$$

$$a_{\text{m}} = A\omega^2 = 1.27 \times 10^{-5} \times (2\pi \times 500 \times 10^3)^2 = 1.26 \times 10^7\,(\text{m} \cdot \text{s}^{-2})$$

由上述数据可见,尽管称为大振幅的超声波,然而实际上振幅的数值还是很小的,但因其频率极高,所以加速度振幅很大.

三、波的吸收

波在实际介质中传播时,由于波动能量总有一部分会被介质吸收,所以波的机械能会不断地减少,波强亦逐渐减弱,这种现象称为波的吸收.

如图 9-3-3 所示,设在 x 轴上离原点 O 为 x 处的波动,通过厚度为 dx 的介质薄层后,其振幅衰减量为 $-dA$,实验指出

$$-dA = \alpha A dx$$

式中,α 为介质的吸收系数,由介质自身的性质所决定.上式经积分得

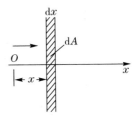

图 9-3-3　波的衰减

$$A = A_0 e^{-\alpha x}$$

式中,A_0 和 A 分别为 $x=0$ 和 x 处波的振幅.

由于波强与振幅平方成正比,所以波强的衰减规律为

$$I = I_0 e^{-2\alpha x} \qquad\qquad (9-3-7)$$

式中,I_0 和 I 分别是 $x=0$ 和 x 处波的强度.

例 9-3-2　空气中声波的吸收系数为 $\alpha_1 = 2\times10^{-11}\nu^2\,\mathrm{m}^{-1}$,钢中的吸收系数为 $\alpha_2 = 4\times10^{-7}\nu\,\mathrm{m}^{-1}$,式中 ν 代表声波的频率.问 5 MHz 的超声波透过多少厚度的空气或钢材后,其声强衰减到原来的 1%.

解　据题意,空气和钢的吸收系数分别为

$$\alpha_1 = 2\times10^{-11}\times(5\times10^6)^2 = 500(\mathrm{m}^{-1})$$

$$\alpha_2 = 4\times10^{-7}\times5\times10^6 = 2(\mathrm{m}^{-1})$$

将 α_1 和 α_2 分别代入式(9-3-7),移项再取对数后,得

$$x = \frac{1}{2\alpha}\ln\frac{I_0}{I}$$

并按题意令 $\dfrac{I_0}{I}=100$,即得空气的厚度为

$$x_1 = \frac{1}{1000}\ln 100 = 0.0046(\mathrm{m})$$

而钢的厚度为

$$x_2 = \frac{1}{4}\ln 100 = 1.15(\mathrm{m})$$

可见,高频超声波很难透过气体,但极易透过固体.

例 9－3－3 证明球面波的振幅与离开其波源的距离成反比,并求球面简谐波的波函数.

证 假定波源处在均匀、无吸收的介质中,那么,从点波源发出的波将以相同的速度沿各方向的波线传开去,即波的能量均匀地分布在球面上. 现以波源为球心,分别作半径为 r_1 和 r_2 的两个球面,其面积分别为 $S_1 = 4\pi r_1^2$ 和 $S_2 = 4\pi r_2^2$,而两球面上波的振幅分别为 A_1 和 A_2. 由于介质不吸收波的能量,因此通过两个球面的平均能量应相等,根据式(9－3－6),有

$$\overline{w}_1 u S_1 = \overline{w}_2 u S_2$$

所以

$$\frac{1}{2}\rho A_1^2 \omega^2 4\pi r_1^2 = \frac{1}{2}\rho A_2^2 \omega^2 4\pi r_2^2$$

由此,得

$$\frac{A_1}{A_2} = \frac{r_2}{r_1}$$

即球面波振幅与离开波源的距离成反比.

据此,球面简谐波的波函数可依式(9－2－1)写为

$$y = \frac{A_0 r_0}{r}\cos\left[\omega\left(t - \frac{r}{u}\right) + \varphi\right]$$

式中,r 为离开波源的距离,A_0 为 $r = r_0$ 处的振幅.

§9－4 惠更斯原理

一、惠更斯原理

在波动中,波源的振动是通过弹性介质中的质点依次传播出去的. 因此,每个质点从波动传到的时刻起,都可以视作新的波源. 例如水面波的传播,如图 9－4－1 所示.当一块有小孔的隔板挡在波的前面时,不论原来的波面是什么形状,只要小孔的线度小于波长,都可以看到穿过小孔的波是圆形的,就好像是以小孔为点波源发出的

一样. 这说明小孔可以看作新的波源.

图 9—4—1　障碍物上的小孔成为新的波源

　　荷兰物理学家惠更斯(C. Huygens)观察和研究了大量的类似现象,于 1679 年提出:**介质中波动传播到的各点都可以看作发射子波的波源,而在其后的任意时刻,这些子波的包络就是新的波前. 这就是惠更斯原理.**

　　惠更斯原理不仅适用于机械波,也适用于电磁波. 不论传播波的介质是均匀的还是非均匀的,是各向同性的还是各向异性的,只要知道某一时刻的波前,就可以根据这个原理,利用几何作图法确定下一时刻的波前,因而在很广泛的范围内解决了波的传播问题.

二、惠更斯原理的应用

　　下面举例说明惠更斯原理的一些应用.

　　如图 9—4—2(a)所示,点波源 O 在各向同性均匀介质中以波速 u 发出球面波,已知 t 时刻的波阵面是半径为 R_1 的球面 S_1,根据惠更斯原理,S_1 上各点都可看作发射子波的新的波源,经过 Δt 时间,各子波波阵面是以 S_1 球面上的各点为球心,以 $r=u\Delta t$ 为半径的许多球面;这些子波波阵面的包络面 S_2 就是球面波在 $t+\Delta t$ 时刻新的波面. 显然 S_2 是一个以点波源 O 为球心,以 $R_2=R_1+u\Delta t$ 为半径的球面.

　　如图 9—4—2(b)所示,如果已知平面波在某时刻的波阵面 S_1,根据惠更斯原理,如法炮制,也可以求出以后时刻新的波面 S_2,显然此波面仍然是平面.

　　从以上作图可以看出,当波在各向同性均匀介质中传播时,应用惠更斯原理作出的新波阵面的几何形状总是保持不变,这与实际情况是符合的. 当波在各向异性介质或不均匀介质中传播时,同样可应用惠更斯原理求出新的波阵面,但波阵面的形状和波的传播方向都可能发生变化.

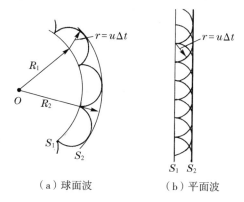

（a）球面波 　　　　（b）平面波

图 9—4—2　用惠更斯原理求波前

当波从一种介质传播到另一种介质的分界面时,传播方向会发生改变,其中一部分反射回原介质,称为反射波;另一部分进入第二种介质,称为折射波;这种现象称为波的反射和折射现象. 对此,我们将在后面的几何光学中介绍反射定律和折射定律. 根据惠更斯原理,用几何作图法不难证明这两条定律,这里不再讨论.

应用惠更斯原理还可以定性地解释波的衍射现象. 当波在行进中遇到障碍物时,能绕过障碍物的边缘,在障碍物的阴影区内继续向前传播的现象称为波的衍射现象,或称为波的绕射. 衍射现象是波的重要特征之一.

如图 9—4—3 所示,平面波在行进中遇到开有窄缝的障碍物时,按照惠更斯原理可以把缝上各点看成是发射子波的波源,这些子波的包络面就是新的波面. 通过作图可知,在缝的中部新的波面仍保持为平面,波线仍保持原来的传播方向,但在缝的边缘波面弯曲使波线偏离原方向进入阴影区域,发生衍射现象.

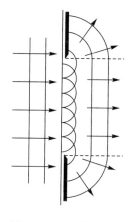

图 9—4—3　波的衍射

衍射现象是否显著,与障碍物(缝、遮板等)的大小和波长之比有关.如果障碍物的宽度远大于波长,衍射现象不明显.如果障碍物的宽度与波长差不多,衍射现象就比较明显.如果障碍物的宽度小于波长,则衍射现象更加明显.我们平时说话声音的波长与所碰到的障碍物的大小差不多,所以声波的衍射比较显著,如在屋内能够听到室外的声音,就是声波能够绕过门(或窗)缝的缘故.

这里需要指出,惠更斯原理的次波假设不涉及次波的振幅、相位等分布规律,因此对衍射现象只能做粗略的定性解释.例如,用惠更斯原理就不能解释光波经过小孔等障碍物衍射后出现的明暗相间的条纹.菲涅耳(A. Fresnel)对惠更斯原理做了重要补充,建立了惠更斯—菲涅耳原理,这个原理后来成为解决波的衍射问题的理论基础,对此将在波动光学中介绍.

§9—5　波的干涉

现在,我们来讨论几列波同时在介质中传播并相遇时,介质中质点的运动情况及波的传播规律.

一、波的叠加原理

实验表明,几列波在同一介质中相遇时,它们在相遇前和相遇后都保持各自原有的振动特性(如频率、波长、振动方向等)不变,并按自己原来的传播方向继续前进,即各波互不干扰,这称为**波传播的独立性**.

管弦乐队合奏时,我们能辨别出各种乐器的声音;天线上有各种无线电信号和电视信号,但我们仍能接收到任一频率的信号.这些都是波传播的独立性的例子.

在几列波相遇的区域内,任一点处质点的振动,为各列波单独存在时在该点所引起的振动位移的矢量和,这称为波的叠加原理.波的叠加原理是波的干涉和衍射现象的基本依据.一般说来,叠加原理只有在波的强度比较小的情况下才成立.

二、波的干涉

一般情况下,几列波在空间相遇而叠加形成的合成波既复杂又不稳定,没有实际意义. 我们仅讨论一种最简单也是最重要的波叠加情况,即**两列频率相同、振动方向相同、相位相同或相位差恒定的波的叠加**. 满足上述三个条件的波称为**相干波**,产生相干波的波源称为相干波源.

如图 9−5−1 所示,设有两相干波源 S_1 和 S_2,它们的简谐运动方程分别为

$$y_1 = A_1\cos(\omega t + \varphi_1)$$

$$y_2 = A_2\cos(\omega t + \varphi_2)$$

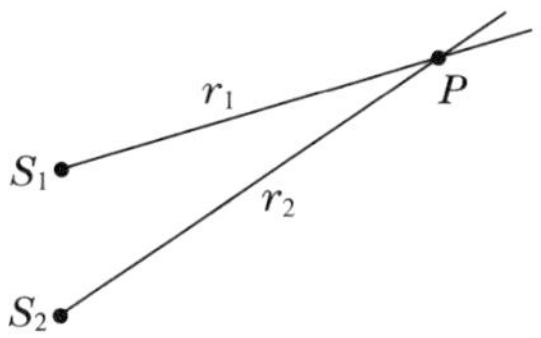

图 9−5−1　两相干波源发出的波在空间相遇

由这样的两个波源发出的两列波满足相干条件,即频率相同、振动方向相同、相位差恒定. 若这两列波在同一介质中传播,它们的波长均为 λ,且不考虑介质对波能量的吸收. 两列波分别经过 r_1 和 r_2 的距离后在 P 点相遇,它们在 P 点分别引起的振动为

$$y_1 = A_1\cos\left(\omega t + \varphi_1 - \frac{2\pi r_1}{\lambda}\right)$$

$$y_2 = A_2\cos\left(\omega t + \varphi_2 - \frac{2\pi r_2}{\lambda}\right)$$

由以上两式可见,P 点同时参与两个同方向、同频率的简谐运动,其合振动仍为简谐运动,合振动的运动方程为

$$y = y_1 + y_2 = A\cos(\omega t + \varphi)$$

式中,φ 为合振动的初相,由式(8−2−3)可知

$$\tan\varphi = \frac{A_1\sin\left(\varphi_1 - \dfrac{2\pi r_1}{\lambda}\right) + A_2\sin\left(\varphi_2 - \dfrac{2\pi r_2}{\lambda}\right)}{A_1\cos\left(\varphi_1 - \dfrac{2\pi r_1}{\lambda}\right) + A_2\cos\left(\varphi_2 - \dfrac{2\pi r_2}{\lambda}\right)}$$

而 A 为合振动的振幅,由式(8−2−2)知

$$A = \sqrt{A_1^2 + A_2^2 + 2A_1A_2\cos\Delta\varphi} \qquad (9-5-1)$$

式中，$\Delta\varphi$ 为 P 点处两分振动的相位差，即

$$\Delta\varphi = (\varphi_2 - \varphi_1) - 2\pi\frac{r_2 - r_1}{\lambda} \qquad (9-5-2)$$

式中，$(\varphi_2 - \varphi_1)$ 是两相干波源的初相差，$2\pi\dfrac{r_2 - r_1}{\lambda}$ 是由于两列波的传播路程不同而产生的相位差.

对空间给定点 P，$(r_2 - r_1)$ 是一定的，$(\varphi_2 - \varphi_1)$ 也是恒定的，因此两列波在 P 点的相位差 $\Delta\varphi$ 将保持恒定.

对空间不同点将有不同的恒定相位差 $\Delta\varphi$. 由式(9-5-1)可知，对空间不同的点，将有不同的恒定振幅. 因此两列相干波在空间叠加的结果是合振动振幅在空间形成一种稳定的分布，在某些点处合振幅 A 最大，振动始终加强；而在另外一些点处，合振幅 A 最小，振动始终减弱，这种现象称为波的干涉现象.

下面定量给出干涉加强和减弱的条件.

由式(9-5-2)看出，当相位差满足

$$\Delta\varphi = (\varphi_2 - \varphi_1) - 2\pi\frac{r_2 - r_1}{\lambda} = \pm 2k\pi, k = 0,1,2,\cdots$$

的空间各点，合振幅最大，其值为

$$A = A_1 + A_2$$

即相位差为零或 2π 整数倍的那些点，振动始终加强，称为干涉相长.

当相位差满足

$$\Delta\varphi = (\varphi_2 - \varphi_1) - 2\pi\frac{r_2 - r_1}{\lambda} = \pm(2k+1)\pi, k = 0,1,2,\cdots$$

的空间各点，合振幅最小，其值为

$$A = |A_1 - A_2|$$

即相位差为 π 的奇数倍的那些点，振动始终减弱，称为干涉相消.

如果两相干波源的初相相同，即 $\varphi_2 = \varphi_1$，并取 δ 为两波源各自到 P 点的距离差(波程差)，即 $\delta = r_2 - r_1$，那么上述条件简化为

$$\delta = r_2 - r_1 = \pm k\lambda, k = 0,1,2,\cdots(干涉相长)$$

$$\delta = r_2 - r_1 = \pm(2k+1)\frac{\lambda}{2}, k = 0,1,2,\cdots(干涉相消)$$

上两式说明,两个初相相同的相干波源发出的波在空间叠加时,凡是波程差为零或等于波长整数倍的地方,干涉相长;凡是波程差等于半波长奇数倍的地方,干涉相消.在其他情况下,合振幅的数值在最大值(A_1+A_2)和最小值$|A_1-A_2|$之间.

干涉现象是波动的重要特征之一,它和衍射现象一样都可以作为判别某种运动是否具有波动性的重要依据.

波的干涉现象可用水波演示仪演示.用相距一定距离的两根探针固定在音叉的一个臂上,当音叉振动时,两探针上下振动,不断打击水面.水面上被扰动的两点便发出振动方向相同、频率相同、相位相同的两列相干波.在两波相遇的区域,就会看到有些地方振动始终加强,有些地方振动始终减弱,如图 9—5—2 所示.

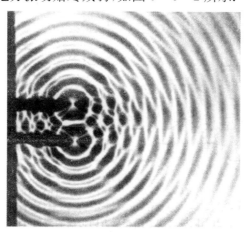

图 9—5—2　水波的干涉现象

例 9—5—1　如图 9—5—3 所示,两列同振幅平面简谐波(横波)在同一介质中相向传播,波速均为 200 m·s^{-1}.当这两列波各自传播到 E 和 F 两点时,这两点做同频率($\nu=100$ Hz)、同方向的振动,

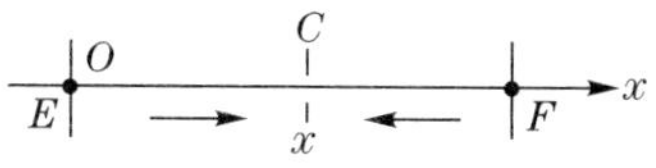

图 9—5—3　例 9—5—1 用图

且 E 点为波峰时,F 点恰为波谷.设 E 和 F 两点相距为 20 m,求 EF 连线上因干涉而静止的各点位置.

分析　解此题时应考虑:(1)两列波分别传播到 E 和 F 两点时,这两点上的质元振动情况;(2)根据 E 和 F 两点处的质元振动情况可以分别列出题设两列波的波函数;(3)这两列波是否是相干波?它们在 EF 连线上某点(如 C 点)若因干涉而静止(振幅为零),需要满足什么条件?

解 以 E 点为坐标原点 O,E 和 F 两点的连线为 x 轴,正向向右,则 E 点和 F 点的质元振动表达式分别为 $y_E = A\cos 2\pi\nu t$ 和 $y_F = A\cos(2\pi\nu t + \pi)$(由题意可知,$E$ 和 F 点的振动相位差为 π).于是来自 E 点左方而通过 E 点的波,其波动表达式为

$$y_E = A\cos 2\pi\left(\nu t - \frac{x}{\lambda}\right)$$

其中,x 为波的传播途上任一点 C 的坐标,即 $x = EC$.这样,来自 F 点右方而通过 F 点的波(仍对以 E 点为原点来说的),其波动表达式为

$$y_F = A\cos\left[2\pi\left(\nu t - \frac{FC}{\lambda}\right) + \pi\right]$$

$$= A\cos\left[2\pi\left(\nu t - \frac{20-x}{\lambda}\right) + \pi\right]$$

上述两列波是相干波,它们因干涉而静止的条件为相位差 $\Delta\varphi = (2k+1)\pi$,即

$$\Delta\varphi = \left[2\pi\left(\nu t - \frac{20-x}{\lambda}\right) + \pi\right] - 2\pi\left(\nu t - \frac{x}{\lambda}\right) = (2k+1)\pi$$

并由题意知 $\nu = 100\text{ Hz}$,$u = 200\text{ m·s}^{-1}$,求出 $\lambda = 200\text{ m·s}^{-1}/100\text{ s}^{-1} = 2\text{ m}$,代入上式,并解出因干涉而静止的各点的位置为

$$x = (10 + k)\text{ m}, \quad k = 0, \pm 1, \pm 2, \cdots, \pm 9$$

§9—6 驻 波

驻波是一种特殊的干涉现象.**两列振幅、振动方向和频率都相同,而传播方向相反的简谐波叠加起来就形成驻波.**

一、驻波的形成

如图 9—6—1 所示是演示驻波的实验,电动音叉与水平拉紧的弦线 AB 相连,移动 B 处的劈尖可调节 AB 间的距离.弦线末端悬一

砝码,使弦线拉紧并产生张力.音叉振动时,调节劈尖至适当的位置,可看到 AB 之间的弦线上有些点始终静止不动,有些点则振动最强,弦线 AB 将分段振动,这就是驻波.弦线上的驻波是怎样形成的呢? 音叉振动时在弦线上形成向右传播的波,通过劈尖反射又形成向左传播的反射波.向右的入射波和向左的反射波同频率、同振动方向、同振幅,它们相干叠加,就在弦线上形成了驻波.

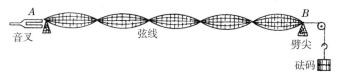

图 9—6—1　弦线驻波实验示意图

实验发现,驻波波形不移动,弦线中各点都以相同的频率振动,但各点的振幅随位置的不同而不同. 有些点的振幅最大,这些点称为波腹;有些点始终静止不动,这些点称为波节.

二、驻波波函数

下面通过波的叠加原理对驻波的形成进行定量分析.

设有两列振动方向相同、频率相同、振幅相同的简谐波分别沿 x 轴的正、负方向传播,如图 9—6—2 所示. 如果在坐标原点两列波的初相为零,用 A 表示它们的振幅,ν 表示它们的频率,则它们的波函数分别为

$$y_1 = A\cos 2\pi\left(\nu t - \frac{x}{\lambda}\right)$$

$$y_2 = A\cos 2\pi\left(\nu t + \frac{x}{\lambda}\right)$$

由叠加原理,合成驻波的波函数为

$$y = y_1 + y_2 = A\cos 2\pi\left(\nu t - \frac{x}{\lambda}\right) + A\cos 2\pi\left(\nu t + \frac{x}{\lambda}\right)$$

$$= 2A\cos 2\pi \frac{x}{\lambda}\cos 2\pi\nu t \qquad (9-6-1)$$

式中,自变量 x 和 t 被分隔于两个余弦函数中,说明此函数不满足 $y(t+\Delta t, x+u\Delta t) = y(t, x)$,因此它不表示行波. 式(9—6—1)中,因子 $\cos 2\pi\nu t$ 说明各质点都在做同频率的简谐运动;另一因子 $2A\cos 2\pi \frac{x}{\lambda}$

说明各质点的振幅按余弦函数规律分布. 总之,各质点做振幅为 $\left|2A\cos2\pi\dfrac{x}{\lambda}\right|$、频率为 ν 的简谐运动. 在后面的讨论中还可看到,两个相邻波节之间的相位相同,而波节两侧的相位相反,即相位并不随着波形传播,所以称为驻波.

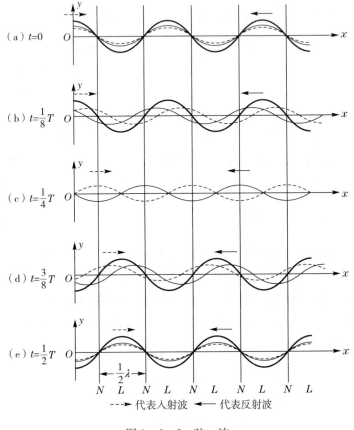

图 9-6-2 驻 波

下面对驻波波函数做进一步讨论.

1. 振幅分布特点 波腹与波节

从式(9-6-1)可知,驻波的振幅为 $\left|2A\cos2\pi\dfrac{x}{\lambda}\right|$. 所以驻波振幅仅与 x 有关,对于确定的点,振幅是不变的. 各点振幅介于 0 与 $2A$ 之间.

波线上振幅为 0 的位置定义为波节. 显然, 满足 $\left|\cos 2\pi \dfrac{x}{\lambda}\right| = 0$,

即 $2\pi \dfrac{x}{\lambda} = (2k+1)\dfrac{\pi}{2}$ 的各点为波节, 因此波节的坐标为(图 9-6-2 中由 N 表示的各点)

$$x = (2k+1)\frac{\lambda}{4}, k = 0, \pm 1, \pm 2, \cdots \qquad (9-6-2)$$

波线上振幅最大的位置定义为波腹. 波腹的坐标需满足条件 $\left|\cos 2\pi \dfrac{x}{\lambda}\right| = 1$, 即 $2\pi \dfrac{x}{\lambda} = k\pi$, 因此波腹点坐标为(图 9-6-2 中由 L 表示的各点)

$$x = k\frac{\lambda}{2}, k = 0, \pm 1, \pm 2, \cdots \qquad (9-6-3)$$

由式(9-6-2)和(9-6-3)可知, 相邻两个波节或相邻两个波腹之间的距离都是 $\dfrac{\lambda}{2}$; 而相邻的波节与波腹之间的距离为 $\dfrac{\lambda}{4}$. 这为我们提供了一种测定行波波长的方法, 只要测定出相邻两波节或相邻两波腹之间的距离就可以确定原来两列行波的波长 λ.

介于波腹和波节之间的各点, 其振幅在 0 与 $2A$ 之间.

2. 驻波相位分布特点

在驻波波函数式(9-6-1)中, 振动因子 $\cos 2\pi \nu t$ 与质点的位置 x 无关, 是否能认为驻波中各点的振动相位都相同呢? 显然是不能的, 下面做具体分析.

如图 9-6-3 所示, 取 $k = -1, 0, 1$ 的三个波节 N_{-1}, N_0, N_1 来分析. 这三个波节的位置 x 和 $2\pi \dfrac{x}{\lambda}$ 的值由 $x = (2k+1)\dfrac{\lambda}{4}$ 和 $2\pi \dfrac{x}{\lambda} = (2k+1)\dfrac{\pi}{2}$ 可求得.

(1)对于在节点 N_{-1} 和节点 N_0 之间的各点, $2\pi \dfrac{x}{\lambda}$ 在第 Ⅰ 和

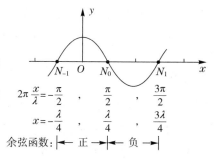

$$2\pi \frac{x}{\lambda} = -\frac{\pi}{2}, \qquad \frac{\pi}{2}, \qquad \frac{3\pi}{2}$$

$$x = -\frac{\lambda}{4}, \qquad \frac{\lambda}{4}, \qquad \frac{3\lambda}{4}$$

余弦函数: |← 正 →|← 负 →|

图 9-6-3　驻波相位分布

第Ⅳ象限,$\cos2\pi\dfrac{x}{\lambda}$为正,振幅项 $2A\cos2\pi\dfrac{x}{\lambda}>0$,相应坐标在 $x=-\dfrac{\lambda}{4}$

到 $x=\dfrac{\lambda}{4}$ 之间的各点,振幅依次由 0 增加到 2A,再由 2A 减少到 0;这些点的振幅大小虽然不同,但随时间变化的因子 $\cos2\pi\nu t$ 是一样的(其初相为 0),因此各点的振动相位都相同.

(2)对于节点 N_0 与节 N_1 之间的各点,$2\pi\dfrac{x}{\lambda}$ 在Ⅱ和Ⅲ象限,

$\cos2\pi\dfrac{x}{\lambda}$为负,$\cos2\pi\dfrac{x}{\lambda}<0$,因此驻波波函数 $y=2A\left|\cos2\pi\dfrac{x}{\lambda}\right|\cos$

$(2\pi\nu t+\pi)$,这表示坐标 N_0 和 N_1 之间的各点,其振动初相都等于 π,同一时刻振动相位也相同.但是,在节点 N_0 的两侧,左边的各点初相为 0,右边的各点初相为 π,即相位相反.对其他各节点同法可得相同结果.

总体来说,相邻两波节之间各点的振动相位相同;任一波节两侧各点的振动相位相反.也就是说,两波节之间各点同时沿相同方向达到各自的最大值,又同时沿相同方向通过平衡位置;而波节两侧各点则同时沿相反方向达到各自位移的最大值,又同时沿相反的方向通过平衡位置.驻波是分段振动,因此相位不传播.

三、半波损失

在图 9-6-1 表示的弦线驻波实验中,反射点 B 处弦线是固定不动的,因而 B 点是驻波的波节.这说明反射波在反射点 B 的相位与入射波相反,也就是说,入射波在反射点 B 反射时有相位 π 的突变.根据相位差 $\Delta\varphi$ 与波程差 δ 的关系($\delta=\dfrac{\lambda}{2\pi}\Delta\varphi$),相位差 π 就相当于半个波长的波程差.因此,这种相位突变通常称为**半波损失**.如果反射点是自由的,则反射波与入射波在反射点同相位,形成驻波的波腹,这时反射波没有半波损失.

反射波在两种介质分界处能否发生半波损失,决定于这两种介质的密度 ρ 和波速 u 的乘积 ρu(叫波阻).相比之下,波阻较大的介质称为波密介质,波阻较小的介质称为波疏介质.实验和理论都表

明,在与界面垂直入射的情况下,**如果波从波疏介质到波密介质,则在界面处的反射波有半波损失,反射点是驻波的波节;如果从波密介质入射到波疏介质,则没有半波损失,反射点是波腹**.半波损失不仅在机械波反射时可能发生,在电磁波,包括光波反射时也会有同样的问题,在后面的波动光学中还会讨论.

四、驻波的能量

在整体上,驻波的能量是不传播的(能流密度始终为零),但这并不意味着驻波中各介质元的能量不发生变化.由图 9—6—2 可以看出,$t=0$ 时,全部介质元都处于位移的最大值处,振动速度为零,因而动能都为零,能量全部为势能,并主要集中在波节附近(因为波节处的形变最大);$t=\dfrac{T}{4}$ 时,全部介质元都通过平衡位置,形变完全消失,势能为零,但此时速度最大,能量全部变为动能,并主要集中在介质元速度最大的波腹附近.至于其他时刻,则动能与势能同时存在.虽然各点的能量发生变化,但在波节(或波腹)的两侧始终不发生能量交换.驻波相邻的波节和波腹之间的区域实际上构成一个独立的振动体系,它与外界不交换能量,能量只在相邻的波节和波腹之间流动.

五、简正模式

如果拨动一根两端固定的张紧的弦,在弦线中会产生横向振动的波,经两端反射后成为两列反向传播的行波,叠加后成为驻波.由于弦的两端固定,它们必定为驻波的波节,这样对弦线上可以形成驻波的波长就有一定的限制,只有半波长的整数倍正好等于弦长 L 的驻波,才能在弦线中显著地激发出来,即

$$L=n\frac{\lambda_n}{2} \text{ 或 } \lambda_n=\frac{2L}{n}, n=1,2,3,\cdots \quad (9-6-4)$$

而 $u=\lambda\nu$,可得相应驻波的频率为

$$\nu_n=\frac{u}{2L}n, n=1,2,3,\cdots \quad (9-6-5)$$

式中,u 为弦线中的波速,由弦线的弹性和惯性决定.上式给出的一

系列频率称为弦振动的本征频率或简正频率. 最低频率 $\nu_1(n=1)$ 称为基频,$\nu_n = n\nu_1$ 称为 n 次谐频,例如 ν_2,ν_3 称为二次谐频,三次谐频等.

简正频率对应的驻波(弦上的振动方式)称为简正模式. 图 $9-6-4$ 给出的是两端固定弦中简正频率为 ν_1,ν_2 和 ν_3 的三种简正模式. 由图 $9-6-4$ 可见,对两端固定、弦长 L 一定的驻波系统,n 的取值数对应着波腹的个数.

一般地说,对于一个驻波系统存在无限多个简正频率和简正模式. 在这一系统中形成任何实际的振动,都可以看成是各种简正模式的线性叠加,其中每一种简正模式的相位和所占比例的大小,则由该系统的初始条件决定.

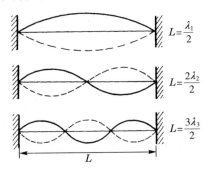

图 $9-6-4$ 两端固定弦的几种简正模式

当外界周期性驱动力的频率与驻波系统的某个简正频率相同时,就会使该频率驻波的振幅变得很大,这种现象称为共振. 每种乐器(无论弦、管、锣和鼓等)实质上都是驻波系统,在演奏中选择适当的位置击打或作用周期性的驱动力,可使某些简正模式被激发产生共振,而另一些简正模式被抑制,从而使演奏的音色更美.

例 $9-6-1$ 如图 $9-6-5$ 所示,一列沿 x 轴正向传播的简谐波方程为

$$y = 10^{-3}\cos\left[200\pi\left(t - \frac{x}{200}\right)\right] \qquad ①$$

式中,y 和 x 的单位为 m,t 的单位为 s. 在 1,2 两种介质分界面上的点 A 与坐标原点 O 相距 $L=2.25$ m. 已知介质 2 的波阻大于介质 1

的波阻,并假设反射波与入射波的
振幅相等.求:

    (1)反射波方程;

    (2)驻波方程;

    (3)在 OA 之间波节和波腹的
位置坐标.

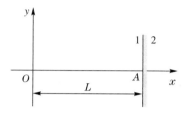

图 9—6—5 例 9—6—1 用图

  解 (1)设反射波方程为

$$y_反 = 10^{-3}\cos\left[200\pi\left(t+\frac{x}{200}\right)+\varphi_0\right]　　　　②$$

式中,φ_0 为反射波在点 O 处的振动初相位.

    由式①求出入射波在点 A 激起的反射波振动方程为

$$y_{反A} = 10^{-3}\cos\left[200\pi\left(t-\frac{L}{200}\right)+\pi\right]　　　　③$$

    由式②可得反射波在点 A 的振动方程为

$$y_{反A} = 10^{-3}\cos\left[200\pi\left(t+\frac{L}{200}\right)+\varphi_0\right]　　　　④$$

    式③和式④描写的是同一个振动,故得

$$\varphi_0 = -2L\pi+\pi = -3.5\pi = -4\pi+\frac{\pi}{2}$$

舍去 -4π,即 φ_0 取 $\pi/2$.所以,式②为

$$y_反 = 10^{-3}\cos\left[200\pi\left(t+\frac{x}{200}\right)+\frac{\pi}{2}\right]$$

    (2) $y = y_入+y_反 = 2\times10^{-3}\cos\left(\pi x+\frac{\pi}{4}\right)\cos\left(200\pi t+\frac{\pi}{4}\right)$

    (3)令

$$\cos\left(\pi x+\frac{\pi}{4}\right) = 0$$

得波节坐标

$$x_节 = n+\frac{1}{4}　　　(n=0,1,2,\cdots)$$

由于 $x\leqslant L=2.25$ m 的限制,故 $x_节=0.25$ m,1.25 m,2.25 m.

    令

$$\left|\cos\left(\pi x+\frac{\pi}{4}\right)\right| = 1$$

得波腹坐标

$$x_{\text{腹}} = n - \frac{1}{4} \quad (n = 1, 2, \cdots)$$

同样,因 $x \leqslant 2.25 \text{ m}$,故 $x_{\text{腹}} = 0.75 \text{ m}, 1.75 \text{ m}$.

§9-7 多普勒效应

在§9-1中曾指出,机械波的频率等于波源的振动频率,这里实际上是假定了波源和观察者相对于介质都是静止的. 如果波源或观察者或二者同时相对于介质运动,这时观察者接收到的波的频率和波源的振动频率就不再相同了. 例如,一列火车迎面开来时,我们听到的汽笛声调(频率)变高,离去时声调(频率)变低. 这种**由于观察者或波源或二者同时相对于介质运动,而使观察者接收到的波的频率与波源的振动频率不同的现象,称为多普勒效应**. 它是由奥地利物理学家多普勒(C. Doppler)于1842年首次发现的. 这里,我们仅讨论机械波的多普勒效应.

为简单起见,设波源或观察者的运动都沿两者的连线,波源相对于介质的运动速度为 v_S,观察者相对于介质的速度为 v_R,介质中的波速用 u 表示. 波源频率即波源的振动频率用 ν_S 表示;观察者接收到的频率即观察者在单位时间内接收到的完整波的数目,或接收到的振动的次数用 ν_R 表示.

显然,在波源和观察者都相对于介质静止时,没有多普勒效应,即 $\nu_R = \nu_S$. 因此,多普勒效应只针对下面三种情况.

一、波源静止,观察者运动

设观察者相对于介质以速度 v_R 向着波源运动,如图9-7-1所示. 在这种情形下,观察者在单位时间内接收到的完整波的数目比他静止时要多. 这是因为在单位时间内原来位于观察者处的波阵面向右传播了 u 的距离,同时观察者自己向左运动了 v_R 的距离,这就相当于波通过观察者的距离为 $(u + v_R)$,因此观察者在单位时间内

接收到的完整波的数目，也就是观察者接收到的频率

$$\nu_R = \frac{u + v_R}{\lambda} \qquad (9-7-1)$$

由于波源静止，所以波的频率就是波源的频率 ν_S，因而有

$$\lambda = \frac{u}{\nu_S}$$

把上式代入式(9−7−1)，得

$$\nu_R = \frac{u + v_R}{u}\nu_S \qquad (9-7-2)$$

这表明，当观察者向静止波源运动时所接收到的频率是波源频率的 $\left(1 + \frac{v_R}{u}\right)$ 倍.

当观察者远离波源运动时，按类似的分析，可得观察者接收到的频率为

$$\nu_R = \frac{u - v_R}{u}\nu_S \qquad (9-7-3)$$

这时接收频率比波源频率低.

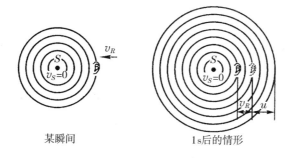

某瞬间　　　　　　　　　1s后的情形

图 9−7−1　观察者运动而波源不动情况下多普勒效应

二、观察者静止，波源运动

当波源运动时，介质中的波长将会发生变化. 我们知道，波长是介质中相位差为 2π 的两个振动状态之间的距离，而由于波源的运动，它所发出的两相位差为 2π 的振动状态是在不同的位置处发出的. 如图 9−7−2 所示，设波源以速度 v_S 向着观察者运动，则当波源从 S_1 发出的某个振动状态，经过一个周期 T 到达位置 A 时，波源已

运动到了 S_2，$S_1 S_2 = v_S T$，这时才发出与该振动状态相位差为 2π 的下一个振动状态，可见，S_2 与 A 之间的距离即为介质中的波长 λ'．

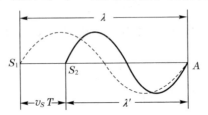

图 9－7－2　波源运动的前方波长变短

由于波源静止时的波长为 λ，所以

$$\lambda' = \lambda - v_S T = (u - v_S)T$$

因为波速 u 是波相对于介质的速度，由介质的性质决定，而与波源或观察者的运动无关，所以观察者接收到的频率为

$$\nu_R = \frac{u}{\lambda'} = \frac{u}{u - v_S} \frac{1}{T}$$

而波源的频率 $\nu_S = \dfrac{1}{T}$，则有

$$\nu_R = \frac{u}{u - v_S} \nu_S \qquad\qquad (9-7-4)$$

这说明，当波源向着静止的观察者运动时，观察者接收到的频率比波源频率高．

当波源远离观察者运动时，观察者接收到的频率为

$$\nu_R = \frac{u}{u + v_S} \nu_S \qquad\qquad (9-7-5)$$

这时接收频率比波源频率低．

由式 (9－7－4) 可以看出，当 $v_S \rightarrow u$ 时，接收频率 ν_R 应趋于无穷大，这是不可能的．当 ν_R 越来越高时，其波长 λ' 也越来越短，当 λ' 小于组成介质的分子间距时，介质对此波列不再是连续的了，波列也就不能传播了．

三、波源与观察者同时相对介质运动

当波源和观察者相向运动时，由于波源运动，介质中的波长 $\lambda' = (u - v_S)T$；由于观察者运动，单位时间内波相对观察者行进的

距离为 $u + v_R$. 因此观察者接收到的频率为

$$\nu_R = \frac{u + v_R}{\lambda'} = \frac{u + v_R}{u - v_S}\nu_S \qquad (9-7-6)$$

当波源和观察者彼此离开时,接收频率为

$$\nu_R = \frac{u - v_R}{u + v_S}\nu_S \qquad (9-7-7)$$

如果波源和观察者的运动不在两者的连线上,式(9-7-6)和(9-7-7)中的 v_S 和 v_R 应为速度在连线上的分量.

多普勒效应是波动过程的共同特征,不仅是机械波,电磁波(包括光波)也有多普勒效应. 由于电磁波的传播不需要介质,所以观察者接收到的频率决定于观察者和光源的相对速度;又由于电磁波以光速传播,所以在涉及相对运动时必须考虑相对论的时空变换关系,对这部分内容有兴趣的读者可查阅相关书籍.

多普勒效应在科学技术上有着广泛应用. 利用超声波的多普勒效应可以测量血流速度;利用微波的多普勒效应可以监测车辆速度、跟踪人造卫星;通过对宇宙星体光谱的测量,发现来自所有星体的光谱都存在"红移"现象,即观察者接收到的频率比光源的频率低的多普勒效应,从而为宇宙膨胀理论提供了有力的依据.

四、冲击波

当波源的速度 v_S 大于波速 u,即 $v_S > u$ 时,由式(9-7-6)可知 $\nu_R < 0$,即接收到的频率变为负值,这时多普勒效应失去意义. 但波源的速度大于波在介质中传播速度的问题在现代科学技术中却越来越重要.

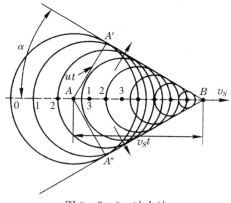

图 9-7-3　冲击波

如图 9—7—3 所示,当波源在位置 A 时发出的波,在其后 t 时刻的波前为半径等于 ut 的球面,但此时刻波源已前进了 $v_s t$ 的距离到达位置 B,比波源发出的波前前进得更远. 在整个 t 时间内,这些球面波的波前形成一个圆锥面,这个圆锥面称为马赫锥. 由于在这种情况下波的传播不会超过运动物体本身,马赫锥面是波的前缘,其前方不可能有任何波动产生. 这种以波源为顶点的圆锥形波称为冲击波. 圆锥面就是受扰动的介质与未受扰动的介质的分界面,在分界面两侧有着压强、密度和温度的突变. 令马赫锥的半顶角为 α,由图可以看出

$$\sin\alpha = \frac{ut}{v_s t} = \frac{u}{v_s}$$

无量纲参数 $\dfrac{v_s}{u}$ 叫作马赫数,是空气动力学中一个很有用的参数.

冲击波的例子有很多,子弹掠空而过发出的呼啸声,超音速飞机发出震耳的裂空之声,都是这种波. 超音速飞机与普通飞机不同,人在地面上看到它当空掠过后片刻,才听到它发出的声音,这正是冲击波的特点.

冲击波最直观的例子,要算快艇掠过水面后留下的尾迹,如图 9—7—4 所示,以船为顶端的 V 形波,称为舷波.

按照相对论,任何物体的速度是不能超过真空中光速的,但可以超过介质中的光速. 当在透明介质里穿行的带电粒子速度超过那里的光速时,会发出一种特殊的辐射,叫作切伦科夫辐射. 切伦科夫辐射是电磁的冲击波. 利用切伦

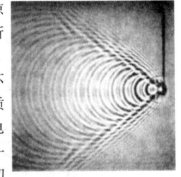

图 9—7—4　舷　波

科夫辐射原理制成的闪烁计数器,可以探测高能粒子的速度,现已广泛地应用于实验高能物理学中.

例 9—7—1　图 9—7—5 中 A,B 为两个汽笛,其频率均为 $500\ \mathrm{Hz}$. A 是静止的,B 以 $60\ \mathrm{m \cdot s^{-1}}$ 的速率向右运动. 在两个汽笛之间有一

观察者 O,以 $30\ \mathrm{m}\cdot\mathrm{s}^{-1}$ 的速度也
向右运动.已知空气中的声速为
$330\ \mathrm{m}\cdot\mathrm{s}^{-1}$,求：

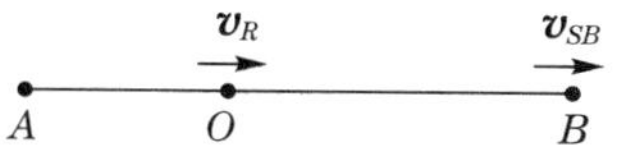

图 $9-7-5$　例 $9-7-1$ 用图

(1)观察者听到来自 A 的频率；

(2)观察者听到来自 B 的频率；

(3)观察者听到的拍频.

解　在式 $(9-7-6)$ 和式 $(9-7-7)$,即 $\nu_R = \dfrac{u \pm v_R}{u \mp v_S}\nu_S$ 中,已知
$u=330\ \mathrm{m}\cdot\mathrm{s}^{-1}$,$v_{SA}=0$,$v_{SB}=60\ \mathrm{m}\cdot\mathrm{s}^{-1}$,$v_R=30\ \mathrm{m}\cdot\mathrm{s}^{-1}$,$\nu_S=500\ \mathrm{Hz}$.

(1)由于观察者远离波源 A 运动,v_R 应取负号,故观察者听到来
自 A 的频率为

$$\nu_R = \frac{330\ \mathrm{m}\cdot\mathrm{s}^{-1} - 30\ \mathrm{m}\cdot\mathrm{s}^{-1}}{330\ \mathrm{m}\cdot\mathrm{s}^{-1}}\times 500\ \mathrm{Hz} = 454.5\ \mathrm{Hz}$$

(2)观察者向着波源 B 运动,v_R 取正号;而波源 B 远离观察者
运动,v_{SB} 也取正号,故观察者听到来自 B 的频率为

$$\nu_R' = \frac{330\ \mathrm{m}\cdot\mathrm{s}^{-1} + 30\ \mathrm{m}\cdot\mathrm{s}^{-1}}{330\ \mathrm{m}\cdot\mathrm{s}^{-1} + 60\ \mathrm{m}\cdot\mathrm{s}^{-1}}\times 500\ \mathrm{Hz} = 461.5\ \mathrm{Hz}$$

(3)拍频

$$\Delta\nu = |\nu_R - \nu_R'| = 7\ \mathrm{Hz}$$

例 9-7-2　利用多普勒效应监测汽车行驶的速度.一固定波
源发出频率为 $100\ \mathrm{kHz}$ 的超声波,当汽车迎着波源驶来时,与波源
安装在一起的接收器接收到从汽车反射回来的超声波的频率为
$110\ \mathrm{kHz}$,已知空气中声速为 $330\ \mathrm{m}\cdot\mathrm{s}^{-1}$,求汽车行驶的速度.

解　解此问题应分两步.第一步,波向着汽车传播并被汽车接
收,此时波源是静止的.汽车作为观察者迎着波源运动.设汽车的行
驶速度为 v_R,则汽车接收到的频率为

$$\nu_R = \frac{u + v_R}{u}\nu_S$$

第二步,波从汽车表面反射回来.此时汽车作为波源向着接收
器运动,汽车发出的波的频率即是它接收到的频率 ν_R,而接收器此
时是观察者,它接收到的频率为

$$\nu_R' = \frac{u}{u - v_R}\nu_R = \frac{u + v_R}{u - v_R}\nu_S$$

由此解得汽车行驶的速度为

$$v_R = \frac{\nu'_R - \nu_S}{\nu'_R + \nu_S} u = \frac{110 \text{ Hz} - 100 \text{ Hz}}{110 \text{ Hz} + 100 \text{ Hz}} \times 330 \text{ m} \cdot \text{s}^{-1}$$

$$= 15.7 \text{ m} \cdot \text{s}^{-1} = 56.6 \text{ km} \cdot \text{h}^{-1}$$

*§9—8　声波 超声波 次声波

　　频率在 20 Hz 到 2.0×10^4 Hz 之间的机械波,能引起人类产生听觉,叫作声波.频率低于 20 Hz 的叫作次声波,而频率高于 2.0×10^4 Hz 的称为超声波.从波动的基本特征来看,次声波和超声波与能引起听觉的声波并没有本质的差异.

　　超声频率可以高达 10^{11} Hz,而次声频率可以低达 10^{-3} Hz,在这样大的频率范围内,按频率的大小研究声波的各种性质是具有重大意义的.

一、声波

　　为了描述声波在介质中各点振动的强弱,下面介绍声压和声强两个物理量.

1. 声压

　　没有波动,介质处于静止时的压强称为静压强,当声波在介质中传播时该点的压强与静压强之差称为声压.在流体(液体和气体)中,声波是纵波,有疏密区,在疏区介质中压强小于静压强,声压为负值;在密区,介质中压强大于静压强,声压为正值.随着声波的传播,介质中任一点的声压将随时间做周期性变化,可以证明声压的表达式为

$$p = p_m \cos \left[\omega \left(t - \frac{x}{u} \right) - \frac{\pi}{2} \right] \qquad (9-8-1)$$

式中,$p_m = \rho u A \omega$ 为声压振幅,ρ 为介质密度,A, ω 和 u 分别为声波的振幅、角频率和波速.

2. 声强

　　声波的能流密度称为声强,用 I 表示,单位为 W $\cdot$ m^{-2}.由式(9—3—6)知,声强与频率的二次方成正比.能引起听觉的声波,不仅要有一定的频率范围限制,而且要处于一定的声强范围之内.对于给定的频率的声波,声强都有上、下两个限值,低于下限的声强不能引起听觉,高于上限的声强也不能引起听觉,声强太大只能引起痛觉.例如,对于频率为 1000 Hz 的声波,一般正常人听觉的最大声强约为 10 W $\cdot$ m^{-2},最小声强约为 10^{-12} W $\cdot$ m^{-2},上、下相差 13 个数量级.

人耳对声音强弱的主观感觉称作响度,研究声明,响度大致正比于声强的对数.所以声强级 I_L 是按对数来标度的声强,即

$$I_L = \log \frac{I}{I_0} (\text{贝尔}) \qquad (9-8-2)$$

这里,I_0 是选定的基准声强,其定义是 1000 Hz 时的最小声强,即 $I_0 = 10^{-12} \mathrm{W \cdot m^{-2}}$. 其单位为贝尔(bel),这个单位太大,常采用贝尔的十分之一,即分贝(dB)为单位. 此时声强级公式为

$$I_L = 10\log \frac{I}{I_0} (\text{分贝}) \qquad (9-8-3)$$

日常生活中一般声音约为几十分贝,如低语交谈约 40 dB,马路交通噪声为 70~80 dB,被扩音机放大了的摇滚乐为 120 dB 以上,接近正常人听觉的最大声强,它会使人的听觉能力减退. 现在人们很关心噪声的污染问题,有的地方法令规定户外声音不得大于 100 dB.

由于测量声强较测量声压困难,实际上常先测出声压,再根据声强与声压关系换算而得出声强. 对于平面简谐波,其声强为

$$I = \frac{1}{2} \rho A^2 \omega^2 u$$

由此,可得声强和声压的关系为

$$I = \frac{1}{2} \frac{p_{\mathrm{m}}^2}{\rho u} = \frac{p_{\mathrm{a}}^2}{\rho u} \qquad (9-8-4)$$

式中,$p_{\mathrm{a}} = \frac{p_{\mathrm{m}}}{\sqrt{2}}$ 称为有效声压. 可见,声波频率越高,不仅声压振幅越大,而且有效声压和声强也越大.

为了对声强级和响度有较具体的了解,表 9-1 列出了经常遇到的一些声音的声强、声强级和响度.

表 9-1　几种声音近似的声强、声强级和响度

声　源	声强($\mathrm{W \cdot m^{-2}}$)	声强级(dB)	响度
引起听觉的最弱声音	10^{-12}	0	
风吹树叶	10^{-10}	20	轻
通常谈话	10^{-6}	60	正常
道路交通噪声	10^{-5}	70	响
摇滚乐	1	120	震耳
喷气机起飞	10^3	150	
地震(里氏 7 级,距震中 5 km)	4×10^4	166	
聚焦超声波	10^9	210	

二、超声波

超声波的主要特点是频率高(可达 10^9 Hz),因而波长也就短.此外,超声波还具有一些其他的特性,在科学研究和生产上应用极为广泛.

下面结合超声波的特性简略介绍一些典型的应用.

1. 在检测中的应用

既然超声波的波长短,衍射现象就不显著,因而具有良好的定向传播特性.由于声强与频率的二次方成正比,超声波的频率高,因而功率大.此外,超声波穿透本领也很大,特别是在液体和固体中传播时,吸收较之气体中少得多,以致在不透明的固体中能穿透几十米的厚度.

根据以上特性,可应用超声波测量海洋的深度,研究海底的地形起伏,发现海礁和浅滩,确定潜艇、沉船和鱼群的位置等.

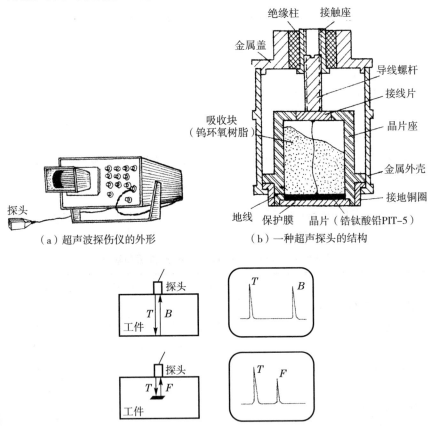

(a)超声波探伤仪的外形　　　　(b)一种超声探头的结构

(c)超声波探伤仪显示的脉冲波形(T为发射脉冲,B为底面反射脉冲,F为缺陷发射脉冲)

图 9-8-1　超声波探伤示意图

在工业上,超声波可用来探测工件内部的缺陷(如气泡、裂缝、砂眼等).如图9-8-1(a)所示是超声波探伤仪的外形图.作为发射和接收超声波的探头,其主要部分是由锆钛酸铅等制成的晶体薄片,如图9-8-1(b)所示,并在薄片两面镀上银层作为电极,与探伤仪相连.当在晶片两面加以高频(约几兆赫)交变电压时,晶片厚度会以同样的频率反复变化,即晶体表面以同样的高频做机械振动,从而产生超声波.使用超声波探伤仪探伤时,在工件表面涂上油或水,使探头与工件接触良好.若探头发出的超声波遇到工件内的缺陷,超声波会反射回来,被探头接收,通过晶片的机械振动变成电振荡并显示在荧光屏上.工件内没有缺陷,荧光屏上只有发射脉冲 T 和反射回来的脉冲 B,如图9-8-1(c)所示.工件内有缺陷,则缺陷把部分超声波反射回来,在 T,B 两个脉冲之间出现缺陷反射脉冲 F.从脉冲 F 的间隔,可以估计出缺陷的位置.

与超声波探伤的原理类似,医学上的"H 超"就是利用超声波来显示人体内脏病变图像的.

2. 在加工处理和医学治疗中的应用

超声波在液体中会引起空化作用.这是因为超声波的频率高、功率大,可引起液体的疏密变化,使液体时而受压,时而受拉,由于液体承受拉力的能力是很差的,所以在较强的拉力作用下,液体就会断裂(特别在有杂质或气泡的地方),产生一些近似真空的小空穴.在液体压缩过程中,空穴内的压力会达到大气压强的几万倍,空穴被压发生崩溃,伴随着压力的巨大突变,会产生局部高温.此外,在小空穴形成的过程中,由于摩擦产生正、负电荷,还会引起放电发光等现象.超声波的这种作用,叫作空化作用,利用它能把水银捣碎成小粒子,使其和水均匀地混合在一起成为乳浊液;在医药上可用以捣碎药物制成各种药剂;在食品工业上可用以制成许许多多的调味汁;在建筑业上则可用以制成水泥乳浊液等.

超声波的高频强烈振荡还可用来清洁空气,洗涤毛织品上的油腻,清洗蒸气锅炉中的水垢和钟表轴承以及精密复杂金属部件上的污物,以及制成超声波烙铁,用以焊接铝质物体等.

超声波用于医学治疗已有多年的历史,应用面广泛.近年来新报道了用超声波治疗偏瘫、面神经麻痹、小儿麻痹后遗症、乳腺炎、乳腺增生症、血肿等疾病,都有一定的疗效.

3. 超声电子学

由于超声波的频率与一般无线电波的频率相近,且声信号又很容易转换成电信号,因此可以利用超声元件代替电子元件制作在 $10^7 \sim 10^9$ Hz 范围内的延迟线、振荡器、谐振器、带通滤波器等仪器,可广泛用于电视、通讯、雷达等方面.用声波代替电磁波的优越之处在于声波在介质中的传播速度比电磁波的传播速度大约要小五个数量级.例如用超声波延迟时间就比用电磁波延迟时间方便得多.

三、次声波

次声波又称亚声波.一般指频率在 $10^{-4} \sim 20$ Hz 之间的机械波.在火山爆发、地震、陨石落地、大气湍流、雷暴、磁暴等自然活动中都会有次声波产生.次声波的频率低,衰减极小,它在大气中传播几百万米后,吸收还不到万分之几分贝.因此,次声波已经成为研究地球、海洋、大气等大规模运动的有力工具.对次声波的产生、传播、接受和应用等方面的研究,已形成现代声学的一个新的分支,这就是次声学.

次声波还会对生物体产生影响.某些频率的强次声波能引起人的疲劳痛苦,甚至导致失明.有报导说,海洋上发生的过强次声波会使海员惊恐万状,痛苦异常,仓促离船,最终导致人员失踪.鉴于这个原因,目前有的国家已建立了预报次声波的机构.

习题九

一、选择题

9—1 一个平面简谐波沿 x 轴负方向传播,波速 $u = 10$ m·s^{-1}. $x = 0$ 处,质点振动曲线如图 9—1 所示,则该波的表达式为 （　　）

(A) $y = 2\cos\left(\dfrac{\pi}{2}t + \dfrac{\pi}{20}x + \dfrac{\pi}{2}\right)$ m

(B) $y = 2\cos\left(\dfrac{\pi}{2}t + \dfrac{\pi}{20}x - \dfrac{\pi}{2}\right)$ m

(C) $y = 2\sin\left(\dfrac{\pi}{2}t + \dfrac{\pi}{20}x + \dfrac{\pi}{2}\right)$ m

(D) $y = 2\sin\left(\dfrac{\pi}{2}t + \dfrac{\pi}{20}x - \dfrac{\pi}{2}\right)$ m

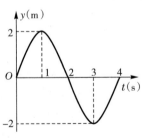

图 9—1

9—2 一个平面简谐波在弹性媒质中传播,媒质质元从最大位置回到平衡位置的过程中 （　　）

(A) 它的热能转化成动能

(B) 它的动能转化成势能

(C) 它从相邻的媒质质元获得能量,其能量逐渐增加

(D) 把自己的能量传给相邻的媒质质元,其能量逐渐减小

9-3 在同一媒质中,两列相干的平面简谐波强度之比是 $I_1:I_2=4$,则两列波的振幅之比 $A_1:A_2$ 为 （　　）

(A)4　　　　　(B)2　　　　　(C)16　　　　　(D)1/4

9-4 两相干平面简谐波沿不同方向传播,如图 9-2 所示,波速均为 $u=0.40\ \mathrm{m\cdot s^{-1}}$,其中一列波在 A 点引起的振动方程为 $y_1=A_1\cos\left(2\pi t-\dfrac{\pi}{2}\right)$,另一列波在 B 点引起的振动方程为 $y_2=A_2\cos\left(2\pi t+\dfrac{\pi}{2}\right)$,它们在 P 点相遇. 若 $\overline{AP}=0.80\ \mathrm{m},\overline{BP}=1.00\ \mathrm{m}$,则两波在 P 点的相位差为 （　　）

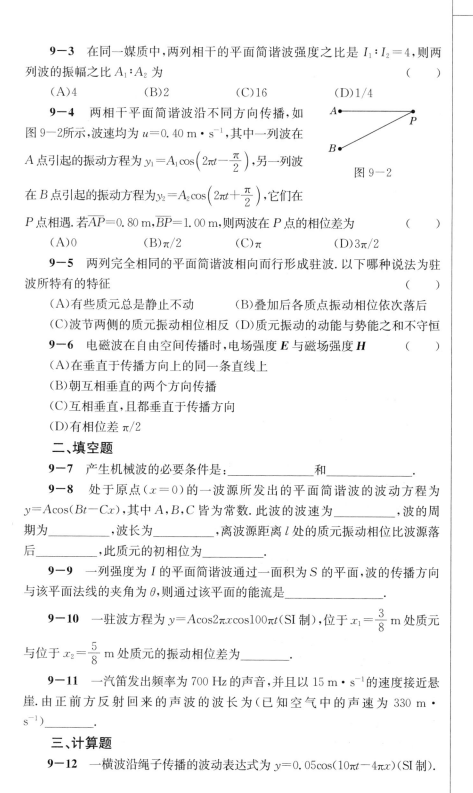

图 9-2

(A)0　　　　　(B)$\pi/2$　　　　　(C)π　　　　　(D)$3\pi/2$

9-5 两列完全相同的平面简谐波相向而行形成驻波. 以下哪种说法为驻波所特有的特征 （　　）

(A)有些质元总是静止不动　　(B)叠加后各质点振动相位依次落后

(C)波节两侧的质元振动相位相反　(D)质元振动的动能与势能之和不守恒

9-6 电磁波在自由空间传播时,电场强度 $\boldsymbol{E}$ 与磁场强度 $\boldsymbol{H}$ （　　）

(A)在垂直于传播方向上的同一条直线上

(B)朝互相垂直的两个方向传播

(C)互相垂直,且都垂直于传播方向

(D)有相位差 $\pi/2$

二、填空题

9-7 产生机械波的必要条件是：＿＿＿＿＿＿＿＿＿和＿＿＿＿＿＿＿＿＿.

9-8 处于原点($x=0$)的一波源所发出的平面简谐波的波动方程为 $y=A\cos(Bt-Cx)$,其中 A,B,C 皆为常数. 此波的波速为＿＿＿＿＿＿,波的周期为＿＿＿＿＿＿,波长为＿＿＿＿＿＿,离波源距离 l 处的质元振动相位比波源落后＿＿＿＿＿＿,此质元的初相位为＿＿＿＿＿＿.

9-9 一列强度为 I 的平面简谐波通过一面积为 S 的平面,波的传播方向与该平面法线的夹角为 θ,则通过该平面的能流是＿＿＿＿＿＿＿＿.

9-10 一驻波方程为 $y=A\cos2\pi x\cos100\pi t$(SI 制),位于 $x_1=\dfrac{3}{8}$ m 处质元与位于 $x_2=\dfrac{5}{8}$ m 处质元的振动相位差为＿＿＿＿＿＿.

9-11 一汽笛发出频率为 700 Hz 的声音,并且以 15 m·s^{-1} 的速度接近悬崖. 由正前方反射回来的声波的波长为(已知空气中的声速为 330 m·s^{-1})＿＿＿＿＿＿.

三、计算题

9-12 一横波沿绳子传播的波动表达式为 $y=0.05\cos(10\pi t-4\pi x)$(SI 制).

(1)求此波的振幅、波速、频率和波长；

(2)求绳子上各质点振动的最大速度和最大加速度；

(3)求 $x=0.2$ m 处的质点在 $t=1$ s 时的相位,它是原点处质点在哪一时刻的相位？

(4)分别画出 $t=1$ s、1.25 s、1.50 s 时刻的波形.

9—13 已知一沿 x 轴负方向传播的平面余弦波,在 $t=\dfrac{1}{3}$ s 时的波形如图 9—3 所示,且周期 $T=2$ s.

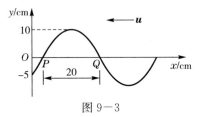

图 9—3

(1)写出 O 点的振动表达式；

(2)写出此波的波动表达式；

(3)写出 Q 点的振动表达式；

(4)Q 点离 O 点的距离有多远？

9—14 一平面简谐声波,沿直径为 0.14 m 的圆柱形管行进,波的强度为 9.0×10^{-3} W·m^{-2},频率为 300 Hz,波速为 300 m·s^{-1}. 求：

(1)波的平均能量密度和最大能量密度；

(2)两个相邻的、相位差为 2π 的同相面间的能量.

9—15 在一根线密度 $\mu=10^{-3}$ kg·m^{-1}、张力 $F=10$ N 的弦线上,有一列沿 x 轴正方向传播的简谐波,其频率 $\nu=50$ Hz,振幅 $A=0.04$ m. 已知弦线上离坐标原点 $x_1=0.5$ m 处的质点在 $t=0$ 时刻的位移为 $+\dfrac{A}{2}$,且沿 y 轴负方向运动. 当波传播到 $x_2=10$ m 处的固定端时被全部反射. 试写出：

(1)入射波和反射波的波动表达式；

9—16 如图 9—4 所示.

(2)入射波与反射波叠加的合成波在 $0\leqslant x\leqslant10$ m 区间内波腹和波节处各点的坐标；

(3)合成波的平均能流.

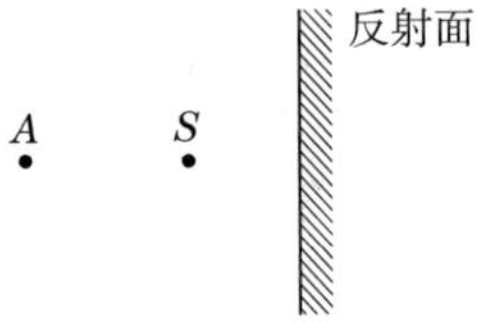

(1)波源 S 频率为 2040 Hz,以速度 v_S 向一反射面靠近,观察者在 A 点听到拍音的频率为 $\Delta\nu=3$ Hz,求波源移动的速度大小 v_S. 设声速为 340 m·s^{-1}.

图 9—4

(2)若(1)中波源没有运动,而反射面以速度 $v=0.20$ m·s^{-1} 向观察者 A 接近. 观察者在 A 点所听到拍音的频率为 $\Delta\nu=4$ Hz,求波源的频率.

❹ ━━━━━━━━━━ 阅读资料

非线性波 孤波

非线性波就是由非线性方程所描述的波. 与所有的非线性现象一样, 非线性波也不遵从叠加原理. 非线性波的传播速度不仅与介质的性质有关, 还与质点的振动状态有关.

1. 非线性效应对波动的影响

在前面的讨论中, 我们认为介质是理想的弹性介质, 即认为介质中的恢复力始终是线性的, 这就导出了介质中波动的动力学方程是线性的, 即式(9−2−8). 线性波动方程的解就是线性波, 这种波在介质中的传播速度只与介质的性质有关, 而与介质内各处质点振动的振幅、振速无关.

但是, 实际的介质都具有非线性因素. 不过在振幅较小时, 非线性项很小, 它的影响因没有显现出来而可以忽略, 这时波动方程可用线性波动方程近似. 但振幅较大时, 介质中的非线性项就不能忽视了, 这时的波动方程就是非线性的. 一般地讨论非线性波动的解析解几乎是不可能的, 这里只能粗略地介绍一下在计入非线性因素后对波动的影响.

非线性效应最突出的影响就是导致波动叠加原理的失效. 例如, 同时平行地向前传播的两个同频率的声波, 因非线性效应会出现组合频率的声波; 计入非线性效应的结果, 使得介质中各点的波速不尽相同, 这时波速不仅与介质有关还与介质中各质点的位移有关, 即位移大处的波速与位移小处的波速不同, 位移为正处与位移为负处的波速不同; 介质中各点的波速不同又将导致波形在传播中发生畸变. 例如原来是正弦波, 由于非线性因素所致, 在传播一段距离后可能变成非正弦波……也就是说, 由原来单一频率的波变成了含有更高次频率的复合波.

2. 孤波

色散介质与非线性介质是两个不同的概念. 色散是指波速与频率有关, 非线性则是指波速与质点振动状态有关. 即色散介质可以是线性的, 因此才有线性波的叠加而形成波包; 反之, 非线性介质可以是非色散的,而且即使是非色散的,此时波的叠加原理也会失效.如果介质既是色散的又是非线性的,那么在色散效应和非线性效应的共同作用下可能出现一种特殊波——孤波.

孤波又称孤立波.最早发现孤波的是英国造船工程师斯科特·罗素.1834年4月,罗素正骑着马沿着一条运河行走,发现河内一只船突然停止时,它的前方水面形成了一个光滑而轮廓清晰的孤立波峰沿河道向前推进,孤波高度为一到一英尺半,长约三十英尺,前进速度每小时八至九英里,在传播中孤波保持形状不变,速度不减,直到河道转弯后才逐渐消失.他后来在浅水槽中做了实验,也激起了这种孤波.

1895年,德国的两位科学家 D. Koreweg 和 G. de Vrise 根据流体力学的理论研究了浅水槽中水的运动过程,设计出一个数学模型,取浅水波的动力学方程为

$$\frac{\partial y}{\partial t} - 6y\frac{\partial y}{\partial x} + \frac{\partial^3 y}{\partial x^3} = 0 \tag{1}$$

这一方程就是著名的 KdV 方程,它的一个特解是

$$y = -\frac{u}{2}\operatorname{sech}^2\left[\frac{\sqrt{u}}{2}(x - ut)\right] \tag{2}$$

式中,唯一的常数由初始条件决定,此波的波形就是一个钟形"单孤子"孤波,它以恒定速度"向前传播",其振幅 $u/2$ 为定值.

从物理原因看,KdV 方程本身就包含了非线性和色散两个方面的因子.由式(1)可以看出,其第二项是非线性项,这种非线性作用使得波包的能量重新分配,从而使频率扩展,坐标空间收缩,即"挤压"波包,使波包前沿不断变陡,达到某个临界点时开始破碎,这正是海滩上向海岸滚滚而来的水波最终会破碎的原因,如图1所示;而方程的第三项为色散项,它导致波包的群速与波长有关,这种色散效应也使波包不断变形,逐渐展平展宽,能量逐渐弥散,最后导致波包消失.如图2所示.

图1   图2

由此可见,非线性效应和色散效应都是使波包变形的原因,但两者的作用正好相反,只有当波包具有稳定的形状和速度时,两种效应正好相互抵消,这时才能形成以恒定速度传播的稳定的波包,这就是孤波.所以,孤波是色散效应与非线性效应达到平衡时的产物.

KdV 方程(1)还有双孤子解或 N 个孤立波解,这里不再介绍.

孤波在传播过程中具有定域性、稳定性和完整性三大特性.定域性是指孤波的波形是定域在空间的有限范围内,而不像一般波动那样弥散在整个空间;稳定性是指孤波传播过程中形状保持不变,不像一般色散介质中的波包那样在传播一定距离之后就弥散开去;完整性是指,如有两个孤波在同一介质中相碰后又分开时,每个孤波仍保持其原来的形状并按原来的速度继续各自传播.由于孤波所具有的这三大特性与粒子的性质十分相似,所以许多文献又把孤波称作孤立子或孤子.

近年来,在各种不同的学科领域中,都出现有类似孤子这种运动形态.大至宇宙中的涡旋星云,小到微观的基本粒子,在一定程度上都有孤子的性质.如激光在介质中的自聚焦和在光纤中的传播,等离子体中的声波和电磁波,流体中的涡旋,晶体中的位错,超导中的磁通量等等.孤波在技术上也得到了应用,例如光纤孤子通信已成为世界各国研究的热门课题.

第十章

热力学基础

通常,人们把与温度有关的现象称为热现象.从微观看,热现象就是宏观物体内部大量分子或原子等微观粒子永不停息的、无规则热运动的平均效果.

研究热现象的规律有宏观的热力学和微观的统计物理学两种方法.热力学方法是从能量观点出发,以大量的实验观测为基础,来研究热现象的宏观基本规律及其应用,本章将讨论这方面的问题.统计物理学方法是从宏观物体由大量微观粒子(原子、分子等)所组成,粒子不停地做热运动的观点出发,运用统计平均的方法研究大量微观粒子的热运动规律,这将在下一章气体动理论中讨论.热力学和气体动理论是从不同的角度研究热现象规律的,由于它们研究的是同一类现象(热现象),所以它们是相互关联、相辅相成的.

本章主要讨论热力学第一定律和第二定律,前者实际上是包括热现象在内的能量守恒与转换定律,后者则指明了热力学过程进行的方向和条件.

§10-1 平衡态 理想气体状态方程

一、气体的状态参量

用来描写物体系运动状态的物理量称为状态参量.例如,位矢和速度是描写物体系机械运动状态的力学参量.热力学的研究对象是由大量微观粒子组成的宏观物体,称为热力学系统,简称系统.本章所要研究的对象是气体,是一种最简单的热力学系统.实验表明,对于一定质量的气体,其(平衡态时)状态一般可用气体的压强、体积和温度来表示,所以通常把这三个物理量称为气体的状态参量.

气体的压强用 p 表示,在工程上也叫压力,其宏观定义是气体作用在器壁单位面积上的垂直作用力.压强的国际单位为"帕斯卡",简称"帕",用 Pa 表示,即牛顿·米$^{-2}$(N·m^{-2}),它与大气压(atm)及毫米汞高(mmHg)的关系为

$$1 \text{ atm} = 760 \text{ mmHg} = 1.013 \times 10^5 \text{ Pa}$$

体积一般用 V 表示,其国际单位为"米^3"(m^3),它与升(L)的关系是

$$1 \text{ m}^3 = 10^3 \text{ L}$$

应该注意的是,气体的体积 V 是指气体分子活动所能到达的空间,而容器的容积则为气体活动空间与分子实际体积之和,两者不能混淆.当不计分子大小时,气体的体积才等于容器的容积.

温度在本质上与物体内部大量分子热运动的剧烈程度密切相关.下面从宏观上给出温度的科学定义.

经验告诉我们,在没有做功的情况下,若两个物体在相互接触的过程中,有能量从一个物体传递给另一个物体,那么我们就说两个物体之间有温度差.当两个物体之间停止了能量传递后,它们就达到了热平衡.

如图 10-1-1(a)所示,设想把物体 A,B 用绝热壁隔开,而分别通过导热壁与保持状态不变的物体 C 相接触,经过足够长时间后,A,B 分别和 C 达到热平衡.然后将绝热壁与导热壁互换,如图 10-1-1(b)所示.实验表明,A 与 B 的状态不会发生任何变化,即 A 与 B 也处于热平衡.

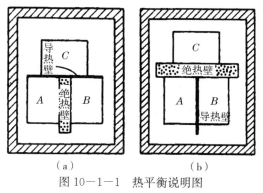

（a）　　　　　　　　　（b）

图 10-1-1　热平衡说明图

上述实验可概括为:"如果两个物体分别与处于确定状态的第三个物体达到热平衡,则这两个物体彼此将处于热平衡."这个结论是福勒(Fowler)于1930年提出的,由于它独立于热力学第一和第二定律,同时又很基础,故称其为**热力学第零定律**.

热力学第零定律揭示了处在同一热平衡状态的所有热力学系统都具有共同的宏观性质,我们定义这个决定系统热平衡的宏观性质为温度.也就是说,**温度是决定某一系统是否与其他系统处于热平衡的宏观标志,它的特征就在于一切互为热平衡的系统都具有相同的温度**.

热力学第零定律不仅给出了温度的宏观定义,而且给出了利用温度计定量测量温度的依据和方法.但要定量确定温度的数值,还必须给出温度的数值表示法——温标.

最基本的温标是国际单位制中的热力学温标,在历史上最先由开尔文(Kelvin)引入,所以也叫开尔文温标,用这种温标所确定的温度叫热力学温度,用 T 表示,它的国际制单位叫"开尔文",简称"开",记作 K.第11届国际计量大会(1960年)决定,热力学温度单位开尔文是水三相点热力学温度的 $\frac{1}{273.16}$,这意味着将水的三相点温度 273.16 K 规定为热力学温度的固定点.生活和技术上常用的是摄氏温标,它所确定的温度叫摄氏温度,用 t 表示,单位记作℃,它和热力学温标的关系定义为

$$t = T - 273.15$$

必须指出,由上式规定的摄氏温标中,水的冰点为 0 ℃(273.15 K),非常接近水的三相点 273.16 K,而沸点不是正好等于 100 ℃,但却非常接近(为 99.975 ℃).

二、平衡态及其描述

要用状态参量从整体上描述热力学系统的宏观状态,系统必须处于某种稳定的状态.为此,引入平衡态的概念.

当热力学系统与外界没有能量交换、系统内又无不同形式的能量转换时,经过足够长的时间,**系统总会达到处处温度相同,所有的**

宏观量不随时间变化的状态,这种状态就叫平衡态. 在平衡态下,系统内的分子仍在不停地做无规则的热运动,只是大量分子运动的平均效果不变,在宏观上表现为系统达到平衡. 从微观上看,热力学系统的平衡态是动态平衡,所以常称为热动平衡.

只有在平衡态下,系统的宏观性质才可以用一组确定的参量来描述. 因此,状态参量实际上就是描述系统平衡态的参量. 例如,一定质量气体的平衡态,可用其状态参量 p,V,T 的一组值来表示. 一组参量值表示气体的某一平衡态,而另一组参量值则表示气体的另一平衡态. **如果系统的宏观性质随时间而变化,它所处的状态称为非平衡态.** 在非平衡态下,系统各部分的性质一般来说可能各不相同,并且在不断地变化,所以就不能用统一的参量来描述系统的状态. 在下面的讨论中,除非特别声明,所说的状态一般都是指平衡态.

三、准静态过程

热力学系统与外界有能量或质量交换时,其状态就会发生变化. 当系统从一个状态不断地变化到另一状态时,我们就说系统经历了一个热力学过程. 在热力学中为了能利用系统处于平衡态时的性质来研究过程的规律,则引入了准静态过程(也叫平衡过程)的概念. 所谓**准静态过程,即在这种过程中系统所经历的任一中间状态都无限接近于平衡态.** 换句话说,系统在经历一个准静态过程时,其间任一时刻的状态都可以当作平衡态来处理.

显然,这是一种理想过程. 因为状态变化必然会破坏系统的平衡,原来的平衡态被破坏后,需要经过一段时间才能达到新的平衡态. 但是,实际发生的过程往往较快,以至于在还没有达到新的平衡态前又继续下一步的变化,因而过程中系统经历的是一系列非平衡态,这样的过程称为非静态过程. 不过只要过程进行得足够缓慢,使得过程中的每一步,系统都非常接近于平衡态,这种过程就可以近似地看成准静态过程. 实际上,准静态过程就是这种足够缓慢过程的理想极限. 在实际问题中,除了一些进行极快的过程(如爆炸过程)外,大多数情况下都可以把实际过程看成准静态过程.

准静态过程在 $p-V$ 图上可用一条曲线来描述，如图 $10-1-2$ 所示. 曲线 AB 上的每一个点都代表系统的一个平衡态，可以用确定的 p,V 值来表示. 整条曲线 AB 表示一个完整的准静态过程，而曲线 AB 通常称为过程曲线. 显然，非静态过程不能在状态图上用一条曲线来表示.

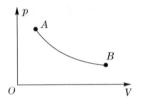

图 $10-1-2$　准静态过程

四、理想气体状态方程

早在 1802 年，玻意耳（R. Boyle）等人就总结出气体的实验定律，根据实验定律归纳出气体状态方程为

$$pV = \frac{m}{M}RT \qquad\qquad (10-1-1)$$

式中，m 为气体的质量，M 为 1 mol 气体分子的质量，简称摩尔质量. 任何物质，每摩尔中都包含有 N_0 个分子，$N_0 = 6.023 \times 10^{23}$，称为阿伏加德罗常量；$R$ 为普适气体常量，其值为

$$R = 8.31 \text{ J} \cdot \text{mol}^{-1} \cdot \text{K}^{-1}$$

气体状态方程式（$10-1-1$）不是对所有气体都适用的. 我们把在任何情况下都严格遵守式（$10-1-1$）的气体叫作理想气体. 在通常温度和压强范围内的气体，一般都可近似看作理想气体. 在没有特殊说明时，我们以后说到的气体，都指理想气体. 式（$10-1-1$）就是**理想气体状态方程**.

例 10−1−1　有一打气筒，每打气一次可将原来压强 $p_0 = 1.0$ atm、温度 $t_0 = -3.0\ ℃$、体积 $V_0 = 4.0$ L 的空气压缩到容器中，设容器的容积 $V = 1.5 \times 10^3$ L，欲使容器内空气的压强由 $p_0 = 1.0$ atm 变为 $p = 2.0$ atm，而温度保持为 $t = 45\ ℃$，需要打几次气？

解　设打一次气送入容器中的空气质量为

$$m = \frac{p_0 V_0 M}{RT_0}$$

容器中原有空气质量为

$$m_0 = \frac{p_0 V M}{RT}$$

容器中最后所含空气质量为

$$m_0' = \frac{pVM}{RT}$$

送入容器的空气总质量为

$$\Delta m = m_0' - m_0 = \frac{VM}{RT}(p - p_0)$$

因此,需要打气的次数为

$$n = \frac{\Delta m}{m} = \frac{V}{V_0} \frac{T_0}{Tp_0}(p - p_0)$$

将 $p_0 = 1.0$ atm, $T_0 = 270$ K, $V_0 = 4.0$ L, $p = 2.0$ atm, $T = 318$ K, $V = 1.5 \times 10^3$ L代入上式,得

$$n = \frac{1.5 \times 10^3 \times 270}{4.0 \times 318 \times 1} \times (2 - 1) = 318(次)$$

例 10-1-2 一气缸内贮有某种理想气体,它的压强、摩尔体积和温度分别为 p_1, V_{m1} 和 T_1,现将气缸加热,使该气体的压强和体积同时增大,假设此过程中气体的压强 p 和摩尔体积 V_m 满足关系式

$$p = kV_m$$

式中,k 为常量.

(1)求常量 k,将结果用 p_1, T_1 和 R 表示.

(2)设 $T_1 = 200$ K,当摩尔体积 V_{m2} 增大到 $1.5V_{m1}$ 时,这样的气体温度为多少?

解 加热前后气体各状态参量应满足关系式

$$\frac{p_1 V_{m1}}{T_1} = \frac{p_2 V_{m2}}{T_2} = R \qquad ①$$

(1)当气体处于 p_1, V_{m1}, T_1 状态时,有

$$p_1 = kV_{m1} \qquad ②$$

由①②两式消去 V_{m1},得到

$$k = \frac{p_1^2}{RT_1}$$

(2)当 $V_{m2} = 1.5V_{m1}$ 时,又有

$$p_2 = kV_{m2} \qquad ③$$

从式①中求解出 T_2，并把 p_1 和 p_2 用式②③的关系代入，则得

$$T_2 = \frac{p_2 V_{m2}}{p_1 V_{m1}} T_1 = \frac{k V_{m2}^2}{k V_{m1}^2} T_1 = \left(\frac{V_{m2}}{V_{m1}}\right)^2 T_1 = \left(\frac{1.5 V_{m1}}{V_{m1}}\right)^2 T_1$$
$$= 2.25 T_1 = 450(\text{K})$$

§10-2　热力学第一定律 内能 功 热量

一、热力学第一定律

力学中功能原理表明，外界对系统做功将使系统的机械运动状态发生变化. 在做功的过程中，外界与系统之间产生能量交换，从而改变了系统的机械能. 在热力学中，通常不考虑系统整体的机械运动，只研究系统内分子热运动的宏观规律. 大量事实表明，外界对系统做功或传递热量，都可以使系统的热运动状态发生变化. 例如，摩擦生热就是通过摩擦力做功使物质的温度升高而改变其热运动状态；同样，也可以通过对物体加热来获得同样的温度变化. 从能量守恒和转换规律来理解，通过做功或传热的方法所引起系统状态的变化必然要伴随着能量的变化. 我们把系统与热运动相关的能量称为系统的内能.

热力学第一定律实质上是包括热现象在内的能量守恒定律. 假定热力学系统从内能为 E_1 的状态变化到内能为 E_2 的状态，在此过程中，外界对系统传递的热量为 Q，同时系统对外界做功 W，那么根据能量守恒与转换定律，有

$$Q = \Delta E + W \tag{10-2-1}$$

式中，$\Delta E = E_2 - E_1$，Q 与 W 的正负号规定为：$Q>0$ 表示系统从外界吸收热量，反之则表示向外界释放热量；$W>0$ 表示系统对外界做功，反之则表示外界对系统做功. 上式就是热力学第一定律的数学表达式.

对于无限小的状态变化过程，热力学第一定律的数学表达式可表示为

$$dQ = dE + dW$$

由于内能是状态的单值函数,所以上式中 dE 代表内能函数在相差无限小的两个状态的微小增量(即微分). 但是功和热量都与过程有关而不是状态的函数,所以上式中 dW 和 dQ 都不是某一函数的微分,而只是代表在无限小过程中的一个无限小量.

在热力学第一定律建立以前,历史上曾有不少人企图制造一种机器,使系统不断地经历状态的变化,而仍然能回到原来状态. 在这一过程中不需要外界对系统提供能量,却可以不断地对外做功. 这种机器叫作第一类永动机. 这样的企图经过无数次的尝试都以失败而告终. 显然,它违背了热力学第一定律. 因此,热力学第一定律也可以表述为第一类永动机是不可能制成的.

下面对热力学第一定律的数学表达式中出现的三个重要物理量——内能、功和热量逐一进行说明.

二、内能

在系统与外界没有热量交换的情况下,系统状态发生变化的过程称为绝热过程. 显然,绝热过程中系统状态的变化,只是由外界对系统做功引起的. 实验表明,当系统从确定的初平衡态变化至确定的末平衡态时,在不同的绝热过程中,外界对系统做功的数值都相等. 亦即绝热过程中的功仅由系统的初、末状态完全决定,与过程的具体进行方式无关. 例如,要使一杯水从 300 K 升高到 350 K,其方式是多种多样的,可以用搅拌的方式做功,也可以通过电流做功等. 不过,无论采用哪种方式,只要系统的初、末状态一定,所做功的数值都相等. 这与力学中保守力做功的性质相类似. 这一事实表明,在**热力学系统中存在一种仅由其热运动状态单值决定的能量,这种能量称为系统的内能**. 系统内能的改变可以用绝热过程中外界对系统所做的功来量度. 如果用 E_1 和 E_2 分别表示系统在两个确定状态的内能,用 W_Q 表示外界在绝热过程中对系统所做的功,按照热力学第一定律,有

$$E_2 - E_1 = -W_Q \qquad (10-2-2)$$

式中,负号表示当系统对外界做功时,系统的内能减少;而当外界对系统做功时,系统的内能增加.

三、功

我们知道,做功是改变热力学系统状态的方式之一.下面仅讨论系统在准静态过程中,由于其体积变化所做的功.如图 10—2—1 所示,在一有活塞的气缸内盛有一定质量的气体,气体的压强为 p,活塞的面积为 S,则

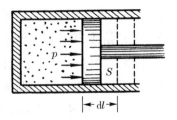

图 10—2—1 准静态过程的功

作用在活塞上的力 $F=pS$.当系统经历一微小的准静态过程使活塞移动一微小距离 $\mathrm{d}l$ 时,气体对外界所做的功为

$$\mathrm{d}W = F\mathrm{d}l = pS\mathrm{d}l = p\mathrm{d}V \qquad (10-2-3)$$

式中,$\mathrm{d}V$ 为气体体积的增量.

气体在由状态 I 变化到状态 II 的准静态过程中所做的功为

$$W = \int_{V_1}^{V_2} p\mathrm{d}V \qquad (10-2-4)$$

整个状态变化过程可用 $p-V$ 图上一条实线 I—II 表示,如图 10—2—2 所示.由式(10—2—3)和(10—2—4)可见,当系统体积由 V 变到 $V+\mathrm{d}V$ 时,系统所做的微功 $\mathrm{d}W=p\mathrm{d}V$ 等于 $p-V$ 图上画有斜线的小长方形的面积;而从状态 I 变化到状态 II 所做的总功等于 $p-V$ 图上整个过程曲线下的面积.

由图 10—2—2 可见,如果系统的状态变化沿另一条虚线 I—II 所示的过程进行,那么系统所做的功就是虚线下的面积. 状态变化过程不同,系统所做的功也就不同. 总之,系统所做的功不仅与系统的初末状态有关,

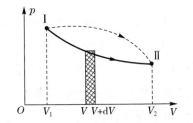

图 10—2—2 气体膨胀做功的图示

而且还与系统所经历的过程有关,所以说功不是状态的函数,而是一个过程量. 不同的过程所做的功的大小也不同.

四、热量

要改变一个热力学系统的状态,即改变其内能,除去用外界对系统做功的方式之外,还可以向系统传递热量.例如,两个温度不同的系统热接触以后,热的系统要变冷,冷的系统要变热,最后达到热平衡而具有相同的温度.我们把这种**系统与外界之间由于存在温度差而传递的能量叫作热量**,一般用 Q 表示.如图 10-2-3(a)所示,将温度为 T_1 的系统 A 放在温度为 T_2 的外界环境 B 之中,若 $T_2 >T_1$,则有热量 Q 从 B 传给 A;若 $T_2<T_1$,则有热量 Q 从 A 传给 B,如图 10-2-3(b)所示.

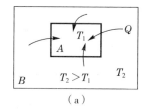
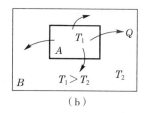

（a）　　　　　　　　　　（b）

图 10-2-3　热　量

在国际单位制中,热量与功的单位相同,均为 J(焦耳).

功、热量和内能是三个不同的物理量,它们之间既有严格的区别,又存在着密切的联系.内能是系统状态的单值函数,是一个状态量.功与热量则不属于任何系统,而是在系统状态变化过程中出现的物理量,其值与过程有关,所以都不是状态量.必须注意,尽管做功和传递热量都是能量交换的方式,并在改变系统状态上有其等效的一面,但两者在本质上是不同的.用机械方式对系统做功而使其内能改变,是通过物体的宏观位移来实现的,是把有规则的宏观机械运动能量转化为系统内分子无规则热运动能量的过程;而传递热量则是由于各系统之间存在温度差而引起其间分子热运动能量的传递过程.对某系统传递热量,是把高温物体的分子热运动能量传递给该系统,并转化为该系统的分子热运动能量,从而使它的内能增加.

§10−3 热力学第一定律在理想气体不同过程中的应用

对理想气体的一些典型的等值过程,可以利用热力学第一定律和它的状态方程,计算过程中的功、热量和内能的改变量以及它们之间的转换关系.

一、等体过程 摩尔定体热容

等体过程的特征是体积不变,即 $V=$ 恒量,或 $dV=0$. 其 $p-V$ 图如图 10−3−1 所示.

由于等体过程中 $dV=0$,所以系统做功 $đW=pdV=0$. 根据热力学第一定律,有

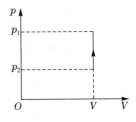

图 10−3−1 等体过程

$$đQ_V = dE \qquad (10-3-1)$$

对于有限的等体过程,则有

$$Q_V = E_2 - E_1 \qquad (10-3-2)$$

上面各式中的脚标 V 表示体积不变. 式(10−3−2)表明,在等体过程中,外界传给气体的热量全部用来增加气体的内能,系统对外界不做功.

下面介绍理想气体的摩尔定体热容. 设有 1 mol 理想气体在等体过程中所吸收的热量为 $đQ_V$,气体的温度由 T 升高到 $T+dT$,则**气体的摩尔定体热容为**

$$C_{V,m} = \frac{đQ_V}{dT} \qquad (10-3-3)$$

其单位为 J · mol^{-1} · K^{-1}.

对质量为 m、摩尔定体热容恒定的理想气体,在等体过程中,其温度由 T_1 改变为 T_2,所吸收的热量为

$$Q_V = \frac{m}{M} C_{V,m}(T_2 - T_1) \qquad (10-3-4)$$

式中, M 为气体摩尔质量.

根据式(10−3−1)和式(10−3−3),可得等体过程内能的计算公式. 对于微小过程

$$dE = \frac{m}{M}C_{V,m}dT \qquad (10-3-5a)$$

对于给定摩尔定体热容的有限过程

$$\Delta E = E_2 - E_1 = \frac{m}{M}C_{V,m}(T_2 - T_1) \quad (10-3-5b)$$

上式表明, 理想气体的内能仅是温度的函数. 若理想气体经历不同过程, 只要温度的增量相同, 尽管气体吸收的热量和所做的功不同, 但是气体内能的增量却相同. 因此, 式(10−3−5)可以用于理想气体的任意过程中内能增量的计算.

二、等压过程 摩尔定压热容

等压过程的特征是系统的压强保持不变, 即 $p=$ 恒量, 或 $dp=0$. 其 $p-V$ 图如图 10−3−2 所示.

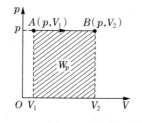

图 10−3−2 等压过程

在等压过程中, 向气体传递的热量为 dQ_p, 气体对外做功为 pdV, 所以热力学第一定律可写成

$$dQ_p = dE + pdV \qquad (10-3-6)$$

对于体积从 V_1 变到 V_2 的有限过程, 则有

$$Q_p = E_2 - E_1 + \int_{V_1}^{V_2} pdV$$

从而

$$Q_p = E_2 - E_1 + p(V_2 - V_1) \qquad (10-3-7a)$$

由理想气体状态方程

$$pV_1 = \frac{m}{M}RT_1, pV_2 = \frac{m}{M}RT_2$$

和式(10−3−5b), 式(10−3−7a)又可写为

$$Q_p = \frac{m}{M}C_{V,m}(T_2 - T_1) + \frac{m}{M}R(T_2 - T_1)$$

$$(10-3-7b)$$

上式表明,等压过程中系统吸收的热量,一部分用来增加系统的内能,另一部分用来对外做功.

下面介绍理想气体的摩尔定压热容.设有 1 mol 的理想气体,在等压过程中吸热 $\mathrm{d}Q_p$,温度升高 $\mathrm{d}T$,则**气体的摩尔定压热容**为

$$C_{p,\mathrm{m}} = \frac{\mathrm{d}Q_p}{\mathrm{d}T} \qquad (10-3-8\mathrm{a})$$

其单位与 $C_{V,\mathrm{m}}$ 的单位相同.

对质量为 m、摩尔定压热容恒定的理想气体,在等压过程中吸收的热量为

$$Q_p = \frac{m}{M}C_{p,\mathrm{m}}(T_2 - T_1) \qquad (10-3-8\mathrm{b})$$

利用式(10-3-6),式(10-3-8a)为

$$C_{p,\mathrm{m}} = \frac{\mathrm{d}E + p\mathrm{d}V}{\mathrm{d}T} = \frac{\mathrm{d}E}{\mathrm{d}T} + p\frac{\mathrm{d}V}{\mathrm{d}T}$$

因为

$$p\mathrm{d}V = R\mathrm{d}T, \qquad \frac{\mathrm{d}E}{\mathrm{d}T} = C_{V,\mathrm{m}}$$

所以

$$C_{p,\mathrm{m}} = C_{V,\mathrm{m}} + R \qquad (10-3-9)$$

可见,理想气体的摩尔定压热容与摩尔定体热容之差为普适气体常量 R,上式称为迈耶(Mayer)公式.通常把摩尔定压热容 $C_{p,\mathrm{m}}$ 与摩尔定体热容 $C_{V,\mathrm{m}}$ 之比称为**比热容比**,用符号 γ 表示,即

$$\gamma = \frac{C_{p,\mathrm{m}}}{C_{V,\mathrm{m}}} \qquad (10-3-10)$$

在通常的温度范围内,理想气体的 $C_{V,\mathrm{m}}$ 和 $C_{p,\mathrm{m}}$ 分别近似为一常数.对于单原子分子气体(如氦、氖、氩等),有 $C_{V,\mathrm{m}} = \frac{3}{2}R$,$C_{p,\mathrm{m}} = \frac{5}{2}R$,$\gamma \approx 1.67$;对于双原子分子气体(如氧、氢、氮等),有 $C_{V,\mathrm{m}} = \frac{5}{2}R$,$C_{p,\mathrm{m}} = \frac{7}{2}R$,$\gamma \approx 1.40$;对于多原子分子气体(如水蒸气、二氧化碳、甲烷等),有 $C_{V,\mathrm{m}} = 3R$,$C_{p,\mathrm{m}} = 4R$,$\gamma \approx 1.33$.

物质的热容量与物质的微观结构及构成物质的粒子的微观运

动有密切的关系,我们将在§11—6中从气体动理论的观点给予
说明.

三、等温过程

系统温度保持不变的过程称为
等温过程.在温度恒定的环境下发生
的过程,都可以看成等温过程.

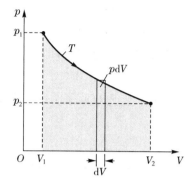

等温过程的特征是系统的温度
保持不变,即 $T=$ 恒量或 $dT=0$. 理
想气体等温过程有 $pV=$ 常数,它在
$p-V$ 图上为一条双曲线,如图
10—3—3所示. 该曲线称为等温线.

对于理想气体,由式(10—3—5a)   图10—3—3   等温过程气体做功
可知,因为在等温过程中 $dT=0$,所以$dE=0$,这表明等温过程中理
想气体的内能保持不变.

显然,对等温过程,热力学第一定律可写为

$$dQ_T = pdV \qquad (10-3-11)$$

式中,dQ_T 为气体从温度为 T 的热源中吸收的热量.

设理想气体在等温过程中的体积由 V_1 改变为 V_2,气体所做的
功为

$$W_T = \int_{V_1}^{V_2} pdV = \frac{m}{M}RT\ln\frac{V_2}{V_1} = \frac{m}{M}RT\ln\frac{p_1}{p_2}$$

$$(10-3-12)$$

$$Q_T = W_T = \frac{m}{M}RT\ln\frac{V_2}{V_1} = \frac{m}{M}RT\ln\frac{p_1}{p_2} \quad (10-3-13)$$

上式表明,等温过程中,理想气体吸收的热量全部用来对外做功,系
统内能保持不变. 热量 Q_T 和功 W_T 的值都等于等温线下的面积.

例 10—3—1 将 $500\,J$ 的热量传给标准状态下 $2\,mol$ 的氢,试问:

(1)如果体积 V 不变,热量如何转化? 此时氢的温度为多少?

(2)如果温度 T 不变,热量如何转化? 此时氢的压强和体积各
为多少?

(3)如果压强 p 不变,热量如何转化? 此时氢的温度和体积各为多少?

解 在标准状态下,理想气体的体积为 $V_0 = \frac{m}{M}V_m$ ($V_m = 22.4 \times 10^{-3} m^3 \cdot mol^{-1}$),压强为 $p_0 = 1.013 \times 10^5 \, Pa$,温度为 $T_0 = 273 \, K$.

(1)体积 V 不变意味着系统对外不做功. 根据热力学第一定律,热量转化为内能增量,即

$$(Q)_V = \Delta E$$

由于氢为双原子分子气体,因此

$$C_{V,m} = \frac{5}{2}R$$

$$\Delta E = (Q)_V = \frac{m}{M}C_{V,m}(T - T_0) = \frac{m}{M} \cdot \frac{5}{2}R(T - T_0)$$

$$T = \frac{2(Q)_V}{5 \cdot \frac{m}{M} \cdot R} + T_0 = \frac{2 \times 500}{5 \times 2 \times 8.31} + 273 = 285 (K)$$

(2)温度 T 不变,意味着系统的内能不变,即 $\Delta E = 0$. 根据热力学第一定律,热量转化为系统对外做功,即

$$(Q)_T = W$$

$$(Q)_T = W = \frac{m}{M}RT \ln \frac{p_0}{p}$$

由上式解出压强 p 为

$$p = p_0 e^{-\frac{(Q)_T}{\frac{m}{M}RT_0}} = 1.013 \times 10^5 \times e^{-\frac{500}{2 \times 8.31 \times 273}} = 9.07 \times 10^4 (Pa)$$

$$V = \frac{p_0 V_0}{p} = \frac{1.013 \times 10^5 \times 2 \times 22.4 \times 10^{-3}}{9.07 \times 10^4} = 50 \times 10^{-3} (m^3)$$

(3)压强 p 不变,根据热力学第一定律,系统吸收的热量一部分用于对外做功,一部分增加了系统的内能,即

$$(Q)_p = W + \Delta E$$

$$(Q)_p = \frac{m}{M}C_{p,m}(T - T_0) = \frac{m}{M} \cdot \frac{7}{2}R(T - T_0)$$

求解出温度 T 为

$$T = \frac{2(Q)_p}{7R \cdot \frac{m}{M}} + T_0 = \frac{2 \times 500}{7 \times 8.31 \times 2} + 273 = 281.6 (K)$$

由等压过程方程,求得

$$V = \frac{V_0 T}{T_0} = \frac{2 \times 22.4 \times 10^{-3} \times 281.6}{273} = 0.046(\text{m}^3)$$

§10-4 绝热过程 *多方过程

一、绝热过程

在系统不与外界交换热量的条件下,系统的状态变化过程叫作绝热过程. 绝热过程的特征是 $Q=0$. 在一个被良好的绝热材料所包围的系统内进行的过程,或由于过程进行得很快,系统来不及和外界交换热量的过程,如内燃机中爆炸过程等,都可近似地看作准静态绝热过程.

根据绝热过程特征,热力学第一定律可写成

$$p\text{d}V = - \text{d}E$$

可见,在绝热过程中,只要通过计算内能的变化就能计算出系统所做的功. 系统所做的功完全来自于内能的变化. 当理想气体由初态(温度为 T_1)绝热膨胀到末态(温度为 T_2)的过程中,气体对外做功为

$$W = \int_{V_1}^{V_2} p\text{d}V = - (E_2 - E_1) = -\frac{m}{M} C_{V,\text{m}} (T_2 - T_1) \tag{10-4-1}$$

从上式可看出,当气体绝热膨胀对外做功时,气体内能减少,温度降低,而压强也在减小,所以绝热过程中,气体的三个状态参量 p,V,T 是同时变化的. 可以证明,对于理想气体的绝热准静态过程,在 p, V,T 三个参量中,每两者之间的关系为

$$pV^{\gamma} = 恒量 \tag{10-4-2}$$

$$V^{\gamma-1}T = 恒量 \tag{10-4-3}$$

$$p^{\gamma-1}T^{-\gamma} = 恒量 \tag{10-4-4}$$

这些方程均称为**绝热过程方程**,简称**绝热方程**,式中指数 $\gamma = \dfrac{C_{p,\text{m}}}{C_{V,\text{m}}}$ 为

比热容比. 三个方程中各恒量均不相同,使用时可根据问题的方便任取一个方程应用.

理想气体在绝热过程中所做的功,除了可以利用式(10-4-1)计算外,还可以根据功的定义利用绝热过程方程直接求得. 由于

$$pV^{\gamma} = p_1V_1^{\gamma} = p_2V_2^{\gamma} = C(恒量)$$

所以

$$W = \int_{V_1}^{V_2} p\mathrm{d}V = \frac{1}{\gamma - 1}(p_1V_1 - p_2V_2) \quad (10-4-5)$$

二、绝热线和等温线

为了比较绝热线和等温线,下面按照绝热方程

$$pV^{\gamma} = 恒量$$

和等温方程

$$pV = 恒量$$

在 $p-V$ 图上作这两个过程的过程曲线,如图 10-4-1 所示. 图中实线是绝热线,虚线是等温线. 两线在图中的 A 点相交,显然绝热线比等温线要陡些. 通过对两条曲线交点 A 处斜率的计算,可以证明这一点.

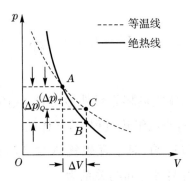

图 10-4-1 绝热线与等温线的斜率的比较

等温线:

由 $pV=C$,两边微分,整理后得 A 点斜率 $\dfrac{\mathrm{d}p}{\mathrm{d}V_T} = -\dfrac{p_A}{V_A}$.

绝热线：

由 $pV^\gamma = C$，两边微分，整理后得 A 点斜率 $\dfrac{\mathrm{d}p}{\mathrm{d}V_Q} = -\gamma\dfrac{p_A}{V_A}$.

由于 $\gamma > 1$，所以绝热线比等温线陡. 究其原因，主要是由于等温过程中压强的减小 $(\Delta p)_T$ 仅由体积增大所致，而在绝热过程中压强的减小 $(\Delta p)_Q$ 是由于体积增大和温度降低两个因素所致，所以 $(\Delta p)_Q$ 的值比 $(\Delta p)_T$ 的值大.

例 10—4—1 3.2×10^{-3} kg 的氧气(看作理想气体)，其初态的压强 $p_1 = 1.0$ atm，体积 $V_1 = 1.0 \times 10^{-3}$ m³，先对其进行等压加热，使它的体积加倍；然后对其等体加热，使它的压强加倍，最后使其绝热膨胀而温度回到初态值. 试在 p—V 图上表示该气体所经历的过程，并求各个过程中气体吸收的热量，气体对外所做的功及气体内能的增量.

解 已知 $p_1 = 1.0$ atm，$V_1 = 1.0 \times 10^{-3}$ m³，$M = 32 \times 10^{-3}$ kg · mol⁻¹，$m = 3.2 \times 10^{-3}$ kg，$C_{V,m} = \dfrac{5}{2}R$，$\gamma = 1.4$.

为了在 p—V 图上画出气体经历的三个过程，首先根据气体的状态方程和过程方程来确定各过程初、末态的状态参量.

$$T_1 = \frac{M}{m}\frac{p_1 V_1}{R} = \frac{32 \times 10^{-3} \times 1.0 \times 1.013 \times 10^5 \times 1.0 \times 10^{-3}}{3.2 \times 10^{-3} \times 8.31}$$

$$= 1.22 \times 10^2 (\mathrm{K})$$

对于等压过程，有

$$p_2 = p_1 = 1.0 \text{ atm}$$

$$V_2 = 2V_1 = 2.0 \times 10^{-3} \text{ m}^3$$

$$T_2 = \frac{V_2}{V_1}T_1 = 2.44 \times 10^2 \text{ K}$$

对于等体过程，有

$$V_3 = V_2 = 2.0 \times 10^{-3} \text{ m}^3$$

$$p_3 = 2p_2 = 2.0 \text{ atm}$$

$$T_3 = \frac{p_3}{p_2}T_2 = 4.88 \times 10^2 \text{ K}$$

对于绝热过程，已知 $T_4 = T_1 = 1.22 \times 10^2$ K，应用绝热过程的过

程方程 $T_4V_4^{\gamma-1} = T_3V_3^{\gamma-1}$ 和 $\dfrac{p_4^{\gamma-1}}{T_4^\gamma} = \dfrac{p_3^{\gamma-1}}{T_3^\gamma}$，可以得到

$$V_4 = V_3\left(\frac{T_3}{T_4}\right)^{\frac{1}{\gamma-1}} = 2.0 \times 10^{-3} \times \left(\frac{4.88 \times 10^2}{1.22 \times 10^2}\right)^{\frac{1}{1.4-1}}$$

$$= 6.4 \times 10^{-3}\,(\text{m}^3)$$

$$p_4 = p_3\left(\frac{T_4}{T_3}\right)^{\frac{\gamma}{\gamma-1}} = 2.0 \times \left(\frac{1.22 \times 10^2}{4.88 \times 10^2}\right)^{\frac{1.4}{1.4-1}}$$

$$= 1.56 \times 10^{-2}\,(\text{atm})$$

利用以上结果可以画出 $p-V$ 图，如图 10-4-2 所示.

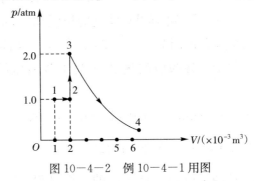

图 10-4-2 例 10-4-1 用图

现在,我们求三个过程的 $Q, W, \Delta E$.

对于等压过程,有

$$W_1 = p_1(V_2 - V_1) = 1.0 \times 1.013 \times 10^5 \times (2.0 - 1.0) \times 10^{-3}$$

$$= 1.01 \times 10^2\,(\text{J})$$

$$\Delta E_1 = \frac{m}{M}C_{V,\text{m}}(T_2 - T_1)$$

$$= \frac{3.2 \times 10^{-3}}{32 \times 10^{-3}} \times \frac{5}{2} \times 8.31 \times (2.44 - 1.22) \times 10^2$$

$$= 2.53 \times 10^2\,(\text{J})$$

$$Q_1 = W_1 + \Delta E_1 = 1.01 \times 10^2 + 2.53 \times 10^2 = 3.54 \times 10^2\,(\text{J})$$

对于等体过程,有

$$W_2 = 0$$

$$Q_2 = \Delta E_2 = \frac{m}{M}C_{V,\text{m}}(T_3 - T_2)$$

$$= \frac{3.2 \times 10^{-3}}{32 \times 10^{-3}} \times \frac{5}{2} \times 8.31 \times (4.88 - 2.44) \times 10^2$$

$$= 5.07 \times 10^2\,(\text{J})$$

对于绝热过程,有

$$Q_3 = 0$$

$$\Delta E_3 = -W_3 = \frac{m}{M}C_{V,m}(T_4 - T_3)$$

$$= \frac{3.2 \times 10^{-3}}{32 \times 10^{-3}} \times \frac{5}{2} \times 8.31 \times (1.22 - 4.88) \times 10^2$$

$$= -7.59 \times 10^2 \text{(J)}$$

*三、多方过程

气体在实际的变化过程中,其温度不可能绝对保持不变,也不可能完全不和外界交换热量,所以其变化过程不可能是理想的等温或绝热过程. 实际上进行的过程常介于两者之间,其过程方程具有下列形式

$$pV^n = 恒量 \qquad (10-4-6)$$

式中,n 为常数,称为多方指数,其值介于 1 与 γ 之间,视具体过程而定. 满足这一关系的过程称为多方过程.

多方过程中功的计算与绝热过程完全类似,只要把前面讨论中的 γ 换成 n 就行了. 多方过程功的计算公式为

$$W = \frac{1}{n-1}(p_1V_1 - p_2V_2) \qquad (10-4-7)$$

利用理想气体状态方程,上式还可以化为

$$W = -\frac{\nu R}{n-1}(T_2 - T_1) \qquad (10-4-8)$$

式中,$\nu = \frac{m}{M}$.

多方过程的摩尔热容 C_n 可由热力学第一定律求出. 设 1 mol 理想气体在多方过程中温度升高 $\Delta T = (T_2 - T_1)$ 时,从外界吸收热量 $Q_n = C_n(T_2 - T_1)$,内能增量仍为 $\Delta E = E_2 - E_1 = C_{V,m}(T_2 - T_1)$,因此

$$Q_n = \Delta E + W \qquad (10-4-9)$$

所以

$$C_n(T_2 - T_1) = C_{V,m}(T_2 - T_1) - \frac{R}{n-1}(T_2 - T_1)$$

由此

$$C_n = C_{V,m} - \frac{R}{n-1} = C_{V,m} - \frac{C_{p,m} - C_{V,m}}{n-1} = \frac{n-\gamma}{n-1}C_{V,m} \quad (10-4-10)$$

多方过程包含了前面已经讨论过的四种常见的典型过程. 由式(10-4-10)

和多方过程方程式(10－4－6)可见：

(1)当 $n=0$ 时，$C_n=C_{p,m}$，$p=$ 恒量，为等压过程；

(2)当 $n=1$ 时，$C_n=\infty$，$pV=$ 恒量，为等温过程；

(3)当 $n=\gamma$ 时，$C_n=0$，$pV^{\gamma}=$ 恒量，为绝热过程；

(4)当 $n=\infty$ 时，$C_n=C_{V,m}$，$V=$ 恒量，为等体过程.

上述四个典型过程的过程曲线如图 10－4－3 所示. 多方指数 n 除了取以上四个特殊值外，实际上可取任意实数，它随具体过程而异，需由实验测定. 多方过程在化学工业、热力工程和喷气发动机等工程技术中有着广泛的应用，在这些领域中热力学过程是多种多样的，不能都视为等值过程和绝热过程.

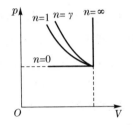

图 10－4－3　用多方指数表示的多方过程

§10－5　循环过程 卡诺循环

一、循环过程

热力学研究各种过程的主要目的之一，就是探索怎样才能提高热机的效率. 所谓热机，就是通过某种工作物质(简称工质，如理想气体)不断地把吸收的热量转变为机械功的装置，如蒸汽机、内燃机、汽轮机等.

在等温膨胀过程中，理想气体可以把吸收的热量全部转变为机械功. 但仅借助于这种过程，不可能制成热机，因为气体在膨胀中体积越来越大，压强则越来越小，等到气体压强与环境压强相等时，膨胀过程就再也不能继续下去了. 真正的热机要源源不断地吸热并向外做功，这就必须重复某些过程，使工质的状态能够复原才行. **如果物质系统的状态经历一系列变化后，又回到原来状态，我们称它经历了一个循环过程(简称循环). 热机就是实现这种循环的一种机器.**

考虑以气体为工质的循环过程.
如果循环是准静态过程,就可在 $p-V$
图上用一条闭合曲线来表示,如图
$10-5-1$ 所示. 从初态 A 开始,在
AaB 的膨胀过程,工质吸收热量 Q_1 并
对外做功 W_1,功 W_1 的数值等于曲线
AaB 下的面积;在从状态 B 经过 BbA

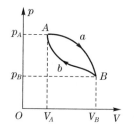

图 $10-5-1$　准静态循环过程

回到状态 A 的压缩过程中,外界对工质做功 W_2,其数值与曲线 BbA
下的面积相等,同时工质放出热量 Q_2. 在整个循环过程中,工质对外
所做的净功 $W=W_1-W_2$,其值等于闭合曲线所包围的面积. 如果循
环沿顺时针方向进行,则循环中工质对外界做正功,这样的循环称
为正循环;反之,若循环沿逆时针方向进行,则循环中工质对外界做
负功,这样的循环称为逆循环.

　　由于系统的内能是状态参量的单值函数,所以经过一个循环
后,系统又回到原来的状态,因而内能不变,$\Delta E=0$. 在正循环中,系
统从外界吸收的热量 Q_1 大于向外界放出的热量 Q_2,根据热力学第
一定律,应有

$$Q_1-Q_2=W$$

　　一般地说,工质在正循环中,将从高温热源吸收热量,部分用来
对外做功,部分放到低温热源(如冷凝器)中去,具有热机工作的一
般特征,所以正循环也叫热机循环.

　　在逆循环中,外界对工质做功 W,工质从低温热源(也称冷库)
吸收热量 Q_2,而向外界放出热量 Q_1,并且 $Q_1=Q_2+W$,这是致冷机
工作过程,所以逆循环也叫致冷循环.

　二、循环效率

　　在热机循环中,工质对外做功 W 与它吸收的热量 Q_1 的比值,称
为热机效率或循环效率,即

$$\eta=\frac{W}{Q_1}=\frac{Q_1-Q_2}{Q_1}=1-\frac{Q_2}{Q_1} \qquad (10-5-1)$$

可以看出,当工质吸收的热量相同时,对外做功愈多,则热效率愈高.

逆循环可以起到致冷作用. 从实用的观点看,在一个循环中,外界对工质做功的结果可以从冷库中吸取多少热量. 因此,常把一个循环中工质从冷库中吸取的热量 Q_2 与外界对工质所做的功 W 的比值,称为循环的致冷系数,即

$$\varepsilon = \frac{Q_2}{W} = \frac{Q_2}{Q_1 - Q_2} \qquad (10-5-2)$$

致冷系数愈大,则外界消耗的功相同时,工质从冷库中吸取的热量愈多,致冷系数愈大,致冷效果愈佳.

三、卡诺循环

19 世纪初,蒸汽机在工业上的应用越来越广,但当时蒸汽机的效率很低,只有 3%～5%. 为了进一步提高热机效率,许多科学家和工程师开始从理论上研究热机的效率. 1824 年,年仅 28 岁的法国青年工程师卡诺(S·Carnot)提出了一种理想热机:假设**工作物质只与两个恒温热源交换热量,没有散热、漏气等因素存在,这种热机称为卡诺热机,其工作物质的循环过程叫作卡诺循环.** 图 10-5-2 表示卡诺热机在一个循环过程中能量的转化情况.

下面讨论以理想气体为工质、循环过程为准静态过程的卡诺循环的效率.

显然,卡诺循环由两个等温过程和两个绝热过程组成,在 $p-V$ 图上分别由温度 T_1 和 T_2 两条等温线和两条绝热线组成的封闭曲线,如图 10-5-3 所示.

状态 1 到状态 2 的过程是等温膨胀过程,气体从高温热源(T_1)吸收热量 Q_1,对外界做功 W_1(等于 Q_1),由式(10-3-13)得到

$$Q_1 = \frac{m}{M}RT_1\ln\frac{V_2}{V_1}$$

式中,V_1 和 V_2 分别为状态 1 和状态 2 的体积.

状态 2 到状态 3 是绝热膨胀过程,该过程气体与高温热源分开,没有热量交换,但对外界做功,温度降到 T_2,体积变为 V_3.

状态 3 到状态 4 是等温压缩过程,气体向低温热源(T_2)放热的绝对值为 Q_2,外界对气体做功 W_2(数值为 Q_2),由式(10−3−13)得到

$$Q_2 = \frac{m}{M} R T_2 \ln \frac{V_3}{V_4}$$

式中,V_3 和 V_4 分别为状态 3 和状态 4 的体积.

状态 4 到状态 1 是绝热压缩过程,该过程气体与低温热源分开,没有热量交换,外界对气体做功,使气体回到状态 1,完成了一次循环.

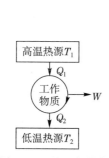

图 10−5−2 卡诺热机

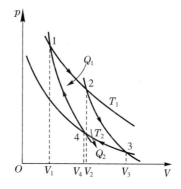

图 10−5−3 正向卡诺循环

在整个循环过程中气体内能不变,气体对外做的净功为

$$W = Q_1 - Q_2$$

根据循环效率定义,可以得到以理想气体为工质的卡诺循环的效率

$$\eta = \frac{W}{Q_1} = 1 - \frac{Q_2}{Q_1} = 1 - \frac{T_2 \ln \dfrac{V_3}{V_4}}{T_1 \ln \dfrac{V_2}{V_1}}$$

上式可用绝热过程的过程方程式(10−4−3)来化简. 对绝热过程 2→3 和 4→1,分别应用绝热方程,有

$$T_1 V_2^{\gamma-1} = T_2 V_3^{\gamma-1}$$
$$T_1 V_1^{\gamma-1} = T_2 V_4^{\gamma-1}$$

两式相比,则有

$$\frac{V_2}{V_1} = \frac{V_3}{V_4}$$

代入效率表示式后,可得

$$\eta = 1 - \frac{T_2}{T_1} \qquad (10-5-3)$$

由此可见,理想气体准静态过程的卡诺循环效率,只与高、低温热源的温度有关.两个热源的温度差越大,卡诺循环的效率越高.

若卡诺循环按逆时针方向进行,则构成卡诺致冷机,其 $p-V$ 图和能量转化情况分别如图 $10-5-4$ 和 $10-5-5$ 所示.

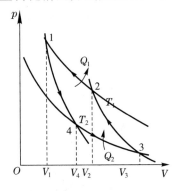 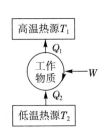

图 $10-5-4$　逆向卡诺循环　　　　图 $10-5-5$　卡诺制冷机

借助正向卡诺循环类似的推导,不难得到理想气体准静态过程逆向卡诺循环的致冷系数为

$$\varepsilon = \frac{Q_2}{W} = \frac{Q_2}{Q_1 - Q_2} = \frac{T_2}{T_1 - T_2} \qquad (10-5-4)$$

可见,当高温热源的温度 T_1 一定时,理想气体卡诺逆循环的致冷系数只取决于冷库的温度 T_2,T_2 越低,则致冷系数越小.

在一般的致冷机中,高温热源的温度 T_1 就是大气温度,所以卡诺逆循环的致冷系数 ε 取决于所希望达到的致冷温度 T_2.假设家用电冰箱冷库的温度为 $-18\,^{\circ}\mathrm{C}$,室温为 $35\,^{\circ}\mathrm{C}$,按式$(10-5-4)$计算,得

$$\varepsilon = \frac{T_2}{T_1 - T_2} = \frac{273 - 18}{(273 + 35) - (273 - 18)} = 4.8$$

假定室温不变,即 T_1 不变,则期望 T_2 越低,从冷库中吸取相等的热量需要做的功就越多.

例 10-5-1 内燃机的循环之一——奥托(N. A. Otto)循环. 内燃机利用液体或气体燃料直接在气缸中燃烧,产生巨大的压强而做功. 内燃机的种类很多,我们只以活塞经过四个过程完成一个循环(如图 10-5-6 所示)的四动程汽油内燃机(奥托循环)为例. 说明整个循环中各个分过程的特征,并计算这一循环的效率.

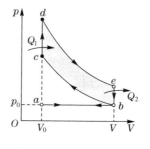

图 10-5-6 奥托循环

解 奥托循环的 4 个分过程如下:

(1)吸入燃料过程. 气缸开始吸入汽油蒸汽及助燃空气,此时压强约等于 1.0×10^5 Pa,这是等压过程(图中过程 ab).

(2)压缩过程. 活塞自右向左移动,将已吸入气缸内的混合气体加以压缩,使之体积减小,温度升高,压强增大. 由于压缩较快,气缸散热较慢,可看作绝热过程(图中过程 bc).

(3)爆炸、做功过程. 在上述高温压缩气体中,用电火花或其他方式引起气体燃烧爆炸,气体压强随之骤增,由于爆炸时间短促,活塞在这一瞬间移动的距离极小,这近似为等体过程(图中过程 cd). 这一巨大的压强把活塞向右推动而做功,同时压强也随着气体的膨胀而降低,爆炸后的做功过程可看成一绝热过程(图中过程 de).

(4)排气过程. 开放排气口,使气体压强突然降为大气压,这一过程近似于一个等体过程(图中过程 eb). 然后再由飞轮的惯性带动活塞,使之从右向左移动,排出废气,这是个等压过程(图中过程 ba).

严格地说,上述内燃机进行的过程不能看作一个循环过程,因为过程进行中,最初的工作物质为燃料及助燃空气,后经燃烧,工作物质变为二氧化碳、水汽等废气,从气缸向外排出不再回复到初始状态. 但因内燃机做功主要是在 $p-V$ 图上 $bcdeb$ 这一封闭曲线所代表的过程中,为了分析与计算的方便,我们可换用空气作为工作物质,经历 $bcdeb$ 这个循环. 因而把它叫作空气奥托循环.

气体主要在循环的等体过程 cd 中吸热(相当于在爆炸中产生的热),而在等体过程 eb 中放热(相当于随废气而排出的热). 设气体的质量为 m,摩尔质量为 M,摩尔定体热容为 $C_{V,\mathrm{m}}$,则在等体过程 cd

中，气体吸取的热量 Q_1 为

$$Q_1 = \frac{m}{M} C_{V,m}(T_d - T_c)$$

而在等体过程 eb 中放出的热量则为

$$Q_2 = \frac{m}{M} C_{V,m}(T_e - T_b)$$

所以，这个循环的效率应为

$$\eta = 1 - \frac{Q_2}{Q_1} = 1 - \frac{T_e - T_b}{T_d - T_c} \qquad (10-5-5)$$

将气体看作理想气体，从绝热过程 de 及 bc 可得

$$T_e V^{\gamma-1} = T_d V_0^{\gamma-1}$$

$$T_b V^{\gamma-1} = T_c V_0^{\gamma-1}$$

两式相减，得

$$(T_e - T_b)V^{\gamma-1} = (T_d - T_c)V_0^{\gamma-1}$$

亦即

$$\frac{T_e - T_b}{T_d - T_c} = \left(\frac{V_0}{V}\right)^{\gamma-1}$$

代入式(10-5-5)，可得

$$\eta = 1 - \frac{1}{\left(\dfrac{V}{V_0}\right)^{\gamma-1}} = 1 - \frac{1}{r^{\gamma-1}}$$

式中，$r = \dfrac{V}{V_0}$，叫作压缩比. 计算表明，压缩比愈大，效率愈高. 汽油内燃机的压缩比不能大于 7，否则汽油蒸汽与空气的混合气体在尚未压缩至 c 点时温度已高到足以引起混合气体燃烧了. 设 $r=7$，$\gamma=1.4$，则

$$\eta = 1 - \frac{1}{7^{0.4}} = 55\%$$

实际上，汽油机的效率只有 25% 左右.

§10-6　热力学第二定律

热力学第一定律指出了热力学过程中能量守恒关系.然而,人们在研究如何提高热机效率的过程中发现,满足能量守恒的热力学过程不一定都能自动发生,实际的热力学过程都只能按一定的方向进行.而热力学第一定律并没有阐述系统变化过程进行的方向,热力学第二定律就是关于热力学过程方向性的规律.

一、开尔文表述

我们知道,在热机循环中,工质从高温热源吸收热量 Q_1,一部分转变为对外界输出的功 W,同时向低温热源放出热量 Q_2,热机效率为 $\eta = 1 - \dfrac{Q_2}{Q_1}$.显然,热机效率不可能大于 100%,不然就会违背热力学第一定律.但是可以看出,Q_2 越小,热机效率越高,其值越接近 100%.如果 $Q_2 = 0$,那么 $\eta = 100\%$,也就是说,在一次循环过程中工质从高温热源吸收的热量完全变成有用功,而其本身又回到了原来状态,这样的热机并不违反热力学第一定律.然而大量实验证明,在任何情况下,热机都不可能只有一个恒温热源,热机要不断地把吸收的热量转换为功就必须把一部分热量传给低温热源.在此基础上,开尔文(L. Kelvin,原名 W. Thomson)于 1851 年总结出热力学第二定律的开尔文表述:**"不可能制成一种循环工作的热机,它只从单一热源吸收热量使之完全转换为功而不产生任何其他影响."**

开尔文表述指出了单热源的热机是造不成的,也就是效率为 100% 的热机是造不成的.由于单热源的热机并不违反热力学第一定律,因此这种热机被称为第二类永动机,于是热力学第二定律的开尔文表述也可以表述为:**"第二类永动机是不可能制成的."**

二、克劳修斯表述

我们从正循环热机效率极限问题出发,总结出热力学第二定律的开尔文表述.下面,从逆循环致冷机角度分析致冷系数极限,从而总结出热力学第二定律的克劳修斯表述. 由致冷系数 $\varepsilon = \dfrac{Q_2}{W}$ 可以看出, 在 Q_2 一定的情况下, 外界对系统做功越少, 致冷系数越高. 取极限情况, $W \to 0, \varepsilon \to \infty$, 即外界对系统不做功, 热量可以不断地从低温热源传到高温热源, 这是否能实现呢? 1850 年, 德国物理学家克劳修斯(R. J. E. Clausius)在总结前人大量观察和实验的基础上提出了热力学第二定律的克劳修斯表述:"**不可能把热量从低温物体自动传到高温物体而不引起外界的变化.**"或者说:"**热量不可能自动地从低温物体传向高温物体.**"

三、热力学第二定律的两种表述是等价的

热力学第二定律的两种表述, 表面上看起来似乎毫不相关, 但是可以证明, 它们是完全等价的. 下面用反证法来证明这一点, 即两种表述中, 若有一个不成立, 则另一个也必然不能成立.

先假设开尔文表述不成立, 即存在一个单一热源的热机 A(如图 10−6−1 所示)从热源 T_1 吸收热量 Q, 完全转换成功 $W = Q$, 而未产生其他影响. 现利用这个功去驱动一个致冷机 B, 从低温热源 T_2 吸收热量 Q_2, 向高温热源 T_1 放出热量 $Q_2 + W = Q_2 + Q$. 两台机器联合工作的总效果, 只是热量 Q_2 从低温热源 T_2 传到高温热源 T_1 而没有其他任何变化, 这违反了热力学第二定律的克劳修斯表述. 由此可见, 如果开尔文表述不成立, 那么克劳修斯表述也就不能成立, 这就证明了两种表述是等价的. 反之, 如果假设克劳修斯表述不成立, 则同样可以证明开尔文表述也不成立. 这一证明, 留给读者去完成.

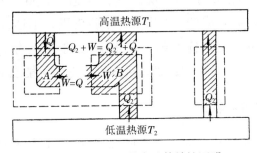

图 10−6−1　两种表述等效性证明

§10-7 可逆过程和不可逆过程 *卡诺定理

一、可逆过程和不可逆过程

从前面的讨论可知,热力学第二定律实质上反映了自然界中与热现象有关的一切实际过程都是沿一定方向进行的. 为了进一步研究热力学过程的方向性问题,需要介绍可逆过程与不可逆过程的概念.

设想系统经历一个过程,如果过程的**每一步都可沿相反的方向进行**,同时不引起外界的任何变化,那么这个过程就称为可逆过程. 显然,在可逆过程中,系统和外界都恢复到原来状态.

反之,如果对于某一过程,用任何方法都不能使系统和外界恢复到原来的状态,该过程就是不可逆过程.

热力学第二定律两种表述的等价性表明,热功转换过程的不可逆性必然导致热传导过程的不可逆性,而热传导过程的不可逆性也必然导致热功转换过程的不可逆性. 不仅如此,可以证明自然界中各种不可逆过程都具有等价性和内在的联系,由一种过程的不可逆性可以推断出其他过程的不可逆性. 下面,以理想气体自由膨胀为例来说明这一点.

理想气体向真空自由膨胀后,不可能存在一个使外界不发生任何变化,而气体都收缩到原来状态的过程,亦即理想气体自由膨胀过程是不可逆的. 我们采用反证法说明,如果认为气体能够自动收缩到原来状态,则可以设计如图 10-7-1 所示的过程,使理想气体和一恒温热源接触[如图 10-7-1(b)所示],从热源吸收热量 Q 进行等温膨胀而对外做功 $W=Q$,然后气体自动收缩回原来状态[如图 10-7-1(c)所示]. 整个过程所产生的唯一效果是从单一热源吸热全部变成功而没有任何其他影响,这违反了热力学第二定律的开尔文表述. 这也就是说,当理想气体自由膨胀过程的不可逆性消失了,那么热功转换的不可逆性也消失了. 因此,由热功转换的不可逆性可以推断气体自由膨胀的不可逆性;反之,由自由膨胀的不可逆性也可以推断热功转换过程的不可逆性.这一证明留给读者去完成.

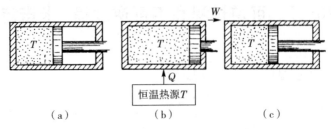

图 10-7-1　热功转换的不可逆性

　　大量的事实告诉我们,与热现象有关的实际宏观过程都是不可逆的,而每一个不可逆过程都可以选作为表述热力学第二定律的基础,因而热力学第二定律可以有多种不同的表述方法.但是,不管具体表述方法如何,热力学第二定律的实质在于指出,一切与热现象有关的实际宏观过程都是单方向进行的不可逆过程.

　　可逆过程是理想的过程,无摩擦的准静态过程是可逆过程.而在实际过程中,如果摩擦可以忽略不计,并且过程进行得足够缓慢,就可以近似地当作可逆过程.可逆过程的概念在理论研究上、计算上有着重要意义.

*二、卡诺定理

　　卡诺定理是卡诺于 1824 年提出来的,其表述如下:

　　(1)在相同的高温热源(温度为 T_1)与相同的低温热源(温度为 T_2)之间工作的一切可逆热机,其效率都相等,与工作物质无关.

　　(2)在相同的高温热源(温度为 T_1)与相同的低温热源(温度为 T_2)之间工作的一切不可逆热机,其效率都小于可逆热机的效率.

　　(卡诺定理的证明,可查阅相关书籍,此处不再赘述)

　　由卡诺定理(1)可得出,一切可逆热机的效率都应等于工作物质为理想气体的准静态卡诺热机的效率,即

$$\eta = 1 - \frac{T_2}{T_1}$$

由卡诺定理(2)可得出,热机效率的极大值为

$$\eta_{max} = 1 - \frac{T_2}{T_1}$$

　　卡诺定理指明了提高热机效率的方向.首先,要增大高、低温热源的温度

差,由于一般热机总是以周围环境作为低温热源,所以实际上只能是提高高温热源的温度;其次,要尽可能地减少热机循环的不可逆性,也就是减少摩擦、漏气、散热等耗散因素.

习题十

一、选择题

10—1 如图 10—1 所示为一定量的理想气体的 p—V 图,由图可得出结论   (   )

(A)ABC 是等温过程   (B)$T_A > T_B$

(C)$T_A < T_B$ (D)$T_A = T_B$

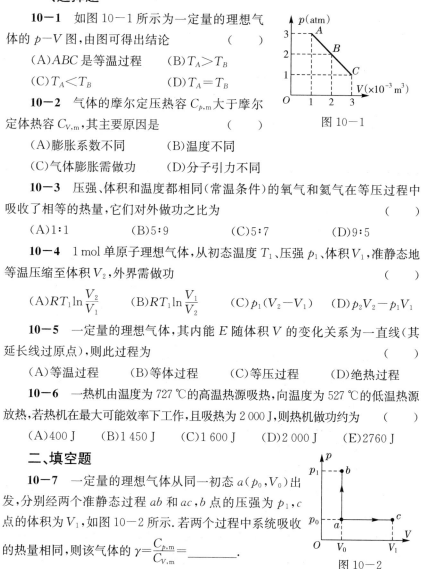

图 10—1

10—2 气体的摩尔定压热容 $C_{p,m}$ 大于摩尔定体热容 $C_{V,m}$,其主要原因是   (   )

(A)膨胀系数不同   (B)温度不同

(C)气体膨胀需做功   (D)分子引力不同

10—3 压强、体积和温度都相同(常温条件)的氧气和氦气在等压过程中吸收了相等的热量,它们对外做功之比为   (   )

(A)1:1   (B)5:9   (C)5:7   (D)9:5

10—4 1 mol 单原子理想气体,从初态温度 T_1、压强 p_1、体积 V_1,准静态地等温压缩至体积 V_2,外界需做功   (   )

(A)$RT_1 \ln \dfrac{V_2}{V_1}$ (B)$RT_1 \ln \dfrac{V_1}{V_2}$ (C)$p_1(V_2 - V_1)$ (D)$p_2 V_2 - p_1 V_1$

10—5 一定量的理想气体,其内能 E 随体积 V 的变化关系为一直线(其延长线过原点),则此过程为   (   )

(A)等温过程   (B)等体过程   (C)等压过程   (D)绝热过程

10—6 一热机由温度为 727 ℃的高温热源吸热,向温度为 527 ℃的低温热源放热,若热机在最大可能效率下工作,且吸热为 2 000 J,则热机做功约为   (   )

(A)400 J   (B)1 450 J   (C)1 600 J   (D)2 000 J   (E)2 760 J

二、填空题

10—7 一定量的理想气体从同一初态 $a(p_0, V_0)$ 出发,分别经两个准静态过程 ab 和 ac,b 点的压强为 p_1,c 点的体积为 V_1,如图 10—2 所示.若两个过程中系统吸收的热量相同,则该气体的 $\gamma = \dfrac{C_{p,m}}{C_{V,m}} = $ _____.

图 10—2

10—8 如图 10—3 所示,一理想气体系统由状态 a 沿 acb 到达状态 b,系统吸收热量 350 J,而系统做功为 130 J.

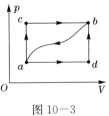

图 10—3

(1)经过过程 adb,系统对外做功 40 J,则系统吸收的热量 $Q=$ _____;

(2)当系统由状态 b 沿曲线 ba 返回状态 a 时,外界对系统做功为 60 J,则系统吸收的热量 $Q=$ _____.

10—9 对下表所列的理想气体各过程,参照图 10—4 所示填表,判断系统的内能增量 ΔE、对外做功 A 和吸收热量 Q 的正负(用符号 $+$,$-$,0 表示).

过 程		ΔE	A	Q
等体减压				
等压压缩				
绝热膨胀				
图(a)$a{\to}b{\to}c$				
图(b)	$a{\to}b{\to}c$			
	$a{\to}d{\to}c$			

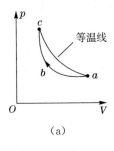

(a)

(b)

图 10—4

10—10 如图 10—5 所示,1 mol 双原子刚性分子理想气体,从状态 $a(p_1,V_1)$ 沿 $p{-}V$ 图直线到达状态 $b(p_2,V_2)$,则:

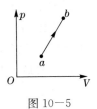

图 10—5

(1)气体内能的增量 $\Delta E=$ _____;

(2)气体对外界所做的功 $A=$ _____;

(3)气体吸收的热量 $Q=$ _____.

10—11 一定量的理想气体在 $p{-}V$ 图中的等温线与绝热线交点处两线的斜率之比为 0.714,则其摩尔定体热容为 _____.

10—12 如图 10—6 所示,AB、DC 是绝热过程,CEA 是等温过程,BED 是任意过程,组成一个循环.若图中 $EDCE$ 所包围的面积为 70 J,$EABE$ 所包围的面积为 30 J,过程中系统放热 100 J,则 *BED* 过程中系统吸热为_____ J.

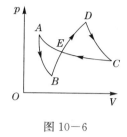

10—13 一卡诺热机从 373 K 的高温热源吸热,向 273 K 的低温热源放热. 若该热机从高温热源吸收 1 000 J 热量,则该热机所做的功 $A=$_____,放出热量 $Q_2=$_____.

图 10—6

三、计算与证明题

10—14 1 mol 单原子理想气体从 300 K 加热到 350 K,

(1)容积保持不变;(2)压强保持不变.

问:在这两个过程中各吸收了多少热量? 增加了多少内能? 对外做了多少功?

10—15 1 mol 氢在压强为 1.0×10^5 Pa、温度为 20 ℃ 时,其体积为 V_0. 今使它经以下两种过程到达同一状态.

(1)先保持体积不变,加热使其温度升高到 80 ℃,然后令它作等温膨胀,体积变为原体积的 2 倍;

(2)先使它作等温膨胀至原体积的 2 倍,然后保持体积不变,加热使其温度升到 80 ℃.

试分别计算以上两种过程中吸收的热量、气体对外做的功和内能的增量,并在 $p-V$ 图上表示这两种过程.

10—16 一定量的某种理想气体,开始时处于压强、体积、温度分别为 $p_0 = 1.2 \times 10^6$ Pa,$V_0 = 8.31 \times 10^{-3}$ m^3,$T_0 = 300$ K 的初态,后经过一等体过程,温度升高到 $T_1 = 450$ K,再经过一等温过程,压强降到 $p = p_0$ 的末态. 已知该理想气体的摩尔定压热容与摩尔定体热容之比 $C_{p,m}/C_{V,m} = 5/3$. 求

(1)该理想气体的摩尔定压热容 $C_{p,m}$ 和摩尔定体热容 $C_{V,m}$;

(2)气体从始态变到末态的全过程中从外界吸收的热量.

10—17 1 mol 的理想气体,完成了由两个等体过程和两个等压过程构成的循环过程,如图 10—7 所示. 已知状态 1 的温度为 T_1,状态 3 的温度为 T_3,且状态 2 和 4 在同一条等温线上. 试求气体在这一循环过程中做的功.

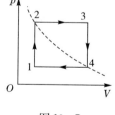

图 10—7

10—18 比热容比 $\gamma = 1.40$ 的理想气体,进行如图 10—8 所示的 *ABCA* 循环,状态 *A* 的温度为 300 K. 试求:

(1)状态 *B*、*C* 的温度;

（2）各过程中气体所吸收的热量、做的功和内能的增量.

10—19 气缸内贮有 36 g 水蒸气（视为刚性分子理想气体），经 *abcda* 循环过程，如图 10—9所示.其中 $a \rightarrow b$、$c \rightarrow d$ 为等体过程，$b \rightarrow c$ 为等温过程，$d \rightarrow a$ 为等压过程.试求：

（1）$d \rightarrow a$ 过程中水蒸气做的功 W_{da}；

（2）$a \rightarrow b$ 过程中水蒸气内能的增量 ΔE_{ab}；

（3）循环过程水蒸气做的净功 W；

（4）循环效率 η.

10—20 1 mol 理想气体在 400 K 与 300 K之间完成一个卡诺循环，在 400 K 的等温线上，起始体积为 0.0010 m³，最后体积为 0.0050 m³.试计算气体在此循环中所做的功，以及从高温热源吸收的热量和传给低温热源的热量.

10—21 以理想气体为工作物质的热机循环，如图 10—10 所示.试证明其效率为

$$\eta = 1 - \gamma \frac{\left(\dfrac{V_1}{V_2}\right) - 1}{\left(\dfrac{p_1}{p_2}\right) - 1}$$

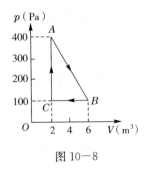

图 10—8

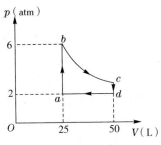

图 10—9

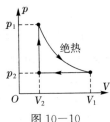

图 10—10

10—22 一热机每秒从高温热源（$T_1 = 600$ K）吸取热量 $Q_1 = 3.34 \times 10^4$ J，做功后向低温热源（$T_2 = 300$ K）放出热量 $Q_2 = 2.09 \times 10^4$ J.

（1）它的效率是多少？它是不是可逆热机？

（2）如果尽可能地提高热机效率，若每秒从高温热源吸取 3.34×10^4 J 热量，则每秒最多能做多少功？

第十一章

气体动理论

本章以气体为研究对象,分析大量气体分子的热运动状况,提出气体微观分子模型和分子运动的统计假设,推导出大量气体分子运动所遵循的统计规律,并揭示描述系统宏观状态的物理量的微观本质.本章所介绍的思想和理论是统计物理学的基础部分,被人们称为气体动理论.

本章主要内容有:理想气体的压强和温度的微观本质,能量均分定理,麦克斯韦速率分布律,热力学第二定律的统计意义,熵的概念.

§11-1 气体分子热运动与统计规律

一、气体分子热运动

早在发现分子原子之前,人们就认识到,宏观上任何大小的物体(气体、液体、固体等)都包含大量的微观粒子. 现在,人们对"大量"一词有了更深刻的认识. 例如,在标准状态下,$1 \ \mathrm{cm}^3$ 的空气中就约有 2.7×10^{19} 个分子. 即使一个人每秒钟能数 10 个数,用 800 亿年也数不完 $1 \ \mathrm{cm}^3$ 空气内的分子.

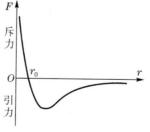

图 11-1-1 $F-r$ 关系曲线

实验表明,物体内分子间是存在相互作用力的,物质能够形成聚集态就是分子间作用力的一种表现. 分子间的作用力属于电磁作用的范围. 如图 11-1-1 所示是分子力 F 与分子间距离 r 的关系曲线.

从图 11−1−1 中可以看出,当分子间距离 $r < r_0$ 时,分子间表现为斥力;当 $r > r_0$ 时,分子间表现为引力,r_0 约为 10^{-10} m. 当 r 大于 10^{-9} m 时,分子间作用力可以忽略不计,可见,分子力的作用范围是极小的,分子力属于短程力. 气体在低压情况下,其分子间作用力可以不考虑.

大量实验事实还表明,组成宏观物体的**大量分子都在做无规则的永不停息的运动**. 分子的这种运动叫作分子**热运动**. 布朗(R. Brown)运动是分子热运动的典型例子. 1827 年,布朗用显微镜观察到悬浮在水中的小颗粒(如花粉等)不停地做纷乱的无定向运动,如图 11−1−2 所示,这就是布朗运动. 布朗运动是由大量流体分子不对称碰撞悬浮在水中的小颗粒而引起的,它虽不是流体分子本身的热运动,但却如实地反映了流体分子热运动的情况. 流体的温度愈高,这种布朗运动就愈剧烈.

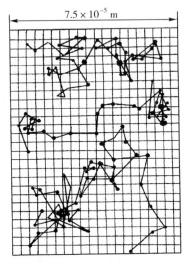

7.5×10^{-5} m

图 11−1−2　布朗运动

由于分子数目巨大,所以分子在热运动中发生相互间的碰撞是极其频繁的. 对气体来说,在标准状态下,一个分子在 1 s 内大约要经历 10^9 次碰撞,即大约 1 s 内一个分子和其他分子要碰撞几十亿次.

因此,分子热运动的基本特征是分子的永恒运动和频繁的相互碰撞. 显然,具有这种特征的分子热运动是一种比较复杂的物质运动形式,它与物质的机械运动有着本质上的区别.

二、气体分子热运动遵从统计规律

由于气体分子数目非常巨大并且每个分子的运动情况千变万化,十分复杂,要想追踪气体中每个分子的运动,按照力学规律研究它们的运动,实际上无法做到. 但是,从组成气体的大量分子整体来看,常常表现出确定的规律.例如,气体处于平衡态且无外场作用时,就单个分子而言,某一时刻它究竟沿哪个方向运动,这完全是偶然的,不能预测的;可是就大量分子整体而言,任一时刻,平均来看,沿各个方向运动的分子数都相等,也就是说,在气体中,不存在任何一个特殊的方向,气体分子沿这个方向的运动比沿其他方向更占优势.实验表明,在平衡态下,气体中各处的分子密度相等,便是上述结论的有力证明.这说明,在大量的偶然、无序的分子热运动中,包含着一种规律性,这种规律性来自大量偶然事件的集合,故称之为统计规律.统计规律是对大量偶然事件整体起作用的规律,它表现了这些事物整体的必然联系.

热现象是大量分子热运动的集体表现,单个分子运动是不可预测的偶然事件,少量分子运动也带有明显的偶然性,**大量分子热运动从整体上表现出的热现象遵从确定的统计规律.**

三、统计规律的特征

为了说明统计规律的特征,先看一个伽尔顿(Galton)板实验.如图 11-1-3 所示,在一块竖直放置的木板上部钉上许多铁钉,下部用竖直的隔板隔成许多等宽的狭槽.从板顶漏斗形入口处可投入小球,板前覆盖玻璃,以使小球留在狭槽内.这种装置叫伽尔顿板.

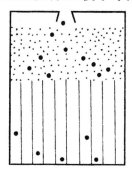 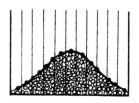

图 11-1-3   小球在伽尔顿板中的分布

如果从入口处投入一个小球,则小球在下落过程中先后与许多铁钉碰撞,最后落入某个狭槽.重复几次实验,可以发现,小球每次落入的狭槽是完全不同的.这表明,在一次实验中小球落入哪个狭槽是偶然的.

如果同时投入大量的小球,则可看到,最后落入各狭槽的小球数目是不相等的.靠近入口的中间狭槽内的小球较多,远些的两端狭槽内的小球较少.我们可以把小球按狭槽的分布用笔在玻璃板上画一条曲线来表示.若重复此实验,则可发现:在小球数目较少的情况下,每次所得的分布曲线彼此有显著差别,但当小球数目较多时,每次所得分布曲线彼此近似地重合.

总之,实验结果表明,尽管单个小球落入哪个狭槽是偶然的,少量小球按狭槽的分布情况也带有一些偶然性,但大量小球按狭槽的分布情况则是确定的.这就是说,大量小球整体在狭槽的分布遵从一定的统计规律.

统计规律有以下两个重要特征:

(1)**统计规律是大量偶然事件整体所遵从的规律**.在伽尔顿板实验中,大量小球整体按狭槽分布所呈现出的确定规律性,便是这一特征的有力证明.

(2)**统计规律和涨落现象是分不开的**.统计规律所反映的是与某宏观量相联系的某些微观量的统计平均值.例如,下面将要讲到的气体处于平衡态时的压强公式,就是一个统计规律.气体压强这个宏观量就是气体分子平动动能的统计平均值.由于系统的微观运动瞬息万变,因而任一瞬时,实验观测到的宏观量的数值与统计规律所给出的统计平均值相比较,总是或多或少存在着偏差,这种相对统计平均值出现偏离的现象,称为涨落.像布朗运动、电讯号中出现的噪声等,都是涨落现象的体现.

要从分子热运动的观点出发,说明宏观热现象,寻求它所遵从的统计规律,就必须找出描写物体宏观性质的宏观量与描写其中分子运动的微观量之间的联系.由于分子数极多,我们可以采用统计的方法来解决这个问题.也就是说,我们从分子热运动的基本概念出发,采用统计平均的方法,求出大量分子的某些微观量的统计平均值,并且进一步确定宏观量与微观量的联系,找到分子热运动所遵从的统计规律,从而解释与揭示宏观热现象的微观本质.

§11−2 理想气体压强公式

本节以理想气体为例,阐述用分子热运动观点解释系统宏观性质的统计方法.首先,从已有的实验事实出发,建立理想气体的微观模型并提出统计假设,然后,采用统计平均方法求微观量与宏观量之间的联系,从而阐释宏观量压强的微观本质及其统计意义.

一、理想气体的分子模型

从分子热运动和分子相互作用来看,理想气体的分子模型为:

1. 分子本身的大小比起它们之间的平均距离可忽略不计,分子可以看作质点

实验表明,常温常压下气体中各分子之间的距离,平均约是分子有效直径的 10 倍,对于三维空间来说,即分子本身体积仅是其活动空间的千分之一.显然,分子可看作质点.

2. 除碰撞外,分子力可忽略

由于气体分子间距离很大,分子力的作用距离很短,除了碰撞的瞬间外,分子间的相互作用力可以忽略.因此,在两次碰撞之间,分子做匀速直线运动,即自由运动.

3. 分子间的碰撞是完全弹性的

由于处于平衡态下气体的宏观性质不变,这表明系统的能量不因碰撞而损失,因此分子间及分子与器壁之间的碰撞是完全弹性碰撞.

综上所述,理想气体分子的微观模型是弹性的自由运动的质点群.这个理想化的微观模型,在一定条件下与真实气体的性质相当接近.当然,随着对气体性质更深入的研究,这个模型还需要进行补充和修正.

二、平衡态气体的统计假设

无外力场作用的情况下,气体处于平衡态时,气体内各处的分子数密度是相同的.由此可以推测出,分子向各个方向运动的机会是均等的,没有任何一个空间方向占有优势.由此可提出如下统计

假设:气体内分子速度沿三个坐标轴方向分量平方的平均值是相等的,即

$$\overline{v_x^2} = \overline{v_y^2} = \overline{v_z^2} \tag{11-2-1}$$

设气体分子总数为 N,根据统计平均值的定义,有

$$\overline{v_x^2} = \frac{v_{1x}^2 + v_{2x}^2 + \cdots + v_{Nx}^2}{N}$$

$$\overline{v_y^2} = \frac{v_{1y}^2 + v_{2y}^2 + \cdots + v_{Ny}^2}{N}$$

$$\overline{v_z^2} = \frac{v_{1z}^2 + v_{2z}^2 + \cdots + v_{Nz}^2}{N}$$

对任意一个分子(比如第 i 个分子),有

$$v_i^2 = v_{ix}^2 + v_{iy}^2 + v_{iz}^2$$

根据统计平均值的定义和统计假设,有

$$\overline{v_x^2} = \overline{v_y^2} = \overline{v_z^2} = \frac{1}{3}\overline{v^2} \tag{11-2-2}$$

上式给出的统计假设,只适用于大量分子组成的系统.当系统内分子数很少时,谈不上各处分子数密度相等,也谈不上各处分子数密度不随时间变化.因此,无法认为分子沿各方向运动机会均等,上式也就失去了成立的前提.

三、理想气体压强公式

从微观上看,器壁受到的压强是气体中大量分子与器壁碰撞的结果.由于分子数目巨大,碰撞非常频繁,可以认为器壁受到持续力的作用.这一认识,就是我们推导气体压强公式的出发点.

设有一个任意形状的容器,体积为 V,其中贮有分子数为 N、分子质量为 μ,并处于平衡态的一定量理想气体.

由于分子可以具有各种可能的速度,为便于讨论,我们设想把 N 个分子分成若干组,每组内分子的速度大小和方向都相同,并设速度为 v_i 的一组分子的分子数密度为 n_i,则总的分子数密度为

$$n = \sum_i n_i$$

气体处于平衡态时,器壁上各处的压强是相等的,所以我们可

以在垂直于 x 轴的器壁上任意取一小块面积 $\mathrm{d}A$,来计算它所受的压强,如图 $11-2-1$ 所示.

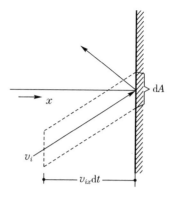

首先,考虑速度为 $\boldsymbol{v}_i = v_{ix}\boldsymbol{i} + v_{iy}\boldsymbol{j} + v_{iz}\boldsymbol{k}$ 的单个分子在一次碰撞中对 $\mathrm{d}A$ 面积元的作用. 由于碰撞是完全弹性的,所以碰撞前后分子在 y 和 z 方向上的速度分量不变,在 x 方向上的速度分量由 v_{ix} 变为 $-v_{ix}$,于是分子在碰撞过

图 $11-2-1$　压强公式推导用图

程中动量增量为 $-\mu v_{ix} - \mu v_{ix} = -2\mu v_{ix}$,根据动量定理,它等于面积元 $\mathrm{d}A$ 施于分子的冲量,而由牛顿第三定律知,分子施于器壁面积元 $\mathrm{d}A$ 的冲量则为 $2\mu v_{ix}$.

其次,确定在 $\mathrm{d}t$ 时间内速度为 $\boldsymbol{v}_i$ 的这一组分子施于 $\mathrm{d}A$ 的总冲量. 在 $\mathrm{d}t$ 时间内速度为 $\boldsymbol{v}_i$ 的分子能与 $\mathrm{d}A$ 相碰撞的是位于以 $\mathrm{d}A$ 为底,$v_{ix}\mathrm{d}t$ 为高,以 $\boldsymbol{v}_i$ 为轴线的斜形柱体内的那一部分,该柱体内的分子数目为

$$n_i v_{ix} \mathrm{d}A\mathrm{d}t$$

因此,速度为 $\boldsymbol{v}_i$ 的这一组分子在 $\mathrm{d}t$ 时间内施于 $\mathrm{d}A$ 的总冲量是

$$n_i v_{ix} \mathrm{d}A\mathrm{d}t 2\mu v_{ix}$$

最后,计算所有分子在 $\mathrm{d}t$ 时间内施于 $\mathrm{d}A$ 的总冲量. 将上述结果对所有可能的分子速度求和,并注意到 $v_{ix} < 0$ 的分子是不会与 $\mathrm{d}A$ 相碰撞的,于是求和限制在 $v_{ix} > 0$ 的范围内,因此

$$\mathrm{d}I = \sum_{i(v_{ix} > 0)} 2n_i\mu v_{ix}^2 \mathrm{d}A\mathrm{d}t$$

根据平衡态气体的统计假设,气体中 $v_{ix} > 0$ 的分子数与 $v_{ix} < 0$ 的分子数应各占总分子数的一半,于是

$$\mathrm{d}I = \sum_i n_i\mu v_{ix}^2 \mathrm{d}A\mathrm{d}t$$

所有与 $\mathrm{d}A$ 相碰撞的分子施于 $\mathrm{d}A$ 的合力

$$\mathrm{d}F = \frac{\mathrm{d}I}{\mathrm{d}t}$$

因此,气体对容器壁的压强为

$$p = \frac{\mathrm{d}F}{\mathrm{d}A} = \frac{\mathrm{d}I}{\mathrm{d}t \cdot \mathrm{d}A} = \mu \sum_i n_i v_{ix}^2$$

由于

$$\overline{v_x^2} = \frac{\sum_i n_i v_{ix}^2}{\sum_i n_i} = \frac{1}{3} \overline{v^2}$$

又

$$\sum_i n_i = n$$

所以

$$\sum_i n_i v_{ix}^2 = n \frac{1}{3} \overline{v^2}$$

代入压强表达式,可得

$$p = \frac{1}{3} n\mu \overline{v^2}$$

上式还可写成

$$p = \frac{2}{3} n(\frac{1}{2} \mu \overline{v^2}) = \frac{2}{3} n \bar{\varepsilon}_k \qquad (11-2-3)$$

其中 $\bar{\varepsilon}_k = \frac{1}{2} \mu \overline{v^2}$ 是大量分子平均平动动能的统计平均值,称为分子的平均平动动能. 式(11-2-3)就是**平衡态下理想气体的压强公式,它把宏观量压强和微观量分子平均平动动能联系起来,从而揭示了压强的本质和统计意义.**

气体的压强是由大量分子对器壁碰撞产生的,它反映了大量分子对器壁碰撞产生的平均效果,它是一个统计平均量. 由于单个分子对器壁的碰撞是间断的,施于器壁的冲量是起伏变化不定的,只有在分子数足够大时,器壁所获得的冲量才有确定的统计平均值,所以气体的压强所描述的是大量分子的集体行为,离开了大量分子,压强就失去了意义. 从压强公式来看,气体分子平均平动动能 $\bar{\varepsilon}_k$ 是一个统计平均量,单位体积中的分子数 n 也是一个统计平均量,可见理想气体压强公式实际上是表征三个统计平均量 p,n 与 $\bar{\varepsilon}_k$ 之间关系的一个统计规律.

从压强公式的推导过程可以看出,统计规律不是单纯地用力学的概念和方法能够得到的.事实上,在导出压强公式的过程中,我们引用了统计平均的概念和方法,不采用这些概念和方法,理想气体压强公式这个统计规律是不能得到的.

§11-3 麦克斯韦速率分布律

在没有外力场的情况下,气体达到平衡态时,容器中各处分子数密度、压强和温度是处处相同的.但从微观上看,各个气体分子的速率和动能是各不相同的.实验和理论都证明,这时气体分子按速率的分布遵从确定的统计规律,这就是麦克斯韦速率分布律.研究这个规律,对于进一步理解和掌握分子热运动的性质十分重要.

一、速率分布函数

为了研究分子速率分布所遵从的统计规律,设想一定量气体中有 N 个分子,分子速率在 v 到 $v+dv$ 速率区间内的分子个数为 dN,则 $\dfrac{dN}{N}$ 就表示分布在这一速率区间内的分子数占总分子数的百分比,或分子速率处于 $v \sim v+dv$ 区间内的概率.

显然,这一百分比 $\dfrac{dN}{N}$ 在各速率区间是不同的(例如,0 ℃时氧气分子速率在 $100 \sim 200 \ \mathrm{m \cdot s^{-1}}$ 和 $200 \sim 300 \ \mathrm{m \cdot s^{-1}}$ 的百分比分别为 8.1% 和 16.5%),即 $\dfrac{dN}{N}$ 是速率 v 的函数.同时,可以证明,在 v 确定的情况下,$\dfrac{dN}{N}$ 与 dv 成正比,因此,有

$$\frac{dN}{N} = f(v)dv$$

或

$$f(v) = \frac{dN}{Ndv} \qquad (11-3-1)$$

函数 $f(v)$ 叫作**分子速率分布函数**,它的物理意义是,**分子速率在 v 附近单位速率区间内的分子数占总分子数的百分比**,或者说,**分子处于速率 v 附近单位区间内的概率**.

由上式可知,$f(v)\mathrm{d}v$ 表示分子处于 v 到 $v+\mathrm{d}v$ 速率区间的概率.只要知道 $f(v)$ 函数表达式,就可计算出分子出现在 v_1 到 v_2 速率区间内的概率

$$\int_{v_1}^{v_2} f(v)\mathrm{d}v$$

由于分子速率必然出现在零到无穷大这一速率区间,所以说分子出现在零到无穷大速率区间的概率为 1,因此有

$$\int_0^\infty f(v)\mathrm{d}v = 1 \qquad (11-3-2)$$

上式表明,分子速率分布函数 $f(v)$ 满足归一化条件.

因为 $\mathrm{d}v$ 表示一无穷小量,所以我们可以认为,在 v 到 $v+\mathrm{d}v$ 速率区间的 $\mathrm{d}N$ 个分子的速率都是 v,$v\mathrm{d}N$ 就是 v 到 $v+\mathrm{d}v$ 速率区间的分子的速率之和.因此,$\int_0^\infty v\mathrm{d}N$ 就表示气体中所有分子的速率之和,而气体的总分子数是 N,根据平均速率 $\bar{v}$ 的定义,有

$$\bar{v} = \frac{\int_0^\infty v\mathrm{d}N}{N} = \int_0^\infty vf(v)\mathrm{d}v \qquad (11-3-3)$$

类比于式(11-3-3),分子的方均根速率可如下计算

$$\sqrt{\overline{v^2}} = \left[\int_0^\infty v^2 f(v)\mathrm{d}v\right]^{\frac{1}{2}} \qquad (11-3-4)$$

气体的平均速率和方均根速率是气体动理论中两个重要的统计平均量,只要知道速率分布函数 $f(v)$,就可算出气体的分子平均速率和方均根速率.因此,推导 $f(v)$ 的函数表达式,在气体动理论中具有重要意义.

二、麦克斯韦速率分布律

1859 年,英国物理学家麦克斯韦(J. C. Maxwell)根据概率论和理想气体分子模型,推导出平衡态下理想气体分子速率分布函数的表达式

$$f(v) = 4\pi \left(\frac{\mu}{2\pi kT}\right)^{\frac{3}{2}} v^2 \mathrm{e}^{-\frac{\mu v^2}{2kT}} \qquad (11-3-5)$$

式(11－3－5)给出的函数叫作**麦克斯韦速率分布函数**,它所反映的**气体分子按速率分布的统计规律叫作麦克斯韦速率分布律**.式中,T是理想气体的热力学温度,μ是分子质量,k称为玻耳兹曼常量,k与普适气体常量R的关系为

$$k = \frac{R}{N_0} = 1.38 \times 10^{-23} \text{ J} \cdot \text{K}^{-1}$$

由式(11－3－5)可以看出,当μ,T确定后,$f(v)$只是v的函数,可以画出$f(v)$的函数曲线,如图11－3－1所示.

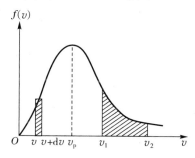

图11－3－1　气体分子的速率分布

显然,由式(11－3－1)可知,图中任一区间$v \sim v+dv$内曲线下窄条面积表示分布在该区间内的分子数占总分子数的百分比$\frac{dN}{N} = f(v)dv$;而任一有限范围$v_1 \sim v_2$曲线下的面积则表示处于该范围内的分子数占总分子数的百分比$\frac{\Delta N}{N}$;曲线下的总面积显然等于1(即100%),这正是分布函数的归一化条件.

从图中还可以看出,速率很小和速率很大的分子数都很少,在速率v_p处$f(v)$取极大值,说明分子速率出现在v_p附近的概率最大,所以把v_p叫作**气体分子的最概然速率**.根据高等数学知识,$f(v)$在v_p处取极值,$f(v)$在v_p处的导数必为零,即

$$f'(v_p) = 0$$

把麦克斯韦速率分布函数式(11－3－5)代入,可得最概然速率为

$$v_p = \sqrt{\frac{2kT}{\mu}} = \sqrt{\frac{2RT}{M}} \approx 1.41\sqrt{\frac{RT}{M}} \quad (11-3-6)$$

把麦克斯韦速率分布函数代入式(11－3－3)，积分并利用常用积分公式

$$\int_0^\infty v^3 e^{-bv^2} dv = \frac{1}{2b^2}$$

可得平均速率为

$$\bar{v} = \sqrt{\frac{8kT}{\pi\mu}} = \sqrt{\frac{8RT}{\pi M}} \approx 1.60\sqrt{\frac{RT}{M}} \qquad (11-3-7)$$

同理，可求得方均根速率为

$$\sqrt{\overline{v^2}} = \sqrt{\frac{3kT}{\mu}} = \sqrt{\frac{3RT}{M}} \approx 1.73\sqrt{\frac{RT}{M}} \qquad (11-3-8)$$

显然，分子速率的三种统计平均值 v_p、$\bar{v}$ 和 $\sqrt{\overline{v^2}}$ 都与 $\sqrt{T}$ 成正比，与 $\sqrt{M}$ 成反比，它们的相对大小关系为 $v_p < \bar{v} < \sqrt{\overline{v^2}}$．三种速率各有不同的应用，讨论分子速率分布时用 v_p，讨论分子平均平动动能时用 $\sqrt{\overline{v^2}}$，讨论分子碰撞频率和平均自由程时用 $\bar{v}$．

例 11－3－1　若某种气体分子在温度 $T_1 = 300$ K 时的方均根速率等于温度为 T_2 时的平均速率，求 T_2．

解　常温下，气体可看作理想气体，于是

$$\sqrt{\overline{v^2}} = \sqrt{\frac{3kT_1}{\mu}}, \bar{v} = \sqrt{\frac{8kT_2}{\pi\mu}}$$

根据已知条件 $\sqrt{\overline{v^2}} = \bar{v}$，因此

$$\sqrt{\frac{3kT_1}{\mu}} = \sqrt{\frac{8kT_2}{\pi\mu}}$$

解得

$$T_2 = \frac{3\pi}{8}T_1 = \frac{3 \times 3.14}{8} \times 300 = 353.4(\text{K})$$

例 11－3－2　导体中自由电子的运动，可看作类似于气体分子的运动，故常把导体中的自由电子称"电子气"．设导体中共有 N 个自由电子，其中电子的最大速率为 v_F．已知速率分布在 $v \sim v + dv$ 内的电子数与总电子数的比率为

$$\frac{dN}{N} = \begin{cases} Av^2 dv & (0 < v < v_F) \\ 0 & (v > v_F) \end{cases}$$

（1）画出速率分布函数曲线；

（2）确定常量 A；

（3）求出自由电子的最概然速率 v_p、平均速率 $\bar{v}$ 和方均根速率 $\sqrt{\overline{v^2}}$.

解 （1）依题意，自由电子的速率分布函数在速率间隔（$0 \sim v_F$）之间为 $f(v) = Av^2$；$v > v_F$ 时，$f(v) = 0$，其速率分布函数曲线如图11-3-2所示.

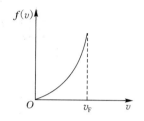

图 11-3-2 例 11-3-2 用图

（2）由速率分布函数的归一化条件可知

$$\int_0^\infty f(v)\mathrm{d}v = 1$$

即

$$\int_0^\infty f(v)\mathrm{d}v = \int_0^{v_F} Av^2\mathrm{d}v = A\frac{v_F^3}{3} = 1$$

故 $A = \dfrac{3}{v_F^3}$.

（3）所谓最概然速率，就是在速率分布曲线上与速率分布函数的极大值所对应的速率. 显然由图可知 $v_p = v_F$.

根据平均速率和方均根速率的定义，有

$$\bar{v} = \int_0^\infty vf(v)\mathrm{d}v = \int_0^{v_F} v\frac{3}{v_F^3}v^2\mathrm{d}v = \frac{3}{4}v_F$$

$$\sqrt{\overline{v^2}} = \left[\int_0^\infty v^2 f(v)\mathrm{d}v\right]^{\frac{1}{2}} = \left[\int_0^{v_F} v^2\frac{3}{v_F^3}v^2\mathrm{d}v\right]^{\frac{1}{2}} = \sqrt{\frac{3}{5}}v_F$$

三、麦克斯韦速率分布率的实验验证

由于实验技术落后，在麦克斯韦从理论上导出速率分布函数的当时，还无法用实验来验证它的正确性. 但是，科学家们一直没有放弃对其进行实验验证的愿望和努力，直到 20 世纪 20 年代以后才获得实验验证.

1934 年，我国物理学家葛正权测定了铋蒸气分子的速率分布，这些实验的构思十分巧妙，用简单的方法完成了复杂的实验，其实

验结果可以与理论上的麦克斯韦分子速率分布相比较.

1956年,密勒(Miller)和库士(Kusch)用钍蒸气的原子射线,采用如图11-3-3所示的装置,精确地验证了麦克斯韦速率分布.

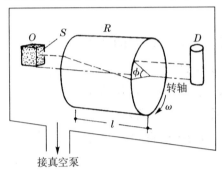

接真空泵

图 11-3-3 测定分子速率的装置

图 11-3-3 中,O 是钍蒸气源,R 是带有螺旋形小槽的转动圆筒,它实际上起滤速作用.如果圆筒上的小槽入口缝与出口缝之间的夹角为 φ,圆筒的长为 l,它的转动角速度为 ω,显然,只有速率满足 $\dfrac{l}{v} = \dfrac{\varphi}{\omega}$ 的原子才能通过小槽进入检测器 D,所以检测器接收到的原子的速率必须满足 $v = \dfrac{\omega}{\varphi}l$.

由于槽有一定的宽度,相当于两狭缝之间的夹角 φ 有一定的范围 $\Delta\varphi$,所以当转动角速度 ω 一定时,通过细槽原子的速率分布在 $v \sim v+\Delta v$ 区间内.改变 ω 就可以确定原子的速率分布.如图11-3-4 所示画出了实验结果与理论结果的比较,图中圆圈表示实验结果,实线是理论值,可见两者精确地吻合.

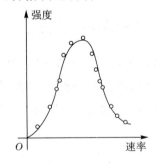

图 11-3-4 原子速率的分布

*§11—4　麦克斯韦—玻耳兹曼分布律

上一节讨论了气体处于平衡态时,分子按速率分布的统计规律,本节将讨论分子按能量分布的统计规律.

由于气体分子的平动动能为 $\varepsilon_k = \frac{1}{2}\mu v^2$,所以麦克斯韦速率分布函数,即式 (11—3—5)又可写为

$$f(v) = 4\pi \left(\frac{\mu}{2\pi kT}\right)^{\frac{3}{2}} e^{-\frac{\varepsilon_k}{kT}} v^2 \qquad (11—4—1)$$

在式(11—4—1)的讨论中,我们忽略了外场(如重力场、电磁场……)对气体分子产生的影响,认为分子在空间的分布是均匀的(即分子数密度 n 处处相等).当气体分子处于任意保守力场中时,比如说处于重力场中,分子受重力的作用,按空间位置的分布就不再均匀,随着距离地面高度的增加,分子数密度会越来越小.这时,分子不仅有与速率有关的动能 ε_k,而且还有与位置有关的势能 ε_p,分子的总能量为 $\varepsilon = \varepsilon_k + \varepsilon_p$.如果考虑分子按总能量 ε 的分布,则不仅包括了分子按速率的分布(即动能分布),同时也包括了分子按位置的分布(即势能分布).

在此认识的基础上,玻耳兹曼(L. Boltzmann)把麦克斯韦速率分布公式中因子 $e^{-\frac{\varepsilon_k}{kT}}$ 里分子的动能 ε_k 推广到分子的总能量 ε,提出:当系统在外力场中处于平衡态时,其中坐标处于区间 $x \sim x + dx, y \sim y + dy, z \sim z + dz$ 内,同时速度分量处于区间 $v_x \sim v_x + dv_x, v_y \sim v_y + dv_y, v_z \sim v_z + dv_z$ 内的分子数为

$$dN = n_0 \left(\frac{\mu}{2\pi kT}\right)^{\frac{3}{2}} e^{-\frac{(\varepsilon_k + \varepsilon_p)}{kT}} dv_x dv_y dv_z dx dy dz \qquad (11—4—2)$$

式中,n_0 表示势能 $\varepsilon_p = 0$ 处单位体积内具有各种速率的分子数.这一结论称为麦克斯韦—玻耳兹曼分布律,简称麦—玻分布律,也叫玻耳兹曼分布律.它给出了分子数按能量的分布规律.从式(11—4—2)可以看出,能量越高的状态,分子出现的可能性越少;就统计的意义而言,分子总是优先占据能量较低的状态.

由于体积元 $dV = dxdydz$ 内各种速度的分子都有,因此将式(11—4—2)对速度积分,可得在坐标 x, y, z 附近空间体积元 dV 内具有各种速度的分子数为

$$dN' = n_0 \left(\frac{\mu}{2\pi kT}\right)^{\frac{3}{2}} \left[\int_{-\infty}^{+\infty} e^{-\frac{\varepsilon_k}{kT}} dv_x dv_y dv_z\right] e^{-\frac{\varepsilon_p}{kT}} dxdydz$$

$$(11—4—3)$$

由于

$$\varepsilon_k = \frac{1}{2}\mu v^2, \text{且 } v^2 = v_x^2 + v_y^2 + v_z^2$$

因此,上式中积分可写成

$$\int_{-\infty}^{+\infty} e^{-\frac{\mu v_x^2}{2kT}} dv_x \int_{-\infty}^{+\infty} e^{-\frac{\mu v_y^2}{2kT}} dv_y \int_{-\infty}^{+\infty} e^{-\frac{\mu v_z^2}{2kT}} dv_z = \left(\frac{2\pi kT}{\mu}\right)^{\frac{3}{2}}$$

其中利用了积分公式

$$\int_{-\infty}^{+\infty} e^{-\alpha x^2} dx = \left(\frac{\pi}{\alpha}\right)^{\frac{1}{2}}$$

将它代入式(11−4−3),得

$$dN' = n_0 e^{-\frac{\varepsilon_p}{kT}} dx dy dz$$

于是,在坐标 x,y,z 附近单位体积内具有各种速度的分子数,即分子数密度为

$$n = \frac{dN'}{dx dy dz} = n_0 e^{-\frac{\varepsilon_p}{kT}} \tag{11−4−4}$$

上式是分子数按势能的分布律.

应该指出的是,麦克斯韦—玻耳兹曼分布律中因子 $e^{-\frac{\varepsilon}{kT}}$ 里的能量 $\varepsilon = \varepsilon_k + \varepsilon_p$ 是分子的总能量,其中的动能项 ε_k 既包括分子的平动动能,也包括分子的转动动能和分子内部的振动动能;势能项 ε_p 既包括分子在外场中的势能,也包括分子内原子之间的相互作用势能.对于微观粒子来说,ε 就是粒子的能量,一般不能再分成动能和势能了.

麦克斯韦—玻耳兹曼分布律是气体动理论的基础,它不仅适用于气体,也适用于相互作用比较弱的分子所组成的其他体系.

例 11−4−1 计算在重力场中,空气分子数密度按高度的分布情况.

解 令地面为零势能,地面附近空气分子数密度为 n_0,气体分子质量为 μ,则离地面高度为 h 处的分子,其势能为 $\varepsilon_p = \mu g h$.由分子数按势能的分布律式(11−4−4),可得

$$n = n_0 e^{-\frac{\mu g h}{kT}}$$

由此可知,分子数密度随高度增加而呈指数减少,这与高空空气稀薄的事实相符.

§11−5 温度的微观解释 理想气体定律的推证

一、温度的微观解释

在§11−3中,利用麦克斯韦速率分布函数,计算出理想气体分

子的方均根速率

$$\sqrt{\overline{v^2}} = \sqrt{\frac{3kT}{\mu}} \qquad (11-5-1)$$

从这个结果出发,容易得到理想气体的温度与其分子平均平动动能的关系,从而阐明温度的微观本质.

理想气体分子的平均平动动能为

$$\bar{\varepsilon}_k = \frac{1}{2}\mu\overline{v^2} = \frac{1}{2}\mu\frac{3kT}{\mu} = \frac{3}{2}kT \qquad (11-5-2)$$

上式说明,理想气体分子的平均平动动能只与气体温度有关,并与热力学温度 T 成正比.

式(11-5-2)可以看成从微观角度对温度的解释,它阐明了温度的本质是物体内部分子热运动剧烈程度的标志. 温度越高,表示物体内部分子热运动越剧烈.

式(11-5-2)给出了宏观量 T 与微观量 ε_k 的统计平均值之间的关系. 由于温度是与大量分子的平均平动动能相联系,所以**温度是大量分子热运动的集体表现**,具有统计意义. 对于单个分子或少数分子来说,温度的概念就失去了意义.

应该指出的是,认为从式(11-5-2)可以得出 $T \to 0$ 时,$\bar{\varepsilon}_k \to 0$,气体分子的热运动完全停息的结论是完全错误的. 因为微观粒子的热运动是永不停息的,绝对零度也是达不到的. 近代量子论证实,**即使达到绝对零度,组成固体的微观粒子还保持着振动的零点能量**. 由于气体在小于 1 K 温度下全部转变为液体和固体,式(11-5-2)已不适用.

例 11-5-1 电子伏特(eV)是近代物理中常用的能量单位,求在多高温度下,理想气体分子的平均平动动能等于 1 eV?

解 已知

$$1\,\mathrm{eV} \approx 1.60 \times 10^{-19}\,\mathrm{J}$$

由

$$\bar{\varepsilon}_k = \frac{3}{2}kT$$

得

$$T = \frac{2\overline{\varepsilon}_k}{3k} = \frac{2 \times 1.60 \times 10^{-19}}{3 \times 1.38 \times 10^{-23}} \approx 7.73 \times 10^3 (\text{K})$$

即 1 eV 的能量相当于温度等于 7700 K 时的分子平均平动动能. 在气体动理论中通常用因子 kT 代表热运动能量, 例如室温 $T = 290$ K 时,

$$kT = 1.38 \times 10^{-23} \times 290 \approx 4.0 \times 10^{-21} (\text{J}) \approx \frac{1}{40}(\text{eV})$$

二、理想气体定律的推证

理想气体状态方程是根据实验定律导出的, 它所表示的是实验规律. 一般气体在压强不太大（与大气压相比）和温度不太低（与室温相比）的条件下, 近似地满足这一方程

$$pV = \frac{m}{M}RT$$

下面, 从微观理论出发, 推导出这一宏观规律. 将式(11-5-2)代入理想气体压强公式(11-2-3), 即有

$$p = \frac{2}{3}n\overline{\varepsilon}_k = \frac{2}{3}n\left(\frac{3}{2}kT\right) = nkT \qquad (11-5-3)$$

可见, 在相同的温度和压强下, 各种气体的分子数密度 n 必然相等, 这实际上就是阿伏加德罗定律.

注意到 $n = \frac{N}{V}$ (N 为气体的总分子数), $k = \frac{R}{N_0}$, 则上式变为

$$p = \frac{N}{V}\frac{R}{N_0}T$$

由于 $\frac{N}{N_0} = \frac{m}{M}$ 为气体的摩尔数, 代入上式, 可得

$$pV = \frac{m}{M}RT \qquad (11-5-4)$$

上式就是理想气体状态方程. 从分子运动的基本概念出发, 在理想气体微观模型的基础上, 利用统计平均方法导出了状态方程, 而方程与实验定律正好相符合, 反过来又证实了微观理论本身的正确性. 式(11-5-3)是理想气体状态方程的另一种表述, 在一定的温度和压强下, 可以用它来计算分子数密度 n.

例 11—4—2 计算标准状态下,任何气体在 1 m³ 体积中含有的分子数.

解 在标准状态下,$p = 1.013\ 25 \times 10^5$ Pa,$T = 273.15$ K,由式 (11—5—3)可得

$$n = \frac{p}{kT} = \frac{1.013\ 25 \times 10^5}{1.38 \times 10^{-23} \times 273.15} = 2.687\ 6 \times 10^{25}\ (\text{m}^{-3})$$

这一数值常被称为洛喜密脱(Loschmidt)数.

§11—6 能量按自由度均分定理 理想气体的内能

本节讨论分子热运动能量所遵从的统计规律,并在此基础上,进一步从微观上探讨理想气体的内能和热容量的经典理论.

在前面讨论分子热运动时,把分子看作质点,只考虑分子的平动.实际上除了单原子分子可看作质点(只有平动)外,一般由两个以上原子组成的分子,不仅有平动,而且还有转动和分子内部原子间的振动.转动和振动也应该对气体的内能有贡献.为了确定各种运动形式能量的统计规律,首先介绍力学中有关自由度的概念.

一、自由度

确定一个物体在空间的位置所需要的独立坐标数,称为该物体的自由度.

如图 11—6—1(a)所示,单原子分子可看作质点,确定一个自由质点的位置需要 3 个独立坐标,采用直角坐标系就是 x, y, z,因此单原子分子的自由度是 3,这 3 个自由度称为平动自由度.

图 11—6—1(b)表示刚性双原子分子(不考虑原子的振动)的自由度.确定双原子分子的质心位置需要 3 个坐标 x, y, z,确定两个原子连线的方位需要 2 个独立坐标 α, β,它们分别代表原子连线与 x 轴和 y 轴的夹角.由于双原子分子绕两个原子连线的转动惯量十分微小,绕连线的转动动能可以忽略不计,所以不考虑绕连线转动的

自由度.因此,刚性双原子分子的自由度是 5,其中平动自由度是 3,转动自由度是 2.

对于由三原子或更多原子组成的刚性多原子分子,除了确定质心位置的 3 个坐标 x,y,z 和表示通过质心转轴方位的 2 个坐标 α,β 之外,还需要一个确定整个分子绕该轴转动的角度坐标 θ.因此,刚性多原子分子的自由度是 6,其中平动自由度是 3,转动自由度也是 3,如图 11-6-1(c)所示.

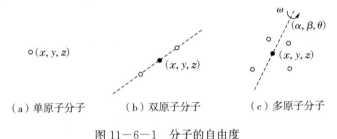

（a）单原子分子　　　（b）双原子分子　　　（c）多原子分子

图 11-6-1　分子的自由度

一般用 i 代表分子总自由度.单原子分子 $i=3$;刚性双原子分子 $i=5$;刚性多原子分子 $i=6$.

对于非刚性分子,还需要考虑确定分子中原子的振动状态的振动自由度.实验结果表明,高温时分子内原子间才会有振动,所以研究常温下气体性质时,一般可以不考虑分子的振动,即认为分子是刚性的.

二、能量均分定理

前面已求出,理想气体分子的平均平动动能为

$$\bar{\varepsilon}_k = \frac{1}{2}\mu \overline{v^2} = \frac{1}{2}\mu \overline{v_x^2} + \frac{1}{2}\mu \overline{v_y^2} + \frac{1}{2}\mu \overline{v_z^2} = \frac{3}{2}kT$$

根据平衡态理想气体的统计假设式(11-2-2)

$$\overline{v_x^2} = \overline{v_y^2} = \overline{v_z^2} = \frac{1}{3}\overline{v^2}$$

有

$$\frac{1}{2}\mu \overline{v_x^2} = \frac{1}{2}\mu \overline{v_y^2} = \frac{1}{2}\mu \overline{v_z^2} = \frac{1}{2}kT \qquad (11-6-1)$$

这个结果表明,在每一个平动自由度上具有相同的平均动能,

其值为 $\frac{1}{2}kT$,也就是说分子的平均平动动能 $\frac{3}{2}kT$ 均匀地分配于每个平动自由度上. 此结论可以推广到分子的转动和振动,也可以推广到温度为 T 的平衡态下的物质(包括气体、液体和固体),即在温度为 T 的平衡态下,**物质分子的每一个自由度都具有相同的平均动能,其大小都等于 $\frac{1}{2}kT$**,这一结论称为**能量按自由度均分定理**,简称能量均分定理. 按照能量均分定理,单原子分子、刚性双原子分子、刚性多原子分子的平均动能分别是 $\frac{3}{2}kT$,$\frac{5}{2}kT$,$\frac{6}{2}kT$. 一般而言,如果分子的自由度数为 i,则分子的平均动能为

$$\bar{\varepsilon}_k' = \frac{i}{2}kT$$

能量按自由度均分定理反映了分子热运动能量所遵从的统计规律,是对大量分子统计平均的结果. 对于气体中个别分子来说,任一瞬时它的各种形式能量及总能量,都可能与根据定理所确定的平均值有较大的差别,并且每一个自由度的能量也不一定相等. 但对于大量分子的整体来说,由于分子间的频繁碰撞,能量在各分子之间及各自由度之间会发生相互交换和转移. 在这种情形下,能量分配较多的自由度,在碰撞中向其他自由度转移能量的概率就比较大,因此,在气体达到平衡态时,能量就被均匀地分配到每个自由度了.

三、理想气体的内能

在热力学中,从宏观上把系统与热现象有关的那部分能量称为内能. 从微观上看,热现象是分子热运动的表现,宏观量内能应该等于系统中分子热运动总机械能的统计平均值. 对于理想气体来说,由于忽略了分子间的相互作用力,因而也相应地忽略了分子间的相互作用势能,所以它的内能只是气体中所有分子各种形式动能和分子内原子间振动势能的总和. 对于刚性分子,不考虑原子间的振动,常温下理想气体分子均可视为刚性而无振动,因此,刚性分子组成的理想气体的内能就是所有分子的动能之和. 这样,1 mol 刚性分子

组成的理想气体的内能为

$$E = N_0 \frac{i}{2} kT = \frac{i}{2} RT \qquad (11-6-2)$$

质量为 m、摩尔质量为 M 的理想气体的内能为

$$E = \frac{m}{M} \frac{i}{2} RT \qquad (11-6-3)$$

对于单原子分子气体的 $i=3$；刚性双原子分子气体的 $i=5$；刚性多原子分子气体的 $i=6$.

可以看出，一定质量理想气体的内能只决定于分子的自由度数和气体的温度，而与气体的体积和压强无关. 对于给定气体，自由度数是确定的，所以其内能就只与温度有关，这与宏观的实验观测的结果是一致的. 所以有时也把"**理想气体的内能只是温度的函数**"作为理想气体的另一定义.

四、气体的摩尔热容

根据理想气体定体摩尔热容的定义，结合热力学第一定律及式 $(11-6-2)$，有

$$C_{V,m} = \frac{dE}{dT} = \frac{i}{2} R \qquad (11-6-4)$$

由迈耶公式 $C_{p,m} = C_{V,m} + R$，可得理想气体定压摩尔热容为

$$C_{p,m} = \frac{(i+2)}{2} R \qquad (11-6-5)$$

比热容比为

$$\gamma = \frac{C_{p,m}}{C_{V,m}} = \frac{i+2}{i} \qquad (11-6-6)$$

依次取 i 的值分别为 $3,5,6$，即可得刚性单原子、双原子和多原子分子理想气体的摩尔热容.

能量均分定理结果表明，$C_{V,m}$，$C_{p,m}$ 和 γ 均只与气体分子的自由度有关，而与气体的温度无关.

表 $11-1$ 给出了一些气体摩尔热容的实验数据. 从表中可以看到，对于单原子分子气体和双原子分子气体来说，理论值与实验值比较接近，而对于多原子分子气体，理论值与实验值明显不符.

表 11—1　气体摩尔热容量的实验数据

原子数	气体的种类	$C_{p,m}$	$C_{V,m}$	$C_{p,m}-C_{V,m}$	$\gamma=\dfrac{C_{p,m}}{C_{V,m}}$
单原子	氦	20.9	12.5	8.4	1.67
	氩	21.2	12.5	8.7	1.65
双原子	氢	28.8	20.4	8.4	1.41
	氮	28.6	20.4	8.2	1.41
	一氧化碳	29.3	21.2	8.1	1.40
	氧	28.9	21.0	7.9	1.40
多原子	水蒸气	36.2	27.8	8.4	1.31
	甲　烷	35.6	27.2	8.4	1.30
	乙　醇	87.5	79.2	8.2	1.11

注:$C_{p,m}$,$C_{V,m}$的单位为 J・mol^{-1}・K^{-1}.

图 11—6—2 表示氢的 $C_{V,m}$ 随温度变化的实验曲线. 实验表明,$C_{V,m}$(包括 $C_{p,m}$ 及 γ)与气体的温度有关. 在较低温度下,氢的 $C_{V,m}$ 约为 $\dfrac{3}{2}R$(如 50 K 时,$C_{V,m}$ 的实验值为 12.477 J・mol^{-1}・K^{-1}),这时氢分子表现得像单原子分子;在常温下,$C_{V,m}$ 约为 $\dfrac{5}{2}R$(如 500 K 时,$C_{V,m}$ 的实验值为 20.934 J・mol^{-1}・K^{-1}),这时氢分子表现得像刚性双原子分子;在高温下,氢的 $C_{V,m}$ 接近于 $\dfrac{7}{2}R$(如 2500 K 时,$C_{V,m}$ 的实验值为 29.308 J・mol^{-1}・K^{-1}),这时氢分子又表现得像内部原子可以振动的双原子分子.

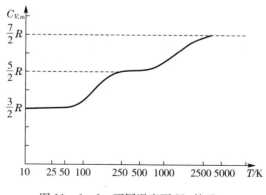

图 11—6—2　不同温度下 H$_2$ 的 $C_{V,m}$

理论与实验的差异,其根本原因在上述热容量理论是建立在能量均分定理之上,而这个定理是以经典概念——能量连续变化为基础的.实际上,原子、分子等微观粒子的运动遵从量子力学规律,能量的变化是不连续的,所以只有量子理论才能对气体热容量给出较满意的解释.

*§11—7 实际气体的范德瓦耳斯方程

一、实际气体的状态方程

由理想气体状态方程可知,在 $p-V$ 图上理想气体的等温线是双曲线.实验表明,在压强不太大、温度不太低的条件下,气体的等温线十分接近双曲线,因此可以把此时的气体近似看成理想气体.对在高温或低压下的气体所做的实验表明,它们的等温线与双曲线偏离较大.这说明,在这种情况下气体不再遵从理想气体状态方程,通常把它们称为实际气体.为了更精确地描述实际气体的行为,人们提出了很多状态方程,其中最简单、最具代表性的是范德瓦耳斯(Van der Waals)方程.对于温度为 T、压强为 p、体积为 v 的 1 mol 气体,范德瓦耳斯方程为

$$(p + \frac{a}{v^2})(v - b) = RT \qquad (11-7-1)$$

它是在理想气体状态方程的基础上进行修正而得到的,其中 R 是普适气体常量,a 和 b 对于一定的气体来说都是常数,可由实验测定.表 11—2 列出了若干气体的 a 和 b 的实验值.

表 11—2 范德瓦耳斯常数 a 和 b 的实验值

气 体	$a/(\mathrm{Pa} \cdot \mathrm{m}^6 \cdot \mathrm{mol}^{-2})$	$b/(\mathrm{m}^3 \cdot \mathrm{mol}^{-1})$
氢	0.554	3.0×10^{-5}
氧	0.137	3.0×10^{-5}
氩	0.132	3.0×10^{-5}
二氧化碳	0.365	4.3×10^{-5}
氮	0.137	4.0×10^{-5}

质量为 m、摩尔质量为 M 的气体体积为 $V = \frac{m}{M} v$,将这一关系代入式

(11－7－1),整理可得

$$\left(p+\frac{m^2}{M^2}\frac{a}{V^2}\right)\left(V-\frac{m}{M}b\right)=\frac{m}{M}RT \qquad (11-7-2)$$

这是适用于任意质量气体的范德瓦耳斯方程.

范德瓦耳斯方程是半经验的,并非十分准确,但与理想气体状态方程相比,它能更好地反映实际气体的性质.在表 11－3 中,我们用 1 mol 氮气在 $T=273$ K的条件下测定的 p,v 值,对两种方程的准确度进行了比较.从表中可以看出,当气体的压强小于 1.013×10^7 Pa(即 100 个标准大气压)时,两个方程符合得比较好,都能较好地反映氮气的规律;当氮气的压强大于 1.013×10^7 Pa时,两个方程的差别就明显了,这时范德瓦耳斯方程仍能较好地反映氮气的规律,而理想气体方程与实际气体的行为就相差很大了.

表 11－3　范德瓦耳斯方程与理想气体方程的比较

p/Pa	v/m^3	pv/(Pa·m^3)	$\left(p+\frac{a}{v^2}\right)(v-b)$/(Pa·m^3)
1.013×10^5	2.241×10^{-2}	2.27×10^3	2.27×10^3
1.013×10^7	2.241×10^{-4}	2.27×10^3	2.27×10^3
5.065×10^7	0.6235×10^{-4}	3.16×10^3	2.30×10^3
7.09×10^7	0.533×10^{-4}	3.77×10^3	2.29×10^3
1.013×10^8	0.464×10^{-4}	4.70×10^3	2.23×10^3

更准确的气体状态方程是昂内斯(Onnes)在1901年提出的,其形式为

$$pV=A+Bp+Cp^2+Dp^3+\cdots \qquad (11-7-3)$$

式中,A、B、C、D、…分别称为第一、第二、第三、第四、…维里系数,它们都是温度的函数,且 $A=\nu RT$(ν 是气体的摩尔数),当压强趋于零时,式(11－7－3)就趋于理想气体状态方程.维里系数可由实验测定,它们的数量级之间大致为

$$B\approx10^{-3}A,C\approx10^{-6}A,D\approx10^{-9}A$$

因此,在实际应用中,往往只要取式(11－7－3)中右边的前三项就足够准确了.

二、范德瓦耳斯方程的来源

在理想气体的微观模型中,假定分子本身的大小和分子间的相互作用力都忽略不计.范德瓦耳斯认为,这些假定是引起理想气体状态方程偏离实际气体的主要原因.他把分子看成有一定大小,并且在一定范围内具有相互吸引力的刚性球,这样的模型虽然仍比较粗糙,但比理想气体分子模型要切合实际得多.从这一模型出发,对理想气体状态方程加以修正.1 mol 理想气体状态方程是

$$pv=RT \qquad (11-7-4)$$

式中，v 是容器的容积，也是 1 mol 理想气体的体积. 由于理想气体分子本身的大小忽略不计，所以 v 还可理解为每个气体分子能够自由活动的空间，或者气体可被压缩的最大空间.

把气体分子看成有一定大小的刚球，就必须考虑分子本身的体积. 这时，气体可被压缩的最大空间应比容器的容积 v 小一量值 b，因此，式(11-7-4)应当修正为

$$p(v-b) = RT$$

下面，考虑由于分子间引力作用而对气体压强的影响. 由于当分子间距离大于分子的有效作用距离 S 时，引力可以忽略，因此对于气体内部任一分子 α（如图 11-7-1 所示），只有处在以它为中心、以 S 为半径的作用球内的分子才对它有吸引作用，这些分子相对于 α 分子对称分布，所以它们对 α 分子的引力作用相互抵消. 但对靠近器壁而位于

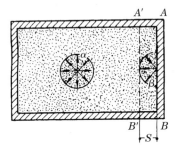

图 11-7-1　分子引力的修正

厚度为 S 的表面层内的任一分子，如分子 β，情况就与分子 α 不同. 由于对 β 分子有引力作用的分子分布不对称，引力的总效果使 β 分子受到一个垂直于器壁指向气体内部的合力. 设想在靠近器壁处取一厚度为 S 的表面层 $ABB'A'$，分子进入该表面层受到向内引力从而减小分子撞击器壁的动量，也就减小了气体施于器壁的压强. 设 p_i 表示实际气体表面层单位面积上所受的内部分子的引力，称为内压强，那么实际气体的压强为

$$p = \frac{RT}{v-b} - p_i \qquad (11-7-5)$$

内压强 p_i 的大小可以这样估计，一方面应与表面层的单位面积中被吸引的气体分子数成正比，另一方面又与气体内部施加引力的分子数成正比，这两者都与分子数密度 n 成正比，因此，p_i 应与 n^2 成正比. 但 n 与气体的摩尔体积 v 成反比，所以 p_i 应与 v^2 成反比，或者写成

$$p_i = \frac{a}{v^2}$$

比例系数 a 是反映分子之间引力的一个常数，其值由气体的性质决定. 将这一关系式代入式(11-7-5)中，即可得到形如式(11-7-1)的范德瓦耳斯方程.

§11-8　气体分子的平均自由程和平均碰撞频率

平衡态气体的宏观性质以及气体由非平衡态向平衡态的过渡，

都是依靠分子间的碰撞来实现的. 本节将介绍有关分子碰撞的两个统计量.

气体中的大量分子都在做无规则的热运动,分子间的碰撞是极其频繁的. 就每个分子的运动过程来说,两种情况是交替进行的:一是不与其他分子或器壁发生碰撞的自由运动;二是与其他分子或器壁发生碰撞. **把分子在两次相邻碰撞之间运动所通过的路程,叫作自由程.**

分子的碰撞是随机的,每个分子的自由程也是随机变化的. 人们无法具体研究某个分子在某两次相邻碰撞间通过的自由程是多少,只能用自由程的统计平均值来描述分子的运动和碰撞. 我们把自由程的统计平均值叫作分子的平均自由程,用 $\overline{\lambda}$ 表示.

由于碰撞是随机的,所以每个分子单位时间内与其他分子的碰撞次数是随机变化的. 因此,通常采用单位时间内碰撞次数的统计平均值来反映分子间碰撞的频繁程度. 我们把一个分子单位时间内和其他分子碰撞的平均次数叫作分子的平均碰撞频率,用 $\overline{z}$ 表示.

平均自由程 $\overline{\lambda}$ 与平均碰撞频率 $\overline{z}$ 之间存在简单关系. 如果以 $\overline{v}$ 表示分子的平均速率,则在 Δt 时间内分子通过的路程为 $\overline{v}\Delta t$,碰撞次数为 $\overline{z}\Delta t$,则平均自由程为

$$\overline{\lambda} = \frac{\overline{v}\Delta t}{\overline{z}\Delta t} = \frac{\overline{v}}{\overline{z}} \qquad (11-8-1)$$

分子间的碰撞,是分子间相对运动的结果. 一个分子相对其他不同分子的相对运动速率是不一样的,我们用一个分子相对其他分子相对运动速率的统计平均值来表示分子间的相对运动. 这个统计平均值叫作分子平均相对运动速率,用 $\overline{u}$ 表示. 引入 $\overline{u}$ 后,就可以把其他分子看作不动,只有这个分子以速率 $\overline{u}$ 运动.

在统计物理中可以证明,分子的平均相对运动速率 $\overline{u}$ 与平均速率 $\overline{v}$ 之间的关系为

$$\overline{u} = \sqrt{2}\,\overline{v} \qquad (11-8-2)$$

为了确定分子的平均碰撞频率,将分子看作有效直径为 d 的刚性小球. 在 Δt 时间内,A 分子相对运动走过的路程为 $\overline{u}\Delta t$,如图 11-8-1所示. 在截面积为 $\sigma = \pi d^2$、高为 $\overline{u}\Delta t$ 的圆柱体内的所有分

子,都将与 A 分子发生碰撞,也就是说,圆柱体内的总分子数就是 A 分子与其他分子的碰撞次数. 因此,平均碰撞频率为

$$\bar{z} = \frac{n\pi d^2 \bar{u} \Delta t}{\Delta t} = n\pi d^2 \bar{u} = \sqrt{2} n\pi d^2 \bar{v} \qquad (11-8-3)$$

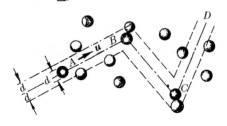

图 11—8—1　简单碰撞模型

分子的平均自由程为

$$\bar{\lambda} = \frac{\bar{v}}{\bar{z}} = \frac{1}{\sqrt{2}n\pi d^2} \qquad (11-8-4)$$

对于理想气体,$p = nkT$,上式可写作

$$\bar{\lambda} = \frac{kT}{\sqrt{2}\pi d^2 p} \qquad (11-8-5)$$

可见,当温度一定时,理想气体分子的 $\bar{\lambda}$ 与压强成反比,压强愈小,分子的平均自由程愈大. 表 11—4 列出了几种气体分子在标准状态下的平均自由程.

表 11—4　标准状态下几种气体分子的 $\bar{\lambda}$

气体	氢	氮	氧	空气
$\bar{\lambda}$/m	1.123×10^{-7}	0.599×10^{-7}	0.647×10^{-7}	7×10^{-8}

例 11—8—1　在气体放电管中,电子不断地与气体分子相碰撞,因为电子的速率远远大于气体分子的平均速率,所以我们可以认为气体分子是静止不动的,并假定电子的"有效直径"比起气体分子的有效直径 d 可以忽略不计,试证明电子与气体分子碰撞的平均自由程为

$$\bar{\lambda}_e = \frac{4}{\pi d^2 n}$$

式中,n 为气体的分子数密度.

证明　以电子运动的轨迹为轴线、以气体分子的有效半径 $\dfrac{d}{2}$ 为半径作一个曲折的圆柱体,凡是在该圆柱体内的气体分子都会与电子相碰撞.

由于认为气体分子是静止不动的,所以电子相对气体分子的平均速率就等于电子的平均速率 $\bar{v}_e$. 在时间 Δt 内,电子走过的路程为 $\bar{v}_e \Delta t$,相应的曲折圆柱体的体积为

$$\pi \cdot \left(\frac{d}{2}\right)^2 \cdot \bar{v}_e \Delta t$$

在这圆柱体内的气体分子数为

$$n \cdot \pi \cdot \left(\frac{d}{2}\right)^2 \cdot \bar{v}_e \cdot \Delta t$$

于是,电子与气体分子的碰撞频率为

$$\bar{z} = \frac{n \cdot \pi \cdot \left(\frac{d}{2}\right)^2 \cdot \bar{v}_e \cdot \Delta t}{\Delta t} = n \cdot \pi \cdot \left(\frac{d}{2}\right)^2 \cdot \bar{v}_e$$

由式(11—8—1)得电子的平均自由程为

$$\bar{\lambda}_e = \frac{\bar{v}_e}{\bar{z}} = \frac{4}{\pi d^2 n}$$

*§ 11—9　气体内的迁移现象

前面所讨论的都是气体在平衡态下的性质和规律. 实际上,由于受到各种外界影响,气体常处于非平衡态,此时,气体各部分物理性质(流速、密度、温度)是不一样的. 由于分子间的碰撞和掺和,气体内将发生动量、质量和能量从一部分向另一部分的定向迁移,这就是非平衡态下气体内的迁移现象,也称为输运过程. 迁移的结果将使气体各部分的物理性质趋于均匀一致,即使得气体趋于平衡态.

气体内的迁移现象常见的有三种,即黏滞现象、扩散现象和热传导现象. 下面分别介绍它们的基本规律,为简单起见,这里只简要介绍一维情形.

一、黏滞现象(内摩擦)

在非平衡态下,气体内各部分要发生宏观的流动,当各部分的流动速度不

同时,相邻部分会有相对运动,相邻部分之间会产生阻碍相对运动的力,把这种力称为气体的黏滞力,也称内摩擦力.气体中黏滞现象的发生,是相邻部分之间不等量动量交换的结果.不等量的动量交换,会产生动量迁移.

如图 $11-9-1$ 所示,ΔS 与 y 轴垂直,它是上、下两层气体的交界面,ΔS 的上面一层气体的流动速度是 $u+\mathrm{d}u$,下面一层气体的流动速度是 u,$\dfrac{\mathrm{d}u}{\mathrm{d}y}$ 表示气体的流速梯度,ΔS 上、下两层气体间相互作用的黏滞力为 f.

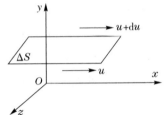

实验表明,f 与 ΔS 成正比,与 $\dfrac{\mathrm{d}u}{\mathrm{d}y}$ 成正比.

图 $11-9-1$　黏滞现象

设比例系数为 η,则有

$$f = \eta \Delta S \frac{\mathrm{d}u}{\mathrm{d}y} \qquad (11-9-1)$$

上式称为牛顿(Newton)黏滞定律,式中,η 称为气体的黏滞系数,又称内摩擦系数,它的单位是帕·秒(Pa·s),它的数值取决于气体的性质与状态.

根据气体动理论,可以推出

$$\eta = \frac{1}{3} \rho \bar{v} \bar{\lambda} \qquad (11-9-2)$$

气体的内摩擦力做功,使气体的宏观运动的动能减少,减少的动能转化成气体的内能,使气体的温度升高.

内摩擦现象的微观解释是:从气体动理论的观点来看,当气体流动时每个分子除了具有热运动动量外还附加有定向运动动量,图 $11-9-1$ 中 ΔS 面下面的气体分子的定向速度及定向动量小于它上面的气体分子的定向速度及定向动量,由于热运动,上、下两部分的分子不断地交换,下面的分子带着较小的定向动量通过 ΔS 面跑到上面,经过碰撞把它的动量传给上面的分子,与此同时,上面的分子带着较大的定向动量通过 ΔS 面跑到下面,经过碰撞把它的动量传给下面的分子,其结果就有净的定向动量由上向下输运,因此,气体的黏滞现象在微观上是分子在热运动过程中定向动量的输运过程,在宏观上就相当于上、下两部分互施了内摩擦力(黏滞力).

二、扩散现象

设系统的温度是均匀的,但在 x 轴方向密度不均匀,有

$$\rho = \rho(x)$$

在无外界作用时,这种不均匀是无法维持的,一定会向均匀状态过渡.伴随

着这种过渡,气体要发生质量迁移,这种质量迁移的现象,叫作扩散. 显然,质量要从密度大的地方向密度小的地方扩散.

如图 11-9-2 所示,面积为 ΔS 的平面与 x 轴垂直,质量沿 x 轴正方向迁移,这说明密度梯度 $\dfrac{\mathrm{d}\rho}{\mathrm{d}x}<0$. 若在 $\mathrm{d}t$ 时间内,通过 ΔS 的质量是 $\mathrm{d}m$,则 $\dfrac{\mathrm{d}m}{\mathrm{d}t}$ 表示通过 ΔS 面所发生的质量迁移的快慢. 实验表明,$\dfrac{\mathrm{d}m}{\mathrm{d}t}$ 与 ΔS 成正比,与 $\dfrac{\mathrm{d}\rho}{\mathrm{d}x}$ 的绝对值成正比,即与 $-\dfrac{\mathrm{d}\rho}{\mathrm{d}x}$ 成正比. 设比例系数为 D,则有

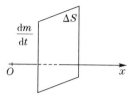

图 11-9-2　扩散现象

$$\frac{\mathrm{d}m}{\mathrm{d}t}=-D\frac{\mathrm{d}\rho}{\mathrm{d}x}\Delta S \qquad (11-9-3)$$

上式称为斐克(Fick)定律,式中,D 为扩散系数,取决于气体的性质和状态,负号表明扩散总是朝着密度减小的方向进行.

根据气体动理论,可以推出

$$D=\frac{1}{3}\,\overline{v}\,\overline{\lambda} \qquad (11-9-4)$$

扩散现象的微观解释是:由于 ΔS 面右方的气体密度小于 ΔS 面左方的气体密度,因而由热运动引起的在同样时间内由左向右穿过 ΔS 面的分子数大于由右向左穿过 ΔS 面的分子数,即有净质量由左向右输运,所以,扩散过程在微观上是质量输运的过程.

三、热传导

当气体的温度沿 x 轴的正向逐渐降低时,如无外界作用,气体一定会向温度均匀的平衡态过渡. 伴随这一过渡,气体中会有热量沿 x 轴正方向的迁移,这种迁移现象叫作热传导.

如图 11-9-3 所示,面积为 ΔS 的平面与 x 轴垂直,温度沿 x 轴正方向逐渐降低,用 $\dfrac{\mathrm{d}T}{\mathrm{d}x}$ 表示气体内的温度梯度,$\dfrac{\mathrm{d}T}{\mathrm{d}x}<0$. 在 $\mathrm{d}t$ 的时间内,如果通过 ΔS 的热量是 $\mathrm{d}Q$,则 $\dfrac{\mathrm{d}Q}{\mathrm{d}t}$ 就表示在

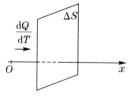

图 11-9-3　热传导

ΔS 面上热量传递的快慢. 实验表明,$\dfrac{\mathrm{d}Q}{\mathrm{d}t}$ 与 ΔS 成正比,与 $\dfrac{\mathrm{d}T}{\mathrm{d}x}$ 的绝对值成正比,

即与 $-\dfrac{\mathrm{d}T}{\mathrm{d}x}$ 成正比.设比例系数为 κ,则有

$$\frac{\mathrm{d}Q}{\mathrm{d}t} = -\kappa \Delta S \frac{\mathrm{d}T}{\mathrm{d}x} \tag{11-9-5}$$

上式称为傅里叶(Fourier)定律.式中,负号说明热量沿温度减小的方向输运,比例系数 κ 叫气体的热导率(导热系数),其单位为瓦·米$^{-1}$·开$^{-1}$(W·m^{-1}·K^{-1}),它的数值取决于气体的性质与状态.

根据气体动理论,可以推出

$$\kappa = \frac{1}{3}\,\overline{v}\,\overline{\lambda}\,c_V\rho \tag{11-9-6}$$

式中,$c_V = \dfrac{C_{V,\mathrm{m}}}{M}$ 为气体的定体比热容.

热传导的微观解释是:气体内各部分温度不均匀,表示各部分分子的平均热运动能量 $\overline{\varepsilon} = \dfrac{i}{2}kT$ 不同,由于热运动,左右两部分分子不断地交换,由右向左的分子带着较小的平均能量,而由左向右的分子带着较大的平均能量,左、右两部分分子交换的结果是有净能量自左向右输运,因此气体内的热传导在微观上是分子在热运动过程中输运热运动能量的过程,在宏观上表现为热量的传导.

四、低压下的热传导

将 $\rho = \mu n$,$\overline{v} = \sqrt{\dfrac{8kT}{\pi\mu}}$,$\overline{\lambda} = \dfrac{1}{\sqrt{2}\pi d^2 n}$ 代入式(11-9-6),得到热导率

$$\kappa = \frac{1}{3}\sqrt{\frac{4k\mu}{\pi}}\,c_V\,\frac{\sqrt{T}}{\pi d^2}$$

可以看出,在一定温度下,热导率 κ 与压强(或分子数密度)无关,这一结论仅在常压下成立.实验指出,当气体的压强很低时,κ 与 p 成正比.如图11-9-4所示,设有两块平行的板1和2,它们之间的距离为 l,温度分别保持在 T_1 和 T_2,且设 $T_1 > T_2$,当两板间气体的压强很低,以致于分子的平均自由程 $\overline{\lambda} \geqslant l$ 时,分子将彼此无碰撞地往返于

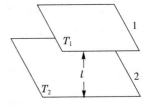

图11-9-4　低压下的热传导

两板之间,不断地将能量由板1输运到板2,而且气体压强越小,分子数密度越小,则参与输运能量的分子数越少,所以气体的导热性就越弱.由此可见,低压下的气体导热率与压强是成正比的.

杜瓦瓶(热水瓶胆)就是根据低压下气体导热性随压强的降低而减弱的原理制成的.杜瓦瓶是具有双层薄壁的玻璃容器,两壁间的空气被抽得很稀薄,以

使参与输运热运动能量的分子数减少,而且使分子的平均自由程大于两壁间的距离,这样,杜瓦瓶就具有良好的隔热作用,可用它贮存热水或液态气体.

例 11—9—1 热水瓶胆两壁间距离 $l=0.4\text{ cm}$,其间充满温度 $t=27\text{ ℃}$ 的氮气,氮分子的有效直径 $d=3.1\times10^{-8}\text{ cm}$,求氮气压强降到何值以下时,才能达到保温的目的.

解 根据低压下热传导的规律,当气体分子的平均自由程 $\bar{\lambda}\geqslant l$ 时,气体的热导率与压强成正比,即

$$l=\bar{\lambda}=\frac{kT}{\sqrt{2}\pi d^2 p}$$

所以

$$p=\frac{kT}{\sqrt{2}\pi d^2 l}=\frac{1.38\times10^{-23}\times300}{\sqrt{2}\pi(3.1\times10^{-10})^2\times0.4\times10^{-2}}=2.42(\text{Pa})$$

即氮气压强降到 2.42 Pa 以下时,才能达到保温的目的.

§11—10 热力学第二定律的 统计意义和熵的概念

热力学第二定律指出,一切与热现象有关的实际宏观过程都是不可逆的,自然过程具有方向性. 我们可以从微观角度来理解这条定律的意义.

一、热力学第二定律的统计意义

为了阐明这个定律的统计意义,下面以理想气体向真空自由膨胀为例,来说明宏观不可逆过程的微观本质.

设有一容器,用隔板把它分成容积相等的 A 和 B 两室,如图 11—10—1所示,给 A 室充满理想气体,总分子数为 N,B 室为真空. 隔板抽去后,气体将向真空自由膨胀.

下面来研究气体分子在容器中的分布情况. 气体中任一分子在容器中都有两种分配方式,即处于 A 室或 B 室. 由于 A,B 的容积相等,所以任一分子在热运动

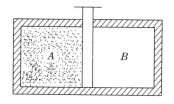

图 11—10—1 理想气体的自由膨胀

中出现在 A 或 B 中的概率相等，都是二分之一. 如果考虑两个分子组成的系统（即 $N=2$），则两个分子在 A 和 B 中共有 $2 \times 2 = 2^2$ 种分配方式，每种分配方式出现的概率都是 $\frac{1}{2} \times \frac{1}{2} = \frac{1}{2^2}$. 当系统含有 4 个分子（即 $N=4$）时，它们在 A 和 B 中共有 2^4 种分配方式，每种分配方式出现的概率都是 $\frac{1}{2^4}$. 一般地说，N 个分子在 A 和 B 中共有 2^N 种分配方式，而每种分配方式出现的概率都是 $\frac{1}{2^N}$. 这种在微观上能够加以区别的每一种分配方式，就称为一种微观态. 从上面的讨论中可以看出，只要任一分子在 A 或 B 中出现的概率相等，那么整个系统的每一种微观态出现的概率必然相等，并且系统可能的微观态数就等于每个分子的可能微观态数的乘积.

从宏观上描写相同分子组成系统的宏观状态时，只能以 A 或 B 中分子数目的多少来区分系统的不同状态，无法区别 A 和 B 中到底是哪些分子. 因此，我们把系统在 A 或 B 中分子数的不同分布称为一种宏观态. 显然，对应于每个宏观态，可能包含有若干种微观态. 例如，4 个分子 a,b,c,d 在 A 与 B 中共有 16 种微观态，却只有 5 种宏观态，如图 11—10—2 所示. 容易看出，A 中 4 个分子（或 B 中 4 个分子）这样的宏观态只包含有一个微观态；而 A 和 B 中各有 2 个分子这种均匀分布方式的宏观态，对应的微观态数最多，共有 6 个微观态.

由于整个系统的每种微观态出现的概率相等，所以对应的可能微观态数目越多的宏观态出现的概率就越大，也就是说，系统宏观态出现的概率与该宏观态对应的微观态数目成正比. 不难看出，N 个分子全部集中在 A 室或 B 室中的概率最小，只有 $\frac{1}{2^N}$，即 2^N 种可能微观态中的一种. 对于 1 mol 气体来说，这个概率为

$$\frac{1}{2^N} = \frac{1}{2^{6 \times 10^{23}}} \approx 10^{-2 \times 10^{23}}$$

这个概率如此之小，实际上是不可能发生的.

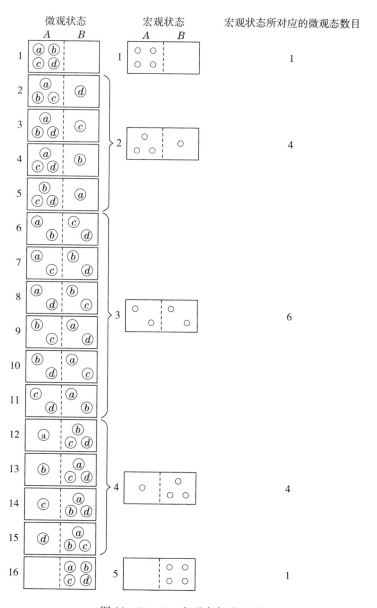

图 11—10—2 宏观态与微观态

通过上面的分析不难看出,为什么理想气体可以向真空自由膨胀但却不能自动收缩. 这是因为理想气体自由膨胀的初始状态(全部分子集中在 A 室或 B 室中)所对应的微观态数目最少,因而概率最小,最后均匀分布状态对应的微观态数目最多而概率最大. 过程的不可逆性,实质上反映了热力学系统的自发过程,总是由概率小的宏观态向概率大的宏观态进行. 相反的过程,如果没有外界影响,实际上是不可能发生的. 最后观察到的系统平衡态就是概率最大的状态. 对于理想气体的自由膨胀来说,最后气体将处于分子均匀分布的那种微观态数目最多的平衡态. 因此可以得出结论:**孤立系统中自发进行的不可逆过程是由概率小的宏观态向概率大的宏观态进行**,**也就是由包含微观态数目少的宏观态向包含微观态数目多的宏观态进行**. 这就是热力学第二定律的统计意义.

二、熵和熵增加原理

自发过程的不可逆性表明,孤立系统在任意的实际过程中,从某一初态变化到另一末态后,便再也不能回到初态了. 由此可见,一切自发过程的不可逆性不是过程本身的属性,而是反映了初态与末态存在某种性质上的原则差别,这就是前面指出的,概率大小的不同. 正是这种差别,决定了过程进行的方向. 为了能从数学上描述系统状态的这种性质,从而定量说明自发过程进行的方向,需要引入一个新的宏观物理量,这个物理量称为熵,用 S 表示. 熵是一个描述系统状态的函数.

系统的不可逆过程是由概率小(微观态数目少)的宏观态向概率大(微观数目多)的宏观态进行. 通常把某一宏观态所对应的微观态数目称为该宏观态的热力学概率,用 Ω 表示. 显然描述系统状态的物理量熵 S 应当是热力学概率 Ω 的函数,可表示为

$$S = k\ln\Omega \qquad (11-10-1)$$

上式称为玻耳兹曼熵公式,k 为玻耳兹曼常量. 由于 $\ln\Omega$ 是一个纯数,所以熵的单位与 k 相同,为 $J \cdot K^{-1}$.

式(11-10-1)给出了宏观量熵与微观量热力学概率之间的函数关系. 它表示,**系统在一种宏观状态下的熵由该宏观状态所包含的微观状态数决定,包含的微观状态数越多,系统的熵越大**. 也就是说,系统在一种宏观状态下的熵越大,系统内的微观运动越混乱越无序. 因此可以把熵看成是系统无序程度的量度. 我们以理想气体自由膨胀为例来说明. 气体分子都处于 A 室(或 B 室)显然是分子运动相对有序的宏观状态. 由图 11-10-2 可知,这种宏观态所包含的

微观态数目少,热力学概率小,由式(11—10—1)得到熵值小;气体逐渐膨胀,分子运动的无序程度逐渐增加,宏观态所包含的微观数目增多,热力学概率增大,熵增大;当气体均匀分布于整个容器时,分子运动变得最无序,这时宏观态所包含的微观态数目最多,热力学概率最大,熵最大.

前面讨论过,在孤立系统中的一切实际过程(自发过程)都是由微观态数目少的状态向微观态数目多的状态进行,当达到平衡态时,系统处于微观态数目最多的宏观状态.由玻耳兹曼熵公式不难看出,孤立系统中的一切实际过程,都是熵的增加过程,达到平衡态时系统的熵最大,即 $dS > 0$.假设一孤立系统从状态 1 变化到状态 2,相应于两状态的熵和热力学概率分别为 S_1, Ω_1 和 S_2, Ω_2,则在此过程中,熵增为

$$\Delta S = S_2 - S_1 = k\ln\Omega_2 - k\ln\Omega_1 = k\ln\frac{\Omega_2}{\Omega_1} > 0$$

如果孤立系统中进行的是可逆过程,就意味着过程中任意两个状态的热力学概率或微观状态数都相等,因而熵也相等.也就是说,孤立系统在可逆过程中熵保持不变.

综上所述,可以得出结论:**孤立系统的熵永不会减少**,即

$$dS \geqslant 0 \text{ 或 } \Delta S \geqslant 0 \tag{11—10—2}$$

式中,等号仅适用于可逆过程.这一结论称为**熵增加原理**,它也是热力学第二定律常用的一种表述方式.这种表述,既说明了热力学第二定律的统计意义,又为我们提供了判断过程进行方向的依据.

例 11—10—1 试用玻耳兹曼熵公式计算理想气体自由膨胀过程中的熵变,设气体的质量为 m,摩尔质量为 M,初态体积为 V_1,末态体积为 V_2.

解 质量为 m 的理想气体共有 $N = \frac{m}{M}N_0$ 个分子,由于在自由膨胀前后温度不变,因而可以不考虑分子速率分布的变化,在膨胀过程中变化的只是分子在空间的位置分布.设想把容器分成许多大小相等的小体积,则每个分子在任一小体积中出现的机会均等.假设 V_1 中包含有 n 个小体积,则 V_2 中包含的小体积数是 $\frac{n}{V_1}V_2$.一个

分子在 V_1 中有 n 个微观态,在 V_2 中就有 $\dfrac{n}{V_1}V_2$ 个微观态. 当气体体积由 V_1 增大到 V_2 时,一个分子的微观态数目将增大 $\dfrac{V_2}{V_1}$ 倍,而整个气体(N 个分子)的微观态数目将增大 $\left(\dfrac{V_2}{V_1}\right)^N$ 倍,亦即,气体在膨胀前后两种宏观态所包含的微观态数目之比为

$$\frac{\Omega_2}{\Omega_1} = \left(\frac{V_2}{V_1}\right)^N$$

所以,在体积由 V_1 到 V_2 的自由膨胀过程中,理想气体的熵变为

$$\Delta S = S_2 - S_1 = k\ln\frac{\Omega_2}{\Omega_1} = Nk\ln\frac{V_2}{V_1} = \frac{m}{M}R\ln\frac{V_2}{V_1}$$

$$(11-10-3)$$

知道了自由膨胀过程中的熵变,就容易利用熵增加原理判定过程的进行方向. 显然,当 $V_2 > V_1$ 时,$\Delta S > 0$,可见过程的方向只能是体积由小到大的膨胀过程;反之,$\Delta S < 0$,由于它违背熵增加原理,所以不可能自动发生.

应当注意,由于熵是状态的函数,所以当初、末状态给定后,熵的改变量也就唯一确定了,即熵的改变仅由初、末两状态决定,与系统在变化中所经历的过程无关. 例如,在这个例题中,只要已知初态 (T,V_1)、末态 (T,V_2),则无论经历什么过程,理想气体的熵变都是由式 $(11-10-3)$ 确定.

最后必须指出,上面讨论的都是对孤立系统而言的.

三、熵的热力学表示

以上从统计的角度给出了熵的定义,现在进一步寻求熵在热力学中的宏观定义.

因为熵是状态的函数,所以式 $(11-10-3)$ 的结果实际上给出的是理想气体在由初态 (T,V_1) 变化到末态 (T,V_2) 的熵变,而不论它经历的是何种过程. 由于初、末两状态气体的温度相同,所以可以设想式 $(11-10-3)$ 表示的熵变是通过可逆等温过程实现的. 已知

可逆等温过程理想气体吸收的热量为

$$Q_T = \frac{m}{M}RT\ln\frac{V_2}{V_1}$$

与式(11−10−3)比较,可得

$$\Delta S = \frac{\dfrac{m}{M}RT\ln\dfrac{V_2}{V_1}}{T} = \frac{Q_T}{T}$$

对于无限小的可逆等温过程,则有

$$dS = \frac{\text{đ}Q}{T}$$

上式虽然是从可逆的等温过程推导出来的,但在理论上可以严格证明它具有普遍意义. 对于任何系统的任何过程(包括不可逆过程),一般都有

$$dS \geqslant \frac{\text{đ}Q}{T} \qquad\qquad (11-10-4)$$

式中,">"号适用于不可逆过程.

对于一个孤立系统,由于与外界没有热量交换(đ$Q = 0$),因此有

$$dS \geqslant 0$$

这就是**熵增加原理**.

对于一个热力学系统从状态 1 变化到状态 2 的有限可逆过程来说,则有

$$\Delta S = \int_1^2 dS = \int_1^2 \frac{\text{đ}Q}{T} \qquad\qquad (11-10-5)$$

式(11−10−4)和(11−10−5)可看作熵的宏观定义. 可以看出,由熵的宏观定义只能确定熵的改变,因而取作参考的状态及其熵值可以任意选取.

例 11−10−2 设有两种质量均为 1 mol 的气体,其摩尔定体热容分别为 $C_{V_1,m}$ 和 $C_{V_2,m}$,温度分别为 T_1 和 T_2. 假定它们之间有极短时间的热传导发生,试求热传导过程中熵的改变,并用熵增加原理判定过程进行的方向.

解 假定有微小热量从温度为 T_1 的气体传向温度为 T_2 的气体,

气体温度分别改变为 $T_1 - dT_1$ 和 $T_2 + dT_2$,它们吸收的热量分别是

$$\text{đ}Q_1 = -C_{V_1,\text{m}}dT_1, \text{đ}Q_2 = C_{V_2,\text{m}}dT_2$$

注意到 $\text{đ}Q_1 = -\text{đ}Q_2$,因此

$$-C_{V_1,\text{m}}dT_1 = -C_{V_2,\text{m}}dT_2$$

所以

$$dT_1 = \frac{C_{V_2,\text{m}}}{C_{V_1,\text{m}}}dT_2$$

在无限小变化过程中,气体的温度可视为不变,因而两种气体熵的改变分别为

$$dS_1 = \frac{\text{đ}Q_1}{T_1} = -\frac{C_{V_1,\text{m}}dT_1}{T_1}$$

$$dS_2 = \frac{\text{đ}Q_2}{T_2} = \frac{C_{V_2,\text{m}}dT_2}{T_2}$$

将两种气体合起来组成一个大的孤立系统,则系统熵的改变为

$$dS = dS_1 + dS_2 = -\frac{C_{V_1,\text{m}}dT_1}{T_1} + \frac{C_{V_2,\text{m}}dT_2}{T_2} = C_{V_2,\text{m}}\left(\frac{1}{T_2} - \frac{1}{T_1}\right)dT_2$$

由于 $C_{V_2,\text{m}} > 0, dT_2 > 0$,所以当 $T_1 > T_2$ 时,$dS > 0$. 由此可见,热传导过程自发进行的方向是热量从高温气体传向低温气体. 如果 $T_1 < T_2$,则 $dS < 0$,这就违背了熵增加原理,所以热量不可能从低温气体自动地向高温气体传递.

类似于上例的做法,同样可以判定热功转换是不可逆的.

为了正确计算熵变,应注意以下几点:

(1)熵是系统的状态函数;

(2)可逆过程初、终两态的熵差由式(11-10-5)计算,如果选定了初态的熵值为零,那么终态的熵就有了确定的数值;

(3)如果两态之间发生的过程是不可逆的,由于熵是态函数,与过程无关,可以设计一个初、终状态与前者相同的可逆过程来计算熵差.

例 11-10-3 设在恒压下将 1 kg 水从 $T_1 = 273.15$ K 加热到 $T_2 = 373.15$ K,已知水在此温度变化范围内的比定压热容为 $c_p = 4.18 \times 10^3$ J·kg^{-1}·K^{-1},求此过程中水的熵变.

解 设想水加热是采取与一系列温度逐渐升高、彼此温差为无

限小的热源 $T_1, T_1+\mathrm{d}T, T_1+2\mathrm{d}T, \cdots, T_2$ 接触而实现的可逆等压升温过程,利用式(11-10-5),有

$$\Delta S = S_2 - S_1 = \int_1^2 \frac{\mathrm{d}Q}{T} = \int_{T_1}^{T_2} \frac{mc_p \mathrm{d}T}{T}$$

$$= mc_p \int_{T_1}^{T_2} \frac{\mathrm{d}T}{T} = mc_p \ln \frac{T_2}{T_1}$$

$$= 1 \times 4.18 \times 10^3 \times \ln \frac{373.15}{273.15}$$

$$= 1.30 \times 10^3 (\mathrm{J} \cdot \mathrm{K}^{-1})$$

例 11-10-4 试求 1 mol 理想气体由初态 (T_1, V_1) 经某一过程到达终态 (T_2, V_2) 的熵变,假定气体的摩尔定体热容 $C_{V,m}$ 为恒量.

解 设想一个可逆过程 I:气体先经历一个等体升温过程,由状态 (T_1, V_1) 变化到状态 (T_2, V_1) 以②表示,气体的熵变为 ΔS_1,后经历一个等温膨胀过程,由状态 (T_2, V_1) 变化到状态 (T_2, V_2),气体的熵变为 ΔS_2,则所求的熵变为

$$\Delta S_I = \Delta S_1 + \Delta S_2$$

$$\Delta S_1 = \int_1^{②} \frac{\mathrm{d}Q}{T} = \int_{T_1}^{T_2} \frac{C_{V,m}\mathrm{d}T}{T} = C_{V,m} \ln \frac{T_2}{T_1}$$

$$\Delta S_2 = \int_{②}^2 \frac{\mathrm{d}Q}{T} = \frac{1}{T_2} \int \mathrm{d}Q$$

将理想气体等温吸热公式代入,得

$$\Delta S_2 = \frac{1}{T_2} RT_2 \ln \frac{V_2}{V_1} = R\ln \frac{V_2}{V_1}$$

因此

$$\Delta S_I = C_{V,m} \ln \frac{T_2}{T_1} + R\ln \frac{V_2}{V_1}$$

同样,可以设想一个可逆过程 II:气体先经历一个等温膨胀过程由状态 (T_1, V_1) 变化到状态 (T_1, V_2) 以②′表示,气体的熵变为 $\Delta S_1'$,然后经历一个等体升温过程由状态 (T_1, V_2) 变化到状态 (T_2, V_2),气体的熵变为 $\Delta S_2'$,则所求的熵变为

$$\Delta S_{II} = \Delta S_1' + \Delta S_2'$$

$$\Delta S_1' = \int_1^{②'} \frac{\mathrm{d}Q}{T} = \frac{1}{T_1} \int \mathrm{d}Q = \frac{1}{T_1} \cdot RT_1 \ln \frac{V_2}{V_1} = R\ln \frac{V_2}{V_1}$$

$$\Delta S_2' = \int_{②'}^{2} \frac{\mathrm{d}Q}{T} = \int_{T_1}^{T_2} \frac{C_{V,m}\mathrm{d}T}{T} = C_{V,m}\ln\frac{T_2}{T_1}$$

$$\Delta S_{\mathrm{II}} = R\ln\frac{V_2}{V_1} + C_{V,m}\ln\frac{T_2}{T_1}$$

可见 $\Delta S_{\mathrm{I}} = \Delta S_{\mathrm{II}}$，说明计算熵变时，可以选取任一可逆过程，因为熵是态函数，熵变与过程无关.

习题十一

一、选择题

11-1 容器中储有一定量的处于平衡态的理想气体,温度为 T,分子质量为 m,则分子速度在 x 方向的分量平均值为(根据理想气体分子模型和统计假设讨论) （　　）

(A)$\bar{v}_x = \frac{1}{3}\sqrt{\frac{8kT}{\pi m}}$　　(B)$\bar{v}_x = \sqrt{\frac{8kT}{3\pi m}}$　　(C)$\bar{v}_x = \sqrt{\frac{3kT}{2m}}$　　(D)$\bar{v}_x = 0$

11-2 若理想气体的体积为 V,压强为 p,温度为 T,一个分子的质量为 m,k 为玻耳兹曼常量,R 为摩尔气体常量,则该理想气体的分子数为 （　　）

(A)pV/m　　　　(B)$pV/(kT)$　　　(C)$pV/(RT)$　　　(D)$pV/(mT)$

11-3 在一固定容器内,如果理想气体分子速率提高为原来的两倍,那么 （　　）

(A)温度和压强都升高为原来的两倍

(B)温度升高为原来的两倍,压强升高为原来的四倍

(C)温度升高为原来的四倍,压强升高为原来的两倍

(D)温度与压强都升高为原来的四倍

11-4 在一定速率 v 附近,麦克斯韦速率分布函数 $f(v)$ 的物理意义是:一定量的气体在给定温度下处于平衡态时 （　　）

(A)速率为 v 的分子数

(B)分子数随速率 v 的变化

(C)速率为 v 的分子数占总分子数的百分比

(D)速率在 v 附近单位速率区间内的分子数占总分子数的百分比

11-5 在恒定不变的压强下,理想气体分子的平均碰撞次数 $\bar{z}$ 与温度 T 的关系为 （　　）

(A)与 T 无关　　　　(B)与 $\sqrt{T}$ 成正比　　　(C)与 $\sqrt{T}$ 成反比

(D)与 T 成正比　　　　(E)与 T 成反比

11—6 1 mol 双原子刚性分子理想气体,在 1 atm 下从 0 ℃ 上升到 100 ℃ 时,内能的增量为 ( )

(A)23 J (B)46 J (C)2 077.5 J (D)1 246.5 J (E)12 500 J

11—7 一定量的理想气体向真空做自由膨胀,体积由 V_1 增至 V_2,此过程中气体的 ( )

(A)内能不变,熵增加 (B)内能不变,熵减少

(C)内能不变,熵不变 (D)内能增加,熵增加

二、填空题

11—8 两种不同种类的理想气体,其分子的平均平动动能相等,但分子数密度不同,则它们的温度_____,压强_____;如果它们的温度、压强相同,但体积不同,则它们的分子数密度_____,单位体积的气体质量_____,单位体积的分子平均平动动能_____.(填"相同"或"不同").

11—9 理想气体的微观模型:

(1)_____;

(2)_____;

(3)_____.

11—10 $f(v)$ 为麦克斯韦速率分布函数,$\int_{v_p}^{\infty} f(v)dv$ 的物理意义是_____,$\int_0^{\infty} \frac{mv^2}{2} f(v)dv$ 的物理意义是_____,速率分布函数归一化条件的数学表达式为_____,其物理意义是_____.

11—11 同一温度下的氢气和氧气的速率分布曲线如图 11—1 所示,其中曲线 1 为_____的速率分布曲线,_____的最概然速率较大(填"氢气"或"氧气"). 若图11—1中曲线表示同一种气体不同温度时的速率分布曲线,温度分别为 T_1 和 T_2,且 $T_1 < T_2$,则曲线 1 代表温度为_____的分布曲线(填"T_1"或"T_2").

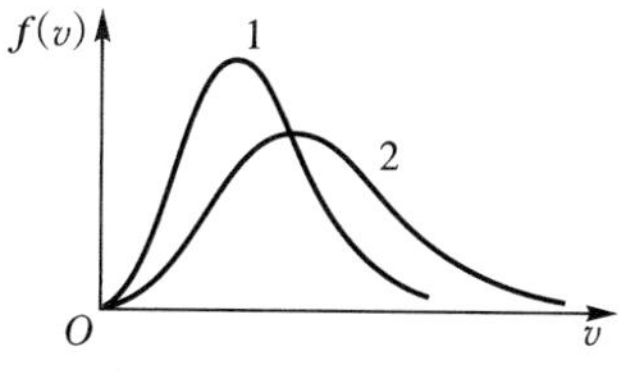

图 11—1

11—12 设氮气为刚性分子组成的理想气体,其分子的平动自由度为_____,转动自由度为_____;分子内原子间的振动自由度为_____.

11—13 一超声波源发射超声波的功率为 10 W. 假设它工作 10 s,并且全部波动能量都被 1 mol 氧气吸收而用于增加其内能,若将氧气分子视为刚性分子,则氧气的温度升高了_____K.

11—14 1 mol 氧气和 2 mol 氮气组成混合气体,在标准状态下,氧分子的平均能量为_____,氮分子的平均能量为_____;氧气与氮气的内能之比

为_____.

11—15 某种理想气体在温度为 300 K 时，分子平均碰撞频率为 $\bar{z}_1=5.0$ $\times 10^9 s^{-1}$. 若保持压强不变，当温度升到 500 K 时，则分子的平均碰撞频率 $\bar{z}_2=$ _____ s^{-1}.

11—16 从统计意义来解释：不可逆过程实质是一个_____的转变过程，一切实际过程都向着_____的方向进行.

三、计算题

11—17 一体积为 1.0×10^{-3} m³ 容器中，含有 4.0×10^{-5} kg 的氦气和 4.0×10^{-5} kg的氢气，它们的温度为 30 ℃，试求容器中混合气体的压强.

11—18 计算在 300 K 温度下，氢、氧和水银蒸气分子的方均根速率和平均平动动能.

11—19 求氢气在 300 K 时分子速率在 v_p-10 m·s^{-1} 到 v_p+10 m·s^{-1} 之间的分子数占总分子数的百分比.

11—20 已知某粒子系统中粒子的速率分布曲线如图 11—2 所示，即

$$f(v) = \begin{cases} Kv^3 & (0 \leqslant v \leqslant v_0) \\ 0 & (v_0 < v < \infty) \end{cases}$$

求：(1)比例常数 K.

(2)粒子的平均速率 $\bar{v}$.

(3)速率在 $0\sim v_1$ 之间的粒子占总粒子数的 1/16时，v_1 等于多少.

(答案均以 v_0 表示)

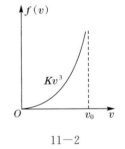

11—2

11—21 导体中自由电子的运动类似于气体分子的运动. 设导体中共有 N 个自由电子. 电子气中电子的最大速率 V_F 叫作费米速率. 电子的速率在 $v\sim v+dv$ 之间的概率为

$$\frac{\mathrm{d}N}{N} = \begin{cases} \dfrac{4\pi v^2 A\mathrm{d}v}{N}, V_F > v > 0 \\ 0, v > V_F \end{cases}$$

式中，A 为常量.

(1)由归一化条件求 A.

(2)证明电子气中电子的平均动能 $\bar{\omega}=\dfrac{3}{5}\left(\dfrac{1}{2}mV_F^2\right)=\dfrac{3}{5}E_F$，此处 E_F 叫作费米能.

11—22 一容积为 10 cm³ 的电子管，当温度为 300 K 时，用真空泵把管内空气抽成压强为 5×10^{-6} mmHg 的高真空，问此时管内有多少个空气分子？这些空气分子的平均平动动能的总和是多少？平均转动动能的总和是多少？

平均动能的总和是多少?(760 mmHg=1.013×10^5 Pa,空气分子可认为是刚性双原子分子,玻尔兹曼常量 $k=1.38\times10^{-23}$ J·K^{-1})

11—23 有 2×10^{-3} m^3刚性双原子分子理想气体,其内能为 6.75×10^2 J.

(1)试求气体的压强;

(2)设分子总数为 5.4×10^{22}个,求分子的平均平动动能及气体的温度.

(玻尔兹曼常量 $k=1.38\times10^{-23}$ J·K^{-1})

11—24 设氮分子的有效直径为 10^{-10} m.

(1)求氮气在标准状态下的平均碰撞次数.

(2)如果温度不变,气压降到 1.33×10^{-4} Pa,则平均碰撞次数又为多少?

11—25 将质量为 5 kg、比热容(单位质量物质的热容)为 544 J·kg^{-1}·$℃^{-1}$)的铁棒加热到300 ℃,然后浸入一大桶 27 ℃的水中.求在冷却过程中铁的熵变.

阅读资料

奇妙的低温世界

低温物理学中所谓的低温,指的是能量可以和零点能相比的温度.零点能是一个纯粹量子力学概念.温度越低,原子或分子的运动越慢,其动能小到可以与零点能相比.在低温状态下,物质的光学、电学和磁学等性质都会发生很大的变化,甚至可以观察到宏观尺度的量子效应,低温下的超导电性(超导)和超流动性(超流)都属于宏观量子效应.

低温的获得是与气体的液化密切相关的.早在 18 世纪末,荷兰人马伦(M. V. Marum)第一次用高压压缩方法将氨液化.法拉第(M. Faraday)从 1823 年开始系统地进行液化气体的研究,陆续液化了 H_2S、HCl、SO_2、C_2N_2 等气体,但剩下氧、氮、氢和后来发现的氦等几种气体未能液化,人们称它们为"永久气体".

1877 年,法国的凯泰(L. P. Cailletet)和瑞士的皮克泰(R. P. Pictet)分别独立地液化了氧气.1898 年 5 月 10 日,英国科学家詹姆斯·杜瓦(J. Dewan)成功地使氢液化,液氢的沸点是 20 K.1 年后,他又用减压降温的办法达到约 15 K 的低温,使氢固化.

荷兰物理学家卡末林·昂内斯(H. K. Onnes)于 1908 年完成了氦气的液化,从物理学中消除了"永久气体"的概念.卡末林·昂内斯在莱顿大学建立了低温实验室,有大型的空气液化设备,是当时世界上低温研究的中心.他采用级联方法液化氦气,先生产出液体空气,对氢气进行预冷,再生产出液氢,对氦气进行预冷,最后制得液氦.^{4}He 在大气压下的沸点约为 4.2 K.卡末林·昂内斯还发现了超导电性.1911 年,他将汞放入液氦中,测量汞的电阻率,发现在比液氦沸点稍低的温度下汞的电阻率突然降到零.1912 年,他又观察到锡和铅的电阻率在某一温度下消失了.1913 年,他提出了"超导电性"这个术语,出现超导电性的温度叫临界温度.由于卡末林·昂内斯使氦液化和对低温物质性质的研究的贡献,他被授予 1913 年诺贝尔物理学奖,并被人们尊为"低温物理学之父".

实现液氦固化的是卡末林·昂内斯的同事凯森(W. Keeson).1926 年,凯森对液氦加上 25 个大气压才得以完成,这时的温度为 0.71 K.1928 年,凯森发现 2.2 K 以下液氦中有特殊的相变.1938 年,苏联科学家卡皮查(P. L. Kapitsa)和英国的阿伦(J. Allen)和密申纳(D. Misener)分别发现液氦在 2.2 K 以下可以无摩擦地经窄管流出,一点黏滞性也没有,这种属性叫超流动性.为此,卡皮查于 1978 年获诺贝尔奖.

^{3}He 的性能要在 2.7 mK 处才显示出来,这对低温技术要求极高.1972 年,美国康乃尔大学的物理学家理查德孙(R. Richardson)、戴维·李(D. Lee)和奥谢罗夫(D. Osheroff)从实验上确认了其超流性质,1966 年他们 3 人共同获诺贝尔奖.

^{3}He 虽然是 ^{4}He 的同位素,但 ^{3}He 做集体运动时的统计性质全然不同于 ^{4}He,解释 ^{4}He 超流性质的理论不能用于解释 ^{3}He. 1975 年,英国安东尼·莱格特(A. J. Leggett)提出了一个崭新的能用数学公式解释 ^{3}He 超流体现象的理论,并能够系统地解释多种超流体的特性,安东尼·莱格特于 2003 年荣获诺贝尔奖.

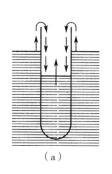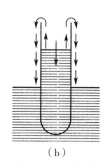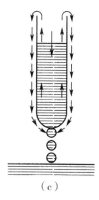

$$（a）\qquad\qquad（b）\qquad\qquad（c）$$

图 1 表面膜效应

　　在超流体中,所有的原子都处于同样的量子态,如果一颗原子移动,其他所有原子都会移动,使其能够在没有任何摩擦力的情况下自由穿过细小的缝隙.当进入超流状态时,可以观察到它的许多有趣的独特的性质.其中之一为表面膜效应,如图 1 所示,图 1(a)中所示为超流氦膜沿烧杯壁从外往里爬,直至内外液面平行;图 1(b)中所示为相反方向,从里往外流;图 1(c)中所示为超流氦膜从里往外爬行,直到瓶中液氦消失为止.另一个有趣的现象是喷泉效应.如图 2 所示,光的辐射使管中的钢砂粉末温度升高,容器中的超流体流入管中,从上端的毛细管喷出,高可达 40 cm.喷泉效应是一种热力效应,形成温度差则造成压力差.

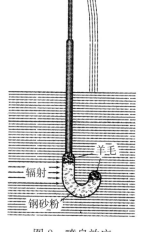

羊毛

辐射

钢砂粉

图 2 喷泉效应

　　超导和超流都是在绝对零度附近几十开范围内的物理现象(发现的高温超导将这个范围提升到 100 K 左右).超导和超流构成了低温物理的两大支柱.

　　采用节流过程与绝热膨胀相结合的方法来液化气体,成功地实现了氢和氦的液化,用这种方法可以获得低至 1 K 的低温.产生 1 K 以下低温的一个有效方法是磁冷却法,这是 1926 年由德国物理学家德拜(P. Debye)及加拿大物理学家盖奥克(W. F. Glauque)提出来的,利用在绝热过程中顺磁性固体的温度随磁场的减小而下降的方法,因此也叫顺磁绝热去磁冷却法.将顺磁体放在装有低压氦气的容器内,通过低压氦气与液氦的接触而保持在 1 K 左右的低温,加上外磁场使顺磁体磁化.磁化过程释放出的热量由液氦吸收,从而保证磁化过程是等温的.顺磁体磁化后,抽去低压氦气而使顺磁体绝热,然后准静态地使磁场减小.在这绝热去磁过程中,顺磁体的温度下降,因此液氦的温度进一步降低.这种方法可以产生 1 K 以下至 mK(10^{-3} K)量级的低温.

1956 年,英国人西蒙(F. Simon)和库尔梯(Kurt)用核去磁冷却法成功地将铜的核自旋温度降到 μK(10^{-6} K)量级.1979 年,芬兰人恩荷姆(Ehnholm)等人,用级联核冷却法达到 25 nK(1 nK$=10^{-9}$ K).20 世纪 80 年代末,银的核自旋温度降至 2 nK.

20 世纪 80 年代发展了一种新的致冷方法——激光致冷,可获得中性气体分子的极低温状态.激光冷却中性原子的方法是汉斯(T. W. Hansch)和肖洛(A. L. Shawlow)于 1975 年提出的,20 世纪 80 年代初就实现了中性原子的有效快速冷却.

运动着的原子共振吸收迎面射来的光子后,从基态过渡到激发态,原子动量变小,速度变慢,如图 3 所示,处于激发态的原子会自发辐射出光子而回到初态,同时由于反冲又会得到动量.此后,原子又会吸收光子,自发辐射出光子,吸收的光子来自同一束激光,方向相同,都将使原子动量减小,但自发辐射出的光子的方向却是随机的,多次自发辐射平均下来并不增加原子的动量.这样,经过多次吸收和自发辐射之后,原子的速度就会明显地减小,温度也就降低了.实际上,一般原子 1 s 可以吸收、发射上千万个光子,因而可以被有效地减速.对冷却钠原子的波长为 589 nm 的共振光而言,这种减速效果相当于 10 万倍的重力加速度,不过随着原子速度变慢,入射光子的频率也需要改变才能刚好符合多普勒效应,所以这种减速就叫多普勒冷却.

实际上,原子的运动是三维的.1985 年,贝尔实验室的朱棣文(S. Chu)小组就用三对方向相反的激光束分别沿 x,y,z 方向照射钠原子,如图 4 所示.此时,由真空中射出的钠原子先被一个反向的激光束挡住前进的方向,然后引导到 6 个激光束交叉的区域.在这个激光束的交叉点上,用肉眼就可以看到一团大约有 0.2 cm^3 大小的光球,钠原子团就被冷却下来,温度达到 240 μK.

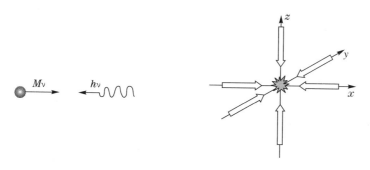

图 3   多普勒冷却   图 4   三维激光冷却

这 6 个激光束的频率都比钠原子共振吸收频率略为小一点,由于多普勒效应,在同一轴上的一对相向传播的激光束中,与原子运动相反方向传播的光频率更接近于共振频率,原子将有更高的概率吸收反向传播的光子,原子的速度减小,并受到与其速度反向的平均辐射作用力,在原子速度不大的情形下,计算表明平均辐射作用力表现为黏滞阻力,因此,无论钠原子想往哪个方向跑,它都会被反向的激光束推回来. 由于多普勒效应,激光光场对原子的运动形成由光子构成的一种黏滞介质,称为光学黏胶. 原子在光学黏胶中做布朗运动,这是一种捕获原子使之集聚的方法,但原子还是可能由于扩散作用跑掉,再换另一个原子进来,而重力也会使原子离开光学黏胶往下掉. 更有效的方法是利用"原子阱",1987 年,普莱查德(D. Pritchard)跟朱棣文设计了一个"磁光陷阱"(Magneto-optical trap),让原子长时间保持在这种低温慢速的状态.

由于入射光的谱线有一定的自然宽度,多普勒冷却是有一定限度的,朱棣文等利用钠原子喷泉方法捕集到温度为 24 pK(10^{-12} K)的一群钠原子. 朱棣文、科恩—塔诺季(C. Cohen-Tannoudji)和菲利普斯(W. D. Phillips)因在激光冷却和俘获原子研究中的出色贡献而获得 1997 年诺贝尔物理学奖. 其中朱棣文是第 5 位获得诺贝尔奖的华人科学家.

探索极低温条件下物质的属性有极为重要的实际意义和理论价值. 因为在这样一个极限情况下,物质中原子或分子的无规则热运动将趋于静止,一些常温下被掩盖的现象就显示出来,这就可以为了解物质世界的规律提供重要线索.例如,1956年吴健雄等人为检验宇称不守恒原理进行的 Co-60 实验,就是在0.01 K的极低温条件下进行的.1980年,联邦德国的克利青(Klitzing)在极低温和强磁场条件下发现了量子霍尔效应,因而获1985年诺贝尔物理学奖.低温学(Cryogenics)同其他学科紧密联系,又形成许多交叉学科,如低温材料学、低温生物学、低温医学和低温电子学等.

习题答案

第一章 质点运动学

1—1 D

1—2 C

1—3 C

1—4 D

1—5 B

1—6 $a_t = -g\sin 30°, \rho = \dfrac{v^2}{g\cos 30°}$

1—7 变速曲线运动,变速直线运动,匀速率曲线运动

1—8 $y = \sqrt{2px}, ut, \sqrt{2put}, u\boldsymbol{i} + \sqrt{\dfrac{pu}{2t}}\boldsymbol{j}, -\sqrt{\dfrac{pu}{8t^3}}\boldsymbol{j}$

1—9 $80\,\text{m} \cdot \text{s}^{-2}, 2\,\text{m} \cdot \text{s}^{-2}$

1—10 $10\sqrt{2}\,\text{m} \cdot \text{s}^{-1}$,东偏北 $45°$

1—11 略

1—12 (1)$-4\,\text{m} \cdot \text{s}^{-1}, -20\,\text{m} \cdot \text{s}^{-1}$ (2)$-44\,\text{m}, -22\,\text{m} \cdot \text{s}^{-1}$

(3)$-24\,\text{m} \cdot \text{s}^{-2}$,能 (4)$-36\,\text{m} \cdot \text{s}^{-2}$

1—13 略

1—14 $x = 5(\text{e}^{2t} - 1)$

1—15 $190\,\text{m} \cdot \text{s}^{-1}, 705\,\text{m}$

1—16 $\sqrt{c^2 + \dfrac{(v_0 - ct)^4}{R^2}}, \dfrac{v_0}{c}$

1—17 $10\,\text{m}$ $80\,\text{m}$

1—18 后一种方法正确,原因略

1—19 $4\,\text{m} \cdot \text{s}^{-1}, 17.9\,\text{m} \cdot \text{s}^{-2}$

1—20 (1)$2.6 \times 10^3\,\text{s}, -1.4 \times 10^3\,\text{m}$ (2)$-8.8 \times 10^2\,\text{m}, 1.0 \times 10^3\,\text{s}$

1—21 $(u + \sqrt{2gh}\cos\alpha)\boldsymbol{i} + (\sqrt{2gh}\sin\alpha)\boldsymbol{j}$

第二章　牛顿运动定律

2—1 B

2—2 B

2—3 $g\cot\theta$

2—4 $\dfrac{\mathrm{d}^2x}{\mathrm{d}t^2}-\dfrac{F_0}{m}(1-kt)=0$，$v_0+\dfrac{F_0}{m}t-\dfrac{kF_0}{2m}t^2$，$x=v_0t+\dfrac{F_0}{2m}t^2-\dfrac{kF_0}{6m}t^3$

2—5 $(1)v=1/\left(\dfrac{1}{v_0}+\dfrac{k}{m}t\right)$　$(2)x=\dfrac{m}{k}\ln\left(1+\dfrac{k}{m}v_0t\right)$　(3)略

2—6 $v=\sqrt{v_0^2+\dfrac{2F_0}{m}x-\dfrac{k}{m}x^2}$

2—7 略

2—8 在 A 点，$F=m\sqrt{b^2+g^2}$，F 与切向的夹角 $\theta=\arctan\dfrac{g}{b}$；

在 B 点，$F_n=m(2\pi b-g)$，$F_t=mb$. 当 $2\pi b>g$ 时，$F_n>0$，为拉力；

当 $2\pi b<g$ 时，$F_n<0$，为推力；当 $2\pi b=g$ 时，$F_n=0$，细杆对小球无法向

作用力.

2—9 $\dfrac{m\omega^2}{2l}(l^2-r^2)$

2—10 $\dfrac{\sin\beta-\mu\cos\beta}{\sin\alpha+\mu\cos\alpha}\leqslant\dfrac{m_A}{m_B}\leqslant\dfrac{\sin\beta+\mu\cos\beta}{\sin\alpha-\mu\cos\beta}$

2—11 $(1)F=(M+m)g\mathrm{tg}\alpha$　$(2)a_M=\dfrac{m\sin\alpha\cos\alpha}{M+m\sin^2\alpha}g$，$a'_{mM}=\dfrac{(M+m)\sin\alpha}{M+m\sin^2\alpha}g$，

$a_m=g\sin\alpha\dfrac{\sqrt{M^2+m(2M+m)\sin^2\alpha}}{M+m\sin^2\alpha}$，其方向与 y 轴负方向（向下）的夹

角为 $\theta=\arctan\dfrac{M\cot\alpha}{M+m}$.

2—12 $W_{\max}=\sqrt{\dfrac{g(\sin\theta+\mu\cos\theta)}{r(\cos\theta-\mu\sin\theta)}}$，$W_{\min}=\sqrt{\dfrac{g(\sin\theta-\mu\cos\theta)}{r(\cos\theta+\mu\sin\theta)}}$

2—13 略

2—14 $(1)-\dfrac{5}{4}\boldsymbol{i}-\dfrac{7}{8}\cdot\boldsymbol{j}\,\mathrm{m\cdot s^{-1}}$　$(2)-\dfrac{13}{4}\boldsymbol{i}-\dfrac{7}{8}\boldsymbol{j}\,\mathrm{m}$

2—15 略

2—16 $(1)g$　$(2)a_1=\dfrac{\sqrt{5}}{2}g$，左偏上 26.6°，$a_2=\dfrac{g}{2}$，方向向上

2—17 $a_1=\dfrac{(m_1-m_2)g+m_2a'}{m_1+m_2}$，$a_2=\dfrac{(m_1-m_2)g-m_1a'}{m_1+m_2}$，

$$f = T = \frac{m_1 m_2(2g - a')}{m_1 + m_2}$$

2—18 $(1)F_2 = 84\ N, F_3 = 56\ N$ $(2)F_2' = 14\ N, F_3' = 42\ N,$

2—19 $(1)N = (m + M)g, f_2 = \mu_k(M + m)g$ $(2)F > (\mu_k + \mu_s)(m + M)g$

第三章 功能原理和机械能守恒定律

3—1 A

3—2 D

3—3 C

3—4 $(1) -mgx_0, \frac{1}{2}mgx_0, -\frac{1}{2}mgx_0$ $(2)mgx_0, -\frac{1}{2}mgx_0, \frac{1}{2}mgx_0$

3—5 882 J

3—6 0,18 J,17 J,7 J

3—7 略

3—8 $(1)3.25\ J$ $(2)1.80\ m \cdot s^{-1}$

3—9 $(1) -\frac{3}{8}mv_0^2$ $(2)\frac{3v_0^2}{16\pi gr}$ $(3)\frac{4}{3}$圈

3—10 $(1) -45\ J$ $(2)75\ W$ $(3) -45\ J$

3—11 $-9\ J$,与路径无关,$-9\ J$

3—12 $(1)3.66 \times 10^7\ m$ $(2)1.28 \times 10^6\ J$

3—13 $-\frac{nk}{r^{n+1}}$,方向指向力心

3—14 $\frac{\Delta x_1}{\Delta x_2} = \frac{k_2}{k_1}, \frac{E_{p1}}{E_{p2}} = \frac{k_2}{k_1}; 2mg\left(\frac{1}{k_1} + \frac{1}{k_2}\right), 2mg$

3—15 $\sqrt{\dfrac{2(m_1 - \mu m_2)gh + kh^2(\sqrt{2} - 1)^2}{m_1 + m_2}}$

3—16 $1390\ N \cdot m^{-1}, 0.84\ m$

3—17 $\frac{3}{8}mgl$

第四章 动量定理与动量守恒定律

4—1 D

4—2 C

4—3 C

4—4 $(54\ N \cdot s)\boldsymbol{i}, (27\ m/s)\boldsymbol{i}$

4—5 $\dfrac{1}{2}\dfrac{mM(M+2m)}{(M+m)^2}\dfrac{v_0^2}{s+l}$，$\dfrac{1}{2}\dfrac{mM}{M+m}v_0^2$

4—6 mv_0，竖直向下

4—7   1.2 m

4—8 $mv_0\sqrt{\dfrac{M}{k(M+m)(2M+m)}}$

4—9 $(1)M\sqrt{\dfrac{2gR}{(M+m)M}}$，$-m\sqrt{\dfrac{2gR}{(M+m)M}}$ $(2)3mg+\dfrac{2m^2g}{M}$

4—10   略

4—11 $(1)\dfrac{a}{b}$ $(2)\dfrac{a^2}{2b}$ $(3)\dfrac{a^2}{2bv_0}$

4—12 $\dfrac{m_2}{m_1+m_2}\sqrt{2gh}$，$\dfrac{m_2^2h}{m_1^2-m_2^2}$

4—13 $u=\dfrac{m\cos\theta}{M+m}\sqrt{\dfrac{2(M+m)g}{M+m\sin^2\theta}h}$

4—14 $(1)E_{kB\max}=\dfrac{2m^2m_Bv_0^2}{(m_A+m_B+m)^2}$

        $(2)(S_A-S_B)_{\max}=mv_0\sqrt{\dfrac{m_B}{k(m_A+m)(m_A+m_B+m)}}$

4—15 2.25×10^4 N

4—16   0.3 m

4—17   略

4—18 $(1)0.06$ m (2)非完全弹性碰撞 $(3)0.04$ m

第五章   角动量守恒与刚体的定轴转动

5—1   B

5—2   A

5—3   C

5—4   C

5—5   C

5—6   4 s，-15 m·s^{-1}

5—7 $\dfrac{13}{32}MR^2$

5—8 $\dfrac{1}{2}mgl$，$\dfrac{1}{18}mgl$

5—9 $\dfrac{3g}{2l}$，$\sqrt{\dfrac{3g}{l}}$

5—10 $\dfrac{1}{2}ml\omega$，$\dfrac{1}{6}ml^2\omega^2$，$\dfrac{1}{3}ml^2\omega$

5—11 $4ml^2\omega$，$14ml^2\omega$，$(14m+9M)l^2$，$\dfrac{1}{2}(14m+9M)l^2\omega^2$

5—12 $(x_1mv_y-y_1mv_x)\boldsymbol{k}$，$y_1f\boldsymbol{k}$

5—13 5.26×10^{12} m

5—14 $\omega'=\sqrt{\dfrac{M_1g}{mr_0}}\left(\dfrac{M_1+M_2}{M_1}\right)^{\frac{2}{3}}$，$r'=\sqrt{\dfrac{M_1}{M_1+M_2}}\cdot r_0$

5—15 $mR^{3/2}(2g\sin\theta)^{1/2}$，$(\dfrac{2g}{R}\sin\theta)^{1/2}$

5—16 $\dfrac{2m_2(v_1+v_2)}{\mu m_1g}$

5—17 $(1)a=\dfrac{m_1-\mu m_2}{m_1+m_2+\dfrac{J}{r^2}}g$，$T_1=\dfrac{m_2+\mu m_2+\dfrac{J}{r^2}}{m_1+m_2+\dfrac{J}{r^2}}m_1g$，

$T_2=\dfrac{m_1+\mu m_1+\mu\dfrac{J}{r^2}}{m_1+m_2+\dfrac{J}{r^2}}m_2g$

$(2)a=\dfrac{m_1r^2g}{m_1r^2+m_2r^2+J}$，$T_1=\dfrac{(m_2r^2+J)m_1g}{m_1r^2+m_2r^2+J}$，$T_2=\dfrac{m_1r^2m_2g}{m_1r^2+m_2r^2+J}$

5—18 39.2 rad·s^{-2} (2)490 J (3)21.8 rad·s^{-2}

5—19 (1)6.13rad·s^{-2} (2)$T_1=17.1$ N，$T_2=20.8$ N

5—20 $\omega mR^2/J$，$\dfrac{1}{2}mR^2\omega^2\left(\dfrac{mR^2}{J}+1\right)$

5—21 略

5—22 $(1)v=-\dfrac{1}{7}v_0$，$v_{ab}=\dfrac{4}{7}v_0$，$w=\dfrac{4\sqrt{2}}{7l}v_0$

$(2)\Delta E_k=\dfrac{1}{2}\left(\dfrac{48}{49}\right)mv_0^2$

5—23 $(1)\dfrac{3g}{2l}$ $(2)\sqrt{\dfrac{3g\sin\theta}{l}}$

5—24 $(1)\dfrac{1}{2g}R^2\omega^2$

$(2)\omega=\omega'$，$\left(\dfrac{1}{2}MR^2-mR^2\right)\omega$，$\dfrac{1}{2}\left(\dfrac{1}{2}MR^2-mR^2\right)\omega^2$

第六章　理想流体的基本规律

6—1 0.5 m·s^{-1}

6—2 85 kPa

6—3 $(1)88.9\ \text{m}\cdot\text{s}^{-1}, 8.89\times10^{-2}\ \text{m}^3\cdot\text{s}^{-1}$ $(2)8.14\times10^3\ \text{N}$

6—4 $(1)5.6\times10^{-5}\ \text{m}^3\cdot\text{s}^{-1}, 0.56\ \text{m}\cdot\text{s}^{-1}, 1.12\ \text{m}\cdot\text{s}^{-1}, 2.80\ \text{m}\cdot\text{s}^{-1}$

$(2)38.4\ \text{cm}, 33.6\ \text{cm}, 0$

6—5 $(1)P_A=P_B=P_0, P_C=P_0-\rho gh_1$

$(2)P_A=P_0, P_B=P_0-\rho g(h_2-h_1), P_C=P_0-\rho gh_2, v=\sqrt{2g(h_2-h_1)}$

6—6 略

6—7 $(1)9.17\ \text{m}$ $(2)5\ \text{m}, 10\ \text{m}$

6—8 $16\ \text{m}\cdot\text{s}^{-1}, 2.3\times10^5\ \text{Pa}$

第七章　狭义相对论力学基础

7—1 E

7—2 C

7—3 D

7—4 D

7—5 A

7—6 B

7—7 (1)爱因斯坦相对性原理:物理定律在所有的惯性系中都具有相同的表达形式,即所有的惯性参考系对运动的描述都是等效的 (2)光速不变原理:真空中的光速是常量,它与光源或观测者的运动无关.

7—8 $2.375\times10^{-4}, -3.875\times10^4$

7—9 4.5年,0.2年

7—10 $0.988c$

7—11 4

7—12 能

7—13 $\dfrac{2m_0}{\sqrt{1-\beta^2}}, 0$

7—14 设地球参考系的坐标系 $S(x,y,z,t)$,$\begin{cases} x=106.07\ \text{m} \\ y=4\ 500\ 000\ 132.58\ \text{m} \\ z=0 \\ t=25\ \text{s} \end{cases}$,

$v=180000005.30\ \text{m}\cdot\text{s}^{-1}$

7—15 $\dfrac{m_0}{v_0\left(1-\dfrac{v^2}{c^2}\right)}$

7—16 (1)80 m (2)25 s (3)0.600 000 010 666 667c

7—17 3.70×10^{-13} s

7—18 6.72×10^{-8} m

7—19 4.333×10^{-8} s,10.4 m

7—20 2.95×10^5 eV

7—21 μ^+子:$P_\mu = \dfrac{m_\pi^2 - m_\mu^2}{2m_\pi}c, E_\mu = \dfrac{m_\pi^2 + m_\mu^2}{2m_\pi}c^2, E_{k\mu} = \dfrac{(m_\pi - m_\mu)^2}{2m_\pi}c^2$;

中微子γ:$P_\gamma = \dfrac{m_\pi^2 - m_\mu^2}{2m_\pi}c, E_\gamma = E_{k\gamma} = \dfrac{m_\pi^2 - m_\mu^2}{2m_\pi}c^2$

7—22 $E_k = 793$ MeV,$p = 978.34$ MeV,$v = 0.891c$

7—23 $0.9756c, \dfrac{m_0 c^2}{0.6h}$

7—24 略

第八章　振动学基础

8—1 C

8—2 A

8—3 B

8—4 C

8—5 B

8—6 $\dfrac{\sqrt{2}}{2}$

8—7 5.5 Hz,1

8—8 $\dfrac{24}{11}$ s,$\dfrac{2}{3}\pi$

8—9 $0.1, \dfrac{\pi}{2}$

8—10 $2\pi^2 mA^2 T^{-2}$

8—11 (1)4.2 s (2)0.045 m·s^{-2} (3)$x = 0.02\cos\left(\dfrac{3}{2}t - \dfrac{\pi}{2}\right)$[SI]

8—12 略

8—13 (1)略 (2)$2\pi\sqrt{\dfrac{m + J/R^2}{k}}$ (3) $x = \dfrac{mg}{k}\left[\cos\left(\sqrt{\dfrac{k}{m + J/R^2}}t + \pi\right)\right]$

8—14 $x = \dfrac{mg}{k}\sqrt{1 + \dfrac{2kh}{(m+M)g}}\left[\cos\left(\sqrt{\dfrac{k}{m+M}}t + \tan^{-1}\sqrt{\dfrac{2kh}{(m+M)g}} + \pi\right)\right]$

8—15 (1)$\pm\dfrac{A}{\sqrt{2}} = \pm0.14$ m (2)0.39 s,1.2 s,2.0 s,2.7 s

8—16 (1)0.078 m,84.8° (2)135°,225°

8—17 (1)$\dfrac{x^2}{0.06^2}+\dfrac{y^2}{0.03^2}=1$ (2)$F=0.11\sqrt{x^2+y^2}$

第九章 波动学基础

9—1 B

9—2 C

9—3 B

9—4 A

9—5 C

9—6 C

9—7 波源,传播机械波的介质

9—8 $\dfrac{B}{C},\dfrac{2\pi}{B},\dfrac{2\pi}{C},lC,-lC$

9—9 $IS\cos\theta$

9—10 0

9—11 0.45 m

9—12 (1)$A=0.05$ m,$u=2.5$ m·s^{-1},$v=5$ Hz,$\lambda=0.5$ m

      (2)$v_m=1.57$ m·s^{-1},$a_m=49.3$ m·s^{-2} (3)9.2π,0.92 s (4)略

9—13 (1)$y_O=0.10\cos(\pi t-\pi)$ (2)$y=0.10\cos[\pi(t+5x)-\pi]$;

      (3)$y_Q=0.10\cos\left(\pi t+\dfrac{\pi}{6}\right)$ (4)$x_Q=0.233$ m

9—14 (1)3.0×10^{-5} J·m^{-3},6.0×10^{-5} J·m^{-3} (2)4.62×10^{-7} J

9—15 (1)$y_入=0.04\cos\left[100\pi\left(t-\dfrac{x}{100}\right)+\dfrac{5\pi}{6}\right]$,

      $y_反=0.04\cos\left[100\pi\left(t+\dfrac{x}{100}\right)+\dfrac{11\pi}{6}\right]$

      (2)波腹:$x=0.5,1.5,2.5,\cdots,9.5$ m,波节:$x=0,1,2,\cdots,10$ m

      (3)形成驻波,平均能流为 0

9—16 (1)0.25 m·s^{-1} (2)3 398 Hz

第十章 热力学基础

10—1 C

10—2 C

10—3 C

10－4　B

10－5　C

10－6　A

10－7　$\dfrac{p_1V_0-p_0V_0}{p_0V_1-p_0V_0}$

10－8　260 J，$-$280 J

10－9

$-$	0	$-$
$-$	$-$	$-$
$-$	$+$	0
0	$-$	$-$
$-$	$+$	$-$
$-$	$+$	$+$

10－10　$2.5(p_2V_2-p_1V_1)$，$0.5(p_2+p_1)(V_2-V_1)$，$3(p_2V_2-p_1V_1)+0.5(p_1V_2-p_2V_1)$

10－11　20.8 J・mol^{-1}・K^{-1}

10－12　140 J

10－13　268 J，732 J

10－14　(1)$\Delta E=623$ J，$A=0$，$Q_V=623$ J

　　　　(2)$\Delta E=623$ J，$A=416$ J，$Q_p=1\,039$ J

10－15　(1)$\Delta E=1\,247$ J，$A=2\,033$ J，$Q=3\,280$ J

　　　　(2)$\Delta E=1\,247$ J，$A=1\,687$ J，$Q=2\,934$ J

10－16　$\dfrac{5}{2}R$，$\dfrac{3}{2}R$　(2)1.35×10^4 J

10－17　$R(T_1+T_3-2\sqrt{T_1T_3})$

10－18　(1)$T_B=225$ K，$T_C=75$ K　(2)略

10－19　(1)-5.065×10^3 J　(2)3.039×10^4 J　(3)5.435×10^3 J

　　　　(4)13.3%

10－20　吸热 5.35×10^3 J，做功 1.34×10^3 J，放热 4.01×10^3 J

10－21　略

10－22　(1)37.4%，不是可逆热机　(2)1.67×10^4 J

第十一章　气体动理论

11－1　D

11－2　B

11－3　D

11－4 D

11－5 C

11－6 C

11－7 A

11－8 相同,不同;相同,不同,相同.

11－9 (1)分子体积忽略不计　(2)分子间的碰撞是完全弹性的

(3)只有在碰撞时分子间才有相互作用

11－10 速率大于 v_p 的分子数占总分子数的百分比,分子的平均平动动能,

$\int_0^\infty f(v)\mathrm{d}v = 1$,速率在 $0\sim\infty$ 内的分子数占总分子数的百分之百

11－11 氧气,氢气,T_1

11－12 3,2,0

11－12 4.81 K

11－14 9.42×10^{-21} J,9.42×10^{-21} J, 1:2

11－15 3.87×10^9

11－16 概率,概率大的状态

11－17 7.56×10^4 Pa

11－18 1.93×10^3 m·s^{-1},483 m·s^{-1},193 m·s^{-1},6.21×10^{-21} J

11－19 1.05 %

11－20 (1)$4/v_0^2$　(2)$4v_0/5$　(3)$v_0/2$

11－21 (1)$\dfrac{3N}{4\pi V_F^3}$　(2)略

11－22 1.61×10^{12}个,10^{-8} J,0.667×10^{-8} J,1.67×10^{-8} J

11－23 (1)1.35×10^5 Pa　(2)7.5×10^{-21} J,362 K

11－24 (1)5.42×10^8次·s^{-1}　(2) 0.71次·s^{-1}

11－25 $-1\,760$ J·K^{-1}

附录 A

国际单位制(SI)

　　鉴于国际上使用的单位制种类繁多,换算十分复杂,对科学与技术交流带来许多困难,根据 1954 年国际度量衡会议的决定,自 1978 年 1 月 1 日起实行国际单位制,简称国际制,国际代号为 SI. 我国国务院于 1977 年 5 月 27 日颁发《中华人民共和国计量管理条例(试行)》,其中第三条规定:"我国的基本计量制度是米制(即"公制"),逐步采用国际单位制."这样做不仅有利于加强同世界各国人民的经济文化交流,而且可以使我国的计量制度进一步统一.

　　国际单位制是在国际公制和米千克秒制基础上发展起来的. 在国际单位制中,规定了七个基本单位,即米(长度单位)、千克(质量单位)、秒(时间单位)、安培(电流单位)、开尔文(热力学温度单位)、摩尔(物质的量单位)、坎德拉(发光强度单位). 还规定了两个辅助单位,即弧度(平面角单位)、球面度(立体角单位). 其他单位均由这些基本单位和辅助单位导出. 现将国际单位制的基本单位及辅助单位的名称、符号及其定义列表如下.

表 1　国际单位制的基本单位

量的名称	单位名称	单位符号	定　义
长度	米	m	"米是光在真空中 1/299 792 458 s 的时间间隔内所经路程的长度". （第 17 届国际计量大会,1983 年）
质量	千克（公斤）	kg	"千克是质量单位,等于国际千克原器的质量". （第 1 届和第 3 届国际计量大会,1889 年,1901 年）
时间	秒	s	"秒是铯-133 原子基态的两个超精细能级之间跃迁所对应的辐射的 9 192 631 770 个周期的持续时间". （第 13 届国际计量大会,1967 年,决议 1）

379

续表

量的名称	单位名称	单位符号	定义
电流	安培	A	"安培是一恒定电流,若保持在处于真空中相距 1 m 的两无限长而圆截面可忽略的平行直导线内,则此两导线之间产生的力在每米长度上等于 2×10^{-7} N". （国际计量委员会,1946 年,决议 2；1948 年第 9 届国际计量大会批准）
热力学温度	开尔文	K	"热力学温度单位开尔文是水三相点热力学温度的 1/273.16". （第 13 届国际计量大会,1967 年,决议 4）
物质的量	摩尔	mol	"(1)摩尔是一系统的物质的量,该系统中所包含的基本单元数与 0.012 kg 碳-12 的原子数目相等. (2)在使用摩尔时,基本单元应予指明,可以是原子、分子、离子、电子及其他粒子,或是这些粒子的特定组合".　　　（国际计量委员会 1969 年提出,1971 年第 14 届国际计量大会通过,决议 3）
发光强度	坎德拉	cd	"坎德拉是一光源在给定方向上的发光强度,该光源发出频率为 540×10^{12} Hz 的单色辐射,且在此方向上的辐射强度为(1/683) W/sr". （第 16 届国际计量大会,1979 年决议 3）

表 2　国际单位制的辅助单位

量的名称	单位名称	单位符号	定义
平面角	弧度	rad	"弧度是一个圆内两条半径之间的平面角,这两条半径在圆周上截取的弧长与半径相等". (国际标准化组织建议书 R31 第 1 部分,1965 年 12 月第二版)
立体角	球面度	sr	"球面度是一个立体角,其顶点位于球心,而它在球面上所截取的面积等于以球半径为边长的正方形面积".　　　　　　　　　（同上）

表3 国际单位制词头

因数	词头名称	符号	因数	词头名称	符号
10^{18}	艾可萨(exa)	E	10^{-1}	分(déci)	d
10^{15}	拍它(peta)	P	10^{-2}	厘(centi)	c
10^{12}	太拉(téra)	T	10^{-3}	毫(milli)	m
10^{9}	吉咖(giga)	G	10^{-6}	微(micro)	μ
10^{6}	兆(méga)	M	10^{-9}	纳诺(nano)	n
10^{3}	千(kilo)	k	10^{-12}	皮可(pico)	p
10^{2}	百(hecto)	h	10^{-15}	飞母托(femto)	f
10^{1}	十(déca)	da	10^{-18}	阿托(atto)	a

大学物理学
(第4版)上册

附录 B

书中物理量的符号及单位

量的名称	符号	单位名称	单位代号（中文）	单位代号（国际）	量纲	备注
长　　度	l,s	米	米	m	L	
面　　积	S	平方米	米^2	m^2	L^2	
体　　积	V	立方米	米^3	m^3	L^3	1升$=10^{-3}$米^3
时　　间	t,τ	秒	秒	s	T	
位　　移	$\Delta s,\Delta r$	米	米	m	L	
速　　度	v,u	米每秒	米/秒	m/s	LT^{-1}	
加 速 度	α	米每二次方秒	米/秒^2	m/s^2	LT^{-2}	
角 位 移	θ	弧度	弧度	rad	1	
角 速 度	ω	弧度每秒	弧度/秒	rad/s	T^{-1}	
角加速度	β	弧度每二次方秒	弧度/秒^2	rad/s^2	T^{-2}	
质　　量	m	千克	千克	kg	M	
力	F,f	牛顿	牛	N	LMT^{-2}	1牛=
重　　力	G	牛顿	牛	N	LMT^{-2}	1千克·米/秒^2
正 压 力	N	牛顿	牛	N	LMT^{-2}	
摩 擦 力	f	牛顿	牛	N	LMT^{-2}	
张　　力	T	牛顿	牛	N	LMT^{-2}	
功	A	焦耳	焦	J	L^{2}MT^{-2}	1焦=1牛·米
能　　量	E,W	焦耳	焦	J	L^{2}MT^{-2}	
动　　能	E_k	焦耳	焦	J	L^{2}MT^{-2}	

续表

量的名称	符号	单位名称	单位代号		量纲	备注
			中文	国际		
势　能	E_p	焦耳	焦	J	L^2MT^{-2}	
功　率	P	瓦特	瓦	W	L^2MT^{-3}	1瓦＝1焦/秒
摩擦因数	μ	—	—	—	—	
动　量	p	千克米每秒	千克·米/秒	kg·m/s	LMT^{-1}	
冲　量	I	牛顿秒	牛·秒	N·s	LMT^{-1}	
力　矩	M	牛顿米	牛·米	N·m	L^2MT^{-2}	
转动惯量	J	千克二次方米	千克·米²	kg·m²	L^2M	
角动量（动量矩）	L	千克二次方米每秒	千克·米²/秒	kg·m²/s	L^2MT^{-1}	
冲量矩		牛顿米秒	牛顿·米·秒	N·m·s	L^2MT^{-1}	
振幅	A	米	米	m	L	
周期	T	秒	秒	s	T	
频率	ν, f	赫兹	赫	Hz	T^{-1}	
角频率（圆频率）	ω	每秒	1/秒	s^{-1}	T^{-1}	
相位	ϕ	—	—	—	—	
波长	λ	米	米	m	L	
波数	$\bar{\nu}$	每米	1/米	m^{-1}	L^{-1}	
波速	u, c	米每秒	米/秒	$m·s^{-1}$	LT^{-1}	
折射率	n	—	—	—	—	
波的强度	I	瓦特每平方米	瓦/米²	$W·m^{-2}$	MT^{-3}	
坡印延矢量	S	瓦特每平方米	瓦/米²	$W·m^{-2}$	MT^{-3}	

量的名称	符号	单位名称	单位代号 中文	单位代号 国际	量纲	备注
体积	V	立方米	米³	m³	L	$1\,\text{L}=10^{-3}\,\text{m}^3$
压强	p	帕斯卡	帕	Pa	$L^{-1}MT^{-2}$	$1\,\text{Pa}=1\,\text{N}\cdot\text{m}^{-2}$ $1\,\text{atm}$ $=1.013\times10^5\,\text{Pa}$
热力学温度	T	开尔文	开	K	Θ	
摄氏温度	t	摄氏度		℃	Θ	$t\,℃=(T-273.15)\,\text{K}$
摩尔质量	M_m	千克每摩尔	千克/摩尔	kg/mol	MN^{-1}	
分子质量	μ	千克	千克	kg	M	
分子有效直径	d	米	米	m	L	
分子平均自由程	λ	米	米	m	L	
分子平均碰撞次数	$\bar{z}$	次每秒	1/秒	1/s	T^{-1}	
分子浓度	n	每立方米	1/米³	1/m³	L^{-3}	
热量	Q	焦耳	焦	J	L^2MT^{-2}	
比热容	c	焦耳每千克开尔文	焦/(千克·开)	J/(kg·K)	$L^2T^{-2}\Theta^{-1}$	
热容量	C	焦耳每开尔文	焦/开	J/K	$L^2MT^{-2}\cdot\Theta^{-1}N^{-1}$	
摩尔定容热容	$C_{V,m}$	焦耳每开尔文	焦/开	J/K	$L^2MT^{-2}\cdot\Theta^{-1}N^{-1}$	
摩尔定压热容	$C_{p,m}$	焦耳每开尔文	焦/开	J/K	$L^2MT^{-2}\cdot\Theta^{-1}N^{-1}$	
比热容比	γ	—	—	—	—	
热机效率	η	—	—	—	—	
导热系数	κ	瓦每米开尔文	瓦/(米·开)	W/(m·k)	$LMT^{-3}\Theta^{-1}$	
扩散系数	D	米平方每秒	米²/秒	m²/s	L^2T^{-1}	
熵	S	焦耳每开尔文	焦/开	J/K	$L^2MT^{-2}\Theta^{-1}$	

续表

量的名称	符号	单位名称	单位代号 中 文	单位代号 国 际	量 纲	备 注
声压	p	帕斯卡	帕	Pa	$L^{-1}MT^{-2}$	
声强级	L_I	—	—	—	—	
光程差	δ	米	米	m	L	
单色辐出度	e_λ	瓦特每平方米	瓦/米^2	$W \cdot m^{-2}$	$L^{-1}MT^{-3}$	
单色吸收比	α_λ	—	—	—	—	
总辐出度	E	瓦特每平方米	瓦/米^2	$W \cdot m^{-2}$	MT^{-3}	
逸出功	A	焦耳	焦	J	L^2MT^{-2}	
普朗克常量	$h, \hbar$	焦耳秒	焦耳·秒	$J \cdot S$	L^2MT^{-1}	
波函数	Ψ					
概率密度	$\Psi\Psi^*$	每立方米	1/米^3	m^{-3}	L^{-3}	
质量数	A	—	—	—	—	
电荷数	Z	—	—	—	—	
主量子数	n	—	—	—	—	
副量子数	l	—	—	—	—	
磁量子数	m_l	—	—	—	—	
自旋量子数	s	—	—	—	—	
自旋磁量子数	m_s	—	—	—	—	
里德伯常数	R	每米	1/米	m^{-1}	L	
核的结合能	B	焦耳	焦	J	L^2MT^{-2}	
比结合能	ε	焦耳	焦	J	L^2MT^{-2}	
衰变常量	λ	每秒	1/秒	s^{-1}	T^{-1}	
半衰期	$T_{1/2}$	秒	秒	s	T	
放射性强度	A	贝克	次/秒	Bq	T^{-1}	

附录 C

常用数学公式

三角公式

$$\sin(\alpha \pm \beta) = \sin\alpha\cos\beta \pm \cos\alpha\sin\beta$$

$$\cos(\alpha \pm \beta) = \cos\alpha\cos\beta \mp \sin\alpha\sin\beta$$

$$\sin\alpha \pm \sin\beta\sin(\alpha \pm \beta) = 2\sin\frac{1}{2}(\alpha \pm \beta)\cos\frac{1}{2}(\alpha \mp \beta)$$

$$\cos\alpha + \cos\beta = 2\cos\frac{1}{2}(\alpha + \beta)\cos\frac{1}{2}(\alpha - \beta)$$

$$\cos\alpha - \cos\beta = -2\sin\frac{1}{2}(\alpha + \beta)\sin\frac{1}{2}(\alpha - \beta)$$

泰勒展开

$$(1+x)^n = 1 + \frac{nx}{1!} + \frac{n(n-1)x^2}{2!} + \cdots$$

$$e^x = 1 + \frac{x}{1!} + \frac{x^2}{2!} + \cdots$$

$$\ln(1+x) = x - \frac{x^2}{2} + \frac{x^3}{3}\cdots \quad |x| < 1$$

$$\sin x = x - \frac{x^3}{3!} + \frac{x^5}{5!}\cdots$$

$$\cos x = 1 - \frac{x^2}{2!} + \frac{x^4}{4!}\cdots$$

矢量乘积

$$a \times (b+c) = a \times b + a \times c$$

$$a \cdot b = b \cdot a = a_x b_x + a_y b_y + a_z b_z$$

$$a \times b = -b \times a = \begin{vmatrix} i & j & k \\ a_x & a_y & a_z \\ b_x & b_y & b_z \end{vmatrix}$$

$$= (a_y b_z - b_y a_z)i + (a_z b_x - b_z a_x)j + (a_x b_y - b_x a_y)k$$

$$a \cdot (b \times c) = b \cdot (c \times a) = c \cdot (a \times b)$$

$$a \times (b \times c) = (a \cdot c)b - (a \cdot b)c$$

导数和积分

$$\frac{\mathrm{d}}{\mathrm{d}x}x^n = nx^{n-1}$$

$$\frac{\mathrm{d}}{\mathrm{d}x}\mathrm{e}^x = \mathrm{e}^x$$

$$\frac{\mathrm{d}}{\mathrm{d}x}\ln x = \frac{1}{x}$$

$$\frac{\mathrm{d}}{\mathrm{d}x}\sin x = \cos x$$

$$\frac{\mathrm{d}}{\mathrm{d}x}\cos x = -\sin x$$

$$\frac{\mathrm{d}}{\mathrm{d}x}\tan x = \sec^2 x$$

$$\frac{\mathrm{d}}{\mathrm{d}x}\cot x = -\csc^2 x$$

$$\frac{\mathrm{d}}{\mathrm{d}x}(uv) = u\frac{\mathrm{d}v}{\mathrm{d}x} + v\frac{\mathrm{d}u}{\mathrm{d}x}$$

$$\frac{\mathrm{d}}{\mathrm{d}x}\mathrm{e}^u = \mathrm{e}^u\frac{\mathrm{d}u}{\mathrm{d}x}$$

$$\frac{\mathrm{d}}{\mathrm{d}x}\sin u = \cos u\frac{\mathrm{d}u}{\mathrm{d}x}$$

$$\frac{\mathrm{d}}{\mathrm{d}x}\cos u = -\sin u\frac{\mathrm{d}u}{\mathrm{d}x}$$

$$\int x^n \mathrm{d}x = \frac{x^{n+1}}{n+1} \quad (n \neq -1)$$

$$\int \mathrm{e}^x \mathrm{d}x = \mathrm{e}^x$$

$$\int \frac{\mathrm{d}x}{x} = \ln|x|$$

$$\int u\frac{\mathrm{d}v}{\mathrm{d}x}\mathrm{d}x = uv - \int v\frac{\mathrm{d}u}{\mathrm{d}x}\mathrm{d}x$$

$$\int \sin x \mathrm{d}x = -\cos x$$

$$\int \cos x \mathrm{d}x = \sin x$$

$$\int \tan x \mathrm{d}x = |\sec x|$$

$$\int \sin^2 x \mathrm{d}x = \frac{1}{2}x - \frac{1}{4}\sin 2x$$

$$\int \mathrm{e}^{-ax} \mathrm{d}x = -\frac{1}{a}\mathrm{e}^{-ax}$$

$$\int x\mathrm{e}^{-ax} \mathrm{d}x = -\frac{1}{a^2}(ax+1)\mathrm{e}^{-ax}$$

$$\int \frac{\mathrm{d}x}{\sqrt{x^2+a^2}} = \ln(x+\sqrt{x^2+a^2})$$

$$\int \frac{x\mathrm{d}x}{(x^2+a^2)^{\frac{1}{2}}} = -\frac{1}{\sqrt{x^2+a^2}}$$

$$\int \frac{\mathrm{d}x}{(x^2+a^2)^{\frac{3}{2}}} = \frac{x}{a^2\sqrt{x^2+a^2}}$$

参考文献

［1］马文蔚. 物理学［M］. 第五版. 北京：高等教育出版社，2006.

［2］程守洙，江之永. 普通物理学［M］. 第六版. 北京：高等教育出版社，2006.

［3］张三慧. 大学基础物理学［M］. 第二版. 北京：清华大学出版社，2012.

［4］赵凯华，等. 力学，热学，电磁学，量子物理［M］. 第二版. 北京：高等教育出版社，2004.

［5］吴伯诗. 大学物理(新版)［M］. 北京：科学出版社，2001.

［6］王少杰，顾牧. 大学物理学［M］. 第四版. 上海：同济大学出版社，2013.

［7］倪光炯，王火森，等. 改变世界的物理学［M］. 第二版. 上海：复旦大学出版社，1999.

［8］原著：德国物理学会，翻译：中国物理学会. 新世纪物理学［M］. 济南：山东教育出版社，2002.

［9］邓明成. 新编大学物理［M］. 第二版. 北京：科学出版社，2002.

［10］王济民，等. 新编大学物理［M］. 北京：科学出版社，2005.

［11］王济民. 新编大学物理学习指导［M］. 北京：科学出版社，2005.

［12］廖耀发，等. 大学物理［M］. 武汉：武汉大学出版社，2001.

［13］姜廷墨，宋根宗. 力学与电磁学［M］. 沈阳：东北大学出版社，2006.

［14］吴王杰. 大学物理学［M］. 北京：高等教育出版社，2005.

［15］梁绍荣，等. 普通物理学. 第三版. 北京：高等教育出版社，2005.

[16]卢德馨. 大学物理学[M]. 第三版. 北京:高等教育出版社,2003.

[17]梁灿彬,秦光戎,等. 电磁学[M]. 第二版. 北京:高等教育出版社,2004.

[18]陈信义. 大学物理教程[M]. 北京:清华大学出版社,2005.

[19]赵凯华,钟锡华. 光学[M]. 北京:北京大学出版社,2008.

[20]赵近芳. 大学物理学[M]. 第二版. 北京:北京邮电大学出版社,2006.

[21]罗益民,余燕. 大学物理[M]. 北京:北京邮电大学出版社,2004.

[22]陆果. 基础物理教程[M]. 第二版. 北京:高等教育出版社,2006.

[23]郭奕玲,沈慧君. 著名经典物理实验[M]. 北京:北京科学技术出版社,1991.

[24]梁励芬,蒋平. 大学物理简明教程[M]. 第二版. 上海:复旦大学出版社,2004.

[25]冯庆荣,严隽珏. 物理学[M]. 第二版. 北京:化学工业出版社,1985.

[26]爱因斯坦. 狭义与广义相对论浅说[M]. 上海:上海科学技术出版社,1964.

[27]陈仁烈. 统计物理学[M]. 修订本. 北京:人民教育出版社,1978.

[28][美]凯勒,高物译. 经典与近代物理学[M]. 北京:高等教育出版社,1997.

[29]杨福家. 原子物理学[M]. 北京:高等教育出版社,2000.

[30]吴翔,沈施,等. 文明之源——物理学[M]. 上海:上海科学技术出版社,2001.

[31]向义和. 大学物理导论——物理学的理论与方法、历史与前沿[M]. 北京:清华大学出版社,1999.

[32]郝柏林. 混沌动力学引论[M]. 上海:上海科技教育出版社,1993.

［33］席德勋.非线性物理学［M］.南京：南京大学出版社,2000.

［34］曾谨言.量子力学［M］.北京：科学出版社,1981.

［35］刘式适,刘式达.物理学中的非线性方程［M］.北京大学出版社,2000.

［36］D Halliday,R Resnick,J Walker. Fundamentals of Physics［M］. 6th Edition. John Wiley & Sons,Inc,2001.